应用型高等院校改革创新示范教材

计算机辅助设计与绘图

（第二版）

主　编　丁　刚　李志丹　于利民

副主编　柳同音　齐广慧　刘　勇　郭守真

中国水利水电出版社
www.waterpub.com.cn
·北京·

内 容 提 要

本书是山东省高等教育面向21世纪教学内容和课程体系改革立项教材。

全书共两篇20章，第一篇为AutoCAD，主要介绍计算机绘图基本知识、AutoCAD的基本内容及系统设置、绘图入门、图形绘制、图形编辑、工程标注等内容；第二篇为CAXA CAD，主要介绍CAXA CAD的基本内容及系统设置、CAXA绘图入门、图形绘制、图形编辑、工程标注等内容，重点讲解了大量工程图例的绘制方法和步骤。

本书可作为高等院校工程技术各专业计算机绘图课程的教材，也可作为工程技术人员学习计算机绘图的参考书。

图书在版编目（CIP）数据

计算机辅助设计与绘图 / 丁刚，李志丹，于利民主编. -- 2版. -- 北京 : 中国水利水电出版社，2021.7
应用型高等院校改革创新示范教材
ISBN 978-7-5170-9791-4

Ⅰ. ①计… Ⅱ. ①丁… ②李… ③于… Ⅲ. ①计算机制图－高等学校－教材 Ⅳ. ①TP391.72

中国版本图书馆CIP数据核字(2021)第153249号

策划编辑：杜 威　　责任编辑：陈红华　　封面设计：梁 燕

书　　名	应用型高等院校改革创新示范教材 计算机辅助设计与绘图（第二版） JISUANJI FUZHU SHEJI YU HUITU
作　　者	主　编　丁　刚　李志丹　于利民 副主编　柳同音　齐广慧　刘　勇　郭守真
出版发行	中国水利水电出版社 （北京市海淀区玉渊潭南路1号D座　100038） 网址：www.waterpub.com.cn E-mail：mchannel@263.net（万水） sales@waterpub.com.cn 电话：（010）68367658（营销中心）、82562819（万水）
经　　售	全国各地新华书店和相关出版物销售网点
排　　版	北京万水电子信息有限公司
印　　刷	三河市鑫金马印装有限公司
规　　格	184mm×260mm　16开本　20印张　512千字
版　　次	2010年8月第1版　2010年8月第1次印刷 2021年7月第2版　2021年7月第1次印刷
印　　数	0001—3000册
定　　价	48.00元

再版前言

本书是山东省高等教育面向21世纪教学内容和课程体系改革立项教材。

随着计算机与图形设备的日益普及和发展，计算机辅助设计（CAD）、辅助绘图（CG）、辅助制造（CAM）等在各行各业得到了广泛的应用。工程制图的教学内容和教学模式也从过去的手工仪器绘图为主逐步过渡到手工仪器绘图和计算机绘图并存，并以计算机绘图为主的新教学模式。我们正是顺应这种教学改革的趋势，在结合编者多年教学改革经验的基础上，融合王喜仓教授编写的《计算机绘图实用教程》的部分内容，编写了本书，适用学时数为30～80学时。

本书主要特点如下：

（1）结构体系上根据学生学习计算机绘图技术的思维特点更好地调整和安排内容顺序，使学生边学习理论知识边上机实践，利于教师教学和学生学习。

（2）内容安排上突出基本内容的学习和操作技能的培养，内容精练、图文并茂，针对性和实用性强。

本书选用目前最流行的绘图软件 AutoCAD 2020 和 CAXA 电子图板 2019。

本书由丁刚、李志丹、于利民任主编，柳同音、齐广慧、刘勇、郭守真任副主编，由山东交通学院王喜仓教授主审。具体编写分工如下：丁刚编写绪论、第 1 章至第 4 章，李志丹编写第 5 章至第 7 章，于利民编写第 10 章至第 12 章，刘勇编写第 8 章和第 9 章，柳同音编写第 13 章和第 14 章，齐广慧编写第 15 章，郭守真编写第 16 章和第 17 章，张春娥编写第 18 章，董强编写第 19 章和第 20 章。

由于编者水平所限，书中难免有不当甚至错误之处，恳请读者批评指正。

编 者

2021 年 5 月

目　　录

绪论

一、计算机绘图的概念

计算机绘图也称计算机图形学，英文名为 Computer Graphics，简称 CG，是应用计算机及图形输入/输出设备，实现图形显示、辅助绘图及设计的一门新兴边缘学科。它建立在图形学、应用数学及计算机科学三者有机结合的基础上，其研究内容和应用范围正在不断地拓展。在人类的生产和生活中，经常需要绘制各种图样、图表、美术图案、动画和广告等。手工绘图是一项细微而繁重的劳动，不仅效率低、劳动强度大，而且绘图精度不能保证。特别是随着现代科学技术的发展，对绘图精度的要求越来越高、越来越复杂，如超大规模集成电路掩膜图、印刷电路板的布线图、航天飞机及宇宙空间飞行器的复杂曲面外壳等，这些都是手工绘图无法完成的。而且现代社会竞争激烈，产品更新换代十分迅速，这就要求产品设计绘图必须高效完成。因此利用计算机的高速运算及数据处理能力，实现计算机绘图 CG 与计算机辅助设计 CAD 和计算机辅助制造 CAM 的联系是现代科学技术发展的必然趋势。

二、计算机绘图的特点与学习方法

计算机绘图简单地讲就是应用计算机将数据转换为图形，并在绘图设备上进行图形显示或绘制的一门学科。它是一门空间概念和实践性很强的课程，涉及多门学科知识，如工程学科的专业知识、图学基础、数学基础、程序设计、计算机基础等。通过该课程的学习，培养空间思维能力，创新思维能力，看图、绘图与工程设计的能力。

在学习计算机绘图时，要明确学习目的，做到“学以致用”。学习是为了在实践中使用计算机绘图这一先进技术，提高工作效率，把设计和绘图从繁重的手工劳动中解脱出来。因此，在计算机绘图的学习中应注意以下几点：

- 要熟悉计算机设备的使用并细心地上机操作。
- 要勤于空间构思，善于总结绘图技巧。
- 要及时总结、积累经验、提高绘图效率。
- 要结合测绘、课程设计、毕业设计和具体课题的应用，取得实际效果。

三、计算机绘图的发展概况

计算机绘图起源于 20 世纪 50 年代的美国。1950 年，第一台图形显示器作为美国麻省理工学院（MIT）旋风 15L（whirlwind I）计算机的外围设备诞生了，它只能显示一些简单的图形。但由于受到计算机技术的限制，计算机发展缓慢，进入 80 年代以来，计算机技术突飞猛进，特别是微机和工作站的发展和普及，再加上功能强大的外围设备，如大型图形显示器、绘图仪、激光打印机的问世，极大地推动了 CG/CAD 技术的发展，CAD 技术已进入实用化阶段，广泛服务于机械、电子、宇航、建筑、纺织等领域产品的总体设计、造型设计、结构设计、工艺过程设计等环节。

早期的计算机绘图大都是静态的，人们根据要求用高级语言编程，然后将程序输入计算机进行编译、链接，输出的目标程序由绘图机执行并输出图形，人们无法干预执行过程。图形不能预先显示在屏幕上进行修改，输出设备主要以绘图机为标志。70 年代，由于人机对话式的交互图形系统逐步开始应用，推动了图形输入与输出设备的更新和发展，各国开始研制各种类型的显示设备，基于电视技术的光栅扫描图形显示器取代了以前落后的显示器。

图形输入设备也在不断更新。早期的光笔、操纵杆、跟踪球已逐渐被光电式鼠标器代替。而在交互式计算机绘图中，屏幕菜单由于受到屏幕尺寸的限制，在屏幕上只能显示出全部菜单的一小部分，用户操作时必须不断地切换菜单来寻找所需的指令，操作烦琐。因此，图形输入板和数字化仪成为交互式计算机绘图系统必不可少的输入设备。

图形输出设备一般为绘图机。我国绘图机的研制是从 1967 年开始的，近年已有数十家厂商在生产绘图机，并以大型为主，A0 彩色喷墨滚筒式绘图机已批量生产。

计算机绘图的应用促进了计算机绘图教育的发展，教育部在各类专业工程制图课程基本要求中明确规定了计算机绘图的教学内容。各学校根据各专业培养目标要求确定相应计算机绘图的教学内容和时数。当前各类工程设计均对图纸提出了更高的要求，因此计算机绘图技术已成为工程技术人员必须掌握的一种技能。

近十年来，由于汽车、飞机、船舶、道桥、建筑、测绘等高技术重要工业和科研部门对计算机绘图这一新技术的促进和需要，实现了工程设计、绘图、生产的自动化，计算机绘图已进入高技术实用阶段。

（1）由静态绘图向动态方向发展。

在交互式绘图中，不仅可以在屏幕上对图形进行修改、删除、编辑等，还可以进行动态分析，不仅对产品设计造型结构的优选提供动态变化依据，而且被广泛应用于建筑、地震、体育动作等的分析预测中。

（2）由二维图形软件向三维实体造型方向发展。

目前在计算机上使用的软件包已从仅能表示空间设计对象的某个方向投影向空间三维实体造型功能方向发展，并能对所画空间形体进行修改和编辑，现已研制成功的激光全息三维造型系统可以从不同角度观测，形成明暗度鲜明、色彩逼真的实体图像，再从三维图形自动生成二维视图、剖视图和剖面图等。

（3）向 CAD、CAM、CG 三者一体化方向发展。

研制一项新产品的生产过程，一般应是对产品进行科学计算，提出各种设计方案，进行优选，然后定型，绘出图纸，进行加工组装。现在 CAD/CAM 系统的软件包已可以完成产品的几何造型、设计、绘图、分析，直至最后形成数控加工带。因此，从产品设计、造型、图纸生成到指挥数控机床的加工等全部由计算机处理完成，使计算机辅助设计、计算机绘图、计算机辅助制造合为一体。

第 1 章 计算机绘图系统简介

计算机绘图系统是指能用计算机和外部设备输入数据和图形信息，进行运算并在计算机屏幕或其他外部设备上进行图形输出的一整套设备及其应用软件。因此，计算机绘图系统是一个以计算机为主的系统，它除了有计算能力之外，还应具有产生图形的能力。

1.1 计算机绘图系统

1.1.1 计算机绘图系统的组成

计算机绘图系统主要由硬件系统和软件系统组成。硬件系统主要包括计算机及其必要的外部设备、图形输入和输出设备等，如图 1-1 所示。

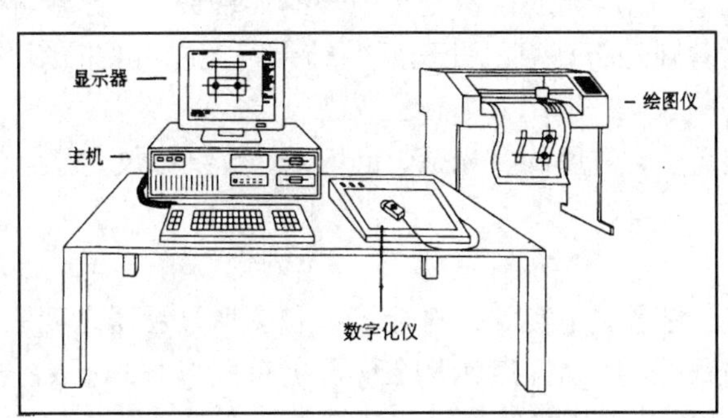

图 1-1 计算机绘图系统的硬件系统

软件系统是指能使计算机进行编辑、编译、计算和实现图形输出的信息加工处理系统。通常分为三部分：应用程序、数据库和图形系统。应用程序将信息存入数据库或从数据库中提取信息，向图形系统传送图形命令，说明物体的几何特征，并要求图形系统读取输入设备的值，将一系列画图子程序转换成图形显示在终端上。而数据库用以保存被显示物体的信息。图形系统应提供对图形的数据描述，包括物体的几何坐标数据、物体的属性、物体各部分连接关系的坐标数据。一个完整的计算机绘图系统组成及相互关系如图 1-2 所示。

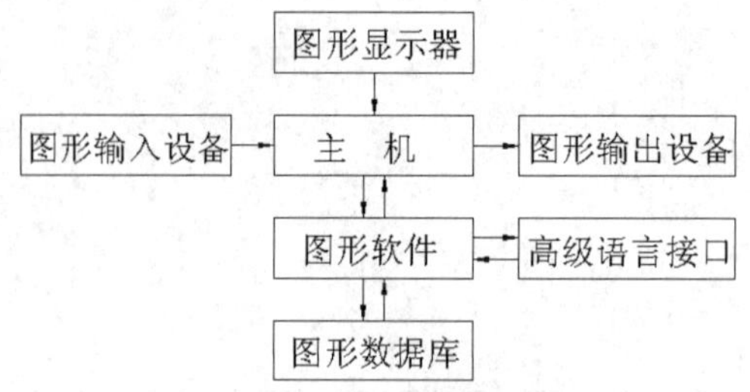

图 1-2 计算机绘图系统

1.1.2 计算机绘图系统的功能

根据计算机绘图系统的组成，一个计算机绘图系统应该具有以下几项功能：

（1）计算功能：包括设计、分析、计算的程序库和有关图形数据及几何分析的程序库。

（2）存储功能：在计算机的内存和外存中能够存放图形数据，尤其要存放图形数据之间的相互联系。

（3）对话功能：通过图形显示器直接进行人一机通信对话。

（4）输入功能：向计算机输入各种命令及图形数据。

（5）输出功能：输出计算结果及所需要的图形。

这是一个计算机图形系统所应具备的最基本功能。为实现这些功能，就要有一套合适的硬件和软件把计算机的快速分析计算、大容量的存储记忆和人的直接观察、丰富的经验、卓越的创造力有效地结合起来。

1.1.3 常用图形输入/输出设备

在计算机绘图系统中，图形输入设备是将用户的图形数据、各种命令转换成电信号传送给计算机，而图形输出设备则是将计算机处理好的结果转换成可见的图形呈现在用户面前。

1. 图形输入设备

图形输入设备发展迅速，常用的有光笔、鼠标器、数字化仪、键盘、图形输入板、操纵杆、轨迹球等。

（1）光笔。

光笔是一种检测光的装置，是实现人与计算机和图形显示器之间联系的一种有效工具。光笔的主要功能是指点与跟踪。所谓指点就是在屏幕上有图形时，选取图形上的某一点作为参考点，对图形进行处理。跟踪就是用光笔拖动光标在显示屏幕上任意移动，从而在屏幕上直接输入图形。光笔的两个主要部件是光电管和一个能把光笔视见范围内的所有光聚在上面的光学系统。光笔的外壳像一支笔，如图 1-3 所示。

（2）鼠标器。

鼠标器是一种屏幕指示装置。在其上部有一个或多个按钮，底部孔内装有与电位器连接的小球。当进入图形编辑程序时，可以在平台上适当地移动鼠标器，带动屏幕上的十字光标向任意方向移动。为了从屏幕拾取菜单选择项、捕捉目标或者为了输入点，鼠标器设置了拾取键、消除键、定位键，如图1-4所示。

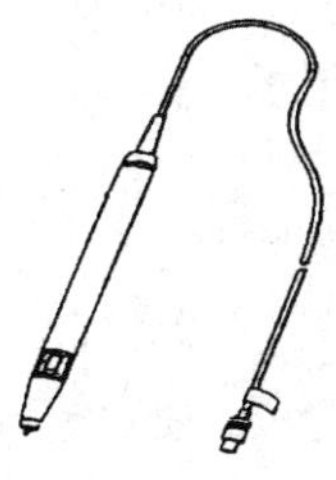

图1-3　光笔

图1-4　鼠标器

（3）数字化仪。

数字化仪是一种图形数据采集装置，如图1-5所示。它由固定图纸的平板、检测器和电子处理器三部分组成。工作时，将十字游标对准图纸上的某一点，按下按钮，则可将该点的坐标输入。连续移动游标，可将游标移动轨迹上的一连串点的坐标输入。因此，它可以把图形转换成坐标数据的形式存储，也可以重新在图形显示器或绘图机上复制成图。坐标数字化仪能够读取的范围最小为280×200，最大为1070×1520，分辨率一般为0.1mm，精确度可达0.025mm。

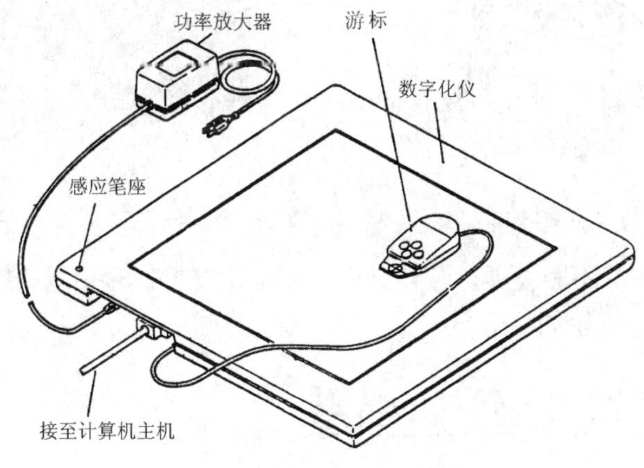

图1-5　数字化仪

2. 图形输出设备

常用的图形输出设备一般可分为两大类：一类是用于交互式作用的图形显示设备，一类是在纸上或其他介质上输出可以永久保存的图形的绘图设备。常用的有图形显示器、硬拷贝机、绘图机等。

（1）显示设备。

图形显示器是交互式绘图系统中不可缺少的图形输出设备。常用的图形显示设备有随机扫描图形显示器和光栅扫描式图形显示器两种。

（2）绘图设备。

自动绘图机是绘图系统的主要设备，由计算机控制自动完成各种绘图动作。常用的绘图机有以下两种：

- 滚筒式绘图机。这种绘图机是用两台电机分别带动绘图纸和绘图笔运动，从而产生图形轨迹。其主要特征是绘图纸随滚筒作正、反方向的旋转运动，即正、负X方向的运动。而画笔则作横向往复的直线运动，即正、负Y方向的运动。这两个方向的运动合成，即可画出所需图形。其特点是结构简单紧凑、占地面积小、易于操作，但精度低、速度不高，常用于对绘图精度要求不高的场合，如绘制机械图、土木建筑图等。滚筒式绘图机如图 1-6 所示。

- 平台式绘图机。平台式绘图机将图纸固定在平台上，根据平台板面的大小分为不同型号，适合绘制不同幅面的图纸。绘图笔在笔架上可沿横梁导轨作Y方向的移动，而横梁又能在平台上作X方向的移动，这两个方向的运动合成，使画笔可移动到平台图纸上所需的任一位置。其特点是绘图精度高、绘图面积大、可监视绘图全过程。平台式绘图机如图 1-7 所示。

图 1-6　滚筒式绘图机

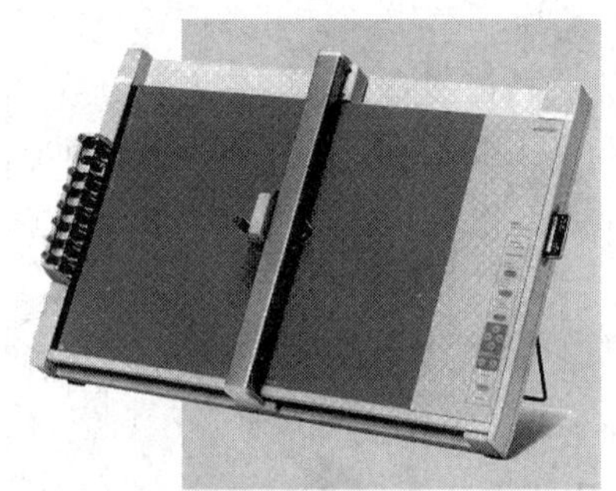

图 1-7　平台式绘图机

此外，随着科学技术的不断发展，已有更多的新型绘图机投入市场，如静电绘图仪、喷墨绘图仪、热蜡绘图仪、热敏绘图仪等。

1.2　常用计算机绘图系统软件的特点

目前在学校、科研院所及工矿企业中使用的各类计算机绘图软件有几十种之多。美国 Autodesk 公司的 AutoCAD 软件是使用最广泛的通用绘图软件，德国西门子公司的智能型绘图软件 Sigrah-Design 以独特的关系型图形数据库及全关联、全参数化的绘图功能令人瞩目。而北京北航海尔软件有限公司的 CAXA 电子图板、华中理工大学的 KMCAD、中科院凯恩集团的 PICAD、清华大学的 QHCAD、北京大恒公司的通用机械 CAD 系统 HMCAD 等是国内自己开发或二次开发的，符合国情、遵循国家标准、设计绘图速度快、价格相对低廉，受到越来越多用户的欢迎。三维设计绘图软件最有代表性的产品是美国 SolidWorks 公司推出的 SolidWorks 软件和美国 Autodesk 公司的 Mechanical Desktop（MDT）软件，具有极强的参数化特征造型功能，而北京北航海尔软件有限公司的 CAXA 三维电子图板软件也同样具有较强的三维参数化特征造型功能。

1.2.1　AutoCAD 2020 的主要特点

AutoCAD 2020 简体中文版是由美国欧特克有限公司（Autodesk）最新出品的一款自动计

算机辅助设计软件，具有通用性、易用性，适用于各类用户。该版本增添了许多强大的功能，如 AutoCAD 设计中心（ADC）、多文档设计环境（MDE）、Internet 驱动、新的对象捕捉功能、增强的标注功能、局部打开和局部加载的功能、自由形式的设计工具、参数化绘图，并加强对 PDF 格式的支持。

（1）设计各种形状。

AutoCAD 能够更精确地共享设计方案，更直观地在三维环境中探索设计构想。它提供了卓越的性能和灵活性，并能根据用户的特定需求进行定制。

（2）加速文档编制。

借助 AutoCAD 中强大的文档编制工具可以加速项目从概念到完成的过程，使用自动化管理和编辑工具可以最大限度地减少重复性任务，加快项目完成速度。

使用新的 AutoCAD 设计中心确定内容（例如块、图层和命名对象）位置并将其加载到图形中。

（3）图纸集。

组织安排图纸不再是一件令人头疼的事情。AutoCAD 图纸集管理器能够组织安排图纸，简化发布流程，自动创建布局视图，将图纸集信息与主题图块和打印戳记相关联，并跨图纸集执行任务，因此所有功能使用起来都非常方便。

（4）文本编辑。

可以轻松地处理文本，在输入文字时可以对其进行查看、调整大小和定位。也可以根据自己的需求使用熟悉的 AutoCAD 工具调整文本的外观，使文本格式更加专业。这些 AutoCAD 工具在文本编辑应用中比较常见，包括段落和分栏工具。

（5）参数化绘图。

AutoCAD 参数化绘图功能可以帮助缩短设计修改时间。通过在对象之间定义持久关系，平行线与同心圆将分别自动保持平行和居中。

（6）自动追踪。

以极坐标角度或相对于对象捕捉点的角度，使用极坐标和对象捕捉追踪创建对象。

（7）高效的用户界面。

同时处理多个文件不再是一件令人痛苦的事情。AutoCAD 的“快速视图”功能不仅支持文件名还支持缩略图，因此可以更快地找到并打开正确的工程图文件和布局图。在菜单浏览器界面中，还可以快速浏览文件，检查缩略图，查看关于文件尺寸和创建者的详细信息。

（8）实时三维旋转。

使用新的 3DORBIT 命令可以方便地处理三维对象视图。

（9）动作录制器。

可以录制正在执行的任务，添加文本信息和输入请求，然后快速选择并回放录制的宏。

1.2.2 CAXA 电子图板的主要特点和功能

CAXA CAD 电子图板是国内领先的二维 CAD 软件，易学易用、稳定高效、性能优越，经过大中型企业及百万工程师十几年的应用验证，已成为二维设计的必备工具。2019 版本包含五十余项重点功能改进，既提升了设计效率，又实现了与 PDM 等软件的集成和贯通。主要特点有：绘图更高效、符合最新标准；图库全面升级，最全、最准确；图纸规范化更快速；更方便的 PDM 集成。专为设计工程师打造，依据中国机械设计的国家标准和使用习惯，提供专业绘图编辑和辅助设计工具，轻松实现“所思即所得”，通过简单的绘图操作将新品研发、改型设计等工作迅速完成，将创意转化为实际工作所需，提高企业研发创新能力。

CAXA 电子图板的主要特点如下：

（1）自主版权、易学易用。

本系统是自主版权的中文计算机辅助设计绘图系统，具有友好的用户界面和灵活方便的操作方式。其设计功能和绘图步骤均是从实用角度出发，功能强劲，操作步骤简练，易于掌握，是充分发挥创造性思维的有力工具。

（2）智能设计、操作简便。

系统提供强大的智能化工程标注方式，包括尺寸标注、坐标标注、文字标注、尺寸公差标注、形位公差标注、粗糙度标注等。标注过程中处处体现“所见即所得”的智能化思想，你只需选择需要标注的方式，系统自动捕捉你的设计意图，具体标注的所有细节均由系统自动完成。

（3）体系开放、符合标准。

系统全面支持最新国家标准，通过国家机械 CAD 标准化审查。系统既备有符合国家标准的图框、标题栏等样式供选用，也可制作自己的图框、标题栏。在绘制装配图的零件序号、明细表时，系统自动实现零件序号与明细表联动。明细表还支持 Access 和 FoxPro 数据库接口。

系统为使用过其他 CAD 系统的用户提供了标准的数据接口，可以有效地继承你以前的工作成果以及与其他系统进行数据交换。

（4）参量设计，方便使用。

系统提供方便操作的参量化图库，用户可以方便地调出预先定义好的标准图形或相似图形进行参数化设计，从而极大地减轻了用户的绘图负担。对图形的参量化过程既直观又简便，凡标有尺寸的图形均可参量化入库供以后调用，未标有尺寸的图形则可作为用户自定义图符来使用。

习题 1

1. 计算机绘图系统由哪几部分组成？
2. 计算机绘图系统应具有哪几项功能？
3. 常用的图形输入/输出设备有哪些？
4. CAXA 电子图板与 AutoCAD 2020 绘图软件有哪些主要功能？

第2章 AutoCAD 绘图系统

本章主要介绍 AutoCAD 绘图系统的基本概念，以及如何快速入门，即如何打开、关闭并管理图形，利用 AutoCAD 窗口组件进行高效、快速的绘图和设计。

2.1 AutoCAD 概述

近年来，计算机辅助设计技术随着计算机技术、信息技术、网络技术的成熟和飞速发展得到了充分的发展和应用。计算机辅助设计已被越来越多的行业和领域，如机械、电子、航空、航天、轻工、船舶等普遍接受。CAD 技术具有效益高、更新快等特点，它的发展和应用水平已成为衡量一个国家科技和工业现代化水平的重要标志之一。

AutoCAD 2020 是应当今技术的快速发展和用户的需求而开发的面向 21 世纪的 CAD 软件ts/Web 的战略性转移，体现了世界 CAD 技术的发展趋势。它的推出正迅速而深刻地影响着人们从事设计和绘图的基本方式。

AutoCAD 2020 具有通用性、易用性，适用于各类用户，该系统增添了许多强大的功能，如 AutoCAD 设计中心（ADC）、多文档设计环境（MDE）、Internet 驱动、新的对象捕捉功能、增强的标注功能、局部打开和局部加载的功能。

AutoCAD 2020 提供了创建、展示、记录和共享构想所需的所有功能，从概念设计到草图和局部详图，将惯用的 AutoCAD 命令和熟悉的用户界面与更新的设计环境结合起来，能够以前所未有的方式实现并探索构想。

1. 概念设计

更新的概念设计环境使实体和曲面的创建、编辑和导航变得简单且直观。由于所有工具都集中在一个位置，因此用户可以方便地将构想转化为设计。改进的导航工具使设计人员可以在创建和编辑期间直接与其模型进行交互，从而可以更加有效地对备选设计进行筛选。

2. 可视化工具

无论处于项目生命周期中的哪个阶段，AutoCAD 2020 均让用户通过强大的可视化工具（例如漫游动画和真实渲染）来表达所构思的设计。通过新的动画工具，可以在设计过程早期发现设计缺陷，而不是在缺陷可能变得难以解决时才被发现。

3. 文档

AutoCAD 2020 可以方便快捷地将设计模型转化为一组构造文档，以便清晰准确地描绘要构建的内容。截面和展平工具使用户可以直接通过设计模型进行操作来创建截面和立视图，随后可以将其集成到图形中。由于无需为设计文档包重新创建模型信息，因此可以节省时间和资金，并避免在手动重新创建期间可能发生的任何错误。

4. 共享

AutoCAD 2020 扩展了已有的共享工具（例如，可将当前 DWG 文件输出为旧版本的 DWG 文件，而且可以输出和输入具有红线圈阅和标记信息的 DWF 文件），并且改进了输入并将 DWF 文件作为图形参考底图进行操作的功能。

5. 块调色板

使用可视库从最近使用的列表中有效插入块。

6. 清除重新设计

通过简单的选择和对象预览即可一次性删除多个对象。

2.2 AutoCAD 的基本操作

本节主要介绍 AutoCAD 2020 的启动过程、绘图屏幕的各组成部分及其功能，在此基础上介绍简单图形的绘制。

2.2.1 启动 AutoCAD

启动 AutoCAD 的步骤：在“开始”菜单中选择“程序”，然后选择“AutoCAD 2020 中文版”，或者在桌面上双击 AutoCAD 2020 中文版图标。启动后屏幕出现 AutoCAD 2020 欢迎界面，关闭欢迎界面后进入 AutoCAD 2020 操作窗口，如图 2-1 所示。

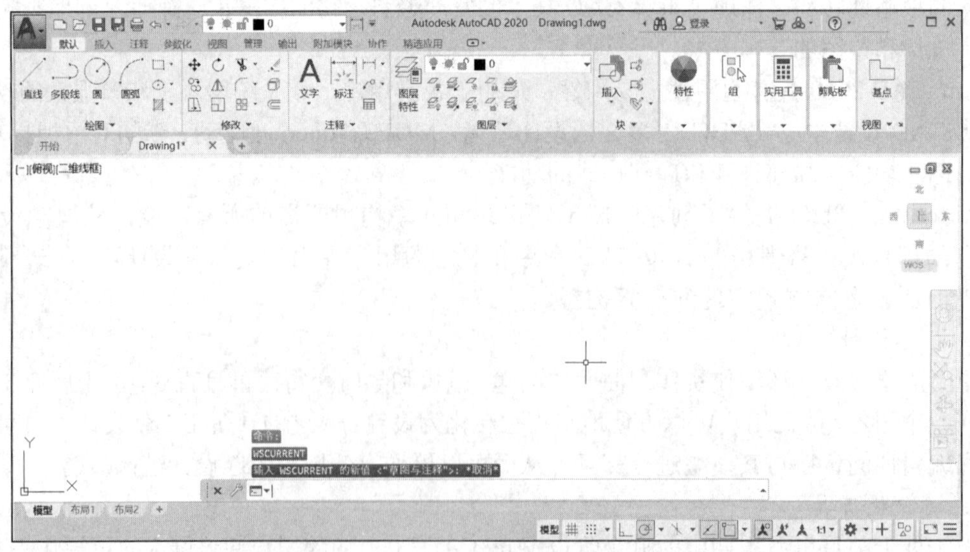

图 2-1 AutoCAD 2020 操作窗口

2.2.2　AutoCAD 窗口操作

AutoCAD 的操作窗口是设计工作空间，包括用于设计和接收设计信息的基本组件，提供了“草图与注释”“三维基础”和“三维建模”3 种工作空间模式，也可自行添加经典界面，如图 2-2 至图 2-4 所示。

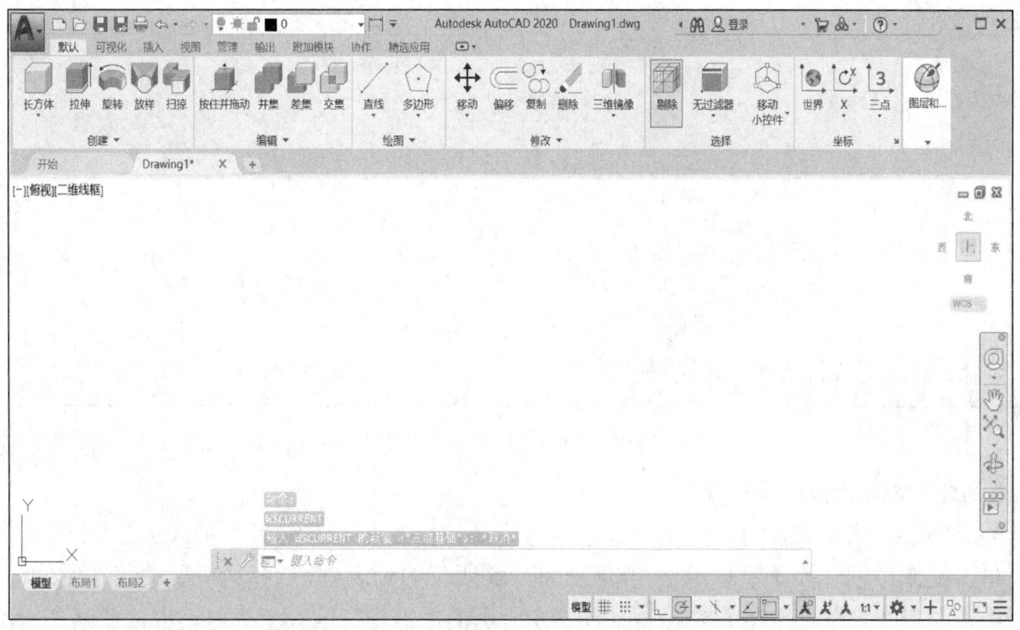

图 2-2　AutoCAD 三维基础绘图窗口

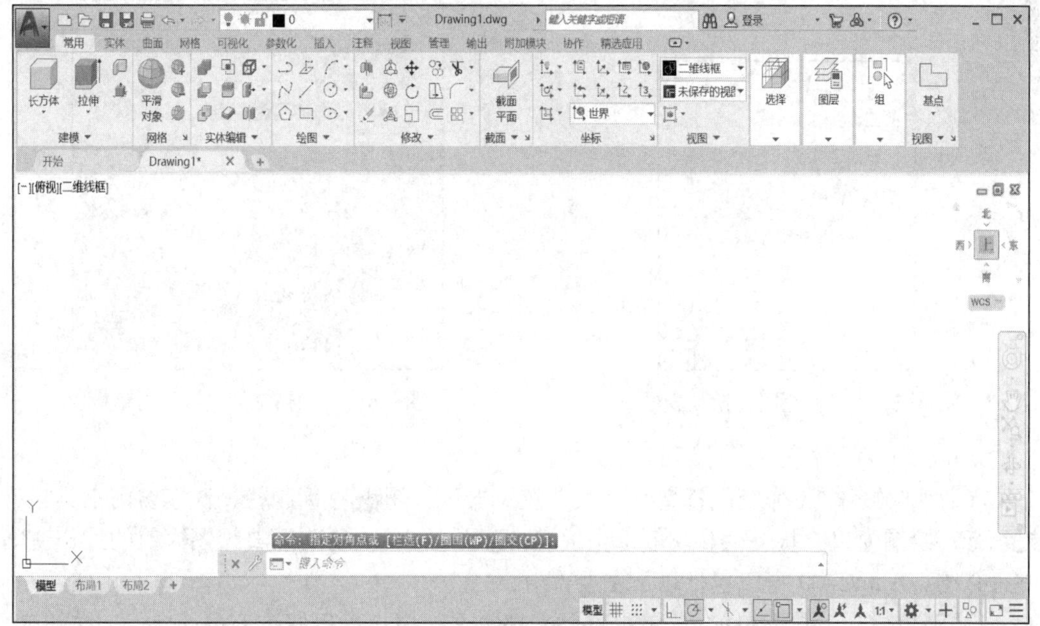

图 2-3　AutoCAD 三维建模绘图窗口

图 2-4　AutoCAD 经典绘图窗口

1. 工作空间的转换和设置

AutoCAD 2020 缺省的工作空间是草图与注释，要改变工作空间，在 AutoCAD 窗口的右下角单击工作空间转换下拉框⚙▾，出现如图 2-5 所示的列表框，选择所需要的工作空间即可。单击“工作空间设置”按钮⚙，出现如图 2-6 所示的“工作空间设置”对话框，在其中对所需的工作空间进行设置。

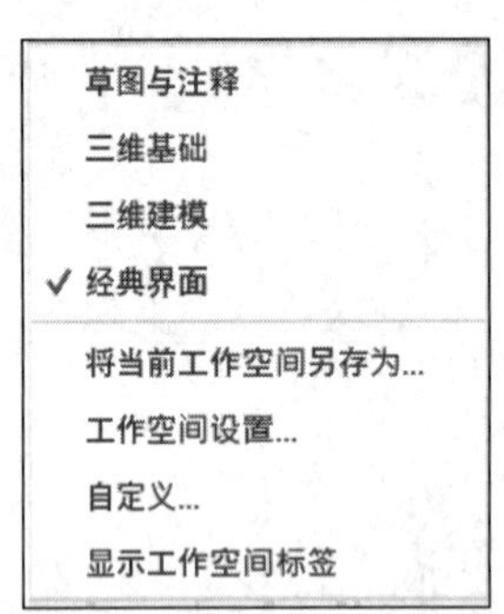

图 2-5　工作空间转换列表框

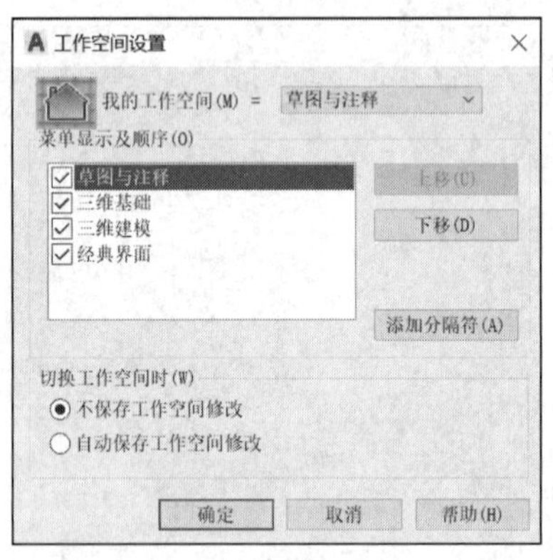

图 2-6　“工作空间设置”对话框

2. AutoCAD 操作窗口

AutoCAD 的各个工作空间都包含“菜单浏览器”按钮、标题栏、快速访问工具栏、命令提示行、绘图窗口、状态栏和功能选项板等，下面以 AutoCAD 经典绘图窗口的工作空间为例进行介绍。AutoCAD 窗口包括以下主要部分：

（1）菜单栏（下拉菜单）。菜单由菜单文件定义，用户可以修改或设计自己的菜单文件。典型的下拉菜单包括文件、编辑、视图、插入、格式、工具、绘图、标注、修改、窗口和帮助。

用鼠标左键点取下拉菜单标题时会在标题下出现菜单项列表，在表中拾取各命令项。

（2）工具栏。工具栏包括许多由图标表示的工具。单击这些图标按钮即可激活相应的命令。AutoCAD 2020 提供了 48 个工具条，右击任意工具条，屏幕出现工具栏菜单，然后在工具栏内单击某工具条项目，在此可以打开、关闭某个工具条。

（3）绘图区域。显示图形，根据窗口大小和显示的其他组件（例如工具栏和对话框）数目，绘图区域的大小将有所不同。

（4）十字光标。在绘图区域标识拾取点和绘图点。十字光标由定点设备控制，可以使用十字光标定位点、选择和绘制对象。

（5）模型/布局选项卡。可以在模型（图形）空间和图纸（布局）空间来回切换。一般情况下，先在模型空间创建设计，然后创建布局以绘制和打印图纸空间中的图形。

（6）命令窗口。在绘图区下方，显示命令提示和信息。

（7）状态栏。在左下角显示光标坐标。状态栏还包含一些按钮，使用这些按钮可以打开常用的绘图辅助工具。这些工具包括“捕捉”“栅格”“正交”“极轴”“对象捕捉”“对象追踪”“线宽”（线宽显示）和“模型”（模型空间与图纸空间切换等）。

2.2.3 常用功能键

F1：按下 F1 键打开 AutoCAD 帮助。

F2：按下 F2 键打开 AutoCAD 文本窗口，再按下则关闭。

F3：按下 F3 键打开对象捕捉，再按下则关闭。

F4：按下 F4 键打开三维对象捕捉，再按下则关闭。

F5：按下 F5 键绘制等轴测平面。

F6：按下 F6 键打开动态显示，再按下则关闭。

F7：按下 F7 键打开屏幕栅格，再按下则关闭。

F8：按下 F8 键打开正交状态，再按下则关闭。

F9：按下 F9 键打开捕捉，再按下则关闭。

F10：按下 F10 键打开极坐标，再按下则关闭。

F11：按下 F11 键打开对象捕捉追踪，再按下则关闭。

F12：按下 F12 键打开动态输入，再按下则关闭。

Esc：取消或中断命令。

2.3 图形文件的使用

2.3.1 用新建（New）命令建立一幅新图

用新建命令可以开始一幅新图。可以从标准工具栏中单击“新建”按钮或者选择“文件”菜单中的“新建”命令，出现“选择样板”对话框（如图 2-7 所示），在其中进行绘图设置后单击“确定”按钮即可开始绘图。

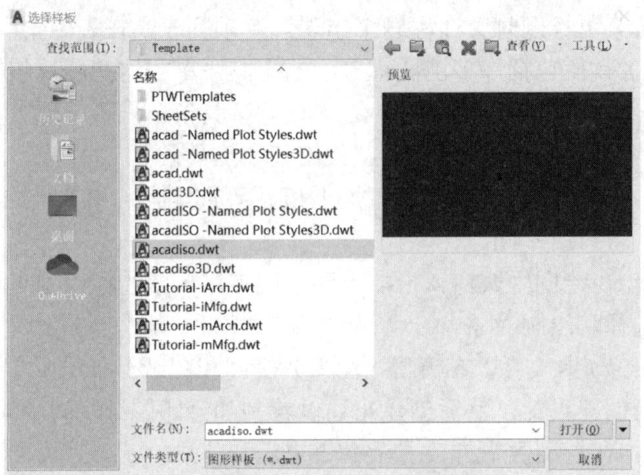

图 2-7　“选择样板”对话框

2.3.2　打开一幅旧图

在 AutoCAD 中打开一幅已有的图形，可以使用打开（Open）命令。从标准工具栏中单击“打开”按钮或者选择“文件”菜单中的“打开”命令，出现如图 2-8 所示的“选择文件”对话框，在其中可以从不同路径下查找已有的图形，选中后单击“打开”按钮即可。

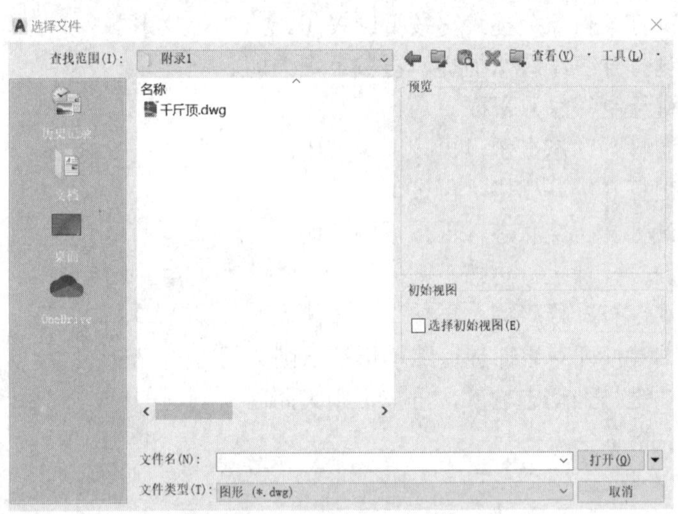

图 2-8　“选择文件”对话框

2.3.3　保存图形

绘制图形时应该经常保存文件。如果要绘制新图形或修改旧图而又不想影响原图形，则可以用一个新名称来保存它。

保存图形的步骤：从“文件”菜单中选择“保存”命令或者从标准工具栏中单击“保存”按钮。

如果当前图形已经保存并命名，则 AutoCAD 保存上一次保存后所作的修改并重新显示命令提示。如果是第一次保存图形，则显示如图 2-9 所示的“图形另存为”对话框，在“文件名”文本框中输入新建图形的名字，然后单击“保存”按钮。

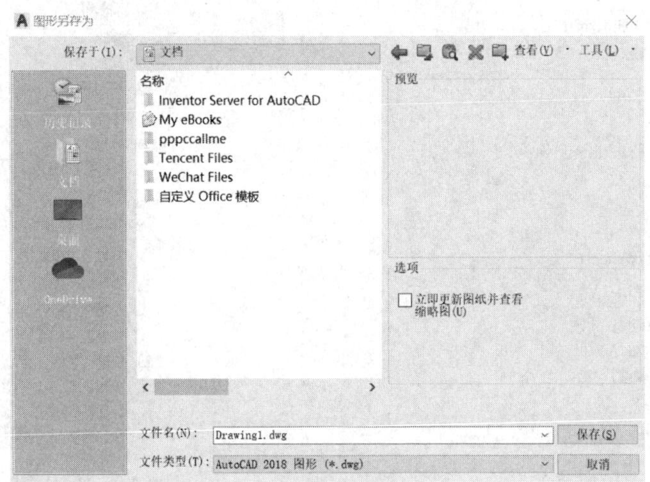

图 2-9　“图形另存为”对话框

2.3.4　关闭图形和退出 AutoCAD

关闭图形（Close）命令用来关闭活动图形，也可以单击图形右上角的“关闭”按钮来关闭图形。

关闭图形的步骤如下：

（1）单击要关闭的图形使其成为活动图形。

（2）从“文件”菜单中选择“关闭”命令。

注意：AutoCAD 处于“单文档”模式时 Close 命令不可用。

退出 AutoCAD 的方法：从“文件”菜单中选择“退出”命令。如果已经保存了对所有打开图形的修改，则可以直接退出 AutoCAD 而不用再次保存；如果没有保存修改，AutoCAD 会提示保存或放弃修改。

2.3.5　快捷菜单的使用

右击会显示快捷菜单，从中可以快速选择一些与当前操作相关的选项。快捷菜单与当前条件密切相关。显示的快捷菜单及其提供的选项取决于光标位置、对象是否被选定、是否有命令在执行。在 AutoCAD 窗口的以下区域都可以显示快捷菜单：绘图区域、命令行、对话框和窗口、工具栏、状态栏、“模型”和“布局”选项卡。

（1）在绘图区域使用快捷菜单。在绘图区域右击将显示如图 2-10 所示的快捷菜单。在无命令状态下拾取对象后右击将显示如图 2-11 所示的快捷菜单。可以在“选项”对话框的“用户系统配置”选项卡中控制“缺省”“编辑”和“命令”菜单的显示。

（2）控制“缺省”“编辑”和“命令”快捷菜单。“对象捕捉”“夹点”和 OLE 快捷菜单始终是打开的，但是用户可以决定是否显示“缺省”“编辑”和“命令”快捷菜单。如果关闭了这些菜单，在绘图区域右击或按下 Enter 键，则效果是一样的。缺省情况下，这三个菜单都可以使用。

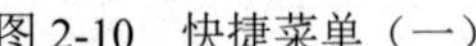
图 2-10　快捷菜单（一）

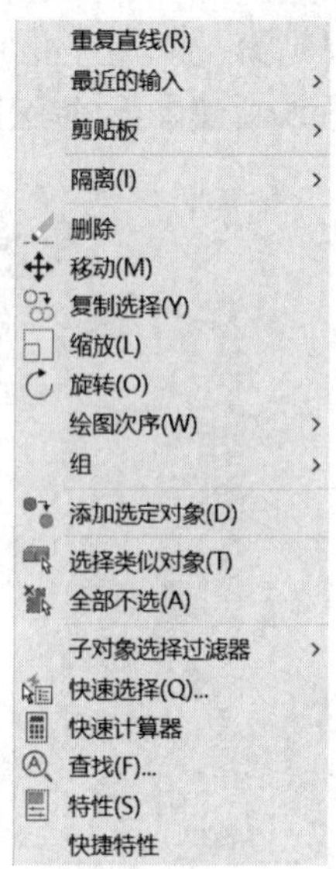

图 2-11　快捷菜单（二）

在绘图区域中关闭快捷菜单的步骤：从“工具”菜单中选择“选项”命令，或者选择绘图区域快捷菜单中的“选项”命令，出现如图 2-12 所示的“选项”对话框，在“用户系统配置”选项卡中取消对“Windows 标准操作”下“绘图区域中使用快捷菜单”复选项的选择。

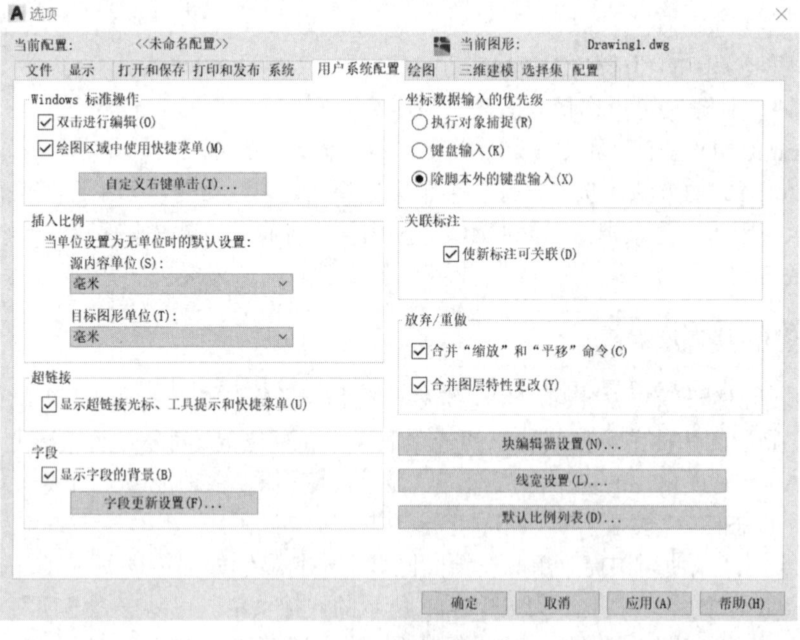

图 2-12　“选项”对话框

要单独控制“缺省”“编辑”和“命令”快捷菜单时，应选择“绘图区域中使用快捷菜单”复选项，然后单击“自定义右键单击”按钮，出现如图 2-13 所示的“自定义右键单击”对话框。

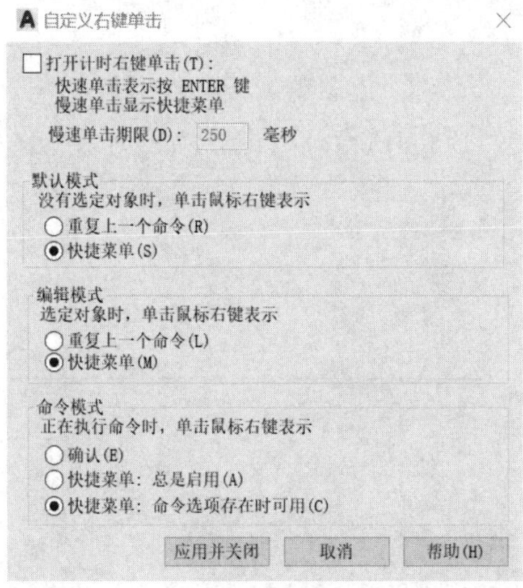

图 2-13　“自定义右键单击”对话框

在“默认模式”或“编辑模式”下选择选项以控制在没有执行任何命令时在绘图区域上右击所产生的结果；在“命令模式”下选择选项以控制执行命令过程中在绘图区域上右击所产生的结果。

除了关闭和打开“缺省”“编辑”和“命令”快捷菜单外，还可以自定义这些菜单上所显示的选项。例如，可以在“编辑”快捷菜单中添加只在选择了圆时才显示的选项。

（3）在绘图区域外使用快捷菜单。在除绘图区域之外的 AutoCAD 窗口的其他区域右击也会显示快捷菜单。

习题 2

1．AutoCAD 有哪些特点？
2．如何启动 AutoCAD？
3．AutoCAD 有哪些常用功能键？
4．如何打开和保存 AutoCAD 文件？

第 3 章 绘图入门

通过上一章的学习，我们对 AutoCAD 绘图系统有了进一步的了解，同时对绘图屏幕和图形文件操作有了初步认识。本章主要介绍初次绘图时经常用到的一些命令。

3.1 国家标准《工程制图》的有关规定设置

为了使绘出的图样符合国家标准的基本规定，本节主要介绍在绘图过程中常用国家标准的设置。

3.1.1 图纸幅面的设置

1. 设置绘图单位

绘图单位的设置包括长度和角度的类型、精度等。

命令的执行：选择“格式”→“单位”命令，弹出如图 3-1 所示的“图形单位”对话框。

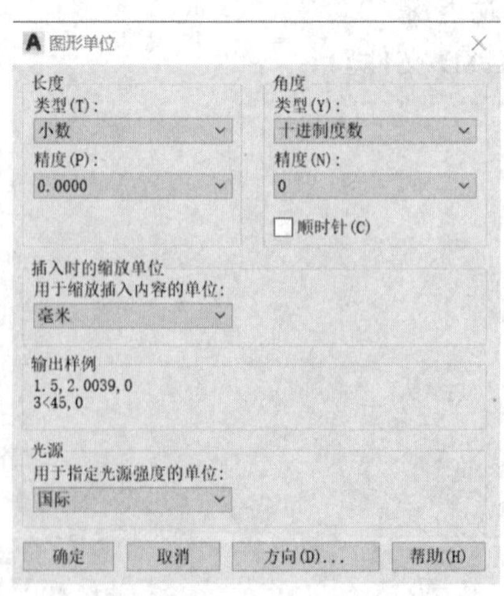

图 3-1 “图形单位”对话框

此对话框分“长度”和“角度”两栏，可以各自设置类型和精度。

2. 设置图形界限

用于设置当前图形的绘图界限。

命令的执行：选择“格式”→“图形界限”命令，命令行提示：

```
命令: '_limits
重新设置模型空间界限:
指定左下角点或 [开(ON)/关(OFF)] <0.0,0.0>:     输入左下角坐标
指定右上角点 <420.0,297.0>:                    输入右上角坐标
```

指令说明：

①绘图界限的功能分为打开（ON）和关闭（OFF）两种状态，在 ON 状态下绘图元素不能超出边界，否则出错；在 OFF 状态下，AutoCAD 不进行边界检查。

②绘图界限命令所确定的绘图范围以栅格显示。

3.1.2 文字样式

利用定义新字型 STYLE 命令可以改变当前文字字型。

选择“格式”→“文本样式”命令或者单击工具栏中的按钮，弹出如图 3-2 所示的“文字样式”对话框，在其中可以定义字体类型。

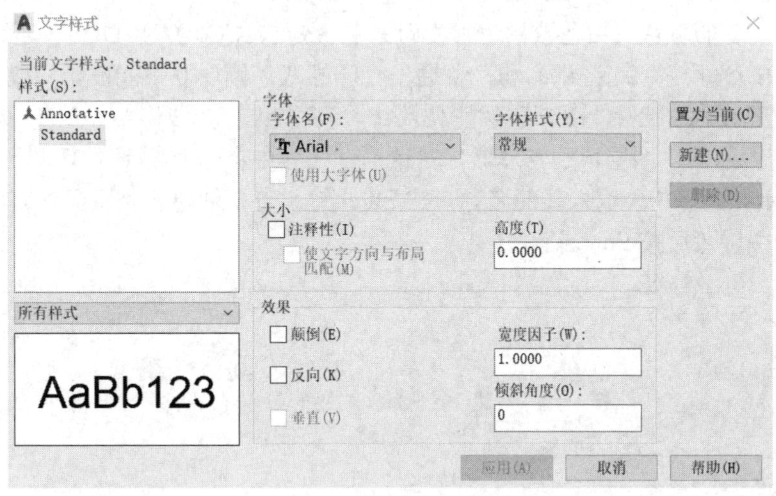

图 3-2　“文字样式”对话框

单击“新建”按钮，出现如图 3-3 所示的“新建文字样式”对话框，在“样式名”文本框中输入新建字体的名称，然后单击“确定”按钮。

图 3-3　“新建文字样式”对话框

在“样式”列表框中选择新建的样式名，在“字体名”下拉列表框中选择要设置的字体，

然后在“高度”“宽度因子”和“倾斜角度”等文本框中输入设置字体的各项参数。

3.1.3 图层、线型、颜色、线宽的设置

图层是 AutoCAD 的一大特色，在它上面可以存储各种图形信息。绘图时各种实体可以放在一个图层上，也可以放在多个图层上，并给每个图层设置不同的颜色和线型等。

图层可以看作是一张张透明的薄片，图形和各种信息就绘制存放在这些透明薄片上，但每一个图层必须有唯一的层名。不同的层上可以设置不同的线型、颜色和线宽，所有的图层由系统统一定位且坐标系相同，因此在不同图层上绘制的图形不会发生位置上的混乱。

图层是有状态的，而且状态可以被改变。层的状态包括层名、颜色、线型、打开或关闭、是否为当前层。每一个图层都对应一组确定好的层名、颜色、线型和打开与否的状态。根据作图需要可以随时将某一图层设置为当前层，初始层的层名为 0，颜色为白色，线型为连续线。当前层状态始终为打开状态，即不能关闭当前层，也不能删除当前层。

1. 图层的设置

在 AutoCAD 中，可以用“图层特性管理器”对话框方便地设置和控制图层。利用对话框可直接设置及改变图层的参数和状态，即设置层的颜色、线型、可见性、建立新层、设置当前层、冻结或解冻图层、锁定或解锁图层、列出所有存在的层名等。

开始绘制一个新图形时，AutoCAD 将创建一个名为 0 的特定图层。默认情况下，图层 0 将被指定编号为 7 的颜色（白色或黑色，由背景色决定）、CONTINUOUS（连续）线型、“缺省”线宽（0.01 英寸或 0.25 毫米）和“普通”打印样式。图层 0 不能被删除或重命名。

（1）建立新图层。选择“格式”→“图层”命令或者单击特性工具栏中的“图层”按钮，弹出如图 3-4 所示的“图层特性管理器”对话框。在其中单击按钮，新图层将以临时名称“图层 1”显示在列表中，输入新的名称，按 Enter 键。若要创建多个图层，则再次单击按钮，输入新的图层名后按 Enter 键。

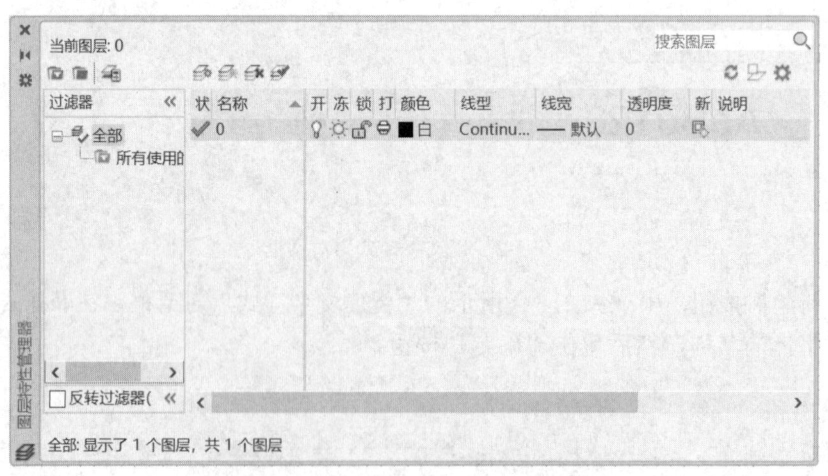

图 3-4 “图层特性管理器”对话框

（2）设置当前层。绘图操作总是在当前图层上进行的。将某个图层设置为当前图层后，创建的对象都将“随层”取缺省值。不能将被冻结的图层设置为当前图层。

在对话框中选择一个图层名，然后单击按钮；或者在对话框中双击一个图层名；或者

在一个图层名上右击并选择“置为当前”选项，均可将该层设置为当前层。

在绘图过程中改变当前层，最好从特性工具栏的“图层名”列表框中直接选取当前层。

（3）控制图层的可见性。

1）打开和关闭图层。在“图层特性管理器”对话框中，单击“开/关”按钮将其打开或关闭。图层上的图形随着图层的关闭而不被屏幕显示。打开已关闭的图层时，AutoCAD 将重画该图层上的图形并显示出来。

注意：①如果图层被关闭，则该图层上的图形虽然不被屏幕显示，但是会随其他未关闭图层上的图形一起重生成；②当前层不能被关闭，否则所有的图形操作都不能被显示。

2）冻结和解冻图层。在“图层特性管理器”对话框中，单击“冻结/解冻”按钮将其冻结或解冻。冻结图层可以加速 ZOOM、PAN 和 VPOINT 命令的执行，提高对象选择的性能，减少复杂图形的重生成时间。AutoCAD 不能在被冻结的图层上显示、打印或重生成对象，所以可将长期不需要显示的图层冻结。解冻已冻结的图层时，AutoCAD 将重生成图形并显示该图层上的图形。

注意：当前层不能被冻结，否则所有的图形操作都不能被显示。

3）打开或关闭图层打印。在“图层特性管理器”对话框中，单击“打印”按钮可以打开或关闭图层的打印。如果关闭了图层的打印，则该图层只能显示但不能打印。

（4）锁定和解锁图层。在“图层特性管理器”对话框中，单击“锁定/解锁”按钮可以打开或关闭图层的锁定。锁定图层上的图形不能被编辑或选择，如果该图层处于打开状态并被解冻，则上面的图形仍是可见的。可以将被锁定的图层作为当前图层并在其中绘制新图形，但不能被编辑。

（5）设定图层颜色。图层中的每一层都有一个颜色号，该编号是 1 和 255 之间的一个整数。但为了便于在不同计算机系统之间交换图形或打印，经常使用前 7 个标准颜色，如下：

1 Red（红色） 2 Yellow（黄色） 3 Green（绿色） 4 Cyan（青色）

5 Blue（蓝色） 6 Magenta（洋红色） 7 White（白色）

如果要改变图层的颜色，则在“图层特性管理器”对话框中单击“颜色”按钮，弹出如图 3-5 所示的“选择颜色”对话框，在其中选取需要的颜色，然后单击“确定”按钮。

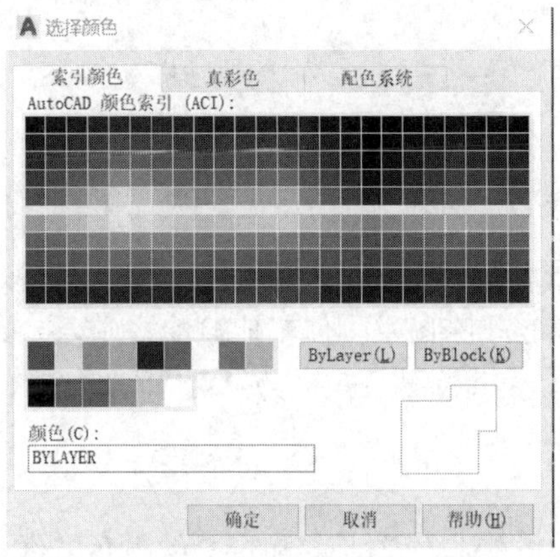

图 3-5 “选择颜色”对话框

（6）设定图层的线型。每一个图层可以设置一个具体的线型，不同的图层线型可以相同，也可以不同。每一种线型都有自己的名字，线型名最长不超过 31 个字符。所有新生成图层上的线型都按缺省方式定为 CONTINUOUS（连续）。

如果要改变图层的线型，则在“图层特性管理器”对话框中单击“线型”按钮，弹出如图 3-6 所示的“线型管理器”对话框，在其中选取需要的线型，然后单击“确定”按钮。如果“线型管理器”对话框中没有所需要的线型，则单击“加载”按钮，弹出如图 3-7 所示的“加载或重载线型”对话框，在“可用线型”列表框中选取所需线型，再单击“确定”按钮。

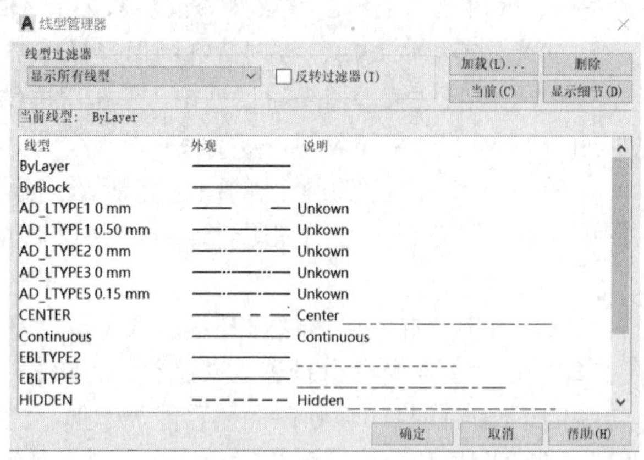

图 3-6 “线型管理器”对话框

（7）图层线宽的设置。通过设置图层线宽可使绘制出的图形更直观。如果要改变图层的线宽，则在“图层特性管理器”对话框中单击“线宽”按钮，出现如图 3-8 所示的“线宽设置”对话框，在其中选取所需线宽后单击“确定”按钮。

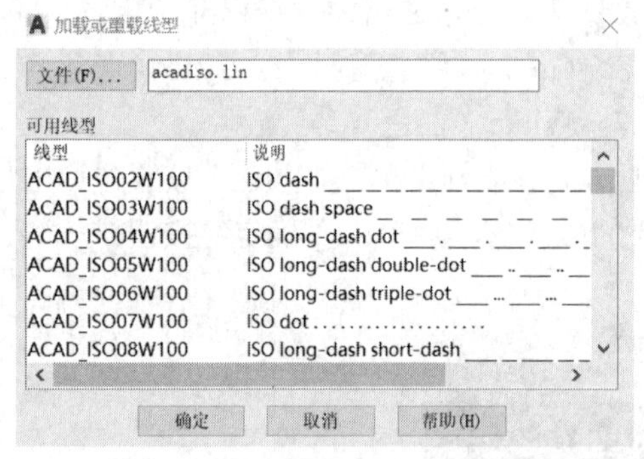

图 3-7 “加载或重载线型”对话框

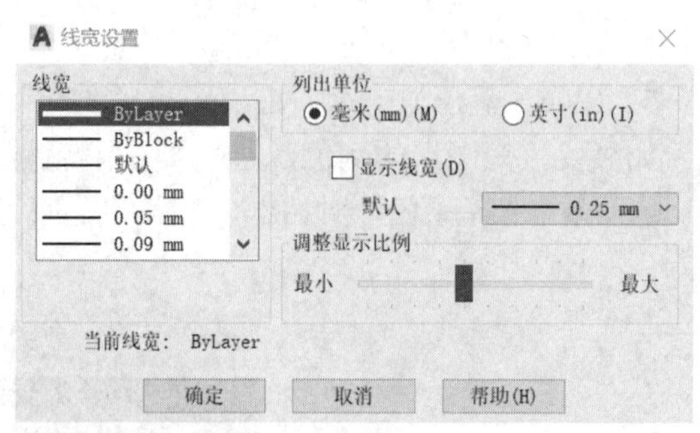

图 3-8 “线宽设置”对话框

（8）删除图层。在“图层特性管理器”对话框中选择一个或多个图层，然后单击 ✖ 按钮。

注意：在绘图期间随时都能删除图层，但不能删除当前层、图层 0、依赖外部参照的图层或包含图形的图层。被块定义参照的图层和名为 DEFPOINTS 的特殊图层也不能被删除，即使它们不包含可见图形。

2. 图层特性

在图层上绘图时，新对象的缺省设置是“随层”的颜色、线型、线宽和打印样式。以“随层”设置绘制的对象都将采用所在图层的特性。例如，如果在一个颜色为绿色、线型为 CONTINUOUS（连续）、线宽为 0.25mm、打印样式为“普通”的图层上绘图，所有被绘制的对象都具有这些特性。将颜色、线型、线宽和打印样式设置为“随层”缺省对象特性可以把图形组织得井井有条。如果要使特定的对象具有与其所在图层不同的颜色、线型、线宽或打印样式，可以修改对象特性设置。一个对象特性可以被设置为特定的特性值（如颜色为红色）或被设置为“随层”或“随块”。对象特有的特性设置将替代图层特性设置，除非将其值设置为“随层”。

（1）使用颜色。可以给图层指定颜色，为新建的对象设置当前颜色（包括“随层”或“随块”），或者改变图形中现有对象的颜色。若要使用一种颜色绘图，必须选择一种颜色并将其设置为当前色，则所有新创建的对象都将使用当前色。

操作方法：选择“格式”→“颜色”命令或者单击工具栏中的 红色 按钮选择所需要的颜色。

（2）使用线型。可以给图层指定线型，为新建的对象设置当前线型（包括“随层”或“随块”），或者改变图形中现有对象的线型。若要使用一种线型绘图，必须选择一种线型并将其设置为当前线型，则所有新创建的对象都将使用当前线型。

操作方法：选择“格式”→“线型”命令或者单击工具栏中的 Continuous 按钮选择所需要的线型。

（3）使用线宽。可以给图层指定线宽，为新建的对象设置当前线宽（包括“随层”或“随块”），或者改变图形中现有对象的线宽。若要使用一种线宽绘图，必须选择一种线宽并将其设置为当前线宽，则所有新创建的对象都将使用当前线宽。

操作方法：选择“格式”→“线宽”命令或者单击工具栏中的 0.25 毫米 按钮选择所需要的线宽。

3.1.4　设置尺寸标注样式

在标注尺寸时，根据要标注尺寸的类型和方式的不同，有时需要对尺寸样式设置进行修改。AutoCAD 提供了利用标注样式管理器设置尺寸标注方式的功能，可以形象直观地设置尺寸变量，建立尺寸标注样式。

在 AutoCAD 中，可以在命令行中键入 DimStyle 或 DDIM 来打开尺寸标注样式管理器。也可以选择“格式”或“标注”菜单中的“标注样式”命令或者单击“标注”工具栏中的“标注样式”按钮，弹出如图 3-9 所示的对话框。

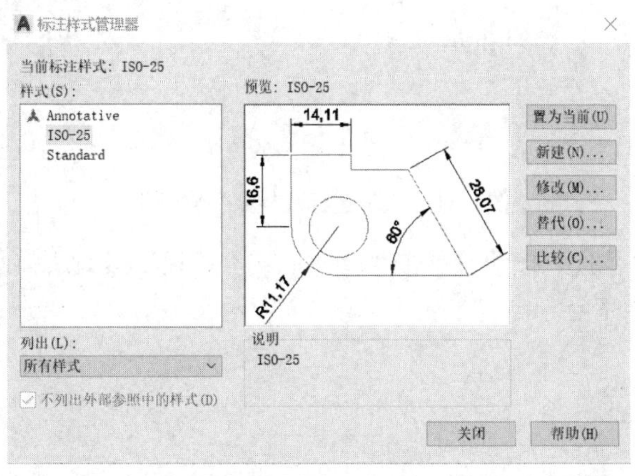

图 3-9　“标注样式管理器”对话框

（1）样式。该列表框列出了当前已定义好的尺寸类型名称，如果要改变当前尺寸标注类型，可在此选取一个，然后单击“置为当前”按钮。

（2）“置为当前”按钮。该按钮把在“样式”列表框中选择的尺寸标注类型设置为当前。

（3）“新建”按钮。单击该按钮将显示“创建新标注样式”对话框，如图 3-10 所示。在“新样式名”文本框中输入新建的尺寸标注样式名称，在“基础样式”下拉列表框中可以指定新建的尺寸标注样式将以哪个已有的样式为模板，在“用于”下拉列表框中可以指定新建的尺寸标注样式将用于哪些类型的尺寸标注。然后单击“继续”按钮，显示“新建标注样式”对话框，如图 3-11 所示，在其中可以对组成尺寸的各要素及标注方式按国标进行设置。

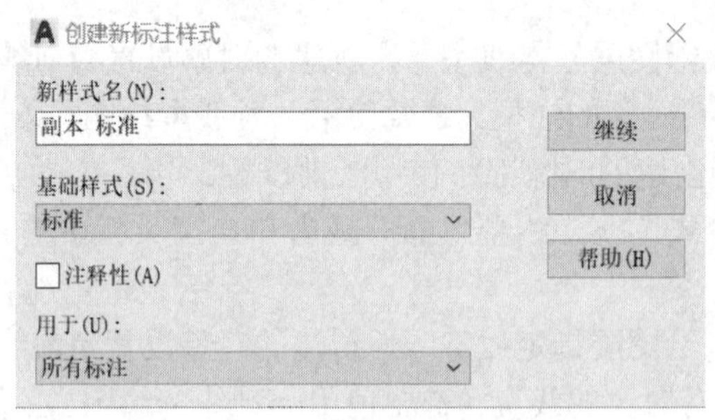

图 3-10　“创建新标注样式”对话框

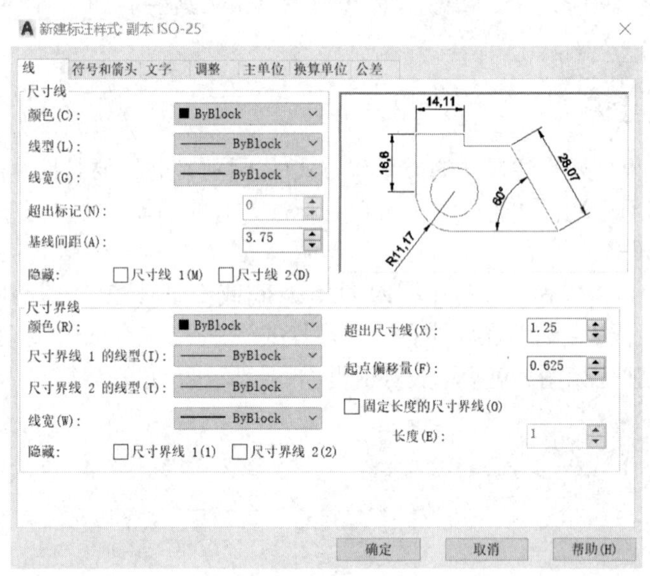

图 3-11　“新建标注样式”对话框

（4）“修改”和“替代”按钮。单击“修改”或“替代”按钮所弹出的对话框与“新建标注样式”对话框的内容完全一样。

3.2　基本绘图命令

下面结合一些简单绘图实例来说明 AutoCAD 基本绘图命令的使用方法。

3.2.1 直线（LINE）命令

功能：用“直线”命令能绘制一系列相连的线段，也可以让起点和端点闭合，形成一个封闭的图形，如图3-12所示。

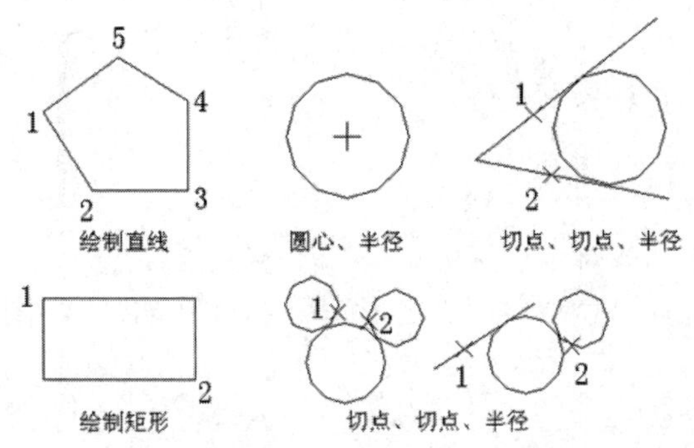

图3-12　绘制直线、圆弧和圆

绘制直线的步骤：选择“绘图”→“直线”命令或者单击“绘图”工具栏中的╱按钮。命令行提示：

命令: _line
指定第一点: 如图3-13所示
指定下一点或 [放弃(U)]:
指定下一点或 [放弃(U)]:
指定下一点或 [闭合(C)/放弃(U)]:
指定下一点或 [闭合(C)/放弃(U)]:
指定第一点：点取1（指定一点时可用鼠标在屏幕上点取，也可以在命令行输入点的坐标，如图3-12所示的1点）
指定下一点或 [放弃(U)]:2
指定下一点或 [放弃(U)]: <正交 开>3（按F8键表示进入正交模式，此时只能画水平线和垂直线）
指定下一点或 [闭合(C)/放弃(U)]:4
指定下一点或 [闭合(C)/放弃(U)]:
指定下一点或 [闭合(C)/放弃(U)]: c

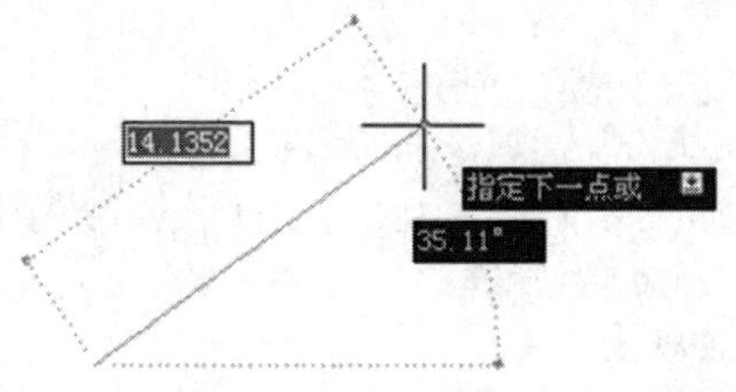

图3-13　绘制直线

说明：

①画完一条独立直线段或连续几段直线段的末端时，在命令提示行下按Enter键或Backspace键可结束此直线的绘制。

②画封闭多边形时，在最后命令提示行下输入C则将所画线框封闭。

③在画线过程中要取消刚刚所画出的线段，则在命令提示行下输入U（Undo，取消）。

④若要画水平和垂直方向的线段，应按 F8 键或激活按钮，进入正交模式 ORTHO。

⑤画直线时点的坐标输入方式。使用输入线段端点坐标值的方法画线时有以下 4 种方式：

- 用绝对 XY 坐标值，如(80,60)。
- 用极坐标（@距离<方向），如@100<90 表示长度 100，方向 90° 。
- 用相对坐标(@△X,△Y)，如@50, 40 表示相对参考点△X=50，△Y=40。
- 用鼠标移动光标在屏幕中点取。

3.2.2 矩形（RECTANGLE）命令

功能：在任意位置指定两对角点画出矩形，如图 3-12 所示。

绘制矩形的步骤：选择“绘图”→“矩形”命令或者单击“绘图”工具栏中的按钮。命令行提示：

```
命令: _rectangle
指定第一个角点或 [倒角(C)/标高(E)/圆角(F)/厚度(T)/宽度(W)]:A（如图 3-12 所示的 1 点）
指定另一个角点:2
```

3.2.3 圆（CIRCLE）命令

功能：在任何位置画任意大小直径的圆。绘制圆的方法有多种，默认方法是指定圆心和半径，如图 3-12 所示。

1. 绘制圆命令的拾取

（1）单击“绘图”工具栏中的按钮。(为缺省项，即圆心、半径画圆)。

（2）选择“绘图”→“圆”命令，级联菜单中有以下 6 种绘制圆的方法供选择：

- 给定圆心、半径画圆。
- 给定圆心、直径画圆。
- 给定两点画圆。
- 给定三点画圆。
- 给定两切线、半径画圆。
- 给定三切点画圆。

2. 绘制圆的步骤

（1）给定圆心、半径画圆（为缺省项）。

```
命令: _circle
指定圆的圆心或 [三点(3P)/两点(2P)/相切、相切、半径(T)]: A   输入圆心坐标，如图 3-12 所示
指定圆的半径或 [直径(D)]: 50   输入半径值
```

（2）给定两切线、半径画圆。

```
命令: _circle 指定圆的圆心或 [三点(3P)/两点(2P)/相切、相切、半径(T)]: _ttr
在对象上指定一点作圆的第一条切线:1      拾取如图 3-12 所示的第 1 条线
在对象上指定一点作圆的第二条切线:2      拾取如图 3-12 所示的第 2 条线
指定圆的半径 <56.0814>: 50        输入半径值
```

其他几种方法请按上述步骤自己练习，不再赘述。

3.2.4　圆弧（ARC）命令

功能：绘制任意半径和任意长度的圆弧。

画圆弧最常用的缺省方法是“三点定弧法”。

绘制圆弧命令的拾取方式：选择“绘图”→“圆弧”命令，级联菜单如图 3-14 所示。

绘制圆弧的步骤：作图过程如图 3-15 所示。

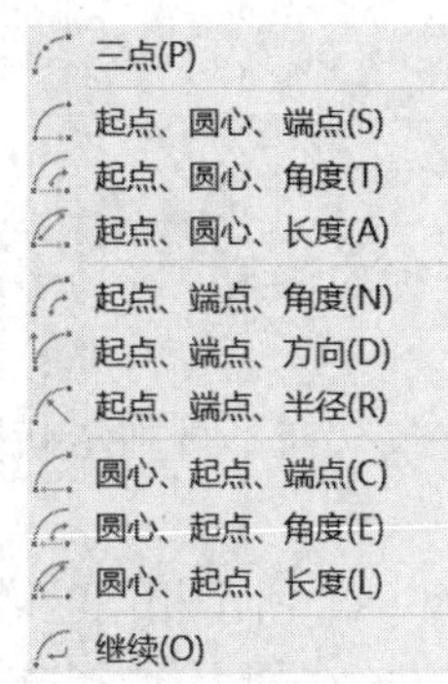

图 3-14　绘制圆弧命令的级联菜单

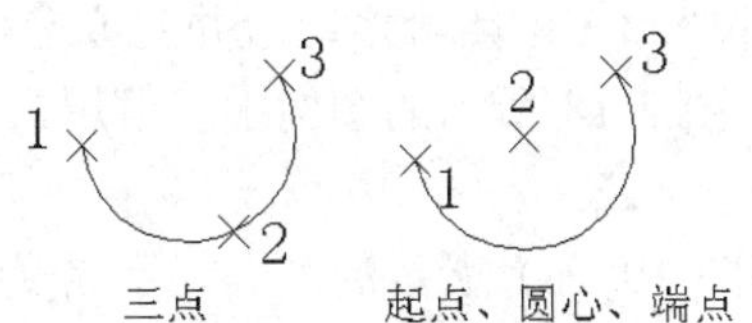

图 3-15　绘制圆弧

（1）给定三点画圆弧。

```
命令: _arc 指定圆弧的起点或 [圆心(CE)]:
指定圆弧的第二点或 [圆心(CE)/端点(EN)]:
指定圆弧的端点:
```

（2）给定起点、圆心、终点(S,C,E)画圆弧。

```
命令: _arc 指定圆弧的起点或 [圆心(CE)]:
指定圆弧的第二点或 [圆心(CE)/端点(EN)]:
_c 指定圆弧的圆心:
指定圆弧的端点或 [角度(A)/弦长(L)]:
```

其他几种画圆弧的方法请按上述步骤自己练习，不再赘述。

3.3　基本编辑命令

下面结合一些简单绘图实例来说明如何使用 AutoCAD 的最基本编辑命令。

3.3.1　选择对象

对已绘制的图形进行编辑，先要创建对象的选择集。用鼠标选择对象，然后运行编辑命令。无论用哪一种方法，AutoCAD 都会提示选择对象并用拾取框代替十字光标。

（1）单选。选取编辑命令后，移动鼠标点取要编辑的对象，选中后对象变虚。

（2）用选择窗口来选择对象。选择窗口是绘图区域中的一个矩形区域，在“选择对象”提示下指定两个角点即可定义此区域。角点指定的次序不同，选择的结果也不同。指定了第一个角点以后，从左向右拖动（选择窗口）仅选择完全包含在选择区域内的对象，如图 3-16 所示；从右向左拖动（交叉选择）可选择包含在选择区域内以及与选择区域的边框相交叉的对象，如图 3-17 所示。

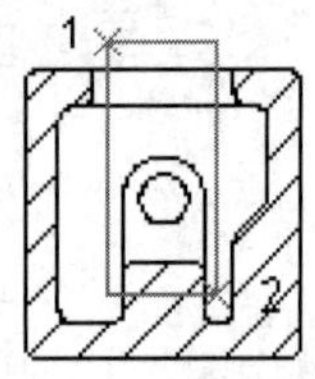

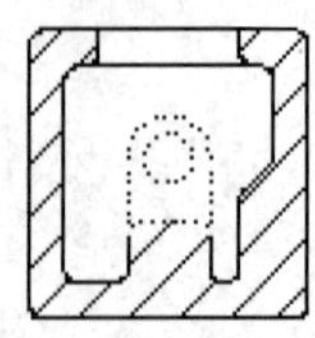

图 3-16　窗口选择对象

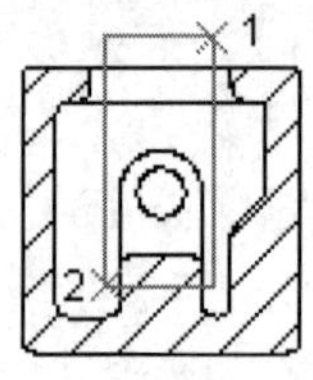

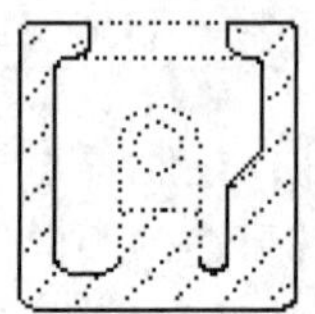

图 3-17　交叉窗口选择

（3）在不规则形状的区域内选择对象。

选择不规则形状区域中对象的步骤：

1）在“选择对象”提示下输入 cp（多边形）。

2）从左至右指定点定义一块区域，该区域完全包含要选择的线条（窗口多边形）。

3）按 Enter 键闭合多边形并完成选择。

在如图 3-18 所示的图例中，使用窗口多边形选择完全被包含在不规则形状区域内的所有图形及选择结果。

如图 3-19（a）所示的图例显示用交叉多边形选择图 3-18（a）所示相同区域的选择结果。

（4）使用选择栏选择对象。使用选择栏可以很容易地从复杂图形中选择非相邻对象。选择栏是一条直线，可以选择它穿过的所有对象。

用选择栏选择非相邻对象的步骤：

1）在“选择对象”提示下输入 f（栏选）。

2）指定选择栏点。

3）按 Enter 键完成选择。

如图 3-19（b）所示的图例显示用选择栏选择多个图形的结果。

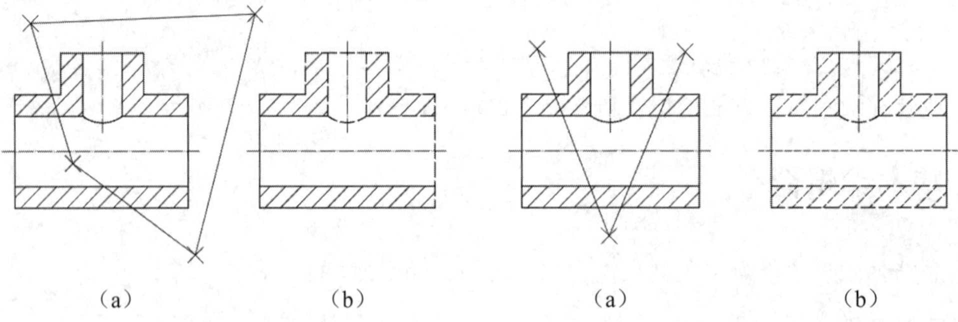

（a）　（b）

图 3-18　窗口多边形选择及结果

（a）　（b）

图 3-19　交叉多边形和选择栏选择及结果

（5）选择相邻对象。选择相邻或重叠的对象通常是很困难的。当对象是相邻的时，可以一次次地单击以便在选择的对象间循环切换，直至切换到要选择的对象。

循环切换选择对象的步骤：

1）在“选择对象”提示下按住 Ctrl 键并选择一个尽可能接近要选择对象的点。

2）重复单击直到要选择的对象被亮显。

3）按 Enter 键选定对象。

如图 3-20 所示的图例中有两条直线和一个圆位于选择拾取框的作用域内。

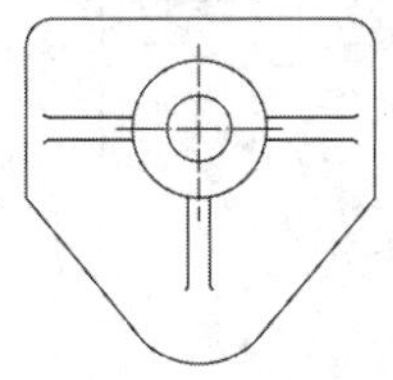

选择第一个对象

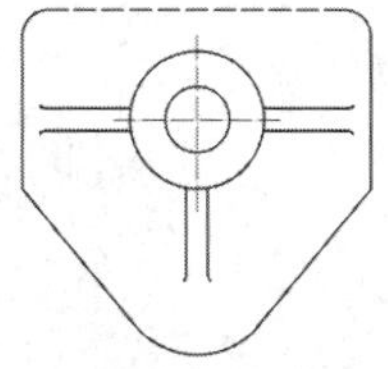

选择第二个对象

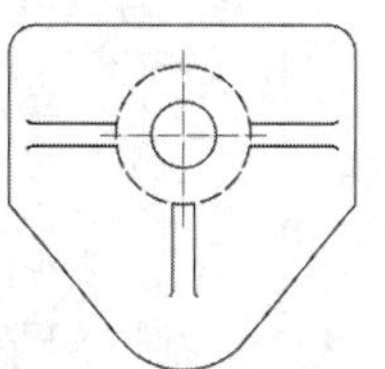

选择第三个对象

图 3-20　选择对象

（6）从选择集中删除对象。创建一个选择集后，可以从其中删除某个对象。例如，选择图形十分密集的对象，然后在所选择的对象内删除指定对象，只留下应该留下的选择对象。

从选择集中删除对象的步骤：

1）选择一些对象。

2）在“选择对象”提示下输入 r（即 Remove）。

3）在“删除对象”提示下从选择集中选择要删除的对象。

也可以在选择对象时按 Shift 键从选择集中删除对象。

要向选择集中添加对象，则输入 a（即 Add）。

3.3.2　删除（ERASE）命令

功能：删除所选图形。

命令的执行：

（1）选择“修改”→“删除”命令或者单击“修改”工具栏中的“删除”按钮。命令行提示：

```
命令: _erase
选择对象: 找到 1 个
选择对象: 找到 1 个，总计 2 个
选择对象: 回车即删除选取的对象
```

（2）快捷菜单：终止所有命令，选择要删除的对象，然后在绘图区域中右击并选择“删除”选项。

3.3.3　移动（MOVE）命令

功能：将所选取的对象移动到其他位置。移动对象仅仅是位置平移，而不改变对象的方向和大小。要非常精确地移动对象，请使用捕捉模式、坐标、夹点和对象捕捉模式。

命令的执行：

（1）选择“修改”→“移动”命令或者单击“修改”工具栏中的“移动”按钮✥。命令行提示：

```
命令: _move
选择对象: 找到 1 个
选择对象: 找到 1 个，总计 2 个
选择对象:（回车）
指定基点或位移:A 点（如图 3-21 所示的 A 点）
指定位移的第二点或 <用第一点作位移>: B 点（如图 3-21 所示的 B 点）
```

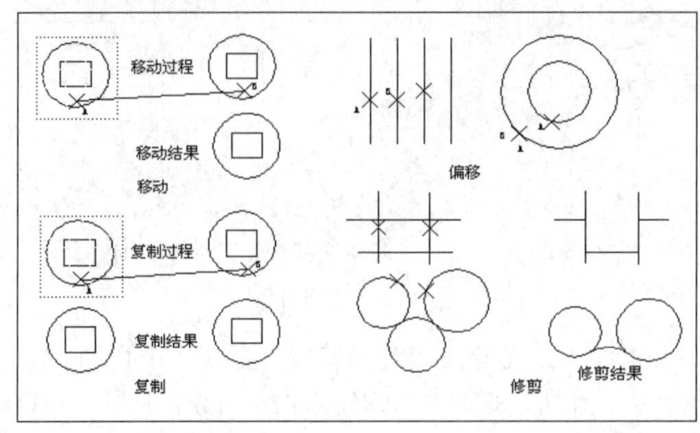

图 3-21　部分编辑命令结果

（2）用夹点移动对象。

1）选择对象，夹点显示出来。

2）右击并选择“移动”选项。

3）拖动对象将其移动到新位置。

3.3.4　复制对象

功能：可在当前图形内复制单个或多个对象，而且可以在其他应用程序与图形之间复制，包括图形内复制、利用夹点多次复制、利用剪贴板复制和粘贴对象。

1. 图形内复制命令

功能：在指定位置上拷贝所选图形而不改变原图形。

命令的执行：

（1）选择“修改”→“复制”命令或者单击“修改”工具栏中的“复制”按钮。命令行提示：

```
命令: _copy
选择对象: 找到 1 个
选择对象:（不选择并回车）
指定基点或位移，或者 [重复(M)]: A（如图 3-21 所示的 A 点）
指定位移的第二点或 <用第一点作位移>:B （如图 3-21 所示的 B 点）
```

（2）快捷菜单。终止所有命令，选择要复制的对象，在绘图区域中右击并选择“复制”选项，按系统提示执行。

说明：

①在指定基点或位移，或者 [重复(M)]: 提示时，若键入 M，则为连续复制方式。

②复制命令与移动命令的不同之处在于原图形不动，而在新的位置上复制一个图形。

2. 利用夹点多次复制

功能：可以在任何夹点模式下复制多个对象。例如可以通过偏移捕捉，以指定的间距复制多个对象。偏移距离由原始对象和第一个复制对象之间的距离定义。

利用夹点多次复制的步骤如下：

（1）选择要复制的对象。

（2）选择基夹点（1），如图 3-22 所示。

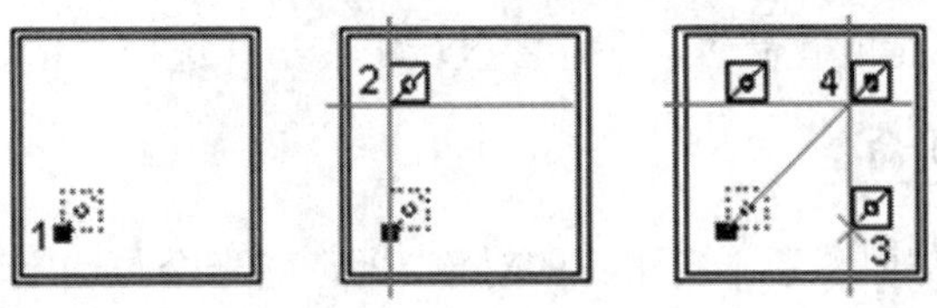

图 3-22　利用夹点多次复制

（3）单击“复制”按钮或者右击并选择“复制”选项。

（4）确定第一个复制对象的偏移距离（2）（偏移距离是点 1 和点 2 之间的距离）。

（5）按 Enter 键退出夹点模式。

3. 利用剪贴板复制

使用另一个 AutoCAD 图形中的对象或另一个应用程序创建的文件中的对象时，可以先将这些对象剪切或复制到剪贴板，然后将它们从剪贴板粘贴到图形中。对象的颜色在复制到剪贴板时不会改变。例如，如果对象是白色的，并且被粘贴到背景色为白色的图形中，则将看不见对象。利用剪贴板复制包括剪切到剪贴板、复制到剪贴板和复制视图到剪贴板。

（1）剪切到剪贴板。

功能：从图形中选择要删除的对象并将它们存储到剪贴板上。

命令的执行：

1）选择“编辑”→“剪切”命令或按 Ctrl+X 组合键或者单击按钮，选择要剪切的对象后右击结束。

2）快捷菜单。终止所有命令，选择要剪切的对象，在绘图区域中右击并选择“剪切”选项。

（2）复制到剪贴板。

功能：使用剪贴板将图形的部分或全部复制到另一个应用程序。

命令的执行：

1）选择“编辑”→“复制”命令或按 Ctrl+C 组合键或者单击按钮。

2）快捷菜单。终止所有命令，选择要复制的对象，在绘图区域中右击并选择“复制”选项。

（3）复制视图到剪贴板。

功能：将当前视图复制到剪贴板上，而不复制选定的对象。如果选定了一个视图，AutoCAD 将复制该视图中的内容，否则将复制绘图区域。

将视图复制到剪贴板的步骤：

1）选择一个视图或显示想复制的视图。

2）选择“编辑”→“复制链接”命令。

4. 从剪贴板粘贴对象

功能：当将对象复制到剪贴板时，AutoCAD 会存储关于所有有效格式的信息。当将剪贴板中的内容粘贴到 AutoCAD 图形中时，AutoCAD 使用保留最多信息的格式。

命令的执行：

（1）选择“编辑”→“粘贴”命令或按 Ctrl+V 组合键或者单击按钮，当前剪贴板上的对象被粘贴到图形中。

（2）快捷菜单。终止所有命令，在绘图区域中右击并选择“粘贴”选项。

3.3.5 偏移（OFFSET）命令

偏移可以创建一个与原图形本身平行的对象，即创建一个与选定对象类似的新对象，并把它放在离原对象一定距离的位置。可以偏移直线、圆弧、圆、二维多段线、椭圆、椭圆弧、参照线、射线和平面样条曲线。

命令的执行：选择“修改”→“偏移”命令或者单击“修改”工具栏中的“偏移”按钮。命令行提示：

```
命令: _offset
指定偏移距离或 [通过(T)] <1.0000>: 20（如图 3-21 所示）
选择要偏移的对象或 <退出>:
```

3.3.6 修剪（TRIM）命令

用指定的修剪边界将图形中不要的部分剪去。剪切边可以是直线、圆弧、圆、多段线、椭圆、样条曲线、构造线、射线和图纸空间中的视图。

命令的执行：选择“修改”→“修剪”命令或者单击“修改”工具栏中的“修剪”按钮。命令行提示：

```
命令: _trim
当前设置: 投影=UCS  边=无
选择剪切边 ...
选择对象: 找到 1 个（如图 3-21 所示）
选择对象: 找到 1 个，总计 2 个
选择对象:（不选择并回车）
选择要修剪的对象或 [投影(P)/边(E)/放弃(U)]:（此时用鼠标点取要修剪的对象）
```

3.4 精确绘图

利用 AutoCAD 的追踪和对象捕捉工具能够快速、精确地绘图。利用这些工具，无须输入坐标或进行烦琐的计算即可绘制出精确的图形。在绘图过程中，为了让绘图和设计过程变得简单易行，AutoCAD 提供了栅格、捕捉、正交、对象捕捉、自动追踪等多个绘图工具，它们有助于在快速绘图的同时保证绘图的精度。

3.4.1 调整捕捉和栅格对齐方式

捕捉和栅格设置有助于创建和对齐对象。可以调整捕捉和栅格间距，使之更适合进行特定的绘图任务。栅格是按指定间距显示的点，给用户提供直观的距离和位置参照。它类似于可自定义的坐标纸。捕捉使光标只能以指定的间距移动。打开捕捉模式时，光标只能在一定间距的坐标位置上移动。可以旋转捕捉和栅格方向，或将捕捉和栅格设置为等轴测模式，以便在二维空间中模拟三维视图。通常，捕捉和栅格有相同的基点和旋转角度，间距也一样，但间距可以设置为不同的值，包括修改捕捉角度和基点、与极轴追踪一起使用捕捉模式、将捕捉和栅格设置为等轴测模式。

1. 设置栅格、修改捕捉角度和基点

要沿着特定的方向或角度绘制对象，可以旋转捕捉角，调整十字光标和栅格。如果正交模式是打开的，则 AutoCAD 把光标的移动限制到新的捕捉角度和与之垂直的角度上。修改捕捉角度将同时改变栅格角度。

在如图 3-23 所示的例子中，捕捉角度调整为与固定支架的角度一致。通过这样的调整即可使用栅格非常方便地以 30° 方向来绘制对象。

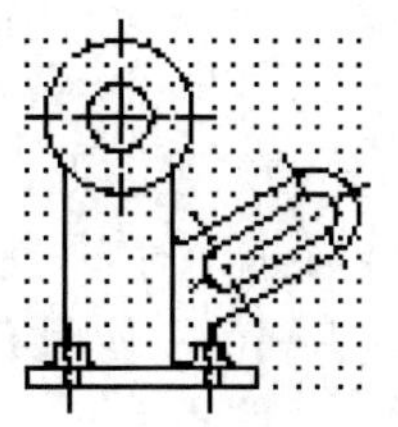

默认的捕捉角度为 0°

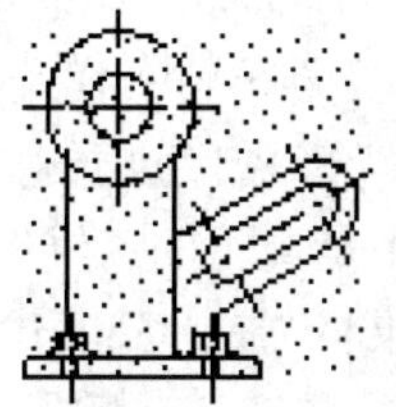

旋转的捕捉角度为 30°

图 3-23　捕捉角度调整

用于旋转捕捉角的原点称为基点。通过修改基点的 X 或 Y 坐标值（默认设置为 0.0000）可以偏移基点。

命令的执行：

（1）选择“工具”→“绘图设置”命令，弹出如图 3-24 所示的“草图设置”对话框。在其中设置“捕捉 X 轴间距”“捕捉 Y 轴间距”“角度”“X 基点”“Y 基点”“栅格 X 轴间距”“栅格 Y 轴间距”等参数。

草图设置

捕捉和栅格　极轴追踪　对象捕捉　三维对象捕捉　动态输入　快捷特性　选择循环

☐ 启用捕捉 (F9)(S)

捕捉间距

捕捉 X 轴间距(P)：10

捕捉 Y 轴间距(C)：10

☑ X 轴间距和 Y 轴间距相等(X)

极轴间距

极轴距离(D)：0

捕捉类型

◉ 栅格捕捉(R)

◉ 矩形捕捉(E)

○ 等轴测捕捉(M)

○ PolarSnap(O)

☑ 启用栅格 (F7)(G)

栅格样式

在以下位置显示点栅格：

☐ 二维模型空间(D)

☐ 块编辑器(K)

☐ 图纸/布局(H)

栅格间距

栅格 X 轴间距(N)：10

栅格 Y 轴间距(I)：10

每条主线之间的栅格数(J)：5

栅格行为

☑ 自适应栅格(A)

☐ 允许以小于栅格间距的间距再拆分(B)

☑ 显示超出界限的栅格(L)

☐ 遵循动态 UCS(U)

选项(T)...　确定　取消　帮助(H)

图 3-24　“草图设置”对话框

（2）快捷菜单。在状态栏中右击、、、或按钮并选择“设置”选项，弹出“草图设置”对话框。

2. 与极轴追踪一起使用捕捉模式

如果使用极轴追踪，则可以改变“捕捉”模式。这样，当在命令中指定点时“捕捉”模式将沿极轴追踪角进行捕捉，而不是根据栅格进行捕捉。

设置极轴追踪捕捉模式的步骤：在“草图设置”对话框的“极轴追踪”选项卡中选择“捕捉样式和类型”下的“极轴捕捉”并设置“极轴间距”。

3. 将捕捉和栅格设置为等轴测模式

“等轴测捕捉/栅格”模式有助于建立表示三维对象的二维图形，如图 3-25 所示的立方体等轴测图。等轴测图形不是真正的三维图形。沿三根主轴进行对齐，它们可以模拟从特定视点观察到的三维对象。如果将“捕捉”模式设置为等轴测，则可以使用 F5 键（或 Ctrl+E 组合键）将等轴测平面改变为左视、右视或俯视方向。

左视：捕捉和栅格沿 90° 和 150° 轴对齐。

右视：捕捉和栅格沿 90° 和 30° 轴对齐。

俯视：捕捉和栅格沿 30° 和 150° 轴对齐。

打开等轴测平面的步骤：在“草图设置”对话框的“捕捉和栅格”选项卡中选择“捕捉样式和类型”下的“等轴测捕捉”。

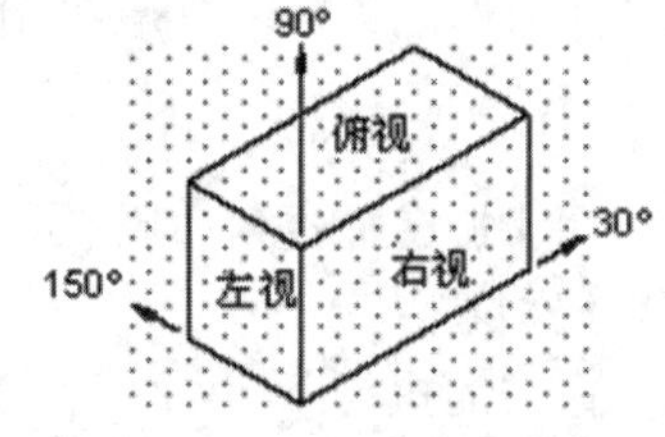

图 3-25 立方体等轴测图

注意：应在正交模式方式下绘制等轴测图。

3.4.2 捕捉对象上的几何点

在绘图命令运行期间，可以用光标捕捉对象上的几何点，如端点、中点、圆心、交点等。

1. 单点对象捕捉

设置一次使用的对象捕捉，要求指定一个点时，在“对象捕捉”工具条（如图 3-26 所示）中拾取相应的对象捕捉模式来响应。

图 3-26 对象捕捉工具条

各选项的名称、按钮、命令缩写和含义如表 3-1 所示。

表 3-1 对象捕捉命令

对象捕捉的名称	工具条按钮	命令缩写	含义
端点		END	对象端点
中点		MID	对象中点
交点		INT	对象交点
外观交点		APP	对象的外观交点

续表

对象捕捉的名称	工具条按钮	命令缩写	含义
延伸		EXT	对象的延伸路径
中心点		CEN	圆、圆弧、椭圆的中心点
节点		NOD	用 POINT 命令绘制的点对象
象限点		QUA	圆弧、圆、椭圆的最近象限
插入点		INS	块、形、文字、属性或属性定义的插入点
垂足		PER	对象上的点，构造垂足（法线）对齐
平行		PAR	对齐路径上一点，与选定对象平行
切点		TAN	捕捉到圆或圆弧上的切点
最近点		NEA	与选择点最近的对象捕捉点
无		NON	下一次选择点时关闭对象捕捉

2. 运行中的对象捕捉

一直运行对象捕捉，直至将其关闭。

运行中的对象捕捉的设置：打开“草图设置”对话框，然后选择“对象捕捉”选项卡，在其中可以设置自己需要的对象捕捉目标，如图 3-27 所示。

对象捕捉的快捷方式有以下 4 种：

- 按 F3 键。
- 在状态栏中单击“对象捕捉”按钮。
- 按住 Shift 键并在绘图区域中右击，从弹出的快捷菜单中选择一种对象捕捉，如图 3-28 所示。
- 在命令行中输入一种对象捕捉的缩写。

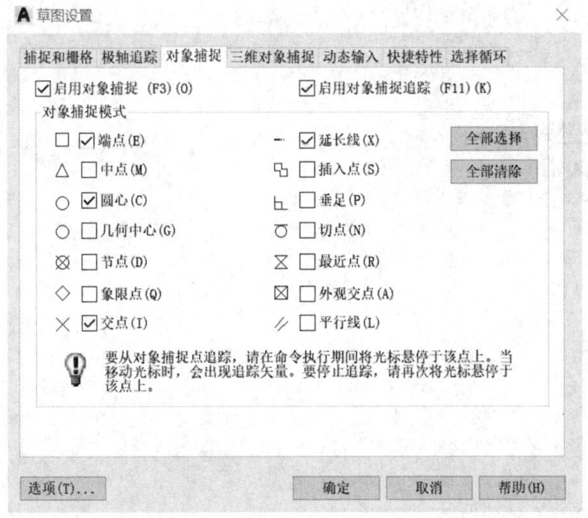

图 3-27　“对象捕捉”选项卡

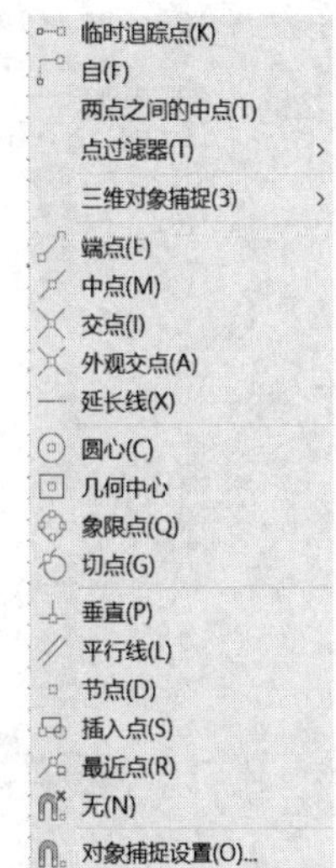

图 3-28　“对象捕捉”快捷菜单

3.4.3 使用自动追踪

“自动追踪”可以用指定的角度绘制对象，或者绘制与其他对象有特定关系的对象。当自动追踪打开时，临时的对齐路径有助于以精确的位置和角度创建对象。可以通过状态栏中的“极轴”或“对象追踪”按钮打开或关闭自动追踪。自动追踪包含两种追踪选项：极轴追踪和对象捕捉追踪。对象捕捉追踪应与对象捕捉配合使用，从对象的捕捉点开始追踪之前必须先设置对象捕捉。

1. 极轴追踪

使用极轴追踪进行追踪时，对齐路径是由相对于命令起点和端点的极轴角定义的。例如，在如图 3-29 所示的图中绘制一条从点 1 到点 2 长 15 的直线，然后绘制一条到点 3 长 15，角度 45° 的直线。如果打开了 45° 极轴角增量，当光标划过 0° 或 45° 时 AutoCAD 将显示对齐路径和工具栏提示，当光标从该角度移开时对齐路径和工具栏提示消失。

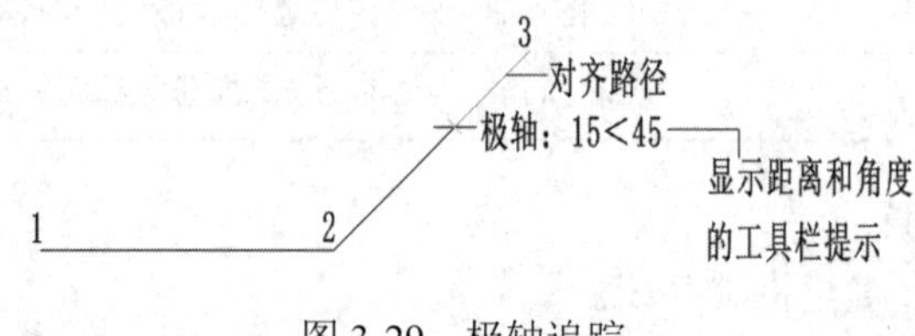

图 3-29 极轴追踪

一般使用极轴追踪沿着 90°、60°、45°、30° 和 15° 的极轴角增量进行追踪，也可以指定其他角度。

极轴追踪的参数设置：打开“草图设置”对话框，然后选择“极轴追踪”选项卡，在其中可以设置自己需要的参数，如图 3-30 所示。

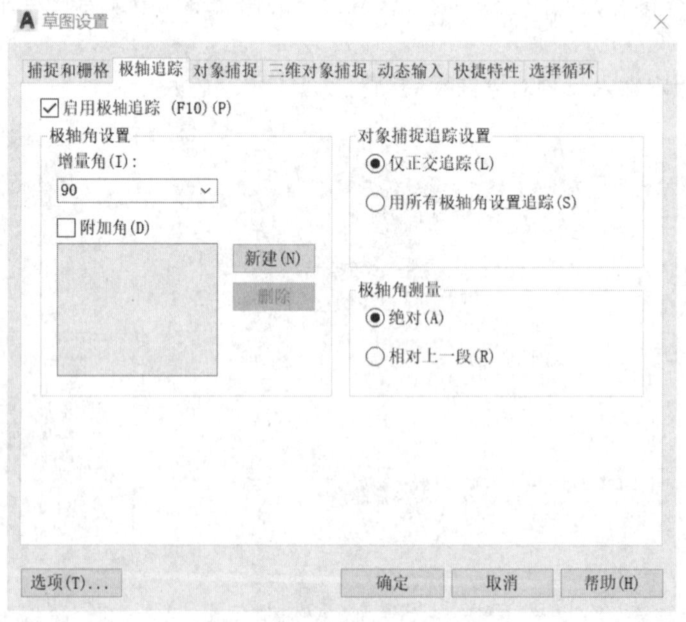

图 3-30 “极轴追踪”选项卡

打开极轴追踪的方法：按 F10 键或单击状态栏中的 按钮。

2. 正交模式

将光标限制在水平或垂直（正交）方向。因为不能同时打开正交模式和极轴追踪，所以在正交模式打开时 AutoCAD 会关闭极轴追踪，如果打开了极轴追踪，AutoCAD 将关闭正交模式。

打开正交模式的方法：单击状态栏中的 按钮或按 F8 键。

3. 追踪对象上的几何点

使用对象捕捉追踪沿着对齐路径进行追踪。对齐路径是基于对象捕捉点的。例如，可以基于对象端点、中点或者对象的交点，沿着某个路径选择一点。

打开对象捕捉追踪的方法：按 F3 键或单击状态栏中的 按钮。

使用对象捕捉追踪的步骤：

（1）启动一个绘图命令。

（2）将光标移动到一个对象捕捉点处以临时获取点。不要单击它，只是暂时停顿即可获取。已获取的点显示一个小加号（+），可以获取多个点。获取点之后，当在绘图路径上移动光标时，相对点的水平、垂直或极轴对齐路径将显示出来。

在如图 3-31 所示的图例中开启了端点对象捕捉。单击直线的起点（1）开始绘制直线，将光标移动到另一条直线的端点（2）处获取该点，然后沿着水平对齐路径移动光标，定位要绘制的直线的端点（3）。

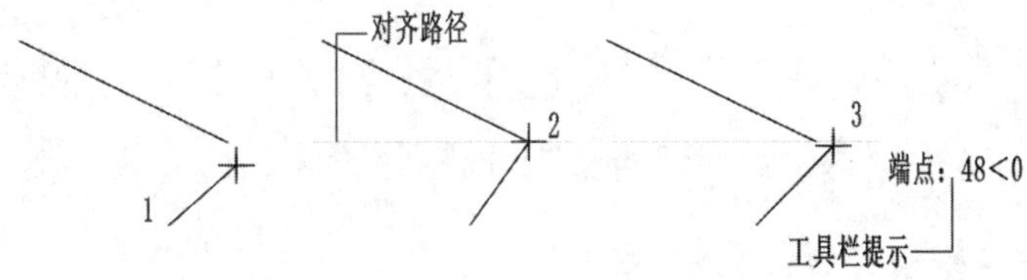

图 3-31　对象捕捉追踪

3.5　基本尺寸标注

在工程制图中，进行尺寸标注是必不可少的一项工作。因为图形只表示零部件的形状和位置关系，而零件的大小及各部分之间的相互位置是要靠尺寸确定的。因此，尺寸是制造、安装及检验的重要依据。AutoCAD 为此提供了一套完整、快速的尺寸标注方式和命令。本节将简单介绍基本尺寸标注命令的使用方法。

3.5.1　尺寸标注的组成及类型

1. 尺寸的组成

一个完整的尺寸由尺寸线、尺寸界线、尺寸箭头和尺寸文本组成。尺寸文本既包含基本尺寸，也包含尺寸公差，标注时根据要求而定。

2. 尺寸标注的几种类型

- 长度型标注方式：水平、垂直标注方式，对齐标注方式，基准线标注方式，连续标注方式，如图 3-32（a）所示。

- 角度型标注方式（如图 3-32（b）所示）。
- 半径、直径型标注方式（如图 3-32（b）所示）。
- 指引线标注方式。

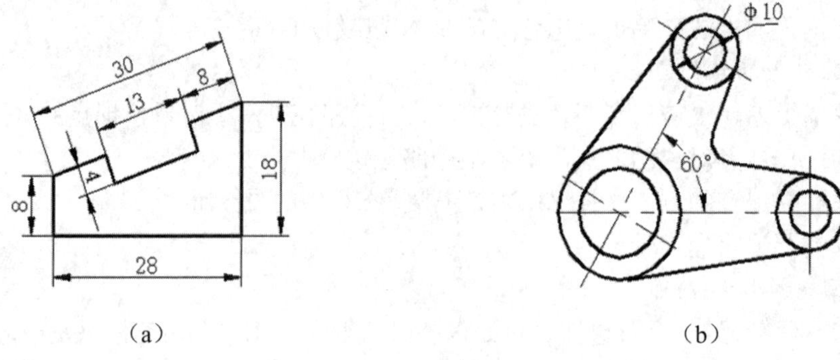

（a）　　　　　　　　　　（b）

图 3-32　尺寸标注的方式

3.5.2　基本尺寸标注命令

命令的执行：选择“标注”菜单中的对应标注命令选项或单击尺寸标注工具条中的尺寸标注按钮，如图 3-33 所示。

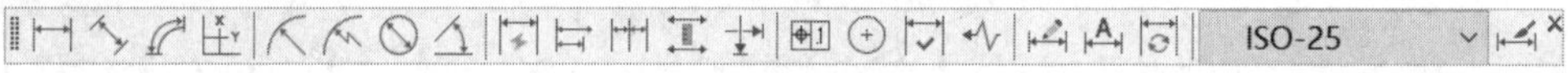

图 3-33　“标注”工具条

1．线性尺寸标注命令

（1）水平、垂直标注方式命令。

功能：标注水平、垂直的长度型尺寸。

命令的执行：选择“标注”→“线性”命令或者单击“尺寸标注”工具条中的 按钮。

命令操作：

1）第一种标注方法。

```
命令: _dimlinear
指定第一条尺寸界线起点或 <选择对象>: （A 点　如图 3-34 所示）
指定第二条尺寸界线起点: (B 点）
指定尺寸线位置或[多行文字(M)/文字(T)/角度(A)/水平(H)/垂直(V)/旋转(R)]: (C 点）
标注文字 =45
```

2）第二种标注方法。

```
命令: _dimlinear
指定第一条尺寸界线起点或 <选择对象>: 回车
选择标注对象: 选择线、圆弧或圆（1 点）
指定尺寸线位置或[多行文字(M)/文字(T)/角度(A)/水平(H)/垂直(V)/旋转(R)]:
标注文字 =45
```

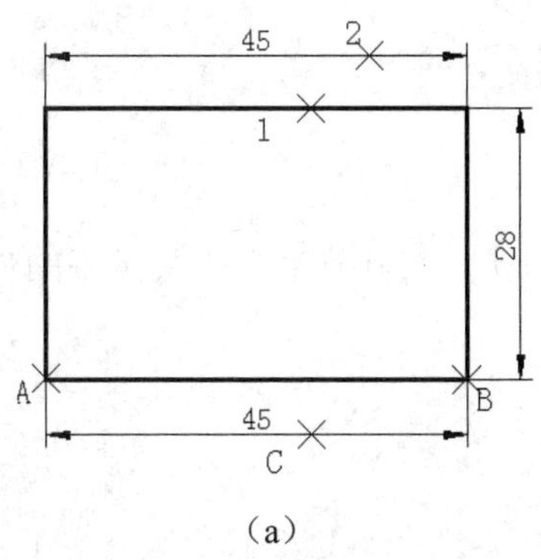

（a）

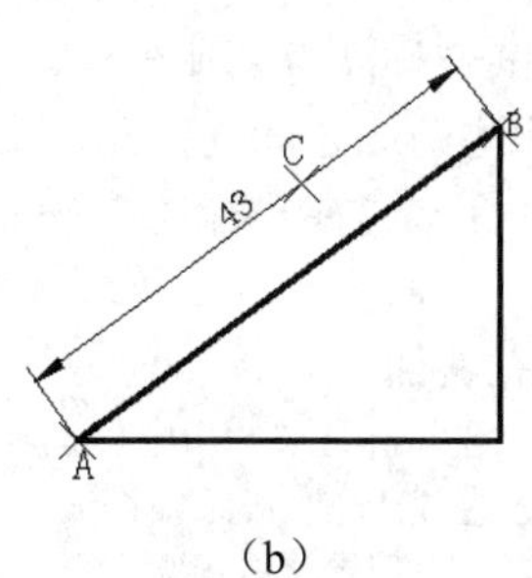

（b）

图 3-34　线性标注

（2）倾斜标注方式命令。

功能：标注倾斜的长度型尺寸。

命令的执行：选择“标注”→“对齐”命令或者单击“尺寸标注”工具条中的按钮。

命令操作：

1）第一种标注方法。

```
命令: _dimaligned（如图 3-34 所示）
指定第一条尺寸界线起点或 <选择对象>:（A 点）
指定第二条尺寸界线起点:（B 点）
指定尺寸线位置或[多行文字(M)/文字(T)/角度(A)]:（C 点）
标注文字 =43
```

2）第二种标注方法。

```
命令: _dimaligned
指定第一条尺寸界线起点或 <选择对象>:回车
选择标注对象: 选择线、圆弧或圆
指定尺寸线位置或[多行文字(M)/文字(T)/角度(A)]:
标注文字 =43
```

（3）半径、直径型标注方式。

1）半径标注方式 Radius 命令。

功能：标注圆或圆弧的半径。

命令的执行：选择“标注”→“半径”命令或者单击“尺寸标注”工具条中的按钮。

命令操作：

```
命令: _dimradius
选择圆弧或圆:
标注文字 =23
指定尺寸线位置或 [多行文字(M)/文字(T)/角度(A)]:（如图 3-35（a）所示）
```

2）直径标注方式 Diameter 命令。

功能：标注圆或圆弧的直径。

命令的执行：选择“标注”→“直径”命令或者单击“尺寸标注”工具条中的按钮。

命令操作：

```
命令: _dimradius
选择圆弧或圆:
```

标注文字 =46
指定尺寸线位置或 [多行文字(M)/文字(T)/角度(A)]:（如图 3-35（b）所示）

（4）角度型标注方式命令。

功能：标注两线之间的夹角。

命令的执行：选择“标注”→“角度”命令或者单击“尺寸标注”工具条中的按钮。

命令操作：

命令: _dimangular
选择圆弧、圆、直线或 <指定顶点>:（如选取一条直线 1）
选择第二条直线: 选取第二条直线 2
指定标注弧线位置或 [多行文字(M)/文字(T)/角度(A)]: 选择尺寸圆弧线位置（3 点）
标注文字 =90（如图 3-35（c）所示）

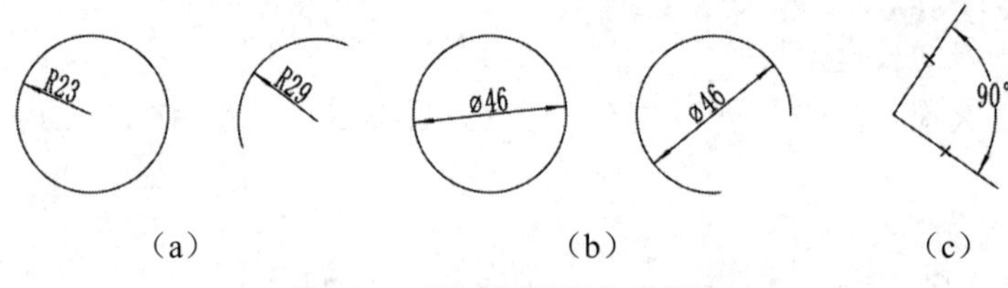

图 3-35　圆或圆弧和角度标注

3.6　屏幕显示

AutoCAD 提供了多种显示图形视图的方式。在编辑图形时，如果想查看所作修改的整体效果，可以控制图形显示并快速移动到图形的不同区域。通过缩放图形显示来改变大小或通过平移重新定位视图在绘图区域中的位置。

按一定比例、观察位置和角度显示图形称为视图，增大图像以便更详细地查看细节称为放大，收缩图像以便在更大范围内查看图形称为缩小。缩放并没有改变图形的绝对大小，而是仅仅改变了绘图区域中视图的大小。AutoCAD 提供了几种方法来改变视图：指定显示窗口、按指定比例缩放、显示整个图形。

3.6.1　实时缩放和平移

为了提高平移和缩放图像的能力，AutoCAD 提供了“实时”选项来实现交互式缩放和平移。在“实时缩放”模式下，单击图像，然后在按住鼠标左键的同时垂直向上或向下移动光标来放大或缩小图形。在“实时平移”模式下，单击图像，然后在按住鼠标左键的同时移动光标即可将图形图像平移到新的位置。

1. 使用实时缩放

在绘图区域的中心点处按住鼠标左键并垂直向上（正向）移动光标到窗口顶部，可以使窗口放大 100%（图形显示变为原来的两倍）。在图形中点处按住鼠标左键并垂直向下（反向）移动光标到窗口底部，可以使窗口缩小 100%（图形显示变为原来的一半）。放开鼠标左键，缩放就会停止。移动光标到图形中的另一个位置，然后再按下鼠标左键，仍以图形区中点为不动点继续进行缩放。

当放大到当前视图的最大极限时，加号（+）将会消失，表明不能再放大了；当缩小到当前视图的最小极限时，减号（-）将会消失，表明不能再缩小了。

在实时模式下缩放的步骤：

（1）从“视图”菜单中选择“缩放”→“实时”命令或者单击按钮或使用快捷菜单（不选中任何对象，在绘图区域中右击并选择“缩放”选项）。

（2）要放大或缩小到不同尺寸，按住鼠标的左键的同时垂直移动光标，从绘图区域的中点向上移动光标可以放大图像，向下移动光标可以缩小图像。

用快捷菜单还可以退出“实时缩放”或“打印”，或进入“平移”模式、“三维动态观察器”模式、“窗口缩放”“缩放为上一个”或“范围缩放”。要退出“实时”模式，应按 Enter 键或 Esc 键。

2. 使用实时平移

按住鼠标左键的同时移动光标即可平移图形。

在实时模式下平移的步骤：

（1）从“视图”菜单中选择“平移”→“实时”命令或者单击按钮或使用快捷菜单（不选择任何对象，在绘图区域中右击并选择“平移”选项）。

（2）按住鼠标左键并移动光标。如果正在使用智能鼠标，则可用旋转滑轮移动图形。

用快捷菜单还可以退出“实时平移”，或进入“实时缩放”模式、“二维动态观察器”模式、“窗口缩放”“缩放为上一个”或“范围缩放”。要退出“实时”模式，应按 Enter 键或 Esc 键。

3.6.2 定义缩放窗口

可以通过指定一个区域的两角点来快速放大该区域。在新的屏幕视图中，所定义的区域居屏幕中心放置。

定义缩放窗口的步骤：

（1）从“视图”菜单中选择“缩放”→“窗口”命令或者单击按钮。

（2）指定要观察区域的一个角点（1），指定要观察区域的另一个角点（2）。

3.6.3 显示前一个视图

单击按钮可以快速回到前一个视图。AutoCAD 能依次还原前十个视图。这些视图不仅包括缩放视图，还包括平移视图、还原视图、透视视图、平面视图。

还原前一个视图的方法：从“视图”菜单中选择“缩放”→“上一个”命令或者单击按钮；如果正处于“实时缩放”模式，则右击并从弹出的快捷菜单中选择“缩放为上一个”选项。

3.6.4 按比例缩放视图

如果需要按精确的比例缩放图像，则可以用三种方法来指定缩放比例：相对图形界限、相对当前视图、相对图纸空间单位。

要相对图形界限按比例缩放视图，只需输入一个比例值。例如，输入 1，将在绘图区域中以前一个视图的中点为中点来显示尽可能大的图形界限。要放大或缩小，只需输入大于 1 或小于 1 的数字。如输入 2，以完全尺寸的两倍显示图像；输入 .5，以完全尺寸的一半显示图像。图形界限由栅格显示。

要相对当前视图按比例缩放视图，只需在输入的比例值后加上 x。如输入 2x，则以两倍的尺寸显示当前视图；输入 .5x，则以一半的尺寸显示当前视图；输入 1x，则没有变化。

要相对图纸空间单位按比例缩放视图，只需在输入的比例值后加上 xp。它指定了相对当前图纸空间按比例缩放视图，并且还可以用来在打印前缩放视图。

按比例缩放视图的步骤：

（1）从“视图”菜单中选择“缩放”→“比例”命令或者单击和按钮。

（2）输入相对于图形界限、当前视图、图纸空间视图的比例因子。

3.6.5 显示图形界限和范围

在图形边界或图形范围的基础上显示视图。“范围”以布满绘图区域或当前视图的最高缩放比例显示包含图形中所有对象的视图；“全部”显示一个包含在设置图形时所定义的图形界限和所有延伸到图形界限外的对象的视图。

显示整个图形或范围的方法：从“视图”菜单中选择“缩放”→“全部”命令或“缩放”→“范围”命令或者单击和按钮或和按钮。

3.7 实训

3.7.1 基本操作练习

下面以简单的几何作图为例来说明用 AutoCAD 绘图的主要操作过程，如图 3-36 所示。

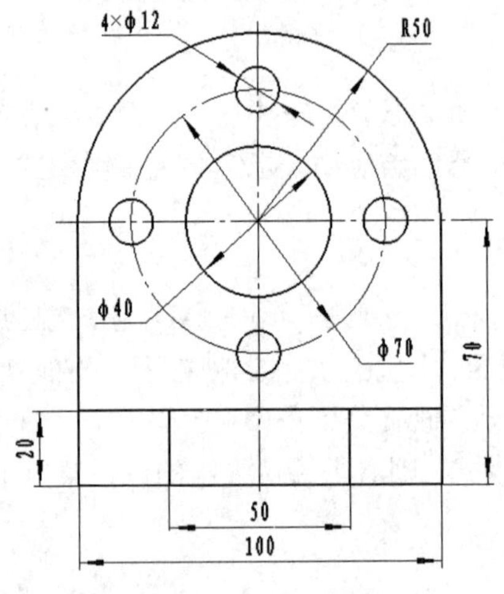

图 3-36 基本图例

（1）设置图层。单击“图层”工具栏中的“图层特性管理器”按钮。建立图层 1 为粗实线，图层 2 为细实线，图层 3 为点画线，图层 4 为虚线，图层 5 为尺寸标注，图层 6 为剖面线，如图 3-37 所示。

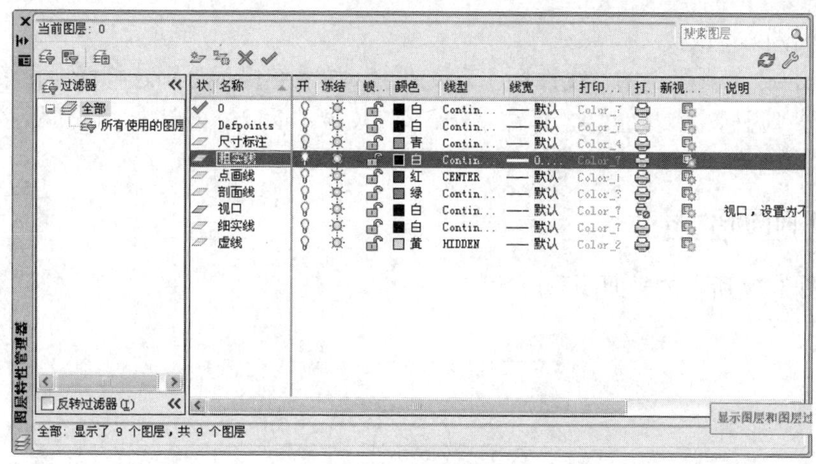

图 3-37 建立图层

（2）用直线命令绘制基准线（中心线），如图 3-38（a）所示。

1）改变图层：将“属性”工具条中的 0 层改为中心线层。

2）绘制直线：单击状态栏中的按钮或者按 F8 键绘制水平和垂直线，如图 3-38（a）所示。

（3）用圆命令绘制圆、圆弧，如图 3-38（b）和（c）所示。

1）单击按钮捕捉“交点”，选择“圆心位置（交点）”，画直径为 70 的圆。

2）改变图层：将“属性”工具条中的中心线层改为粗实线层。

单击“圆”按钮捕捉“交点”，拾取圆心位置（交点），输入半径 20，回车，画出直径为 40 的圆；用同样的方法绘制直径为 50 和直径为 12 的圆。

（4）绘制平行线，如图 3-38（c）所示。

1）单击“偏移”按钮，在命令提示行输入 70，回车，拾取圆中心线（水平直线）后选择偏移方向（向下）。用同样的方法绘制相距为 20 的直线。

2）单击“偏移”按钮，在命令提示行输入 25，回车，拾取圆中心线（铅垂直线）后选择偏移方向（左右）。用同样的方法绘制相距为 100 的直线。

（5）裁剪多余的线段，如图 3-38（d）所示。

选择“修改”菜单中的“修剪”命令或者单击“修改”工具条中的按钮，选择“剪切到边”，回车后拾取要裁剪的多余线段。

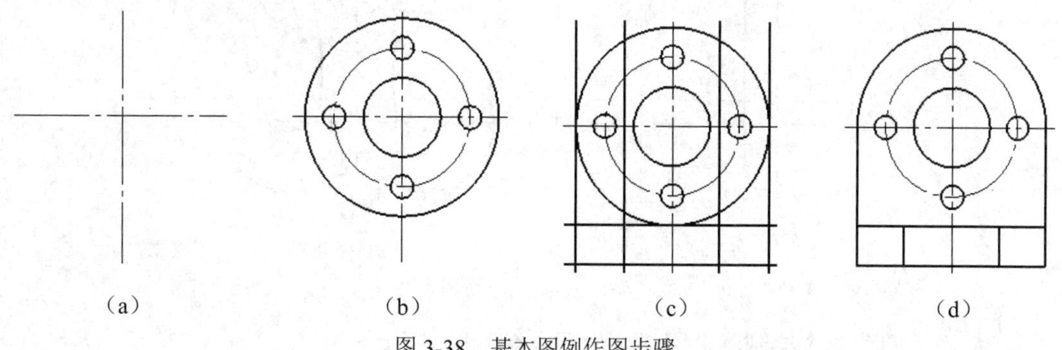

图 3-38 基本图例作图步骤

（6）尺寸标注。

单击“标注”工具栏中的“线性标注”按钮，按系统提示分别选择标注元素：50、100、20、70，单击“圆标注”按钮，标注φ40、φ70、4×φ12，再单击“圆弧标注”按钮，标注R50，完成全图。

3.7.2 简单平面图形作图

绘制如图3-39所示的平面图形。

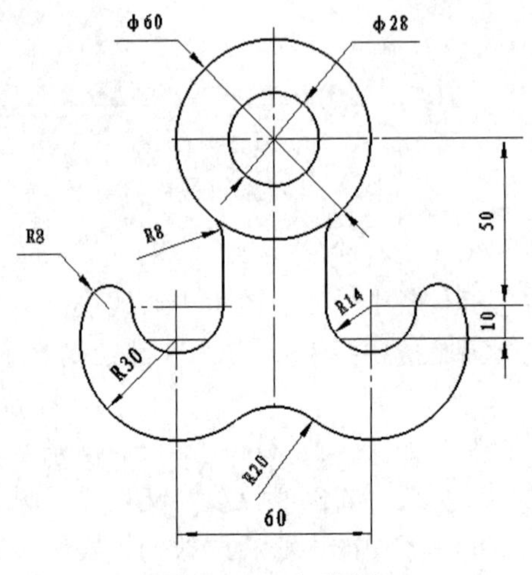

图3-39 平面图形

作图步骤如下：

（1）用直线命令绘制基准线（中心线），如图3-40（a）所示。

1）改变图层：将“属性”工具条中的0层改为中心线层。

2）绘制直线：单击状态栏中的按钮或者按F8键绘制水平和垂直线，如图3-40（a）所示。

3）单击“偏移”按钮，在命令提示行输入30，回车，拾取圆中心线（铅垂直线）后选择偏移方向（左右）。用同样的方法绘制相距为50和10的直线。

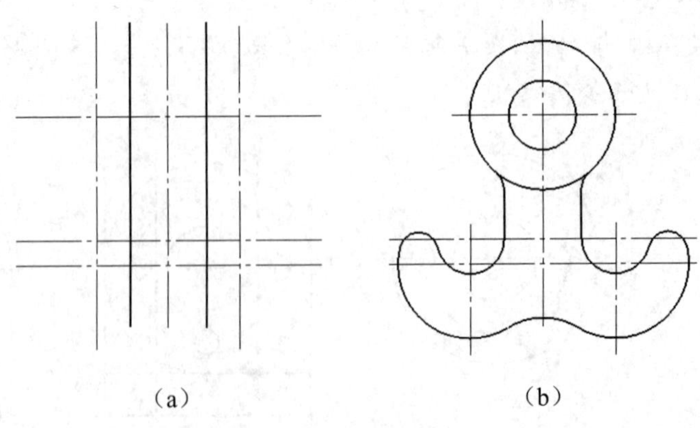

图3-40 平面图形作图步骤

（2）用“圆”命令绘制圆、圆弧，如图3-40（b）所示。

1）改变图层：将“属性”工具条中的中心线层改为粗实线层。

2）单击“圆”按钮⊙，捕捉“交点”，拾取圆心位置（交点），输入半径 14，回车，画出直径为 28 的圆。用同样的方法绘制直径为 60，半径为 8、30、14、20 的圆。

（3）用“修剪”命令剪去多余的线段，如图 3-40（b）所示。尺寸标注，完成全图。

习题 3

1．线型练习（如图 3-41 所示）提示：

（1）建立图幅：图纸幅面 A4，图纸方向“竖放”。

（2）建立图层：粗实线层、细实线层、点画线层、虚线层、尺寸标注层、剖面线层。

（3）绘制标题栏，填写标题栏各项，绘制图形。

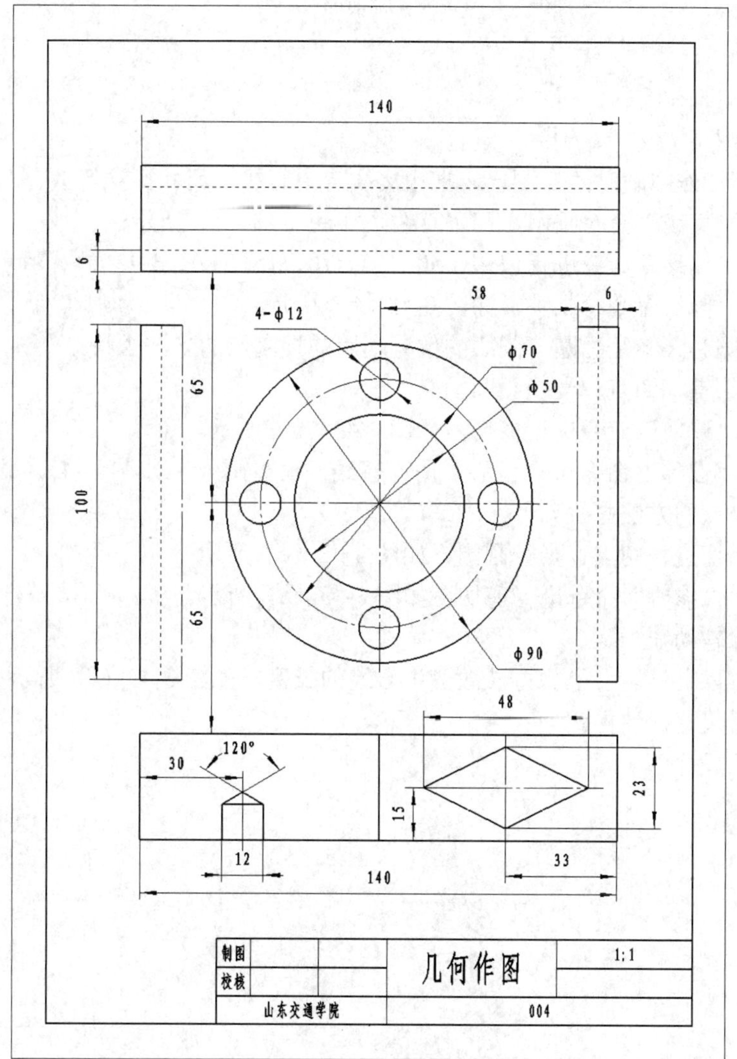

图 3-41　线型练习

2．绘制如图 3-42 所示的平面图形。

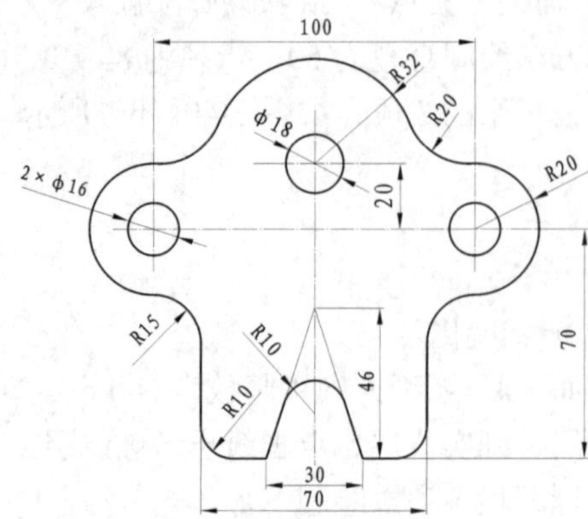

图 3-42　平面图形练习

操作步骤：

（1）设定 A4 图幅。

（2）设置图层、线型、颜色、线宽。

注：在以下操作中随时改变图层，把粗实线、中心线、尺寸标注等放在对应的图层中。

（3）利用“直线”命令画水平和垂直线，如图 3-43（a）所示。

（4）利用“偏移”命令进行偏移：50、20、70、15，如图 3-43（b）所示。

（5）利用“圆”命令绘制圆，如图 3-43（c）所示。

（6）利用圆心、半径画圆（圆心的位置利用捕捉交点的方法去找）。

（7）利用切点、切点、半径画圆。

（8）利用“修剪”命令进行剪切，如图 3-43（d）所示。

（9）利用“偏移”命令进行偏移，用“直线”命令画线，如图 3-43（e）所示（起点与终点利用捕捉交点的方法去找）。

（10）利用切点、切点、半径画圆，如图 3-43（e）所示。

（11）利用“修剪”命令进行剪切，如图 3-43（e）所示。

（12）删除辅助线。

（13）通过以上学习自己想办法改变中心线的长度，如图 3-43（f）所示。

（14）设置尺寸标注样式。

（15）标注尺寸。

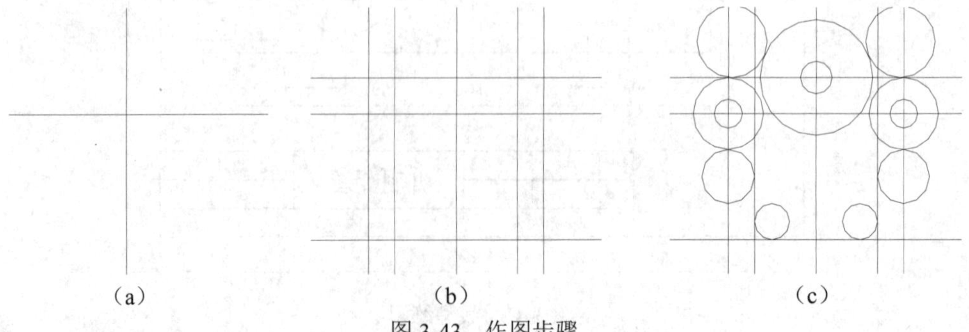

（a）　（b）　（c）

图 3-43　作图步骤

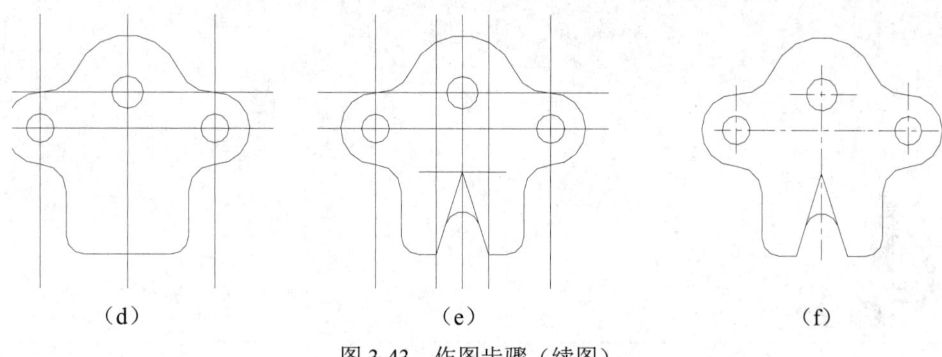

图 3-43　作图步骤（续图）

3．绘制如图 3-44 所示的平面图形（吊钩）。

4．绘制如图 3-45 所示的平面图形。

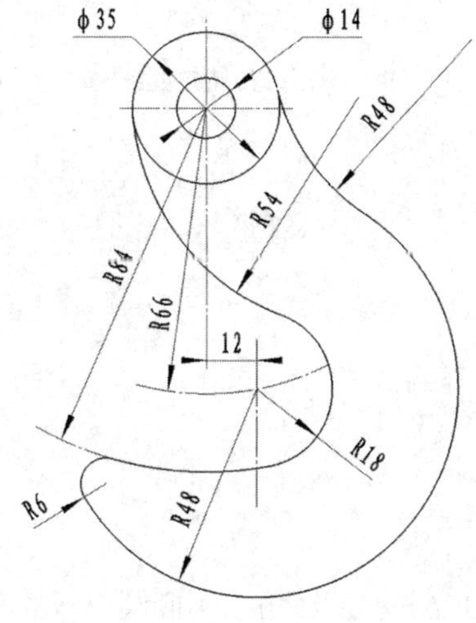

图 3-44　吊钩

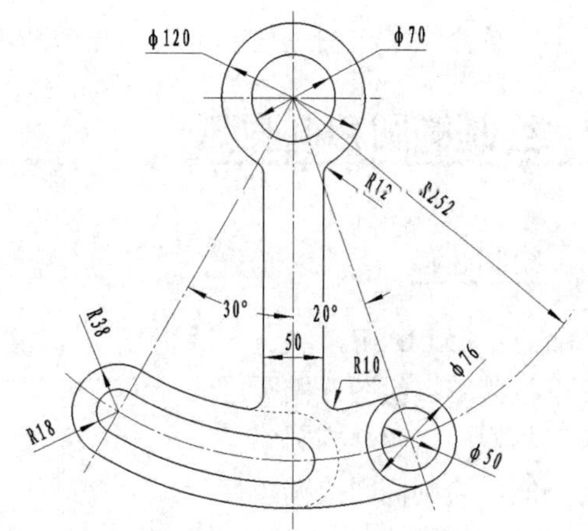

图 3-45　平面图形

第4章 绘图命令

上一章介绍了作图过程中常用的几个基本绘图命令，本章来介绍其他绘图命令的使用。

4.1 绘制椭圆和椭圆弧

4.1.1 绘制椭圆

命令：ELLIPSE。

下拉菜单：绘图→椭圆。

工具栏：绘图→椭圆。

功能：绘制椭圆或椭圆弧。

（1）根据椭圆中心坐标、一根轴上的一个端点的位置和一转角绘制椭圆。

```
命令：ELLIPSER
指定椭圆的轴端点或 [圆弧(A)/中心点(C)]: C
指定椭圆的中心点:（输入椭圆中心点）
指定轴的端点:（输入椭圆某一轴上的任一端点）
指定另一条半轴长度或 [旋转(R)]
```

（2）根据椭圆某一轴上两个端点的位置和另一轴的半长绘制椭圆。

下拉菜单：绘图→椭圆→轴、端点

```
命令：ELLIPSER
指定椭圆的轴端点或 [圆弧(A)/中心点(C)]:（输入椭圆某一轴上的端点）
指定轴的另一个端点:（输入该轴上的另一个端点）
指定另一条半轴长度或 [旋转(R)]:（输入另一轴的半长）
```

4.1.2 绘制椭圆弧

下拉菜单：绘图→椭圆→圆弧。

```
命令：ELLIPSE
指定椭圆的轴端点或 [圆弧(A)/中心点(C)]: A
指定椭圆弧的轴端点或 [中心点(C)]:
```

指定轴的另一个端点:
指定另一条半轴长度或 [旋转(R)]:
指定起始角度或 [参数(P)]:（起点角度，通过指定椭圆弧的起始角与终止角来确定圆弧，为默认项。响应该选项，即输入椭圆弧的起始角，系统提示）:
指定终止角度或 [参数(P)/包含角度(I)]:

例 4.1　绘制椭圆和椭圆弧。

命令：ELLIPSE
指定椭圆的轴端点或 [圆弧(A)/中心点(C)]: 2,5.5
指定轴的另一个端点:　6.5,2
指定另一条半轴长度或 [旋转(R)]: 5

命令：ELLIPSE
指定椭圆的轴端点或 [圆弧(A)/中心点(C)]:A
指定椭圆弧的轴端点或 [中心点(C)]:15,1.5
指定轴的另一个端点: 10.5,4
指定另一条半轴长度或 [旋转(R)]: 2
指定起始角度或 [参数(P)]: 0
指定终止角度或 [参数(P)/包含角度(I)]: 180

执行结果如图 4-1 所示。

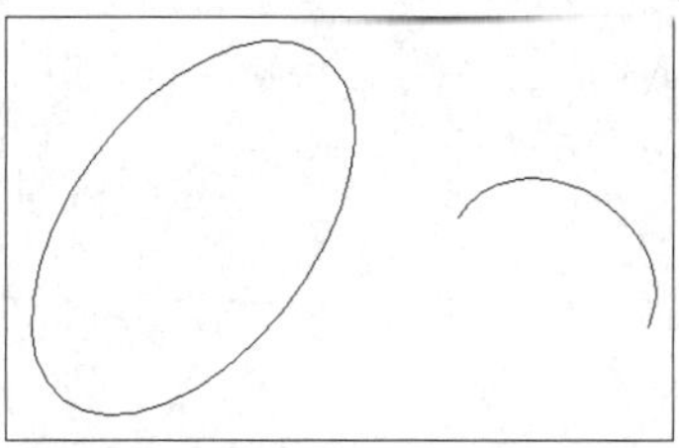

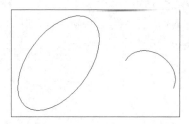

图 4-1　绘制椭圆和椭圆弧

说明：

①系统变量 PELLIPSE 决定椭圆的类型。当该变量为 0 即默认值时，所绘椭圆是由 NURBS 曲线表示的真正的椭圆；当该变量为 1 时，所绘椭圆是由多段线近似表示的椭圆。

②当系统变量 PELLIPSE 为 1 时，执行 ELLIPSE 命令后没有“圆弧”选项。

4.2　绘制等边多边形

命令：POLYGON。

下拉菜单：绘图→多边形。

工具栏：绘制→多边形⬠。

功能：绘制指定格式的等边多边形。

命令：POLYGON
输入边的数目<4>:（输入多边形的边数）
指定多边形的中心点或 [边(E)]:（如果输入 E，则系统提示）
边的第一个端点:（输入多边形上某一条边的第一个端点位置）
边的第二个端点:（输入多边形上同一条边的第二个端点位置）

这时就按要求绘出了多边形。

（1）用多边形的外接圆绘制等边多边形，如图 4-2 所示。

命令：POLYGON
输入边的数目 <4>:（输入多边形的边数）
指定多边形的中心点或 [边(E)]:（输入多边形的中心点）
输入选项 [内接于圆(I)/外切于圆(C)] <I>: I
指定圆的半径:（输入圆的半径）

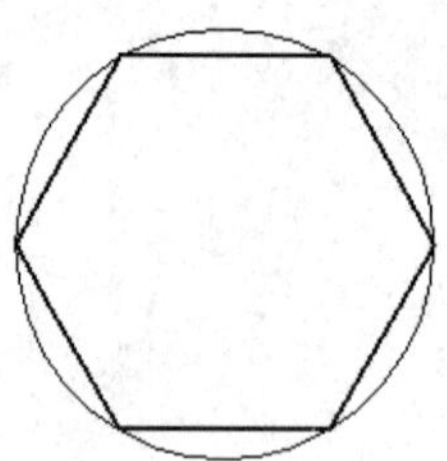

图 4-2　多边形的外接圆

（2）用多边形的内切圆绘制等边多边形，如图 4-3 所示。

命令：POLYGON
输入边的数目 <4>:（输入多边形的边数）
指定多边形的中心点或 [边(E)]:（输入多边形的中心点）
输入选项 [内接于圆(I)/外切于圆(C)] <I>: C
指定圆的半径:（输入圆的半径）

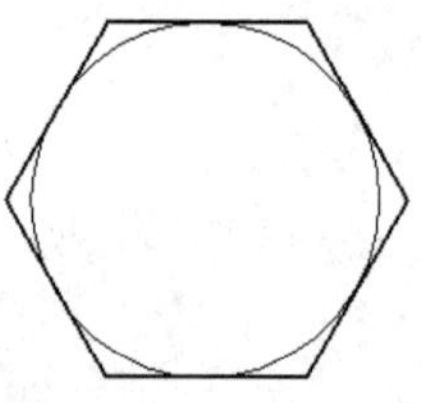

图 4-3　多边形的内切圆

例 4.2　绘制一个五边形，它的内切圆为 $\phi 20$。

命令：POLYGON
输入边的数目 <4>: 5
指定多边形的中心点或 [边(E)]:用鼠标指定多边形的中心点
输入选项 [内接于圆(I)/外切于圆(C)] <I>: C
指定圆的半径:20

执行结果如图 4-4 所示。

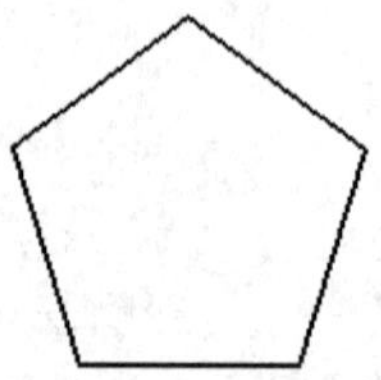

图 4-4　绘制五边形

4.3 多段线和多线

4.3.1 多段线（带宽度的实体）

由多个直线段和圆弧段相连接而构成的一个实体称为多段线。各段线间共有相同的顶点坐标，可将其宽度加大或缩小，可以构成一个封闭的多边形或椭圆，可对其进行编辑修改等。

画多段线的操作与画直线段和画弧线段的方法稍有不同。

（1）命令操作。

在“绘图”工具条中单击“多段线”按钮或者在“绘图”下拉菜单中选择“多段线”命令。

```
命令: _pline
指定起点: <输入或点取线段起点>
当前线宽为 0.0000
指定下一点或 [圆弧(A)/闭合(C)/半宽(H)/长度(L)/放弃(U)/宽度(W)]:
```

各选项说明：

指定下 点：此选项为缺省选项，输入或拾取一点完成该线段。

圆弧(A)：输入 A 后回车，开始圆弧。

闭合(C)：输入 C 后回车，所画线段闭合。

半宽(H)：输入 H 后回车，设定线的半宽。

长度(L)：输入 L 后回车，开始指定长度的线段。

放弃(U)：输入 U 后回车，取消上次操作。

宽度(W)：输入 W 后回车，设定线段的起始宽度。

（2）多段线的绘制。

```
命令: _pline
指定起点: 点 1 <输入或点取线段起点，如图 4-5 所示>
当前线宽为 0.0000
指定下一点或 [圆弧(A)/闭合(C)/半宽(H)/长度(L)/放弃(U)/宽度(W)]: W
指定起点宽度 <0.0000>: .6
指定端点宽度 <0.6000>:
指定下一点或 [圆弧(A)/闭合(C)/半宽(H)/长度(L)/放弃(U)/宽度(W)]: 点 2
指定下一点或 [圆弧(A)/闭合(C)/半宽(H)/长度(L)/放弃(U)/宽度(W)]: 点 3
指定下一点或 [圆弧(A)/闭合(C)/半宽(H)/长度(L)/放弃(U)/宽度(W)]: A
指定圆弧的端点或[角度(A)/圆心(CE)/闭合(CL)/方向(D)/半宽(H)/直线(L)/半径(R)/第二点(S)/放弃(U)/
宽度(W)]: R
指定圆弧的半径:
指定圆弧的端点或[角度(A)/圆心(CE)/闭合(CL)/方向(D)/半宽(H)/直线(L)/半径(R)/第二点(S)/放弃(U)/
宽度(W)]: 点 4
指定圆弧的端点或[角度(A)/圆心(CE)/闭合(CL)/方向(D)/半宽(H)/直线(L)/半径(R)/第二点(S)/放弃(U)/
宽度(W)]: L
指定下一点或 [圆弧(A)/闭合(C)/半宽(H)/长度(L)/放弃(U)/宽度(W)]: 点 5
```

```
指定下一点或 [圆弧(A)/闭合(C)/半宽(H)/长度(L)/放弃(U)/宽度(W)]: A
指定圆弧的端点或[角度(A)/圆心(CE)/闭合(CL)/方向(D)/半宽(H)/直线(L)/半径(R)/第二点(S)/放弃(U)/宽度(W)]: R
指定圆弧的端点或[角度(A)/圆心(CE)/闭合(CL)/方向(D)/半宽(H)/直线(L)/半径(R)/第二点(S)/放弃(U)/宽度(W)]: W
指定起点宽度 <0.6000>:
指定端点宽度 <0.6000>: 0
指定圆弧的端点或[角度(A)/圆心(CE)/闭合(CL)/方向(D)/半宽(H)/直线(L)/半径(R)/第二点(S)/放弃(U)/宽度(W)]: CL
```

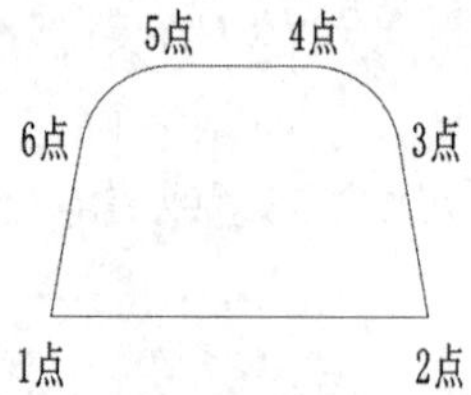

图 4-5　绘制多段线

4.3.2　多线

用多线（MLINE）命令可以绘制由多条平行线段组成的复合线，类似于将多段线偏移一次或多次。还可以用（MLEDIT）命令编辑多个多线的交点，用 MLSTYLE 命令创建新的多线样式或编辑已有的多线样式。在实际工作中最为典型的应用就是建筑制图中墙体线的绘制。除此之外，在电气、化工等涉及管线的行业也会使用复合线的样式表现各式各样的线槽、管道。由此不难看出，复合线的应用比多段线更专业一些。

（1）多线命令的使用：绘制如图 4-6 所示的多线。

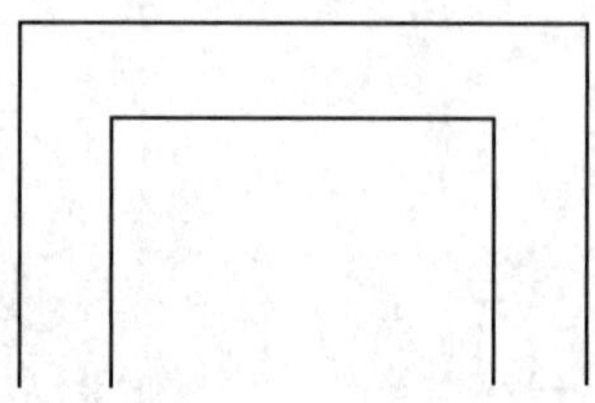

图 4-6　多线绘制

在“绘图”工具条中单击“多线”按钮或者在“绘图”下拉菜单中选择“多线”命令。

```
命令: _mline
当前设置: 对正 = 上，比例 = 20.00，样式 = STANDARD
指定起点或 [对正(J)/比例(S)/样式(ST)]:
指定下一点或 [放弃(U)]:
指定下一点或 [闭合(C)/放弃(U)]:
指定下一点:
```

（2）设置多线的样式。

选择“格式”菜单中的“多线样式”命令或者在命令行输入 mlstyle 命令，弹出“多线样式”对话框，如图 4-7 所示。在其中可以创建、修改、保存和加载多线样式。“样式”列表框用于显示当前多线样式的名称。“新建”和“保存”按钮用于建立新的多线样式，然后保存在当前文件里。可以用“修改”按钮对多线样式进行修改。单击“加载”按钮，可将多线文件中的线型取出加入到图形文件中。对话框的下部是对当前多线样式的预览。

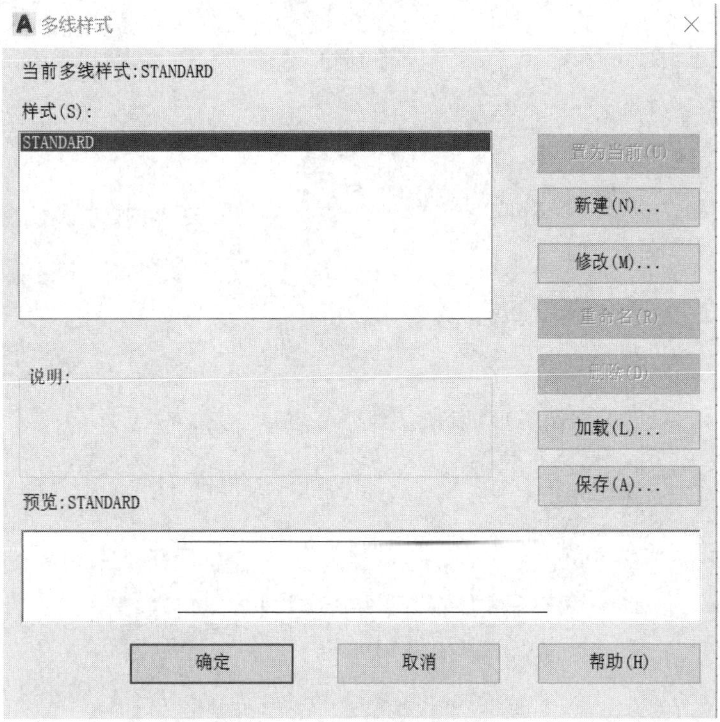

图 4-7 “多线样式”对话框

下面以新建一个新的多线样式——墙线的完整过程为例来讲解设置多线样式的操作步骤。

我们要设置的墙厚为 240，该线由三条直线元素组成，它们分别代表外墙线、内墙线和墙线轴线。其中，轴线对中，内外墙线与轴线对称分布。

单击“新建”按钮，弹出如图 4-8 所示的“创建新的多线样式”对话框。在“新样式名”文本框中输入“墙线”，单击“继续”按钮，弹出如图 4-9 所示的“修改多线样式：墙线”对话框。在“图元”列表框中选择第一条线，将偏移改为 120，选择第二条线，将偏移改为-120，再单击“添加”按钮，设置偏移为 0，单击“线型”按钮，在“线型”对话框中选择中心线，单击“确定”按钮，最终设置结果如图 4-10 所示。

图 4-8 “创建新的多线样式”对话框

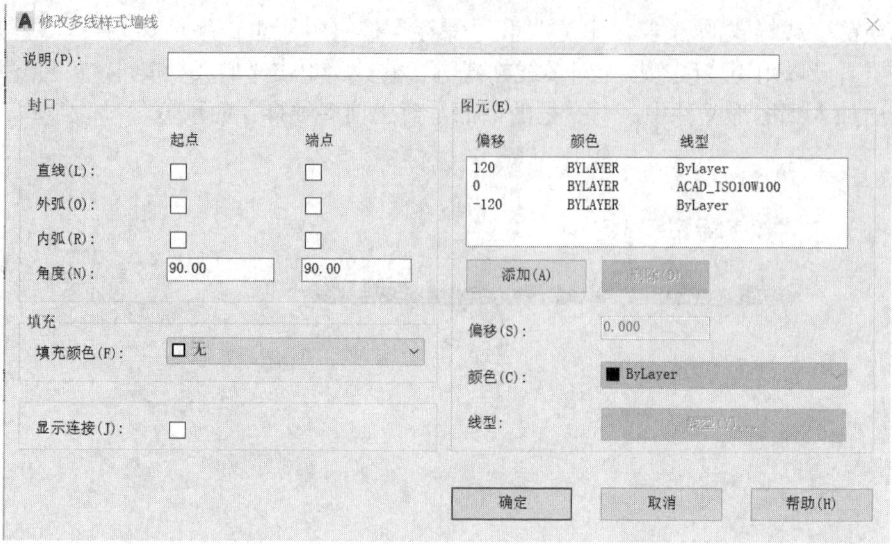

图 4-9 “修改多线样式：墙线”对话框

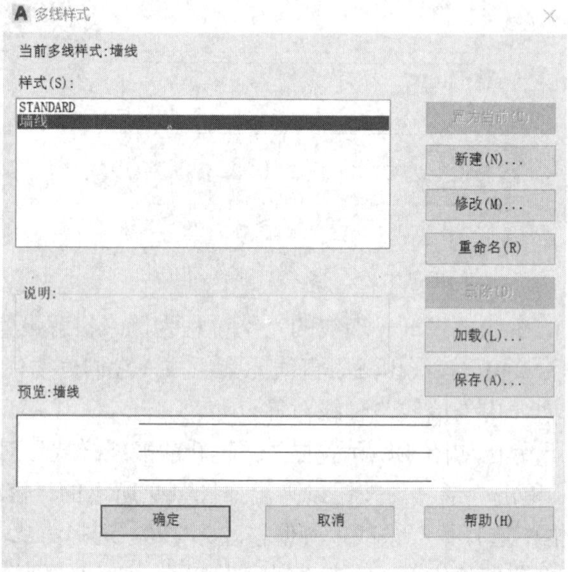

图 4-10 多线样式——墙线设置结果

4.4 绘制样条曲线

命令：SPLINE。

下拉菜单：绘图→样条曲线。

工具栏：绘制→样条曲线。

功能：绘制二次或三次样条（NURBS）曲线。

```
命令: _spline
当前设置: 方式=拟合    节点=弦
```

```
指定第一个点或 [方式(M)/节点(K)/对象(O)]:
输入下一个点或 [起点切向(T)/公差(L)]:
输入下一个点或 [端点相切(T)/公差(L)/放弃(U)/闭合(C)]:
```

输入样条曲线上的第一点，AutoCAD 提示：

```
输入下一个点或 [起点切向(T)/公差(L)]
```

这时用户有 3 种选择：输入点:、输入起点切向:、输入端点切向:，操作完成。

例 4.3　绘制样条曲线。

```
命令：SPLINE
指定第一个点或 [对象(O)]: 3,5
指定下一点: 7,9
指定下一点或 [闭合(C)/拟合公差(F)] <起点切向>: 4,7
指定下一点或 [闭合(C)/拟合公差(F)] <起点切向>: 13,6
指定下一点或 [闭合(C)/拟合公差(F)] <起点切向>: 14,7
指定下一点或 [闭合(C)/拟合公差(F)] <起点切向>:
指定起点切向:
指定端点切向:
```

绘制完成，如图 4-11 所示。

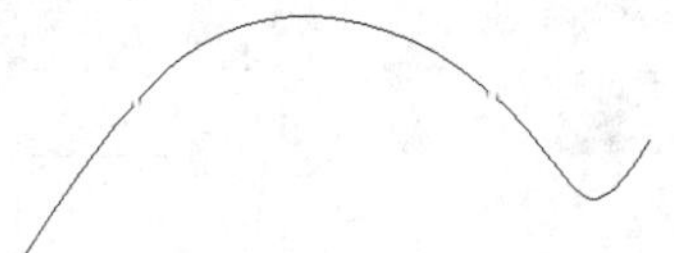

图 4-11　样条曲线

闭合（C）绘制封闭样条曲线，当用户选择提示“指定下一点或 [闭合(C)/拟合公差(F)] <起点切向>:”闭合（C）后，AutoCAD 提示：

```
输入切向：
```

此时要求用户确定样条曲线在起始点处（也是终止点）的切线方向。确定切线方向后即可绘出指定条件的封闭样条曲线。

例 4.4　绘制封闭样条曲线。

```
命令：SPLINE
指定第一个点或 [对象(O)]: 22,156
指定下一点: 134,89
指定下一点或 [闭合(C)/拟合公差(F)] <起点切向>: c
指定切向:75
```

绘制完成，如图 4-12 所示。

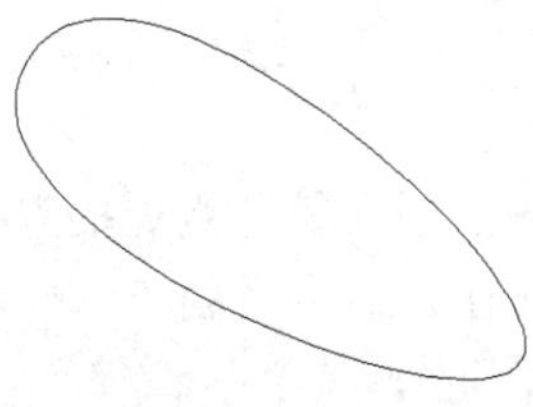

图 4-12　封闭样条曲线

4.5 绘制点

4.5.1 绘制单点或多点

命令：POINT。

下拉菜单：绘图→点→单点；绘图→点→多点。

工具栏：绘制→点⁚。

功能：在指定的位置绘制点。

单击相应的菜单项、按钮或输入 POINT 命令后回车，提示：

当前点模式:　PDMODE=0　PDSIZE=0.0000
指定点:（输入点的位置）

此时会在屏幕上指定的位置绘制出一点。

AutoCAD 提供了多种形式的点，用户可以根据需要进行设置，过程如下：

选择“格式”→“点样式”命令，弹出如图 4-13 所示的“点样式”对话框。

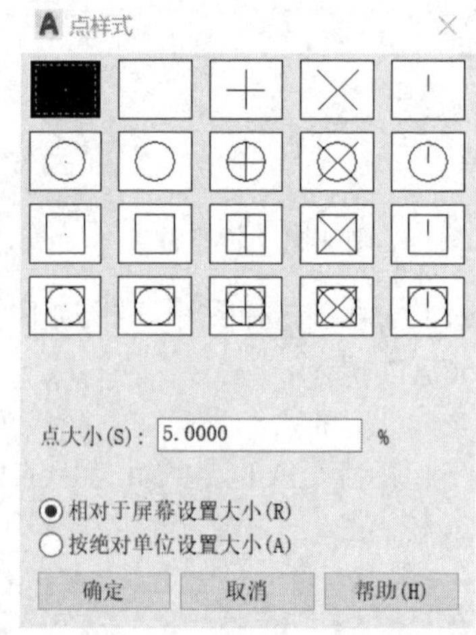

图 4-13　“点样式”对话框

在其中可以选择自己所需要的点的形式，还可以利用“点大小”文本框调整点的大小，也可以进行其他设置。

4.5.2 绘制等分点

命令：DIVIDE。

下拉菜单：绘图→点→定数等分。

功能：在指定的对象上绘制等分点或在等分点处插入块。

单击相应的菜单项或者输入 DIVIDE 命令后回车，提示：

选择要定数等分的对象:（选择要等分的对象）
输入线段数目或 [块(B)]:（输入对象的等分数）

注意：可能执行完操作后好像对象并没有发生变化，这是因为你没有对点进行设置的缘故。

如果是“输入线段数目或 [块(B)]: B”，则表示在等分点插入块，提示：

```
输入要插入的块名:（输入所插入块的名称）
将块与对象对齐？（“Y”或“N”）
输入线段数目:（输入对象的等分数）
```

4.5.3 绘制测量点

命令：MEASURE。

下拉菜单：绘图→点→定距等分。

功能：在指定的对象上按指定的长度在分点处用点作标记或插入块。

单击相应的菜单项或者输入 MEASURE 命令后回车，提示：

```
选择要定距等分的对象:（选择对象）
指定线段长度或 [块(B)]:（输入每段的长度值）
```

将在选定的对象上用指定的长度在各个分点处作标记。

如果是“指定线段长度或 [块(B)]: B”，则表示在等分点插入块，提示：

```
要插入的块名称:（输入所插入块的名称）
将块与对象对齐？（“Y”或“N”）
指定线段长度:（输入对象的等分数）
```

4.6 AutoCAD 的图案填充

在工程制图中，为了表达假想被剖切零件的断面，使之与没剖到的部分区分开来，并表达出零件的材料特征，在零件与剖切平面相接触部分的封闭轮廓线内填充由规律图线构成的图案，我们称之为“剖面线”。AutoCAD 设置了这种功能，可完成剖面线的绘制。

填充图案一般都是由许多条图案线构成，AutoCAD 将它构成一个块，所以应用时将整个填充图案作为一个实体进行填充或删除。

4.6.1 定义图案填充边界

当进行图案填充时，先要确定填充的边界。边界可以是直线、圆弧、圆、二维多段线、椭圆、样条曲线、块或图纸空间视图的任意组合。每个边界的组成部分至少应该部分处于当前视图内。使用“拾取点”定义边界时，指定的边界集将决定 AutoCAD 通过指定点定义边界的方式，边界对象应为封闭轮廓线，不可以有任何间隙。对重叠边界在与其他边界相交处被当作终止端。

4.6.2 图案填充的操作

在“绘图”工具条中单击“图案填充”按钮或者在“绘图”菜单中选择“图案填充”命令，弹出如图 4-14 所示的对话框，其中提供了“图案填充”和“渐变色”两个选项卡及其他命令的按钮，在这里可以定义边界、图案类型、图案特性。

1. 图案填充

在“图案填充”选项卡中可以处理图案填充并快速地创建图案填充，可以定义填充图案的外观。

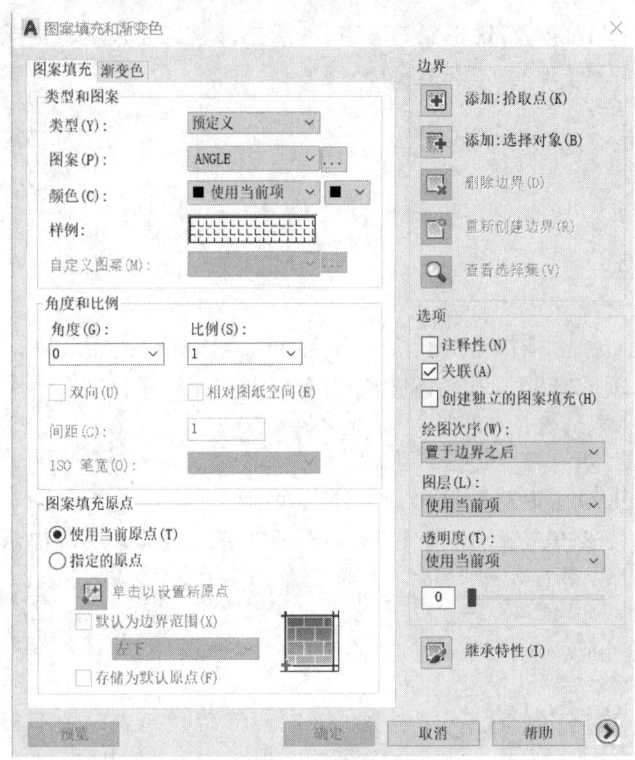

图 4-14 “图案填充和渐变色”对话框

（1）“类型”下拉列表框：可以设置填充图案的类型，有 3 个选项：预定义、用户定义和自定义。

- 预定义：可以指定一个已定义好的填充图案，而且图案可以控制任何预定义图案的比例系数和角度。
- 用户定义：可以用当前线型定义一个简单的填充图案。
- 自定义：可用于从其他定制的.PAT 文件而不是从 ACAD.PAT 文件中指定的图案。

（2）“图案”下拉列表框：列出了可用的预定义图案。单击“图案”下拉列表框后的···按钮或者双击图样编辑框将弹出如图 4-15 所示的“填充图案选项板”对话框，其中有 4 个选项卡：ANSI、ISO、其他预定义和自定义。

单击每个选项将给出以字母顺序排列的填充图案供用户选择。

（3）“自定义图案”下拉列表框：列出了可用的自定义图案，但只有在“类型”下拉列表框中选择了“自定义”时才可使用。

（4）“角度”下拉列表框：让用户指定填充图案的角度。

（5）“比例”下拉列表框：用于设置填充图案的比例系数，控制图案的疏或密。

（6）“间距”文本框：用于指定用户定义图案中线的间距，但只有在“类型”下拉列表框中选择了“用户定义”选项时才可使用。

2. 渐变色

渐变填充是在一种颜色的不同灰度之间或两种颜色之间使用过渡。渐变填充可用于增强演示图形的效果，使其呈现光在对象上的反射效果，也可以用作徽标中的有趣背景。

在“图案填充和渐变色”对话框中选择“渐变色”选项卡，如图 4-16 所示，可以从工具选项板拖放图案填充或使用具有附加选项的对话框。

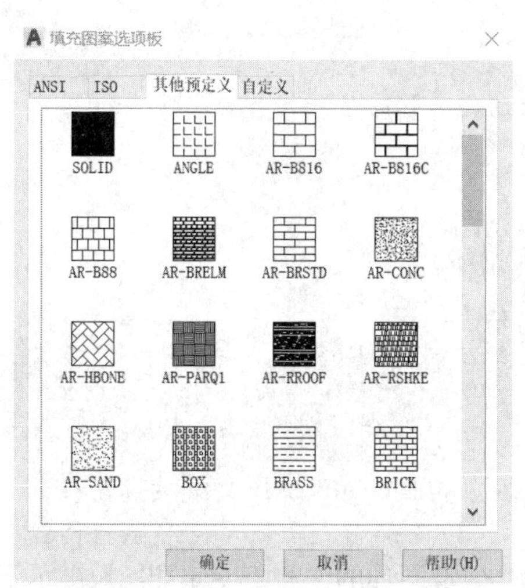

图 4-15　“填充图案选项板”对话框

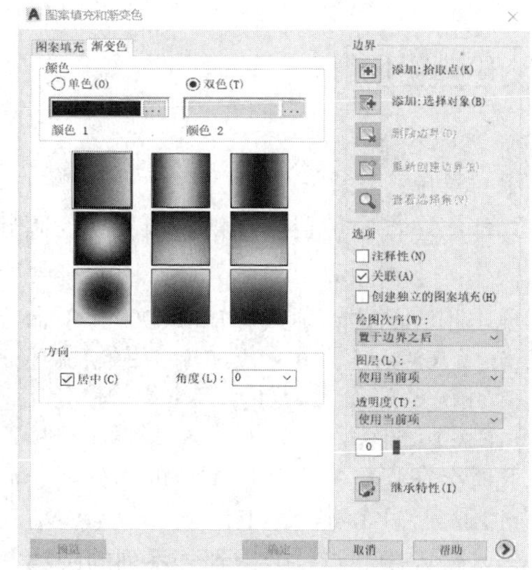

图 4-16　“渐变色”选项卡

单击“预览”按钮将显示图案填充的结果。当预览完毕后，按 Enter 键或者右击将重新显示“图案填充和渐变色”对话框，从而决定图案是否合适。

3. 剖面线填充示例

绘制如图 4-17 所示的图形，步骤如下：

（1）从“绘图”工具栏中单击“图案填充”按钮或者在“绘图”菜单中选择“图案填充”命令。

（2）单击“图案”下拉列表框右侧的 ··· 按钮，在“填充图案选项板”对话框中选择 ANSI 选项卡，再选择 ANSI31。

（3）在“图案填充”选项卡中单击“边界”栏中的“添加：拾取点”按钮。

（4）在所绘制的图形中点取 1、2 两点后回车。

（5）在“图案填充”选项卡中单击“预览”按钮，看一下图案比例是否合适，若不合适再进行调整。

（6）单击“确定”按钮结束。

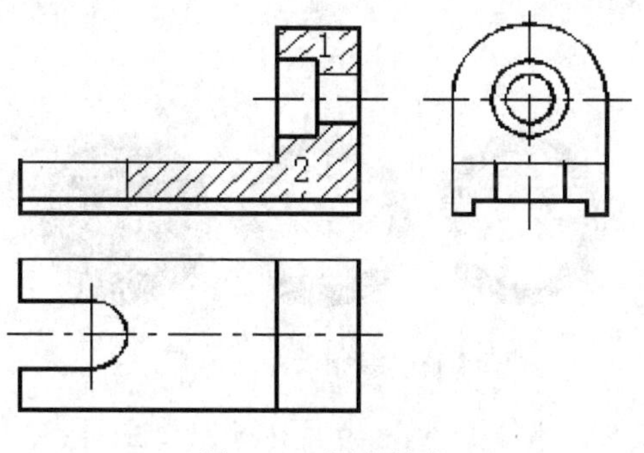

图 4-17　图案填充

4.7　绘制圆环或填充圆

4.7.1　绘制圆环

命令：DONUT。

下拉菜单：绘图→圆环。

功能：在指定位置绘制指定内外径的圆环或填充图。

操作：绘制圆环。

单击相应的菜单项或者输入 DONUT 命令后回车，提示：

指定圆环的内径 <10.0000>:（输入圆环的内径）
指定圆环的外径 <20.0000>:（输入圆环的外径）
指定圆环的中心点 <退出>:（输入圆环的中心）

此时会在指定的中心用指定的内外径绘制出圆环，同时 AutoCAD 会继续提示：

指定圆环的中心点 <退出>:

继续输入中心点，会得到一系列的圆环。当在“指定圆环的中心点 <退出>:”提示下输入空格或回车时结束本命令。

4.7.2　绘制填充圆

执行 DONUT 命令，当提示“内径：”时输入 0，则可以绘制出填充圆。

例 4.5　在点(4,4.5)和(9.5,4.5)处绘制内径为 3、外经为 4 的圆环，在点(15,4.5)处绘制半径为 4 的填充圆。

命令：DONUT
指定圆环的内径 <10.0000>:3
指定圆环的外径 <3.0000>:4
指定圆环的中心点 <退出>:4,4.5
指定圆环的中心点 <退出>:9.5,4.5
指定圆环的中心点 <退出>:
命令：（回车表示重复执行 DONUT 命令）
指定圆环的内径 <10.0000>: 0
指定圆环的外径 <0.0000>: 4
指定圆环的中心点 <退出>:15,4.5
指定圆环的中心点 <退出>:

执行结果如图 4-18 所示。

图 4-18　绘制圆环（填充）

说明：利用命令 FILL 可以控制绘制出的圆环或圆填充与否。方法是在“命令:”提示行

输入 FILL 并回车，AutoCAD 提示:

开(ON)关(OFF)<缺省值>

在此提示下，执行“开”，既输入 ON 后回车，则表示执行 FILL 功能，即进行填充；若执行“关”，即输入 OFF 后回车，则关闭 FILL 功能，即不填充。当 FILL 为“关”时再执行例 4.5，或对图 4-18 执行 REGEN 命令，将得到如图 4-19 所示的结果。

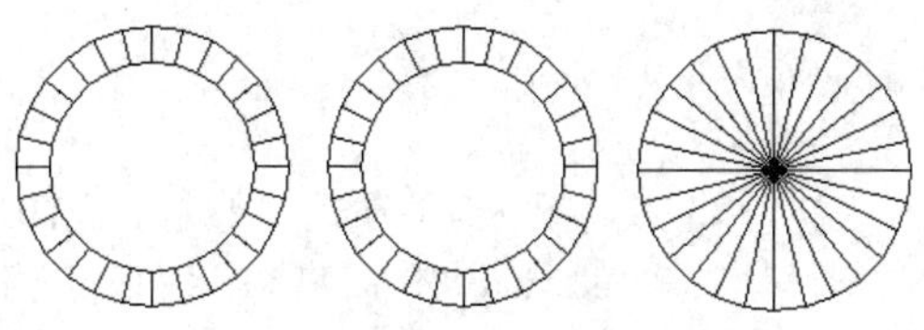

图 4-19　绘制圆环

4.8　文字标注

在进行设计时，不仅要绘制出图形，还要在图纸上标注一些文字说明。本节讨论如何在图纸上加入文本。

4.8.1　设置文字样式

文字样式是指定义文字使用的字体，正确设置好文字样式才能得到我们想要得到的字体类型。不同名称的文字样式可设置成相同的或不相同的字体。

打开“文字样式”对话框的方法：选择“格式”菜单中的“文字样式”命令或者单击“文字”工具栏中的“文字样式”按钮。“文字样式”对话框如图 4-20 所示。

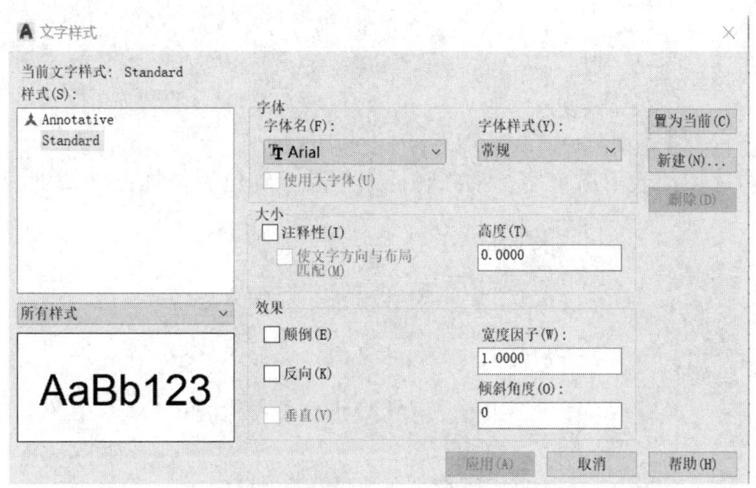

图 4-20　“文字样式”对话框

“样式”列表框中显示了当前使用的文字样式名称。“新建”按钮和“删除”按钮分别用于新建文字样式和删除已有文字样式。设置好文字样式后，单击“确定”按钮即可将设置内容应用于使用该样式的所有文字上。

4.8.2 单行文字的输入

命令：DTEXT 或 TEXT。

下拉菜单：绘图→文字→单行文字。

功能：在图中标注一行文字。

```
命令：DTEXT
当前文字样式: Standard    文字高度: 2.5000
指定文字的起点或 [对正(J)/样式(S)]:
```

（1）对正（J）：用来确定所标注文字的排列方式。执行该选项后提示：

```
[对齐(A)/调整(F)/中心(C)/中间(M)/右(R)/左上(TL)/中上(TC)/右上(TR)/左中(ML)/正中(MC)/右中(MR)/左下(BL)/中下(BC)/右下(BR)]:
```

- 对齐：要求用户确定所标注文字行基线的始点位置与终点位置，如图 4-21 所示。执行该选项后提示：

```
指定文字基线的第一个端点:（确定文字行基线始点位置）
指定文字基线的第二个端点:（确定文字行基线终点位置）
输入文字:（输入文字后回车）
```

图 4-21　文字对齐

- 调整：要求用户确定所标注文字行基线的始点位置与终点位置及所标注文字的字高。执行该选项后提示：

```
指定文字基线的第一个端点:（确定文字行基线始点位置）
指定文字基线的第二个端点:（确定文字行基线终点位置）
输入文字高度:（确定文字高度）
输入文字:（输入文字后回车）
```

后面的那些选项都表示了文字行插入时插入基准点的位置，如图 4-22 所示。

技术要求 中心	技术要求 中央	技术要求 右
技术要求 左上	技术要求 中上	技术要求 右上
技术要求 左中	技术要求 正中	技术要求 右中
技术要求 左下	技术要求 中下	技术要求 右下

图 4-22　文字行插入基准点

（2）样式（S）：确定标注文字时所使用的字体样式。执行该选项后提示：

```
输入样式名或 [?]<缺省值>:
```

在提示下用户可以直接输入文字样式名称，也可以输入“?”查询已有的文字样式。

（3）起点：缺省项，用户可以直接输入文字行的始点位置，输入后提示：

高度：(输入文字高度)
旋转角度：(输入文字行倾角)
文字：(输入文字)

在用户实际绘图时，有时经常需要标注一些特殊字符，但是有些字符不能直接从键盘输入，为此 AutoCAD 提供了各种控制码，用来实现这些要求。AutoCAD 的控制码由两个百分号及之后紧接的一个字符构成，用这种方法可以表示的特殊字符如表 4-1 所示。

表 4-1　AutoCAD 的控制码

符号	功能
%%O	打开或关闭文字上划线
%%U	打开或关闭文字下划线
%%D	标注“度”符号（°）
%%P	标注“正负公差”符号（±）
%%C	标注“直径”符号（ф）

当用户标注完一行文字后，如果再执行 DTEXT 命令，上一次标注的文字行会以高亮方式显示。这时若在“对正(J)/样式(S)/<起点>：”提示下直接回车，AutoCAD 会根据上一行文字的排列方式另起一行进行标注。

执行 DTEXT 命令后，当提示“文字”时，屏幕上会出现一个小方框，其反映将要输入字符的位置、大小和倾斜角度等。当输入一个字符时，AutoCAD 会在屏幕上原来的小方框内显示该字符，同时小方框向后移动一个字符的位置，其指明下一个字符的位置。

在一个 DTEXT 命令下可标注若干行文字。当输入完一行后按 Enter 键，系统自动移动到下一行的起始位置上。

当输入控制符时，控制符会临时地显示在屏幕上，当结束 DTEXT 命令重新生成后，控制符才从屏幕上消失。

注意，TEXT 命令与 DTEXT 命令相比有如下不同之处：

- TEXT 命令一次只能标注一行文字，即在标注过程中不能换行，也不能改变标注的位置。
- 在“文字:”提示下输入文字时屏幕上不会出现表示文字大小与方向的小方框。
- 用户在输入文字内容时，不出现在屏幕上，而是出现在命令行中，只有输入完成后回车，所输入的内容才会显示在屏幕上。

4.8.3　多行文字的输入

利用多行文字（MTEXT）命令输入多行文字，则可以段落的方式处理所输入的文字，段落的宽度由用户指定的矩形框来决定。

多行文字（MTEXT）命令操作方法：

在“绘图”工具条中单击“多行文字”按钮 A 或者在“绘图”菜单中选择“文字”→“多行文字”命令。

命令: _mtext　当前文字样式: "Standard"　文字高度: 10
指定第一角点:
指定对角点或 [高度(H)/对正(J)/行距(L)/旋转(R)/样式(S)/宽度(W)]:

指定对角点后弹出如图 4-23 所示的“文字格式”对话框。在其中输入要书写的文字，可以对文字进行编辑。单击右侧的“输入文字”按钮可以打开其他文字文件。

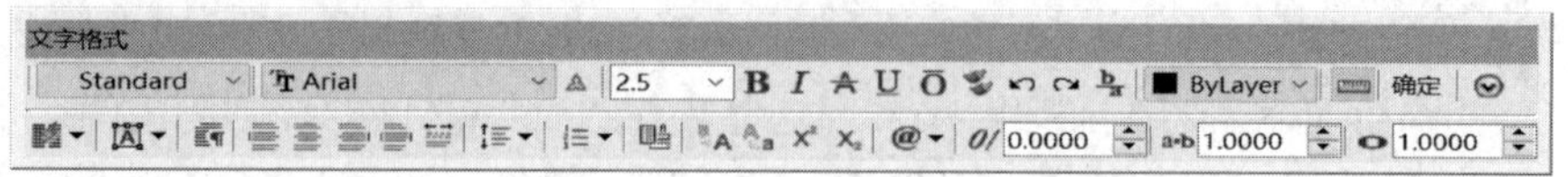

图 4-23　“文字格式”对话框

文字书写后单击“确定”按钮。

4.9　表格

在实际工作中，往往需要在 AutoCAD 中制作各种表格，如工程数量表等，如何高效地制作表格是一个很实际的问题。在图纸中插入表格、文字及其属性，目的是让图形附带文字数据。

4.9.1　创建表格样式

表格的外观由表格样式控制。可以使用缺省表格样式，也可以创建自己的表格样式。

在 AutoCAD 的表格中，可以计算数学表达式，可以快速跨行或列对值进行汇总或计算平均值，可以在单元中输入公式等。

创建表格样式的步骤：

（1）单击“常用”选项卡“注释”面板下的“表格样式”按钮或在命令行提示下输入 tablestyle，弹出如图 4-24 所示的“表格样式”对话框。

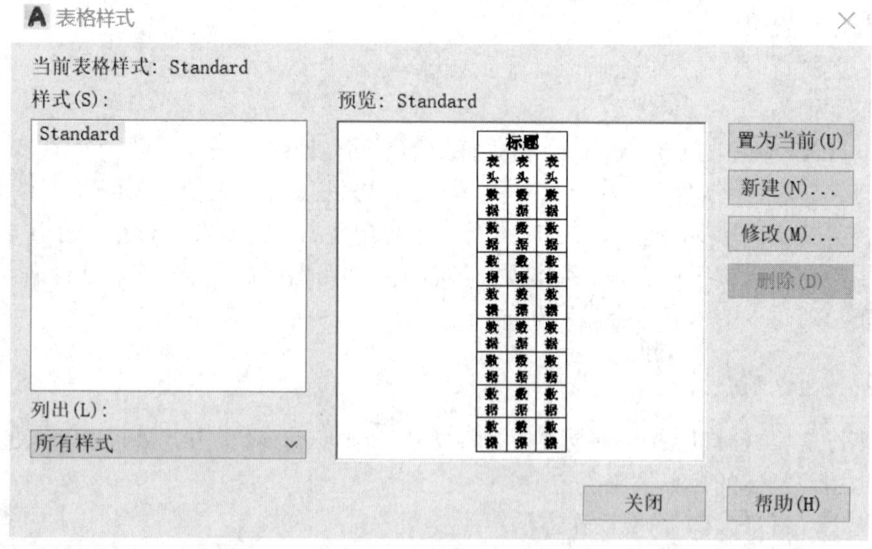

图 4-24　“表格样式”对话框

（2）单击“新建”按钮，弹出如图 4-25 所示的“创建新的表格样式”对话框。

（3）在“新样式名”文本框中输入新表格样式的名称，在“基础样式”下拉列表框中选择一种表格样式作为新表格样式的默认设置。

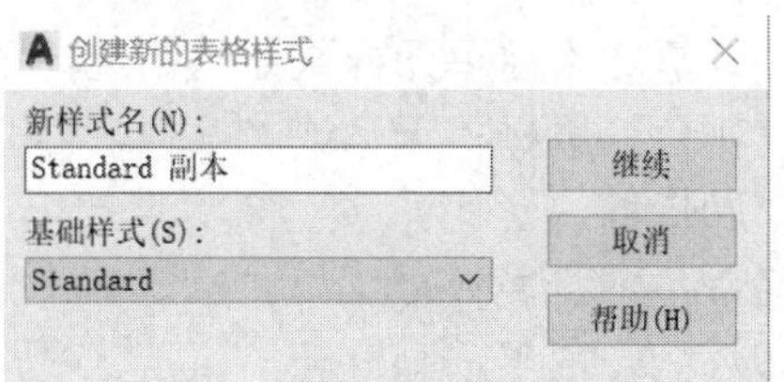

图 4-25 “创建新的表格样式”对话框

（4）单击“继续”按钮，在弹出的“新建表格样式”对话框中单击“选择起始表格”按钮，可以在图形中选择一个要应用新表格样式设置的表格。在“表格方向”下拉列表框中选择“下”或“上”。“上”创建由下而上读取的表格，标题行和列标题行都在表格的底部。

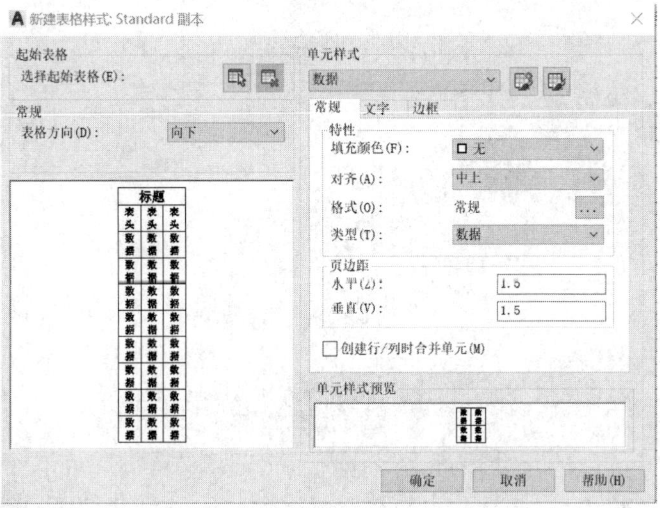

图 4-26 “新建表格样式”对话框

在“单元样式”下拉列表框中选择要应用到表格的单元样式，或者通过单击该下拉列表框右侧的按钮来创建一个新单元样式：单击按钮会弹出如图 4-27 所示的“管理单元样式”对话框。

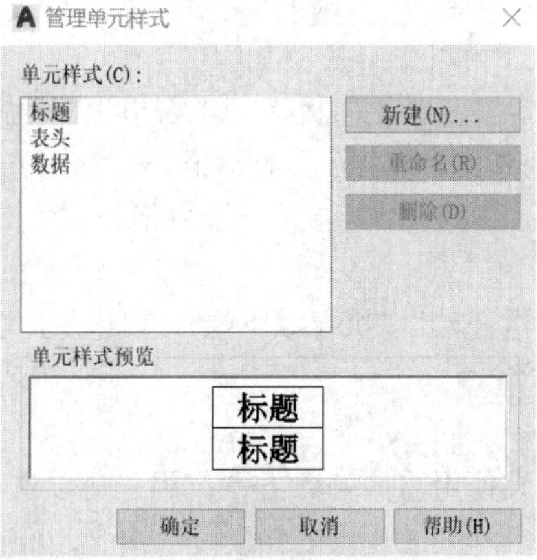

图 4-27 “管理单元样式”对话框

在“常规”选项卡中选择或清除当前单元样式的以下选项：

- 填充颜色：指定填充颜色。选择“无”或者选择一种背景色，或者单击“选择颜色”以弹出“选择颜色”对话框。
- 对齐：为单元内容指定一种对齐方式。
- 格式：设置表格中各行的数据类型和格式。单击…按钮以弹出“表格单元格式”对话框，如图 4-28 所示，从中可以进一步定义格式选项。
- 类型：将单元样式指定为标签或数据，在包含起始表格的表格样式中插入缺省文字时使用，也用于在工具选项板上创建表格工具的情况。
- 页边距：设置单元中的文字或块与左右、上下单元边界之间的距离。

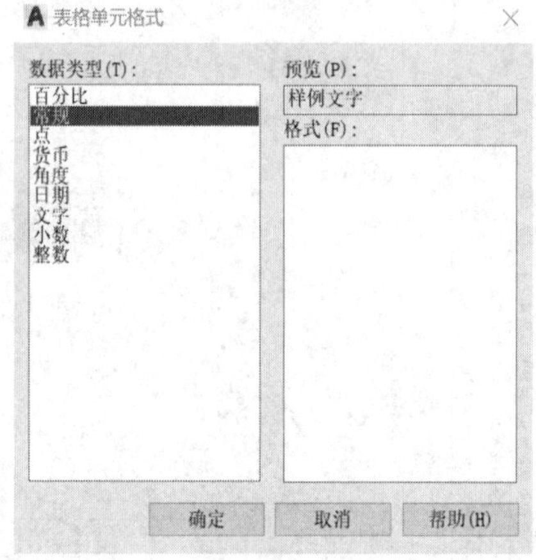

图 4-28 “表格单元格式”对话框

在“文字”选项卡中选择或清除当前单元样式的以下选项：文字样式、文字高度、文字颜色、文字角度。

使用“边框”选项卡可以控制当前单元样式的表格网格线的外观。

（5）单击“确定”按钮。

4.9.2 插入表格

插入表格的步骤：

（1）单击“常用”选项卡“注释”面板下的“表格”按钮或单击“绘图”工具条中的按钮，弹出如图 4-29 所示的“插入表格”对话框。

（2）从“表格样式”下拉列表框中选择一个表格样式，或者单击下拉列表框右侧的按钮创建一个新的表格样式。

（3）单击选中“从空表格开始”，执行以下操作在图形中插入表格：

1）指定表格的插入点。

2）指定表格的窗口。

3）设置列数和列宽。如果使用窗口插入方法，用户可以选择列数或列宽，但是不能同时选择两者。

4）设置行数和行高。如果使用窗口插入方法，行数由用户指定的窗口尺寸和行高决定。

5）单击“确定”按钮。

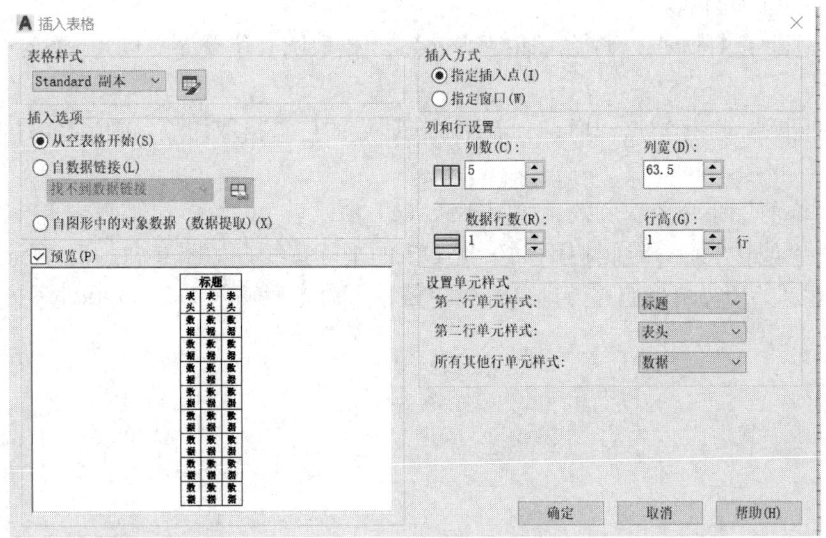

图 4-29　“插入表格”对话框

4.10　实训

4.10.1　平面图形作图

绘制如图 4-30 所示的平面图形。

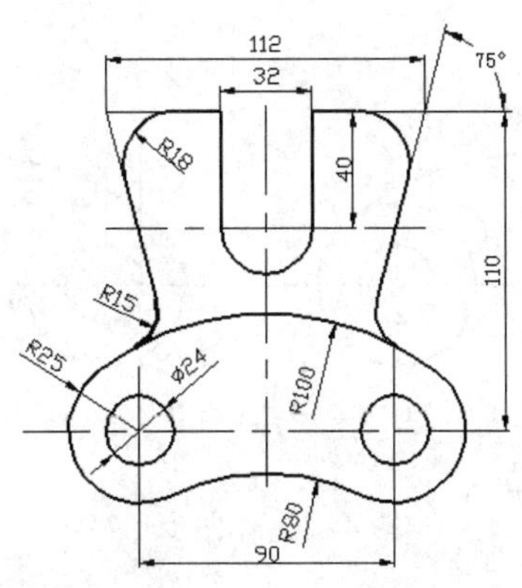

图 4-30　平面图形

（1）设置图层。单击“图层”工具栏中的“图层特性管理器”按钮。建立图层 1 为粗实线，图层 2 为细实线，图层 3 为点画线，图层 4 为虚线，图层 5 为尺寸标注，图层 6 为剖面线，保存图名以便调用。

（2）用“直线”命令绘制基准线（中心线），如图 4-31（a）所示。拾取直线（正交）绘制水平和垂直线。

（3）用“偏移”命令绘制两圆中心线，相距 90 的圆中心线如图 4-31（a）所示。

（4）绘制圆和圆弧。

1）绘制圆：选择圆心、半径，捕捉“交点”，拾取圆心位置（交点），画直径 24 和半径 25 的同心圆。

2）绘制圆弧：选择切点、切点、半径，在适当的位置拾取切点，画半径 100 和半径 80 的圆。

3）用“修剪”命令剪切后效果如图 4-31（c）所示。

（5）用“偏移”命令绘制相距 110 和 112 的平行直线，如图 4-31（d）所示。选择“偏移”命令后输入 110，选择偏移方向；选择“偏移”命令后输入 112，选择偏移方向。

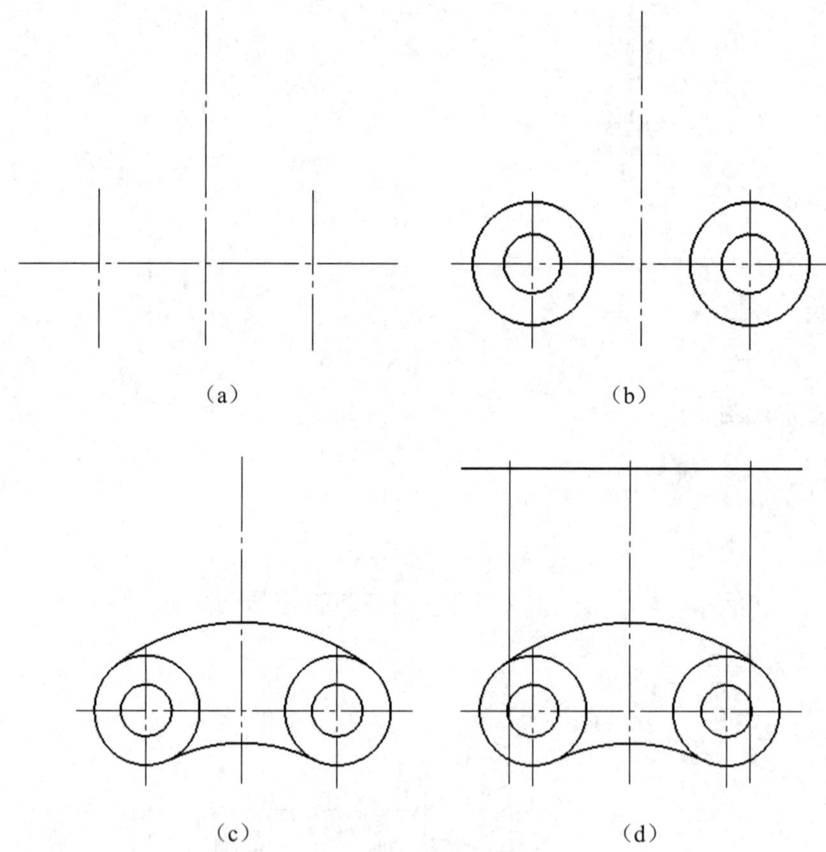

图 4-31　作图步骤

（6）用“直线”命令绘制角度为 75° 的倾斜直线，如图 4-32（a）所示。

（7）绘制倾斜线：选择“直线”命令，拾取交点后输入@100<255。

（8）绘制圆弧并修剪。

1）绘制圆弧：选择切点、切点、半径，在适当位置拾取切点，画半径 18 的圆弧，如图 4-32（b）所示。

2）用“裁剪”命令修剪多余的线段。

（9）绘制相距 32 的两线段和圆弧，如图 4-32（c）所示。

1）绘制平行线：选择“偏移”命令，输入 40；拾取直线后进行偏移；选择“偏移”命令，输入 16，拾取直线后进行偏移。

2）绘制圆：选择圆心、半径，捕捉“交点”，拾取圆心位置（交点），画半径 16 的圆。

3）用“裁剪”命令修剪多余的线段，如图 4-32（d）所示。

（10）标注尺寸，完成全图。

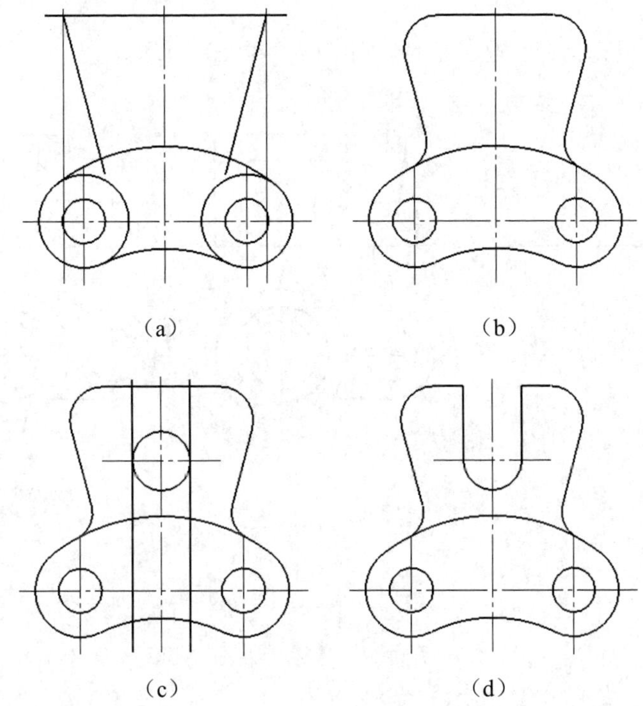

图 4-32　作图步骤

4.10.2　绘制剖视图的方法和步骤

绘制如图 4-33 所示的图形，并将主视图改画为全剖视图。

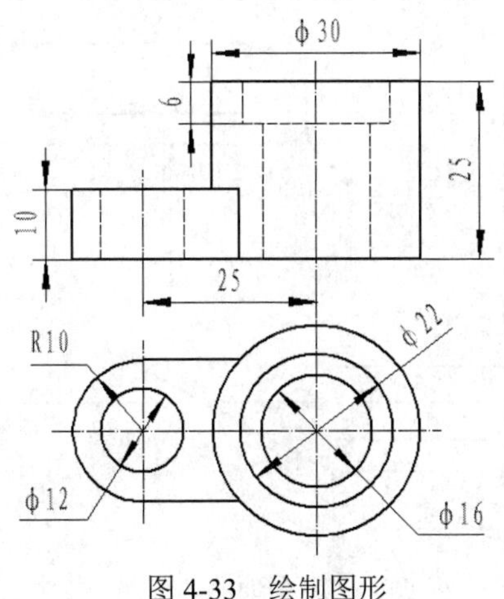

图 4-33　绘制图形

（1）设置图纸幅面（打开前面已保存的图幅）。

（2）用“直线”和“偏移”命令绘制基准线（中心线），如图 4-34（a）所示。

（3）用“圆”命令绘制俯视图的各圆和圆弧，用“直线（正交）”或“偏移”命令绘制平行线，用“修剪”命令剪去多余的线，如图 4-34（b）所示。

（4）用“直线（正交）”或“偏移”命令绘制主视图，用“修剪”命令剪去多余的线，如图 4-34（b）所示。

（5）用“图案填充”命令画剖面线，如图 4-34（c）所示。

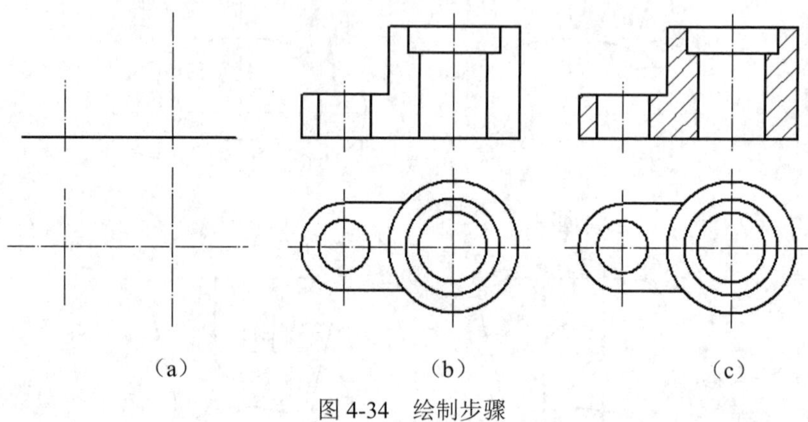

图 4-34　绘制步骤

习题 4

1．绘制平面图，如图 4-35 所示。提示：

（1）设置图幅：图纸幅面 A3，绘图比例 1:1，图纸方向“横放”。

（2）画基准线。

（3）绘制圆、圆弧和直线。

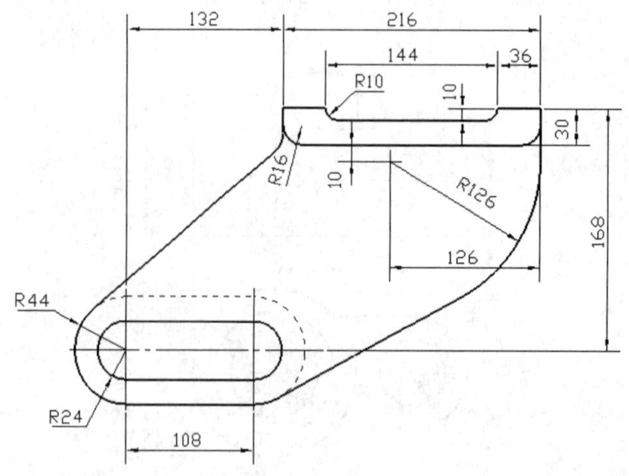

图 4-35　平面图形练习

2．按图 4-36 中的尺寸要求完成全图。

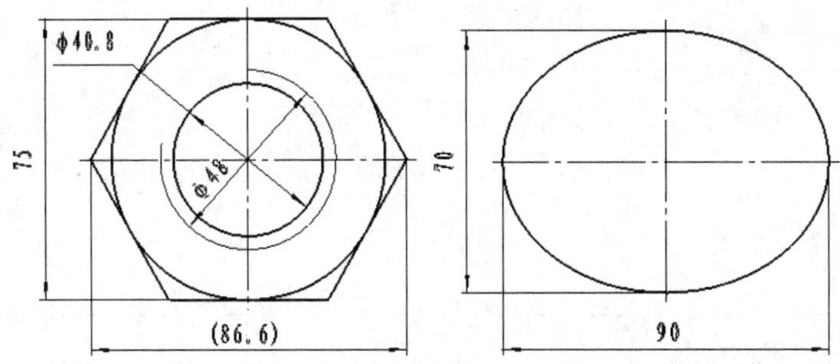

图 4-36　平面图形

3．已知两面视图，补画第三视图，如图 4-37 所示。

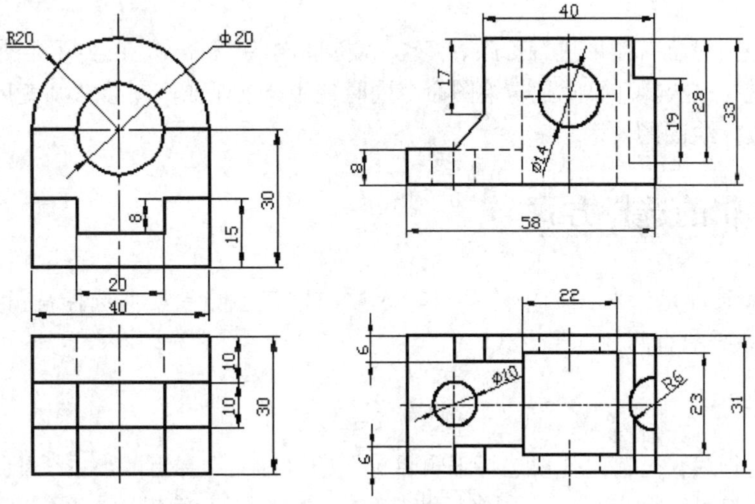

图 4-37　画组合体三视图

4．根据所给的组合体立体图画三视图，如图 4-38 所示。

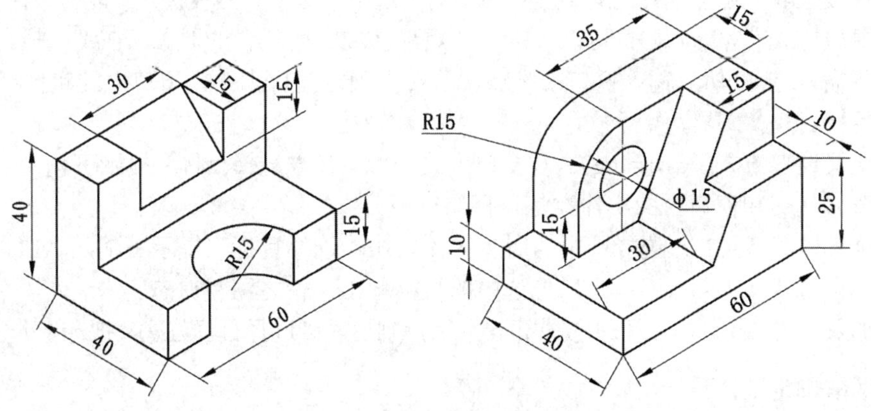

图 4-38　组合体

第5章 编辑命令

图形编辑是指对已有图形进行修改、移动、复制和删除等操作。在实际绘图过程中需要经常对某些实体进行这类操作，而且与绘图命令同时使用，以保证作图准确，减少重复的绘图操作，从而提高设计绘图的效率。

5.1 图形编辑的选择方式

在编辑实体时都是针对图形中的某一输入项，这就意味着如何选择编辑实体的问题，AutoCAD 图形系统中有两种选择方式。

5.1.1 对象选取方法

在对图形进行编辑之前，先要选择编辑目标。在目标的选择上，当系统变量 PICKFIRST 设置为 1 时，用户可在命令:提示下用光标选择目标，然后进行编辑；当系统变量 PICKFIRST 设置为 0 时，为先选择编辑命令，然后选择目标方式。

AutoCAD 为用户提供了 16 种目标选择方法，现介绍其中几种常用的方法。

- 直接选取（点选）：用光标点去拾取目标。选中目标后目标变虚，即证明目标已被选中。
- 窗口方式（Window）：可以选定一个矩形区域中所包含的对象。在“选择目标”提示下输入 W，然后输入窗口第一点、第二点确定窗口大小，窗口内的实体都是选择的目标。
- 交叉窗口方式（Crossing）：与窗口方式类似，在“选择目标”提示下输入 C，与窗口边界相交和窗口内的实体都是选择的目标。
- 全部方式（All）：选择图中的所有实体。在“选择目标”提示下输入 ALL。
- 移去方式（Remove）：可以把选中的目标移出，使之恢复原态。
- 加入方式（Add）：在移去模式下键入 A，则返回到选择目标方式，把选中的实体加入。

5.1.2 对话框确定选择目标

在对话框的“选择”选项卡中打开或关闭一种或多种对象选择模式。

在“工具”菜单中选择“选项”命令，弹出“选项”对话框，如图 5-1 所示。在其中用户可以选择多种模式并可设置选择框的大小。

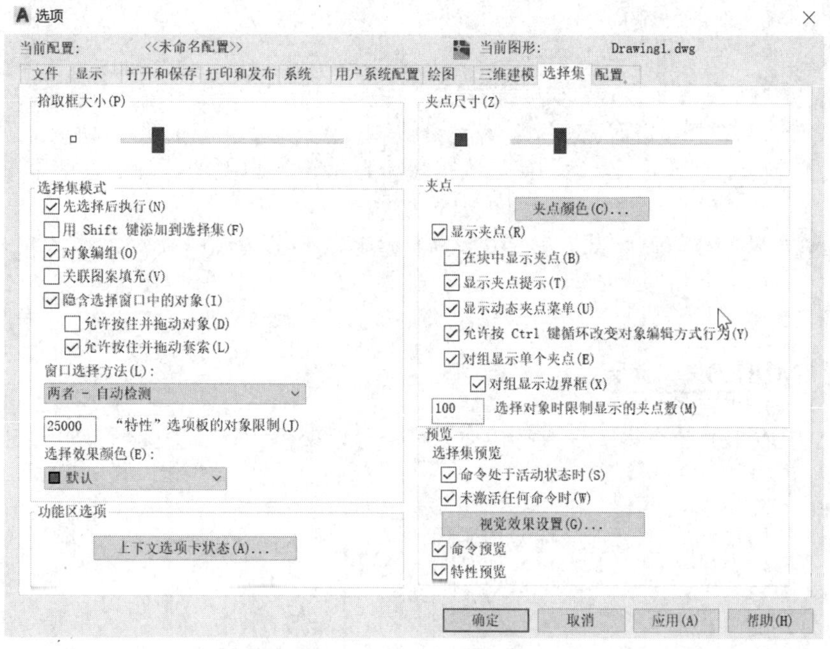

图 5-1　“选项”对话框

5.2　图形编辑命令

绘图和编辑命令是 AutoCAD 绘图系统的两大重要部分，在使用过程中只有灵活运用才能节省大量时间。在第 2 章中已经介绍了部分编辑命令，下面来介绍其余的编辑命令。

5.2.1　旋转（ROTATE）命令

旋转（ROTATE）命令通过设置的基准点旋转图形，如图 5-2 所示。

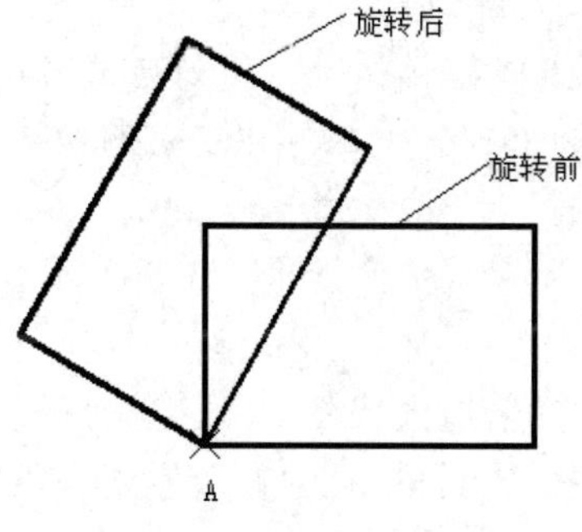

图 5-2　旋转图形

命令操作方法：在“修改”工具条中单击“拾取”按钮 或者选择“修改”菜单中的“旋

转”命令。

命令行提示：

命令: _rotate
选择对象: 找到 1 个
选择对象:
指定基点: 如 A
指定旋转角度或 [参照(R)]: 60

如果在“指定旋转角度或 [参照(R)]:”提示中直接输入角度值，则图形绕基准点旋转，角度大于 0 时逆时针旋转，角度小于 0 时顺时针旋转。

指定旋转角度或 [参照(R)]:R　　（提示中键入 R，则系统进一步提示）
指定参考角 <0>:参考角　　<回车>
指定新角度:

5.2.2　镜像（MIRROR）命令

镜像（MIRROR）命令将图形进行镜像变换，可以保留和删除原图形，如图 5-3 所示。

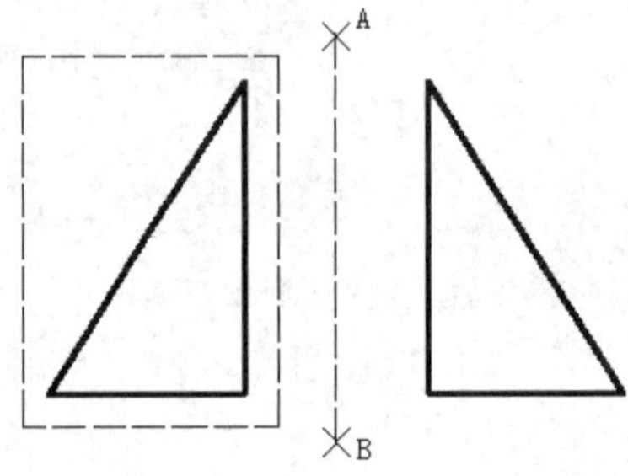

图 5-3　图形镜像

命令操作方法：在“修改”工具条中单击⚠按钮或者在“修改”菜单中选择“镜像”命令。

命令行提示：

选择对象: 指定对角点: 找到 3 个
选择对象:
指定镜像线的第一点: 拾取 A 点
指定镜像线的第二点: 拾取 B 点
是否删除源对象？[是(Y)/否(N)] <N>: （如图 5-3 所示）

说明：当选择目标包括文本及属性实体时，镜射后使之反向书写，对此可通过系统变量 MIRTEXT 的设置解决，该变量为 0 时，文本不作反向倒置（MIRTEXT 对插入块内的文本和固定属性不起作用）。

5.2.3　缩放（SCALE）命令

缩放（SCALE）命令按给定的值放大或缩小所选定的对象。

放大如图 5-4 所示的图形，操作方法：在“修改”工具条中单击□按钮或者选择“修改”菜单中的“比例”命令。

命令行提示：

命令: _scale　　选择对象: 指定对角点: 找到 6 个

选择对象:
指定基点:
指定比例因子或 [参照(R)]: 2 <回车>

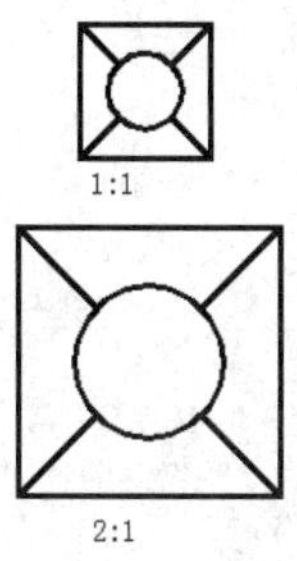

图 5-4 比例

说明：如果在“指定比例因子或 [参照(R)]:”提示后输入 R，则输入参考长度值而不是比例因子。

5.2.4 阵列（ARRAY）命令

阵列（ARRAY）命令将选定的图形拷贝成矩形阵列或环形阵列。

命令操作方法：命令: _Array，选择 Arrayclassic，弹出如图 5-5 所示的对话框。在其中选择阵列的类型：矩形阵列和环形阵列。

（1）矩形阵列如图 5-5（a）所示。选择“矩形阵列”后设定行数、列数、行间距和列间距，再单击“选择对象”按钮拾取阵列对象，最后单击“确定”按钮。

（2）环形阵列如图 5-5（b）所示。选择环形阵列后选择阵列中心点，设定阵列个数、填充角度，再单击“选择对象”按钮拾取阵列对象，最后单击“确定”按钮。

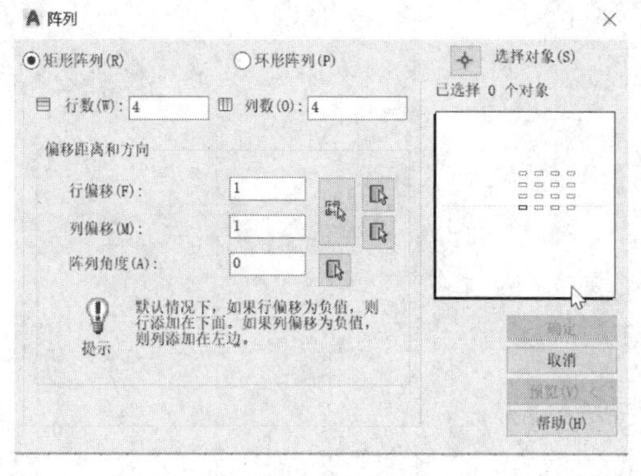

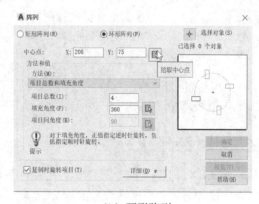

（a）矩形阵列

（b）环形阵列

图 5-5 “阵列”对话框

例 5.1 环形阵列。

在“修改”工具条中单击 按钮或者在“修改”菜单中选择“阵列”命令，在弹出的“阵列”对话框中选择“环形阵列”单选项，在“方法和值”栏中选择“项目总数和充填角度”，“项目总数”输入 8，“填充角度”输入 360，指定环形阵列中心点位置，单击“选择对象”按钮拾取阵列对象，选择要阵列的圆。

单击“预览”或“确定”按钮，阵列后的效果如图 5-6 所示。

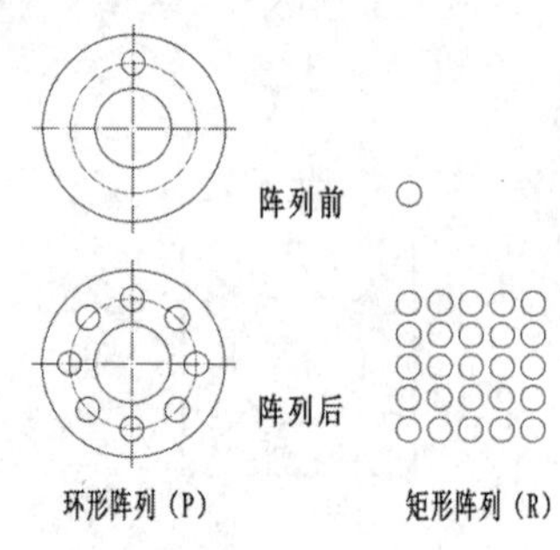

图 5-6　阵列

例 5.2　矩形阵列。

在“修改”工具条中单击按钮或者在“修改”菜单中选择“阵列”命令，在弹出的“阵列”对话框中选择“矩形阵列”单选项，输入阵列的行数和列数。在“偏移距离和方向”栏中选择行间距和列间距。“行偏移”输入 60，“列偏移”输入 60，“阵列角度”输入 0。

单击“选择对象”按钮拾取阵列对象，选择要阵列的圆。

单击“预览”或“确定”按钮，阵列后的效果如图 5-6 所示。

5.2.5　拉伸（STRETCH）命令

拉伸（STRETCH）命令将图形的一部分进行拉伸、移动、变形，其余不动。

命令操作方法：在“修改”工具条中单击按钮或者在“修改”菜单中选择“拉伸”命令。

命令行提示：

```
命令: _stretch
以交叉窗口或交叉多边形选择要拉伸的对象...
选择对象: 指定对角点: 找到 5 个
选择对象:
指定基点或位移:
指定位移的第二点:（如图 5-7 所示）
```

5.2.6　延伸（EXTEND）命令

延伸（EXTEND）命令将延长选定目标到达指定边界。

命令操作方法：在“修改”工具条中单击按钮或者在“修改”菜单中选择“延伸”命令。

命令行提示：

```
命令: _extend
选择边界的边 ...
选择对象: 找到 1 个
选择对象: 找到 1 个，总计 2 个
选择对象:
选择要延伸的对象或 [投影(P)/边(E)/放弃(U)]:
```

5.2.7 中断（BREAK）命令

中断（BREAK）命令可以将直线、圆、圆弧和多段线作部分删除或将它们断开成为两个实体。

命令操作方法：在“修改”工具条中单击按钮或者在“修改”菜单中选择“断开”命令。

命令行提示：

```
选择对象:
指定第二个打断点 或 [第一点(F)]:
```

根据提示有如下操作：

（1）选第二点，则从目标点到第二点之间的线段被删除。

（2）键入 F，重选断开第一点，再选第二点，实现线段删除，如图 5-7 所示。

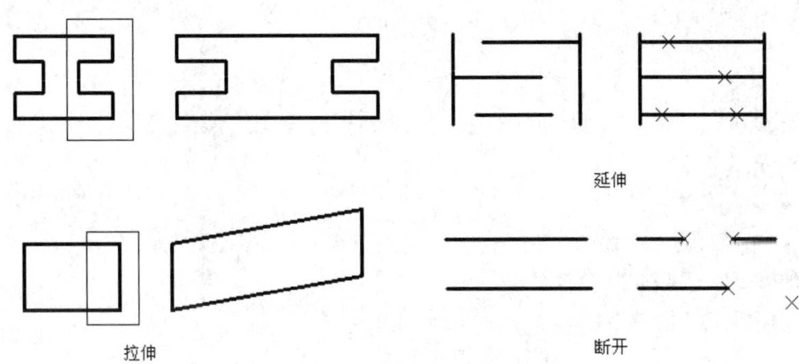

图 5-7 图形拉伸、打断图例

5.2.8 圆角（FILLET）命令

圆角（FILLET）命令是用指定半径的圆弧连接两直线或圆弧，如图 5-8 所示。

命令操作方法：在“修改”工具条中单击按钮或者在“修改”菜单中选择“圆角”命令。

（1）设定倒圆角的半径。

```
命令: _fillet 当前设置: 模式 = 修剪，半径 = 0.0000
选择第一个对象或 [放弃(U)/多段线(P)/半径(R)/修剪(T)/多个(M)]: r
指定圆角半径 <0.0000>: 输入倒圆角半径，如 10
```

（2）倒圆角。

```
命令: _fillet
当前设置: 模式 = 修剪，半径 = 10.0000
选择第一个对象或 [放弃(U)/多段线(P)/半径(R)/修剪(T)/多个(M)]:
选择第二个对象:
命令: _fillet
当前设置: 模式 = 修剪，半径 = 10.0000
选择第一个对象或 [多段线(P)/半径(R)/修剪(T)]: p
选择二维多段线:
```

说明：当设定半径 R=0 时，可使两线相交；当设定半径太大无法连接时，出现错误信息提示；当选用多段线倒圆角时，图形必须封闭才能全部倒圆角。

5.2.9 倒角（CHAMFER）命令

倒角（CHAMFER）命令是用指定的截距对两直线进行倒角，如图 5-8 所示。

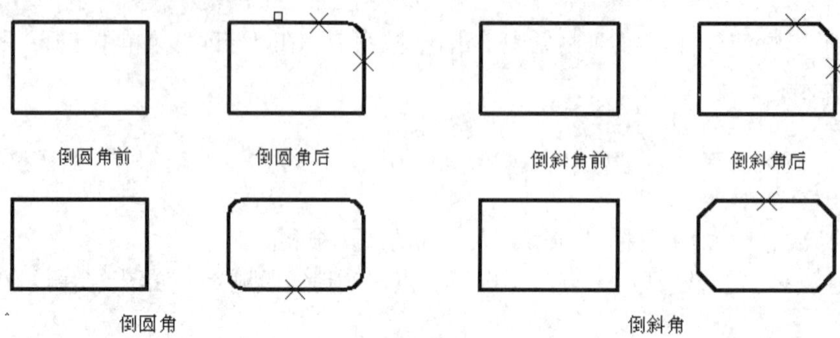

图 5-8 图形倒角

命令操作方法：在“修改”工具条中单击按钮或者在“修改”菜单中选择“倒角”命令。

（1）设定倒角的截距。

```
命令: _chamfer
选择第一条直线或 [多段线(P)/距离(D)/角度(A)/修剪(T)/方法(M)]: d
指定第一个倒角距离 <10.0000>:
指定第二个倒角距离 <10.0000>:
```

（2）倒角。

```
命令: _chamfer
（“修剪”模式）当前倒角距离 1 = 10.0000，距离 2 = 10.0000
选择第一条直线或 [多段线(P)/距离(D)/角度(A)/修剪(T)/方法(M)]:
选择第二条直线:
命令:_chamfer
（“修剪”模式）当前倒角距离 1 = 10.0000，距离 2 = 10.0000
选择第一条直线或 [多段线(P)/距离(D)/角度(A)/修剪(T)/方法(M)]: p
选择二维多段线:
```

5.2.10 分解（EXPLODE）命令

分解（EXPLODE）命令把复杂的实体（插入的块、多段线、尺寸标注）分解成简单的单元体，以便于编辑。

命令操作方法：在“修改”工具条中单击按钮或者在“修改”菜单中选择“断开”命令。

命令行提示：

```
命令: _explode
选择对象: 找到 1 个
选择对象:
```

5.2.11 多段线编辑（PEDIT）命令

多段线编辑（PEDIT）命令用来编辑多段线，根据操作不同可以完成多种编辑工作。

命令操作方法：

下拉菜单：修改→对象→多段线。

工具栏：修改Ⅱ→多段线。

在“修改”菜单中选择“多段线”命令，命令行提示：

命令: _pedit 选择多段线: 选择多段线目标
所选对象不是多段线，是否将其转换为多段线? <Y>回车
输入选项: [闭合(C)/合并(J)/宽度(W)/编辑顶点(E)/拟合(F)/样条曲线(S)/非曲线化(D)/线型生成(L)/放弃(U)]: j

闭合(C)：使多段线封闭或开启。

合并(J)：用于多段线连接，两线必须首尾相交。

宽度(W)：改变多段线的线宽。

编辑顶点(E)：编辑多段线的顶点。

拟合(F)：将多段线拟合成光滑曲线（过顶点）。

样条曲线(S)：将多段线拟合成三次 B 样条曲线（不过顶点）。

非曲线化(D)：将光滑曲线还原成多段线。

线型生成(L)：设置非连续线的线型是否要配合线长显示。

放弃(U)：取消上次动作。

绘制如图 5-9 所示的图形，用多段线编辑命令进行编辑，输入各项观察线段的变化。

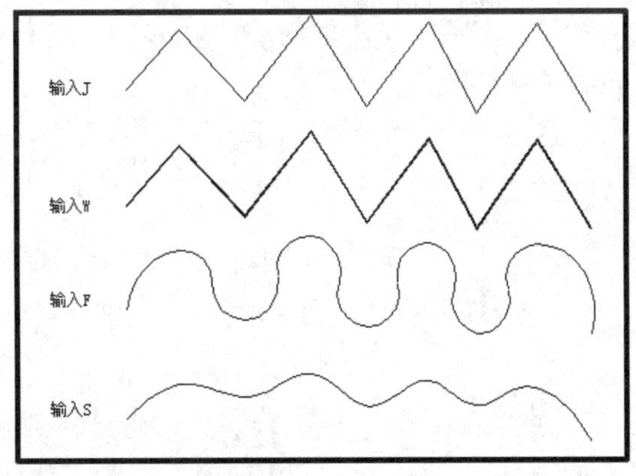

图 5-9　多段线图例

在 AutoCAD 2020 中提供了丰富的图形编辑与修改功能，这些功能提高了绘图效率和质量。用 AutoCAD 2020 进行对象的编辑与修改，用户可以采用以下 4 种方法之一：

- 通过输入命令实现编辑与修改（即在命令提示行输入响应的命令）。
- 通过下拉菜单实现编辑与修改（下拉菜单中的“修改”命令）。
- 利用工具栏实现编辑与修改（工具条中的“修改”和“修改Ⅱ”按钮）。
- 利用屏幕菜单实现编辑与修改（屏幕菜单中的“修改”和“修改Ⅱ”命令）。

5.2.12　文字编辑

命令：DDEDIT。

下拉菜单：修改→对象→文字。

功能：修改文字。

命令：DDEDIT

<选择注释对象>/放弃(U)：（选取打算编辑的文字）

如果所选取的文字使用 TEXT 或 DTEXT 命令标注，则会弹出“文字格式”对话框，如图 5-10 所示。可以通过该对话框对所选取的文字进行修改。

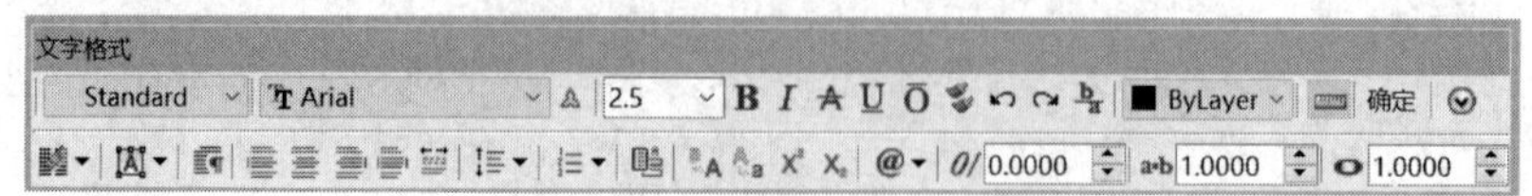

图 5-10　“文字格式”对话框

5.2.13　修改多线

命令：MLEDIT。

下拉菜单：修改→对象→多线。

工具栏：修改Ⅱ→多线。

功能：修改由 MLINE 命令绘制的多线。

选择“多线编辑”命令，弹出“多线编辑工具”对话框，如图 5-11 所示。

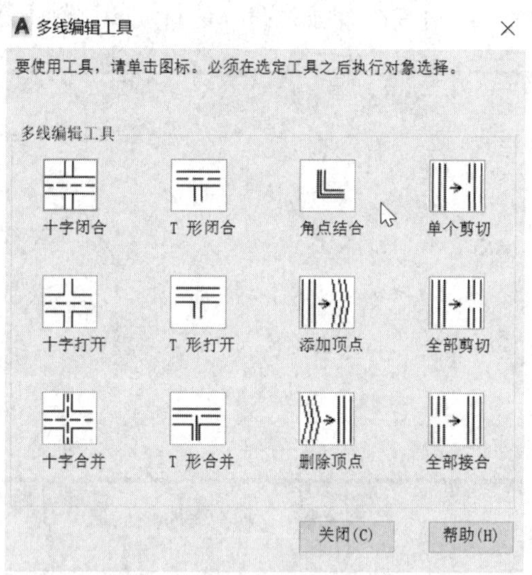

图 5-11　“多线编辑工具”对话框

该对话框中的各个工具图标形象地说明了 LIEDIT 所具有的功能，选择我们需要的接头形式，单击“确定”按钮，系统提示：

选择第一条多线：（拾取第一条多线）

选择第二条多线：（拾取第二条多线）

……

当全部修改完成后回车，修改命令结束。

这里需要注意的是，如果我们选择的修改形式与原结构形式差距很大，则系统无法执行。

不过，在编辑多线时应特别注意，MLEDIT 命令并不真正切断多线，只是禁止各个多线段的显示，这就使得用户可重显或修复切断部分。

下面就来简单介绍一下这几种工具的作用。由图 5-11 可以看出，MLEDIT 提供了 12 种工具，可以将它们分为 4 类，即十字型工具、T 字型工具、直角工具和切断工具。

3 个十字型工具用于消除各种相交线，图 5-12 显示了运用这些工具后的各种效果。

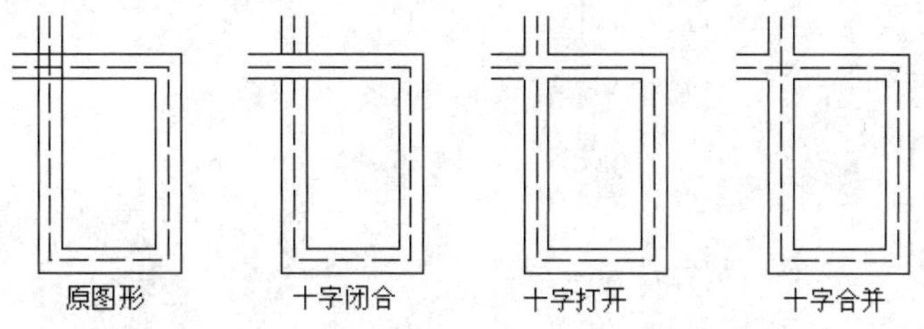

图 5-12　多线编辑

一旦选择十字型中的工具，AutoCAD 就会提示用户选取两条多线。AutoCAD 一般总是切断用户所选的第一条多线，并根据所选工具切断第二条多线。

对合并十字型，AutoCAD 生成配对元素的直角。若有不配对元素，则它将不被切断。

T 字型工具也用于消除相交线，其编辑效果如图 5-13 所示。

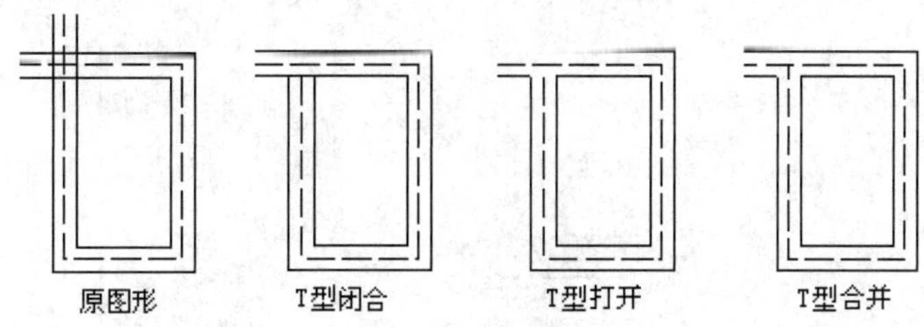

图 5-13　多线编辑

直角工具同样消除相交线，而且可以消除多线一侧的延长线，从而形成直角。用户选用此工具时，AutoCAD 提示选取两条多线，用户只需在想保留的多线某部分上拾取点，AutoCAD 就会将多线剪裁或延长到它们的相交点，效果如图 5-14 所示。

增加顶点工具可以为多线增加若干顶点，以便于处理（如简单的伸展）。删除顶点工具则从有 3 个或更多顶点的多线上删除顶点。若当前选取的多线只有两个顶点，该工具无效。图 5-15 所示为增加顶点和删除顶点的效果。

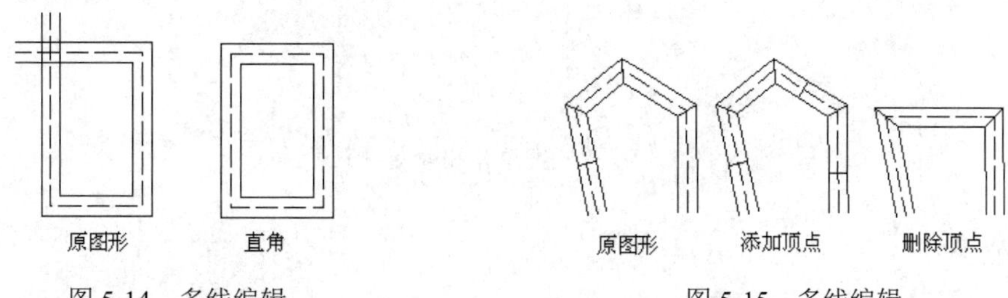

图 5-14　多线编辑　　　　图 5-15　多线编辑

切断工具用于切断多线。单点剪切用于切断多线中的一条，只需要简单地拾取要切断多线某一元素（某一条）上的两点，这两点中的连线即被删去（实际上是不显示）。同理，全部剪切用于切断整条多线，效果如图 5-16 所示。

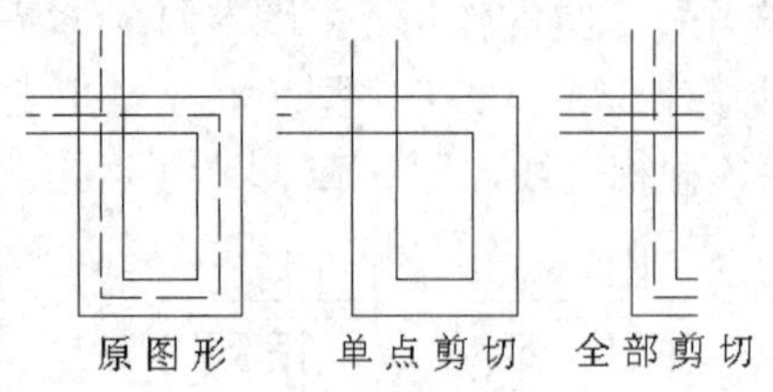

图 5-16　多线编辑

5.2.14　图案填充编辑

功能：修改已填充的图案。

命令：HATCHEDIT。

下拉菜单：修改→对象→图案填充。

工具栏：修改Ⅱ→图案填充。

选择“图案填充编辑”命令，再选择要修改的填充图案，系统弹出“图案填充和渐变色”对话框，如图 5-17 所示，重新设定图案即可完成图案填充修改的操作。

图 5-17　“图案填充和渐变色”对话框

5.2.15　对象特性

编辑图形，就需要对其属性进行修改，在 AutoCAD 中编辑图形一般通过两种途径：一种是使用 AutoCAD 提供的“复制”和“移动”等基本或高级编辑命令；另一种是直接编辑图形实体的属性。两种途径各有利弊，本节主要介绍后者。

命令：properties。

下拉菜单：修改→对象特性。

工具栏：标准→对象特性。

快捷菜单：选择要查看或修改其特性的对象，在绘图区域右击并选择“特性”选项。

功能：AutoCAD 显示“特性”窗口，它是查看和修改 AutoCAD 对象特性的主要方式，可以查看或修改任何基于 AutoCAD 应用程序编程接口（API）标准的第三方应用程序对象。

选择“特性”命令，系统弹出“特性”对话框，如图 5-18 所示。

图 5-18 “特性”对话框

“常规”下拉列表框：位于对话框顶部，其中列出了选取目标实体的类别。当选取实体的单一类别时，该下拉列表框中显示出该实体的图形类别（如圆、矩形等）。若一次选取两个以上的实体，则该下拉列表框内将显示“全部(x)”，其中的 x 代表选取实体的总数。此时如果打开这个下拉列表框，将会看到 AutoCAD 已将图形实体自动分类，并归纳出每种实体的数目。

“快速选择”按钮：单击该按钮将弹出“快速选择”对话框。

“按字母”选项卡：其核心内容是属性列表框，该列表框依照英文字母顺序列出了被选图形实体的全部属性。

“按分类”选项卡：其内也是属性列表框，与“按字母”选项卡所不同的只是排列顺序与分类方法，它是以属性所属范畴归类排序的。

5.3 实训

5.3.1 绘制平面图形

例 5.3 平面图形的绘制方法和步骤。

（1）平面图形的绘制方法。

1）分析。平面图形通常由各种不同线段（包括直线段、圆弧和圆）组成。要先对平面图形的线段进行分析，弄清楚哪些是可以直接画出的已知线段；哪些是必须根据与相邻线段有连接关系才能画出来的中间线段；最后求出连接圆弧的切点和圆心确定连接线段。如图 5-19 所示，半径为 18 和 67、直径为 90 和 45 的为已知圆弧，半径为 18 和 9 的圆弧为中间圆弧，半径为 20 的圆弧为连接圆弧。

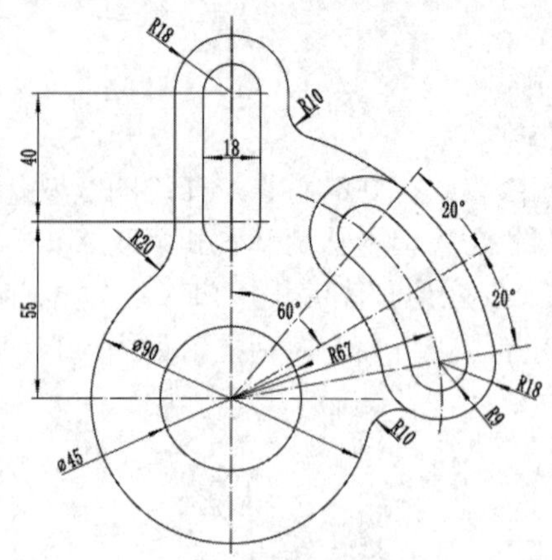

图 5-19　平面图形

2）方法。画图时，应先画已知线段，再画中间线段，最后画连接线段。

（2）平面图形的绘制步骤。

图 5-19 所示平面图形的作图步骤如下：

1）确定图幅：A4 竖放，绘制图框和标题栏并保存。

2）用直线命令绘制基准线（中心线），如图 5-20（a）所示。

①改变图层：将属性工具条中的 0 层改为中心线层。

②绘制直线：选择“直线”命令，按下“(正交)”，绘制水平和垂直线。

③选择“偏移”命令绘制相距 55 和 40 的中心线。

3）用“圆”命令绘制圆、圆弧，如图 5-20（b）所示。

①绘制圆：选择圆心、半径，捕捉“交点”，拾取圆心位置（交点），画 ϕ45、ϕ90 同心圆和 R18、R67 的圆。

②绘制角度为 20 的直线，用极坐标：@90<10、@90<30、@90<50。

③绘制圆弧：选择切点、切点、半径或圆角命令，绘制 R19、R9、R10、R20 的圆弧，如图 5-20（c）所示。

4）用“修剪”命令剪切多余的线段，如图 5-19（c）所示。

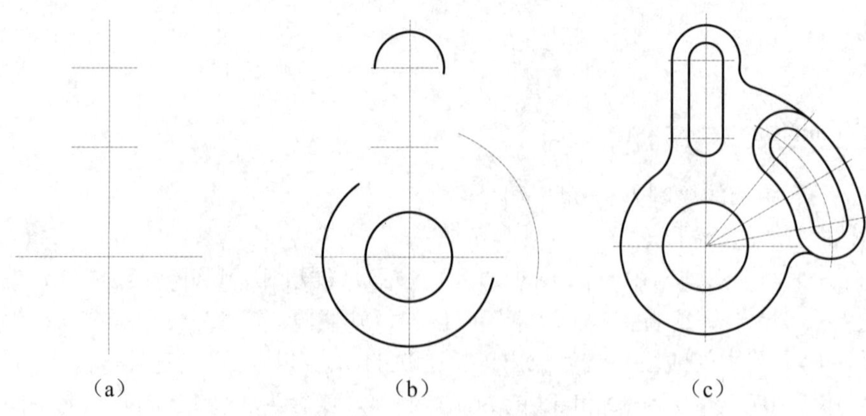

图 5-20　平面图形作图步骤

5）尺寸标注：在“标注”工具栏中单击“线性标注”“圆标注”和“圆弧标注”，按系统提示分别拾取标注元素。

例 5.4 绘制如图 5-21 所示的平面图形。

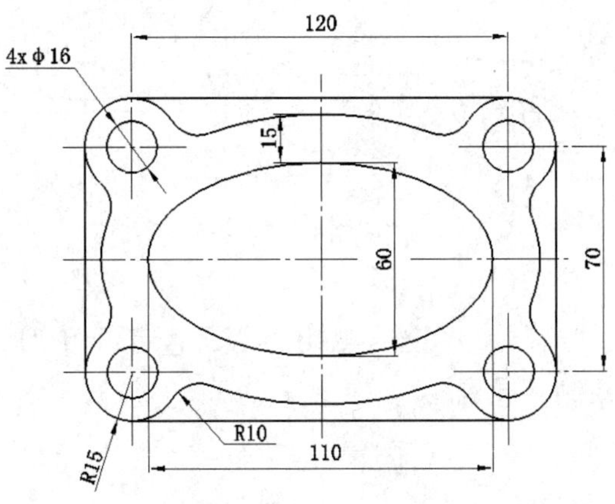

图 5-21 平面图形

（1）确定图幅：A4 竖放，绘制图框和标题栏并保存。

（2）用“直线”命令绘制基准线（中心线），如图 5-22（a）所示。

1）改变图层：将属性工具条中的 0 层改为中心线层。

2）绘制直线：选择“直线”命令并按下（正交），绘制水平线和垂直线。

3）选择“偏移”命令绘制相距 35 和 60 的中心线。

（3）绘制椭圆和圆：将属性工具条中的中心线层改为粗线层。

1）绘制椭圆：选择“椭圆”命令，选择中心，输入基准点（交点），长半轴为 55，短半轴为 30；将长半轴改为 70，短半轴改为 45，输入基准点（交点），如图 5-22（b）所示。也可以用“偏移”命令，输入“偏移距离”为 15。

2）选择“圆”命令，捕捉圆心位置（交点），画 4×φ16、φ15、R15 的圆，如图 5-22（c）所示。为了便于作图，对图中线段进行修整，然后拾取要修整的线段。

3）用“阵列”命令绘制 4 个相同的图形：选择“阵列”命令，选择矩形阵列，输入 2 行、2 列，行间距 70，列间距 120，然后选取阵列对象。

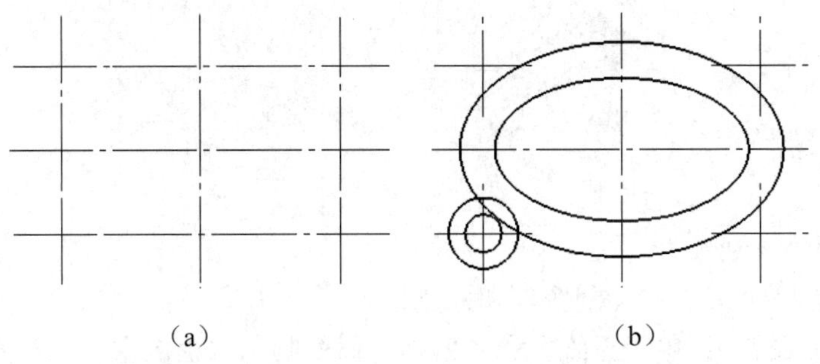

（a） （b）

图 5-22 平面图形作图步骤

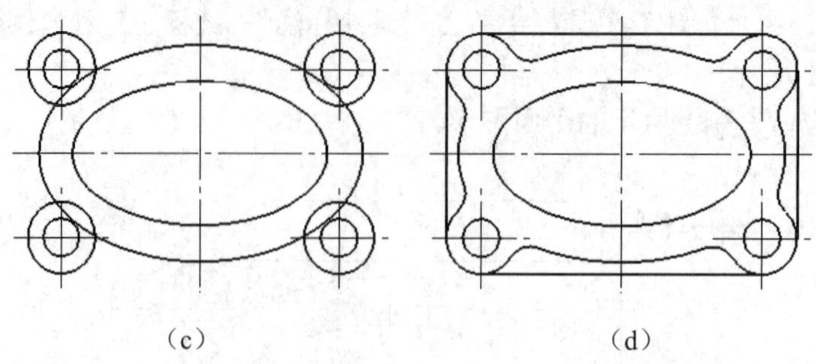

图 5-22　平面图形作图步骤（续图）

（4）绘制圆弧和直线。

1）用“相切、相切、半径”命令绘制 R10 圆弧，也可以用“圆角”命令绘制。

2）用“直线”命令绘制 4 段直线。

3）标注尺寸。

5.3.2　三视图的绘制方法和步骤

例 5.5　三视图的绘制方法和步骤。

（1）三视图的绘制方法。

1）分析。图 5-23 所示的组合体可以分解为 3 个基本形体：底板、立板、肋板，底板前面挖切了两个圆角和两个圆柱孔，底板上叠放着立板与肋板，立板与底板后面平齐且上面带一直径为 20 的圆柱孔。

2）方法。该组合体是由 3 个基本形体组合而成的，应利用形体分析法将组合体分解为各个基本形体，弄清各基本形体的组合形式、相对位置，以及关联表面的连接关系，最后逐个画出。

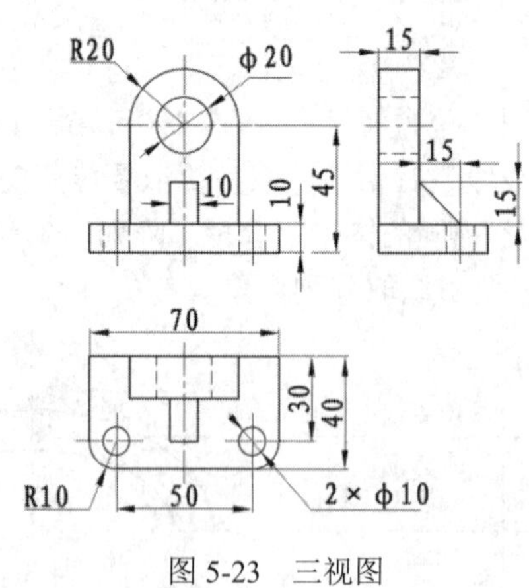

图 5-23　三视图

（2）三视图的绘制步骤。

1）确定图幅：A4 竖放，绘制图框和标题栏。

2）画底板的三视图：用“直线”和“偏移”命令画出底板的主视图和左视图，如图 5-24（a）所示。

3）作 45° 辅助线，然后确定俯视图起点，如图 5-24（a）所示。

4）画出立板及肋板的三视图，如图 5-24（b）所示。

5）画出圆柱孔的三视图，如图 5-24（c）所示；标注尺寸，如图 5-24（d）所示。

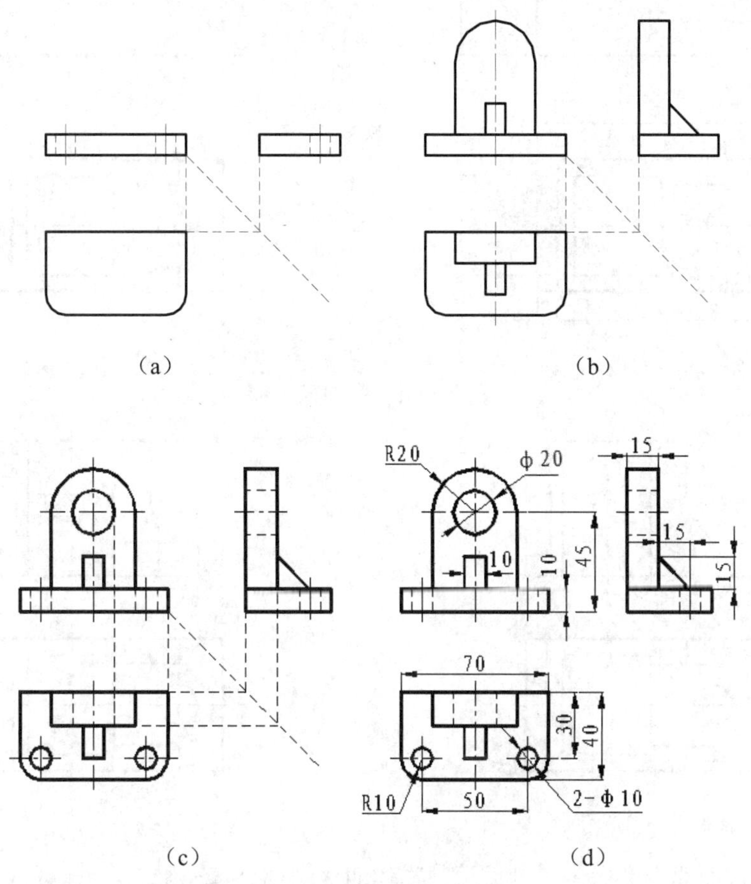

图 5-24　三视图绘制过程

例 5.6　将图 5-25 中的主视图改画成全剖视图。

（1）形体分析。

该形体内部结构复杂且左右不对称，故主视图采用全剖表达内形。它前后对称，所以剖切面就是俯视图的对称中心线。由于剖切面通过形体的对称平面，而剖视图按投影关系配置，中间无图形隔开，可省略剖视图的标注。

主视图中的虚线分别表示如下形体：距底面高度为 8 的八边形水平面（其上有一ϕ10 的通孔）、22×24×33 的矩形上下通孔、半径为 6 深为 33-5 的半圆柱槽孔。这三部分均被剖切面对称地剖开，虚线变成了实线。ϕ14 的孔有两个，前面的被剖切移走，后面的留下成为可见，因此要以实线画出。

（2）绘制步骤。

1）按图 5-25 所标注尺寸抄画俯视图。画出剖视图（主视图）的定位基准线，如图 5-26 所示。

2）画出主视图的外轮廓，并根据分析将原主视图中的虚线改画成粗实线，如图 5-27 所示。

3）用粗实线画出后半个形体中留下的ϕ14 孔，如图 5-28 所示。

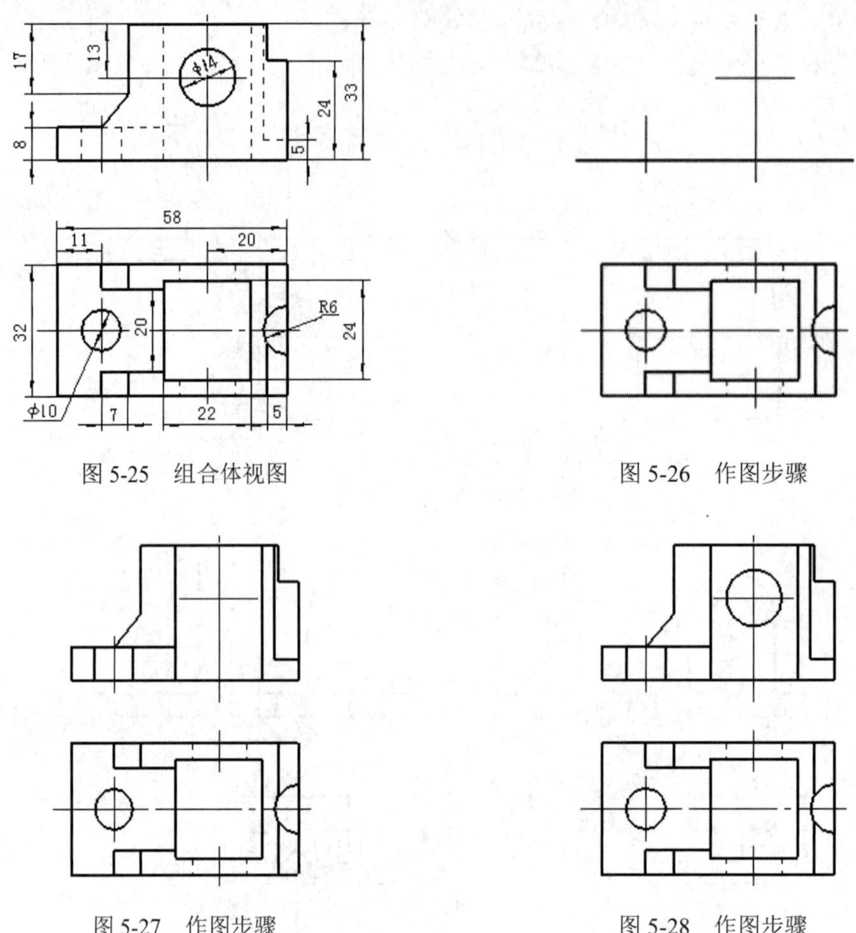

图 5-25　组合体视图

图 5-26　作图步骤

图 5-27　作图步骤

图 5-28　作图步骤

4）选择“剖面线”命令，将剖切面与物体的接触部分填充上剖面线，如图 5-29 所示。

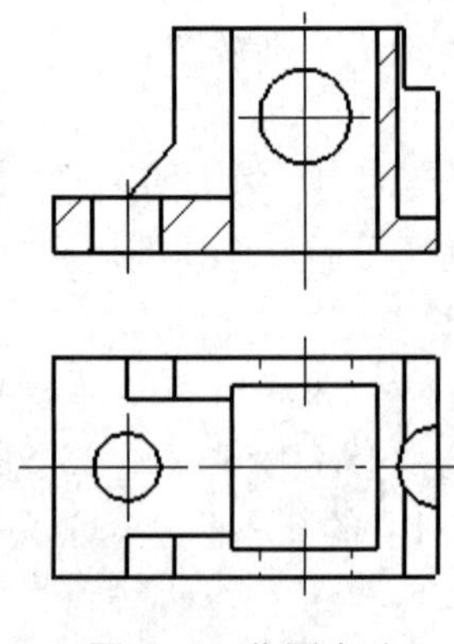

图 5-29　作图步骤

5）图 5-29 中的剖面线间隔太大，可对剖面线进行编辑。选中已填充的剖面线并右击，在弹出的快捷菜单中选择“图案填充编辑”选项，弹出“图案填充和渐变色”对话框。在“角度和比例”栏中把“比例”改成 0.8，单击“确定”按钮。最后完成图形如图 5-30 所示。

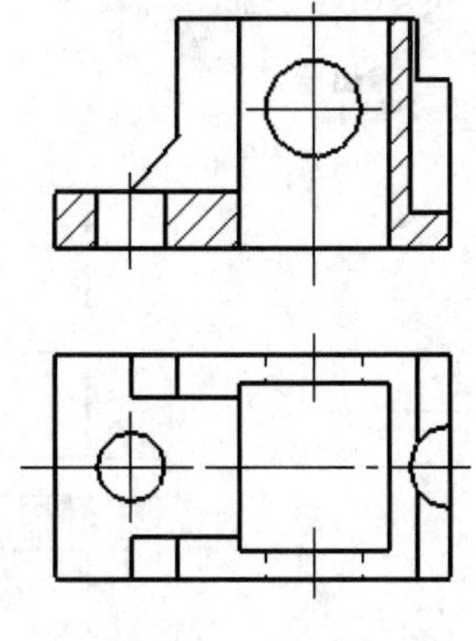

图 5-30　作图步骤

习题 5

1．绘制平面图，如图 5-31 和图 5-32 所示。

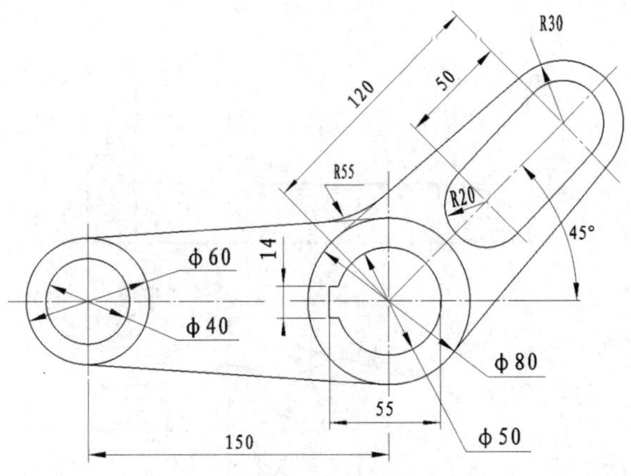

图 5-31　平面图形

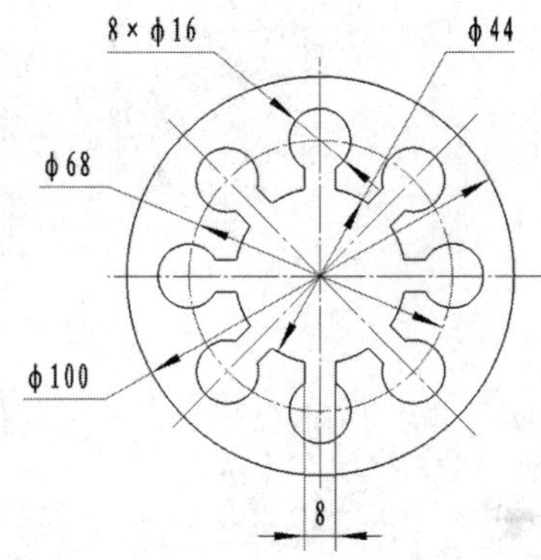

图 5-32　平面图形

2．绘制组合体三视图，如图 5-33 和图 5-34 所示。

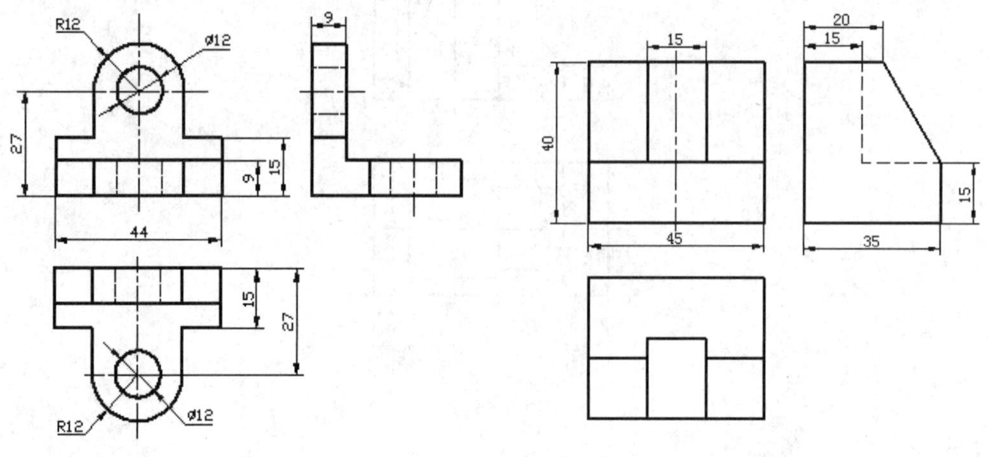

图 5-33　组合体三视图　　　　图 5-34　组合体三视图

3．根据所给的组合体立体图画三视图，如图 5-35 所示。

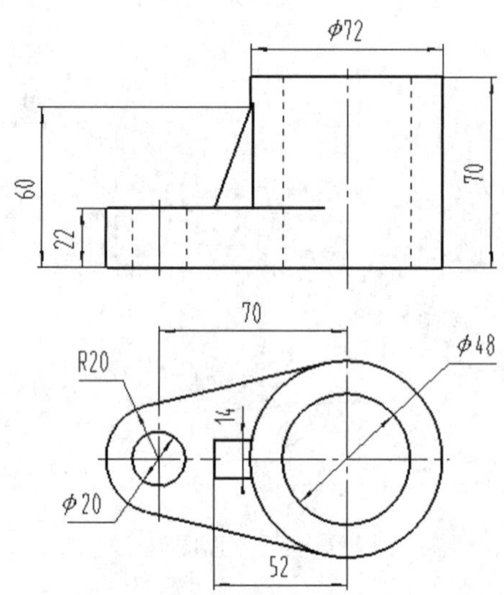

图 5-35　组合体立体图

第6章 尺寸标注

在工程制图中，进行尺寸标注是必不可少的一项工作。第 3 章已对基本尺寸标注进行过介绍，本章就来更详细深入地介绍各尺寸标注命令的使用方法。

6.1 尺寸标注的基本方法

6.1.1 尺寸标注的组成及类型

（1）尺寸标注的组成。一个完整的尺寸标注由尺寸线、尺寸界线、尺寸箭头和尺寸文本组成。尺寸文本包含基本尺寸和尺寸公差，标注时根据要求而定。

（2）尺寸标注的几种类型。AutoCAD 系统提供了以下 4 种基本类型的尺寸标注方法，而每种尺寸标注的命令可用前三个字符输入：

- 长度型标注方式，如图 6-1（a）所示。
  - 水平、垂直标注方式。
  - 对齐标注方式。
  - 基准线标注方式。
  - 连续标注方式。
- 角度型标注方式，如图 6-1（b）所示。
- 半径、直径型标注方式，如图 6-1（b）所示。
- 指引线标注方式，如图 6-1（b）所示。

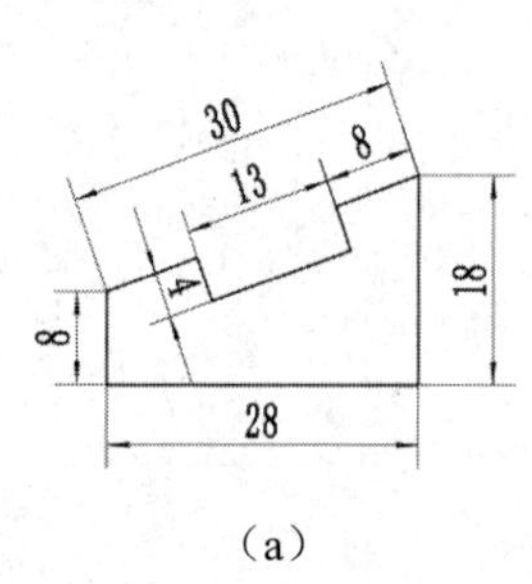

（a）

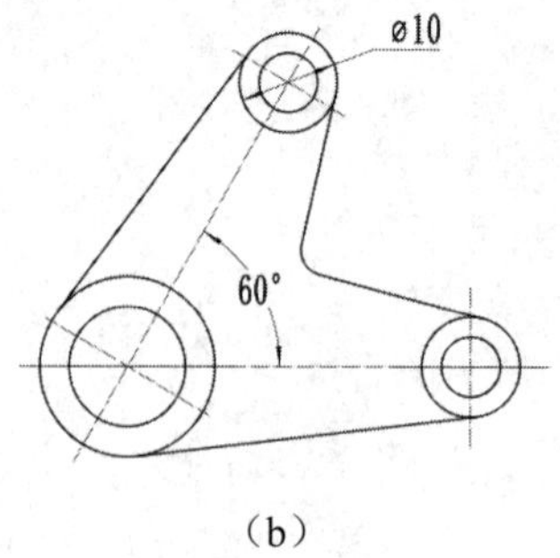

（b）

图 6-1　尺寸标注方式

6.1.2　尺寸标注（DIM）命令

在 AutoCAD 中，有多种方法可以进入到尺寸标注状态中：在 Command 提示符下输入 DIM 命令、通过“尺寸标注”下拉菜单、单击“尺寸标注”工具栏中的相应按钮。

（1）线性尺寸标注命令。

1）水平、垂直标注命令。

下拉菜单：标注→线性。

功能：标注水平、垂直的长度型尺寸。

指令操作：在“标注”菜单中选择“线性”命令。

```
命令: _dimlinear　指定第一条尺寸界线起点或 <选择对象>:（A 点，如图 6-2 所示）
指定第二条尺寸界线起点:（B 点）
指定尺寸线位置或[多行文字(M)/文字(T)/角度(A)/水平(H)/垂直(V)/旋转(R)]:（C 点）
命令: _dimlinear（第二种标注方法，如图 6-2 所示）
指定第一条尺寸界线起点或 <选择对象>: 回车
选择标注对象: 选择线、圆弧或圆（1 点）
指定尺寸线位置或[多行文字(M)/文字(T)/角度(A)/水平(H)/垂直(V)/旋转(R)]:
```

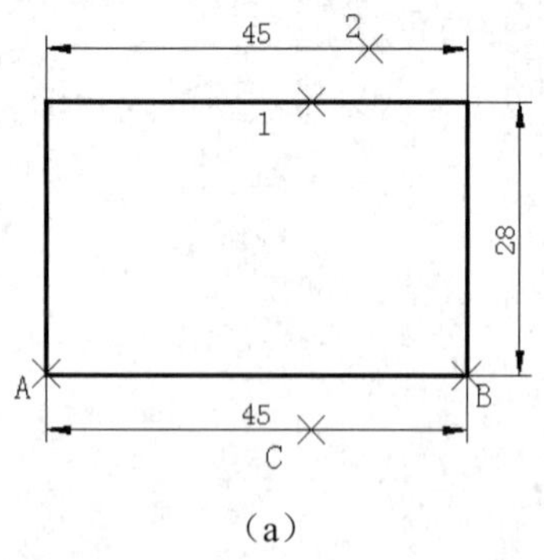

（a）

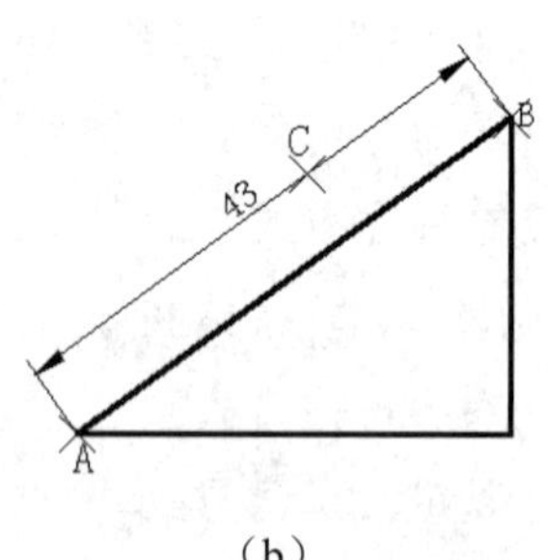

（b）

图 6-2　线性标注

2）倾斜标注方式命令。

下拉菜单：标注→对齐。

功能：标注倾斜的长度型尺寸。

指令操作：在“标注”菜单中选择“对齐”命令。

```
命令: _dimaligned（第一种标注方法，如图 6-2 所示）
```

指定第一条尺寸界线起点或 <选择对象>:（A 点）
指定第二条尺寸界线起点:（B 点）
指定尺寸线位置或[多行文字(M)/文字(T)/角度(A)]:（C 点）
命令: _dimaligned
指定第一条尺寸界线起点或 <选择对象>:回车
选择标注对象: 选择线、圆弧或圆
指定尺寸线位置或[多行文字(M)/文字(T)/角度(A)]:
标注文字 =86

3）基准线标注方式命令。

下拉菜单：标注→基准。

功能：以基准线为起点标注尺寸。

指令操作：在“标注”菜单中选择“基准”命令。

命令: _dimbaseline（如图 6-3 所示）
指定第一条尺寸界线起点或 [放弃(U)/选择(S)] <选择>:
指定第二条尺寸界线起点或 [放弃(U)/选择(S)] <选择>:

说明：基准线标注命令不能单独使用，在使用前必须已用过线性或对齐命令。

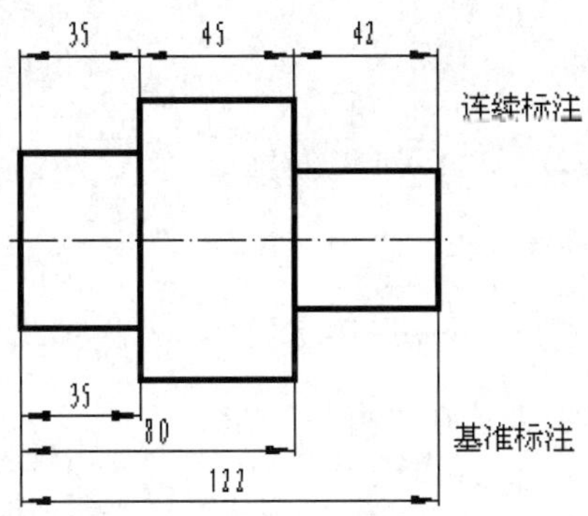

图 6-3　基准和连续标注

4）连续标注方式命令。

下拉菜单：标注→连续。

功能：采用连续的链式标注尺寸。

指令操作：在“标注”菜单中选择“连续”命令。

命令: _dimcontinuc
指定第一条尺寸界线起点或 [放弃(U)/选择(S)] <选择>:
指定第二条尺寸界线起点或 [放弃(U)/选择(S)] <选择>:

说明：连续标注命令不能单独使用，在使用前必须已用过线性或对齐命令。

（2）角度型标注方式命令。

下拉菜单：标注→角度。

功能：标注两线之间的夹角。

指令操作：在“标注”菜单中选择“角度”命令。

命令: _dimangular
选择圆弧、圆、直线或 <指定顶点>:（如选取一条直线 A）
选择第二条直线:（选取第二条直线 B）

指定标注弧线位置或 [多行文字(M)/文字(T)/角度(A)]: 选择尺寸圆弧线位置（C 点）
标注文字 =90（如图 6-4 所示）

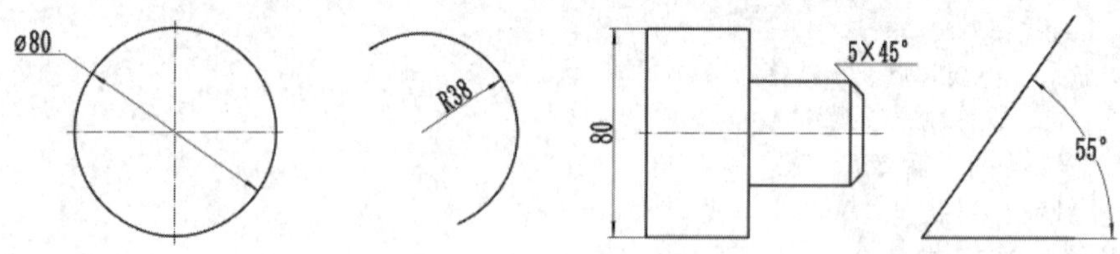

图 6-4　直径、半径、角度标注

（3）半径、直径型标注方式。

1）半径标注方式命令。

下拉菜单：标注→半径。

功能：标注圆或圆弧的半径。

指令操作：在“标注”菜单中选择“半径”命令。

```
命令: _dimradius
选择圆弧或圆:
标注文字 =38
指定尺寸线位置或 [多行文字(M)/文字(T)/角度(A)]:
```

2）直径标注方式命令。

下拉菜单：标注→直径。

功能：标注圆或圆弧的直径。

指令操作：在“标注”菜单中选择“直径”命令。

```
命令: _dimradius
选择圆弧或圆:
标注文字 =80
指定尺寸线位置或 [多行文字(M)/文字(T)/角度(A)]:
```

（4）引线标注方式。

下拉菜单：标注→引线。

功能：单箭头标注指向物体。

指令操作：在“标注”菜单中选择“引线”命令。

```
命令: mleader
指定引线箭头的位置或 [引线基线优先(L)/内容优先(C)/选项(O)] <选项>:
指定引线基线的位置:
```

在需要的位置单击后弹出如图 6-5 所示的“文字格式”对话框，在其中设置文字格式，然后输入文字，最后单击“确定”按钮。

图 6-5　“文字格式”对话框

6.2 尺寸变量

尺寸变量是控制尺寸标注的参量，它的设置直接影响尺寸标注的方式。通过对尺寸变量的设置，可以对确定组成尺寸的尺寸线、尺寸界线、尺寸文本、箭头的样式和大小以及它们之间的相对位置等，以满足尺寸标注的使用要求。

6.2.1 尺寸变量显示（STATUS）命令

尺寸变量是 AutoCAD 系统变量的一部分，在 Dim:状态下利用 STATUS 命令可以了解这些尺寸变量的当前值。

```
命令：DIM:
DIM: STATUS（回车后屏幕显示尺寸变量的信息）
```

6.2.2 尺寸变量的改变及形位公差的标注

在标注尺寸时，根据要标注尺寸的类型和方式的不同，有时需要对尺寸变量的设置进行修改，修改方法有以下两种：

- 在 Command:或 DIM:状态下输入尺寸变量名，然后根据提示操作。例如，当希望把箭头的值改为 4 时，可按下面方式操作：

```
Command: DIMASZ        New value for DIMASZ<2.50>:4
```

- 利用标注样式管理器设置尺寸标注形式，如图 6-6 所示。

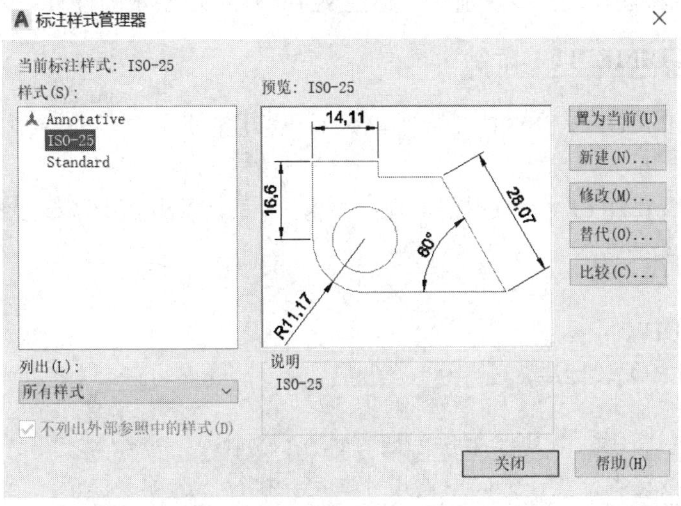

图 6-6 “标注样式管理器”对话框

在 AutoCAD 中，可在命令行中输入 DimStyle 或 DDIM 命令或者选择“格式”或“标注”菜单中的“标注样式”命令或者单击“标注”工具栏中的“标注样式”按钮来打开尺寸标注样式管理器，在其中用户可以形象直观地设置尺寸变量，建立尺寸标注样式。

形位公差的标注将使用一个特征控制框，并根据标注形位公差的要求进行设置。

在“标注”菜单中选择“公差”命令，弹出“形位公差”对话框，如图 6-7 所示。

单击“符号”栏中的黑框，弹出如图 6-8 所示的“特征符号”对话框，在其中选取所需的符号。

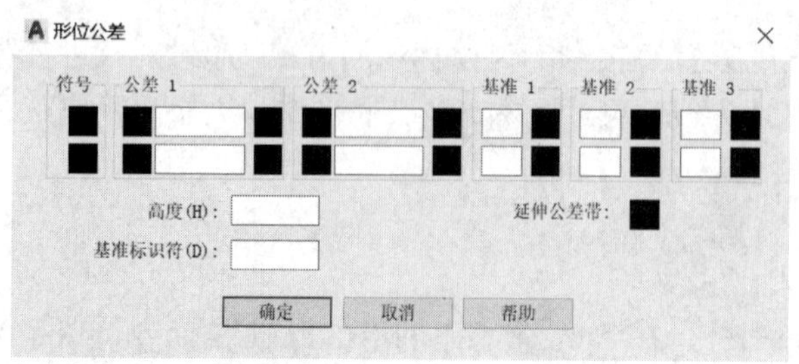

图 6-7 “形位公差”对话框

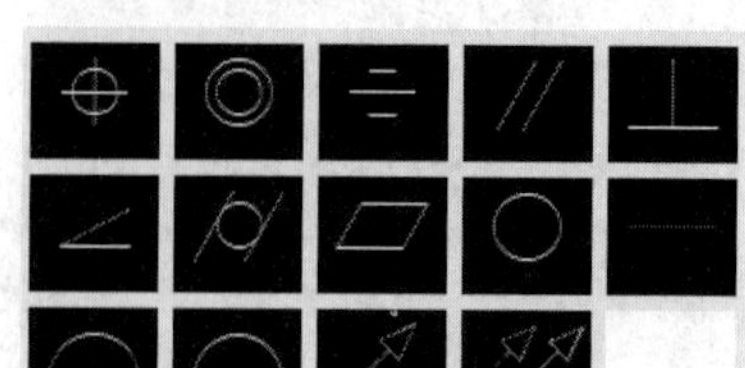

图 6-8 “特征符号”对话框

6.3 尺寸标注的编辑

在图形中，已标注好的尺寸也可以进行编辑。尺寸标注编辑命令是用来编辑或管理有关尺寸标注方式及其尺寸变量的命令。

在 AutoCAD 中，可以用特性管理器和相应的编辑命令对尺寸进行编辑。

6.3.1 用特性管理器修改尺寸特性

利用特性管理器可以非常方便地管理、编辑尺寸的各组成要素。在特性管理器中可以进行编辑的特性有常规特性、尺寸线及箭头、标注文字、各组成要素的位置、公差等。

6.3.2 编辑尺寸（DIMEDIT）命令

编辑尺寸（DIMEDIT）命令的主要功能是对已标注的尺寸进行文字更新、文字旋转和调整尺寸界线的倾斜角。

编辑尺寸（DIMEDIT）命令的操作：在“标注”工具条中单击“标注编辑”按钮。

6.3.3 编辑尺寸标注

命令：DIMEDIT。

工具栏：标注→编辑标注。

```
命令: dimedit
输入标注编辑类型 [缺省(H)/新建(N)/旋转(R)/倾斜(O)] <缺省>:
```

（1）缺省：按缺省位置、方向放置尺寸文字。执行该选项，提示：

```
选择对象：(在此提示下选择尺寸对象)
```

（2）新建：修改指定尺寸对象的尺寸文字。执行该选项，弹出“多行文字编辑器”对话框，在其中输入新尺寸值，然后单击“确定”按钮，提示：

```
选择标注：(在此提示下选择尺寸对象)
```

（3）旋转：将尺寸文字按指定的角度旋转（如图 6-9 所示）。执行该选项，提示：

```
输入文字角度：(输入角度值)
选择对象：(选择尺寸对象)
```

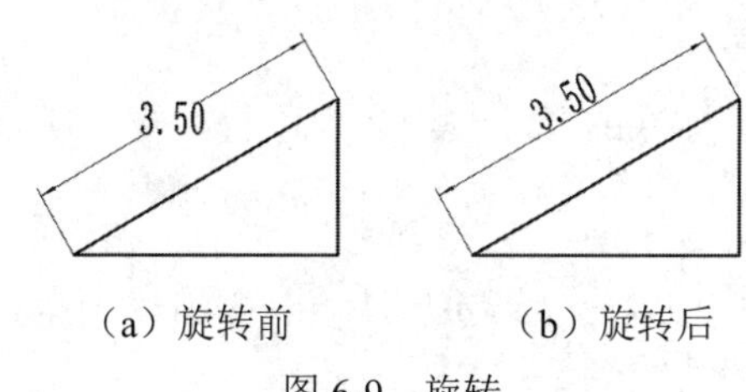

（a）旋转前　（b）旋转后

图 6-9　旋转

（4）倾斜：修改长度型尺寸标注，使尺寸界线旋转一角度，与标注线不垂直，如图 6-10 所示。执行该选项，提示：

```
输入文字角度：(输入新角度)
选择对象：(选择尺寸对象)
```

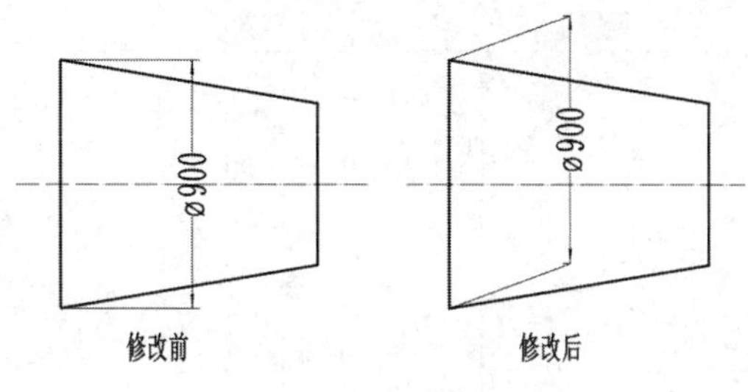

图 6-10　倾斜

6.3.4　修改尺寸文字的位置

修改尺寸文字（DIMTEDIT）命令主要用于改变尺寸文字沿尺寸线的位置和角度。

命令：DIMTEDIT。

下拉菜单：标注→对齐文字。

工具栏：标注→对齐文字。

```
命令：D1MTEDIT
选择标注：(选择尺寸对象)
指定标注文字的新位置或 [左(L)/右(R)/中心(C)/缺省(H)/角度(A)]:
```

（1）左、右：这两个选项仅对长度型、半径型、直径型尺寸标注起作用，它们分别决定尺寸文字是沿标注线左对齐还是右对齐。

（2）缺省：按缺省位置、方向放置尺寸文字。

（3）角度：使尺寸文字旋转一角度。执行该选项，AutoCAD 提示：

```
输入文字角度：(输入角度值)
```

6.3.5　更新尺寸标注（UPDATE）命令

更新尺寸标注（UPDATE）命令可使已有的尺寸标注与当前尺寸标注一致。

在“标注”工具条中单击“标注更新”按钮或者在“标注”菜单中选择“更新标注”命令，这样所选的尺寸标注对象将按当前的尺寸标注样式来更新。

命令：DIM。

下拉菜单：标注→更新。

工具栏：标注→更新 。

功能：用户可以使某个已标注的尺寸按当前尺寸标注样式所定义的形式进行更新。

操作格式：

选择对象：(选择要更新的尺寸标注)

选择对象：(继续选择尺寸标注或按 Enter 键结束操作，回到[标注]提示符下，在[标注]提示符后输入 E 并回车，返回到[命令]提示符状态)

通过上述操作，自动把所选择的尺寸标注更新为当前尺寸标注样式所设置的形式。

6.4 实训

绘制图 6-11 所示的零件图。

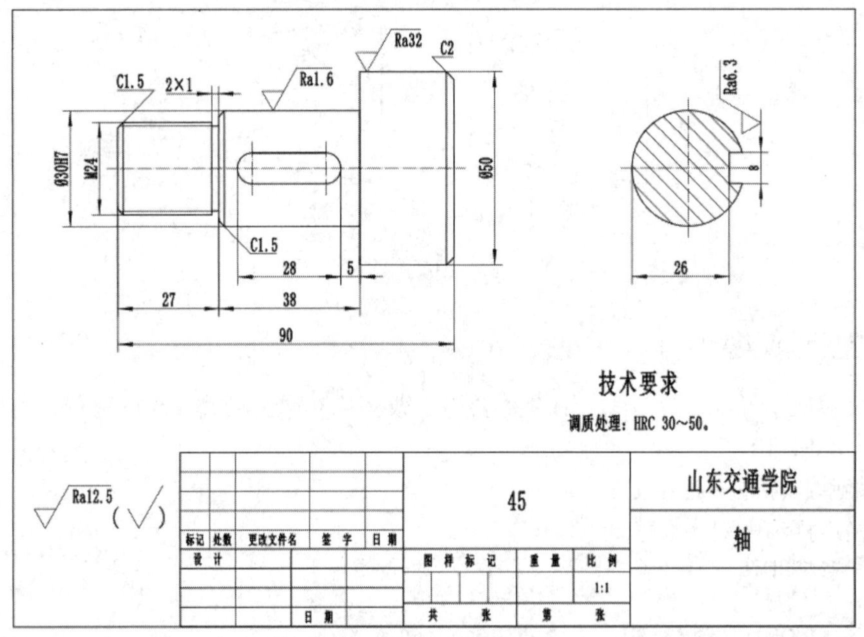

图 6-11 轴的零件图

（1）零件分析：该零件表达采用了一个轴线水平放置的主视图和一个剖面图。主视图由同轴圆柱体组成，两端有倒角，左端带有螺纹，中间有键槽，还有表面粗糙度要求和文字标注。

（2）设定图纸、布置视图：图幅 A4、比例 1:1、横放、填写好标题栏。

（3）绘图步骤。

1）绘制视图。将当前层设置为中心线层，用“直线”命令绘制各轴段，用“倒角”命令画两端倒角，用“圆”和“直线”命令画键槽，编辑、修改，画剖面线。

2）标注尺寸。将当前层设置为尺寸线层，标注出 27、90、26、8、2×1、M24 等尺寸；选择“标注”菜单中的“公差”命令，弹出“形位公差”对话框，标注同轴度，标注出 φ 30H7。

3）填写技术要求：用多行文字标注在标题栏的上方写出技术要求。

习题 6

1．标注图 6-12 所示的尺寸，建立标注层（DIM），颜色为红色，线型为细实线。尺寸文字的大小和箭头要求设置恰当。

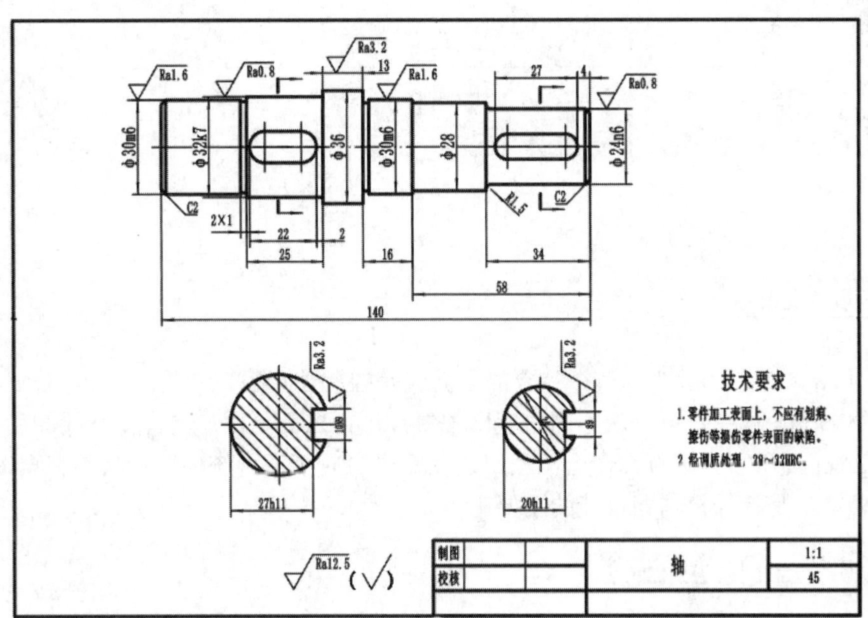

图 6-12　被动轴

2．根据所给的组合体立体图画三视图并标注尺寸，如图 6-13 所示。

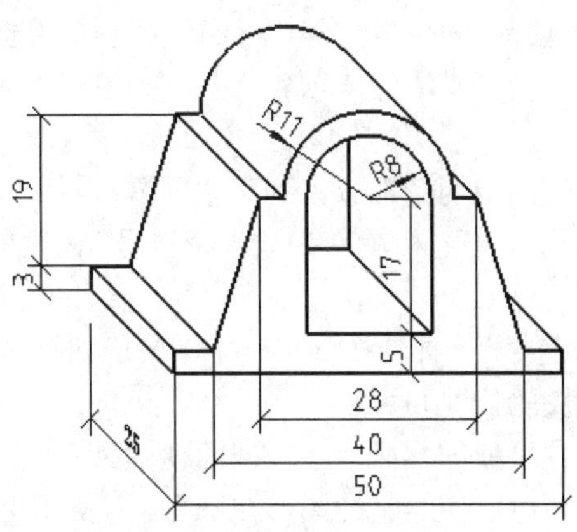

图 6-13　组合体立体图

第7章 图形的显示与图块

7.1 图形的显示

在使用 AutoCAD 绘图时，一个重要的方面就是控制图形窗口的显示。AutoCAD 提供了多种显示命令来改变视图，可以从不同角度来观看图形，从而使用户更方便地绘图和读图。

AutoCAD 提供了一组查询命令，利用这些命令可以了解系统的运行状态、查询图形对象的数据信息等，是计算机辅助设计的重要工具。

7.1.1 图形缩放（ZOOM）命令

缩放命令如同摄像机的变焦镜头，它可以增加或减少视图区域，使图形放大或缩少，但对象的真实尺寸保持不变。

（1）缩放命令的使用方法。

- 从“缩放”工具条中选择各项。
- 从“视区”菜单中选择“缩放”，在其子菜单中选择各选项。
- 从“标准”工具条中选择常用的 4 项。

（2）各选项的意义。

- 窗口：把矩形窗口范围内的图形放大到整个屏幕。
- 实时缩放：选取该项，屏幕光标就变为放大镜符号。按住鼠标左键向上移动放大图形，向下移动缩小图形。
- 动态缩放：该选项提供了一种转换到另一个图形的快捷方法，使用它可以看到整个图形，然后确定新视图的位置和大小。
- 前一视图：选取该项可使屏幕显示上一次的视图。
- 全部视图：选取该项可以使绘制的图形在屏幕上全部显示，看到整个图形。
- 范围缩放：显示图形范围。

7.1.2 重画（REDRAW）与重生（REGEN）命令

重画（REDRAW）命令用于重画屏幕上的图像。当所看到的图形出现不完整时可以使用此命令，方法是选择“视区”菜单中的“重画”命令或者按两次 F7 键。

重生（REGEN）命令用于重新生成屏幕上图形的数据。

7.1.3 图形信息的查询

AutoCAD 提供了一组查询命令，利用这些命令可以了解其运行状态、查询图形对象的数据信息、计算距离和面积等。使用时在“工具”菜单的“查询”子菜单中选择各项即可。

块是以特定的名称存储起来的以便在 AutoCAD 图形中重复使用的一个实体或一组实体。块可以根据作图需要插入到图中任意指定的位置，而且在插入时可以指定不同的比例因子和旋转角度，使用块可以加快绘图速度和少占用磁盘空间等。块还可以带入文字信息，称之为属性。这些信息可在块插入时带入或者重新输入，可以设置它的可见性，还能从图形中提取这些文字信息传送给外部数据库进行管理。

7.2 块的生成和使用

在利用 AutoCAD 开发专业软件（如在机械、建筑、道路、电子等方面）时，可将一些经常使用的常用件、标准件及符号作成图块，使之成为一个图库，方便在绘图时随时调用，这样会减少重复性工作，提高绘图效率。

可以用 BLOCK 命令定义块，用 INSERT 命令在图形中引用块，WBLOCK 命令则可以将块作为一个单独的文件存储在磁盘上。

7.2.1 块的定义

块是一个对象或多个对象形成的对象集合。这个对象集合也可看成是一个单一的对象（被称为块）。可以对块进行插入、比例缩放和旋转等操作。有时需要修改块，可以先将块分解为组成块的独立对象，修改后再把这些对象重新定义成块。AutoCAD 会自动根据块修改后的定义更新该块的所有引用。

块的建立：选择“绘图”→“块”→“创建”或者“修改”→“对象”→“块说明”命令，弹出如图 7-1 所示的“块定义”对话框，在其中输入定义的块名、图块的基准点，然后选取对象，最后单击“确定”按钮。

图 7-1　“块定义”对话框

使用块时必须确定块名、块的组成对象和在插入时要使用的插入基点。块名称及块的定义保存在当前的图形中。

在“块定义”对话框的“基点”区域提示输入基点。可以输入基点的坐标，也可以在屏幕上直接拾取。在插入一个块时，AutoCAD 需要指定“块”在图形中的“插入点”，这样被插入的块将以“基点”为基准放在图形中指定的插入点位置。

在“对象”区域 AutoCAD 提示用户选择组成块的对象。按钮用来选择组成块的对象。选择对象时，系统将临时关闭“块定义”对话框，完成后系统会重新显示该对话框。

保留：创建块以后，将选定的对象保留在图形中。

转换为块：创建块以后，将选定的对象转换成图形中的一个块引用。

删除：创建块以后，从图形中删除选定的对象。

图 7-2 所示是机械图中经常用到的螺栓、螺母及垫圈图。因此我们希望能在不同的图形文件中使用它。要想在不同的图形文件中使用该图，可以用两种方法实现：一种是使用现在介绍的块方法，即将每个图形定义为一个块，然后将其保存为一个文件，以后其他图形文件便可以调用它；另一种方法是使用本章后面要介绍的外部参照方法。下面运用块命令将每个图形定义为一个块。

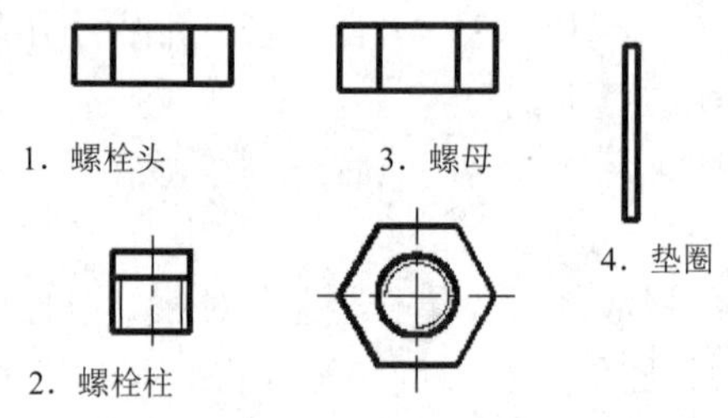

图 7-2　螺栓、螺母及垫圈图

（1）在“绘图”工具栏中单击“块”按钮或者选择“绘图”→“块”→“创建”命令，系统弹出“块定义”对话框，在“名称”文本框中输入 LST（定义块螺栓头）。

（2）单击“拾取点”按钮，指定插入点（一般将基点选择在块的中心、左下角或其他有特征的位置上），选择“转换为块”单选项，单击“选择对象”按钮，选择对象：可用窗选方法拾取图形，右击结束对象选择，回到“块定义”对话框，单击“确定”按钮完成块定义。

用同样的操作步骤定义螺栓柱、螺母及垫圈的块。

7.2.2　块的使用

生成块的目的是为了在图形中使用块。当需要在图形中加入一个块时，使用插入块（INSERT）命令插入。无论块的复杂程度如何，AutoCAD 都将该块作为一个对象。如果需要编辑一个块中的对象，则必须先分解这个块。

1. 插入块

“插入块”命令可将定义好的块插入到当前图形文件中。

单击“绘图”工具栏中的按钮或者选择“插入”→“块”命令，弹出如图 7-3 所示的

“插入”对话框。可利用它确定插入图形文件中的块名或图形文件名，确定插入点、比例因子和旋转角。

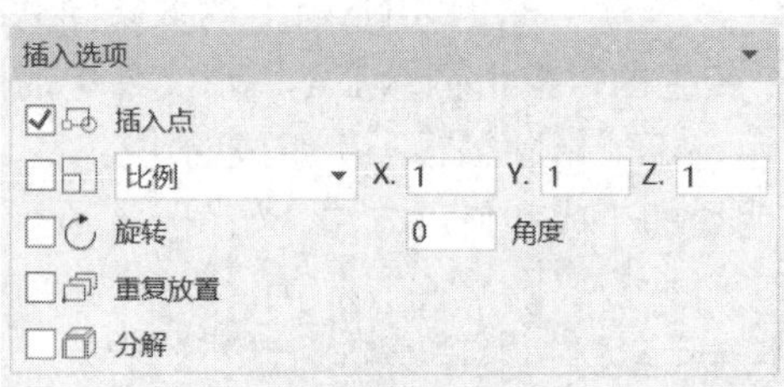

图 7-3　“插入”对话框

- 名称：指定要插入块的名称，或者指定要作为块的图形文件名。单击“浏览”按钮可以选择作为块插入的文件名。
- 插入点：用于决定插入点的位置，方法是在屏幕上使用鼠标指定插入点或者直接输入插入点坐标。
- 比例：决定块在 X、Y 和 Z 三个方向上的比例，方法是在屏幕上使用鼠标指定或者直接输入缩放比例。“统一比例”指 X、Y 和 Z 三个方向上的比例因子是相同的。
- 旋转：决定插入块的旋转角度，方法是在屏幕上指定块的旋转角度或者直接输入块的旋转角度。
- 分解：决定插入块时是作为单个对象还是分成若干对象。此时只能指定 X 比例因子。

在图形中使用块的步骤：在“绘图”工具栏中单击按钮或者选择“插入”→“块”命令，在弹出的“插入”对话框中单击“名称”下拉列表框，选择“块”的名称（将图 7-2 中的螺栓、螺母及垫圈的块依次插入到图 7-4 所示的图形中，如图 7-5 所示）。

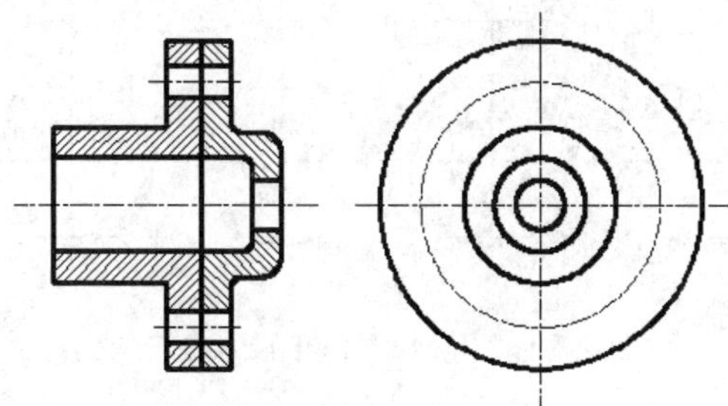

图 7-4　插入块前的图形

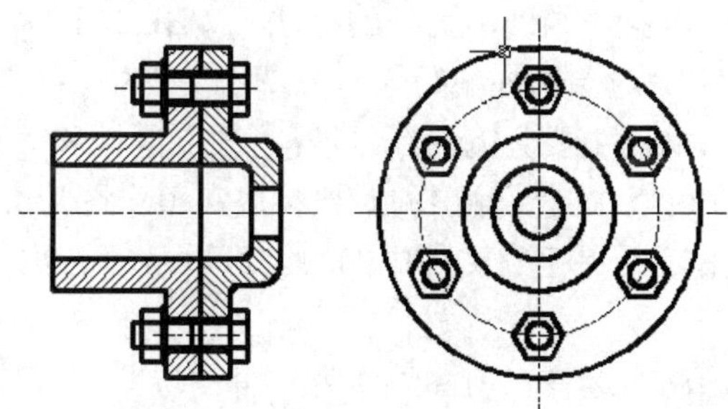

图 7-5　插入块后的图形

2. 使用 MINSERT 插入多个块

MINSERT（多重插入）命令可用于以矩形阵列形式插入多个块，实际上它是将阵列命令和块插入命令合二为一的命令。尽管表面上 MINSERT 的效果同 ARRAY 命令一样，但它们本质上是不同的。ARRAY 命令产生的每一个目标都是图形文件中的单一对象，而 MINSERT 产生的多个块则是一个整体，用户不能单独编辑一个组成的块。

下面通过一个实例来说明块的生成和使用方法，如图 7-6 所示。

命令：MINSERT
输入块名[?]:（指定一个块名或键入“?”列出当前图形中的所有块名）TU4
指定插入点或[比例(S)/X/Y/Z/旋转(R)/比例(PS)/PX/PY/PZ/预览旋转(PR)]:100,100（输入一个数、拾取一点）
输入 X 比例因子，指定对角线，或者[角点(C)/XYZ]（输入一个数、拾取一点或空响应）
输入 Y 比例因子，<使用 X 比例因子>:（输入一个数、拾取一点或空响应）
指定旋转角度:（输入一个数、拾取一点或空响应）
输入行数（———）<1>3（3 行）
输入列数（｜｜｜）<1>4（4 列）
输入行间距或指定单位单元（———）:100（行间距为 100）
输入列间距（｜｜｜）:100（列间距为 100）

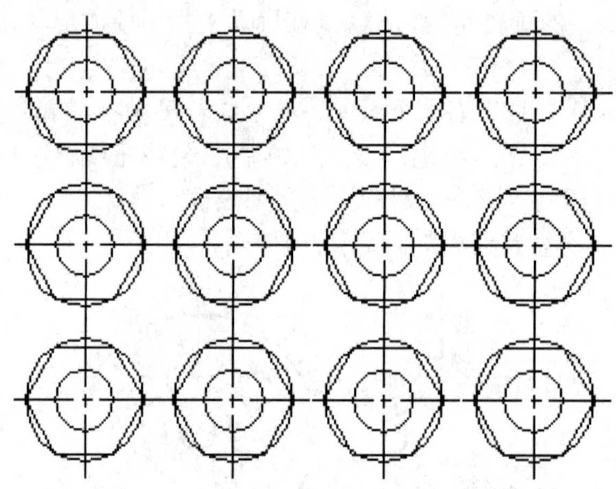

图 7-6　使用 MINSERT 插入多个块

3. 使用 WBLOCK 命令存储块

当使用 BLOCK 命令定义一个块时，该块只能在存储该块定义的图形文件中使用。为了能在其他图形文件中再次引用，就必须使用另外的办法，WBLOCK 命令能满足这一要求。

WBLOCK 命令可以将块、对象选择集写入一个图形文件中。图 7-7 所示是执行 WBLOCK 命令后弹出的“写块”对话框，主要分为两个区域：“源”区域和“目标”区域。

在“源”区域中，用户可以指定要输出的对象、块和整个图形。

- “块”单选项：指定要保存到文件中的块。可以从“名称”下拉列表框中选择一个块名称。
- “整个图形”单选项：选择当前图形作为一个图块。
- “对象”单选项：指定要保存到文件中的对象。

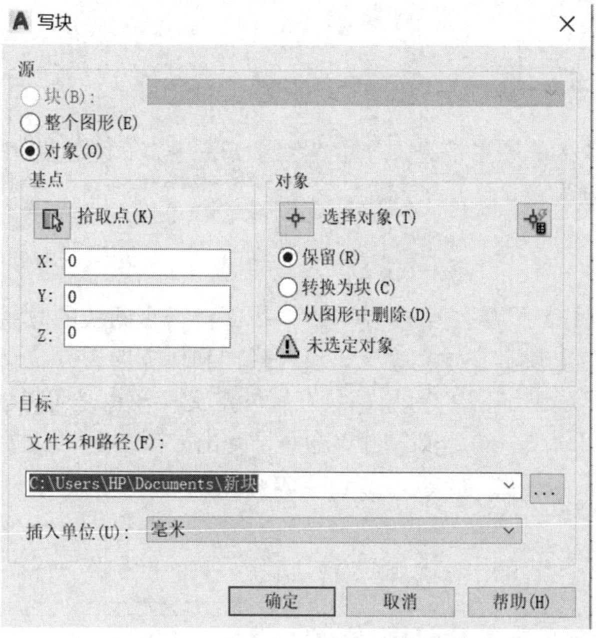

图 7-7 “写块”对话框

在“目标”区域中，用户可以指定输出的文件名和路径、插入单位。

- “文件名和路径”组合框：指定块或对象要输出的文件名称和位置。
- ⋯按钮：单击该按钮，将弹出如图 7-8 所示的“浏览图形文件”对话框。

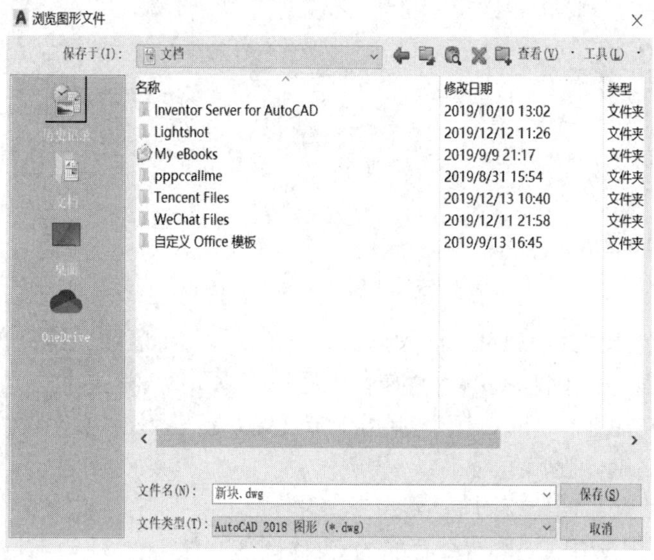

图 7-8 “浏览图形文件”对话框

- “插入单位”下拉列表框：指定新文件作为块插入时的单位。

利用 WBLOCK 命令将定义的 CZD 块保存为 CZD.DWG 图形文件的操作步骤：输入命令：WBLOCK，系统弹出“写块”对话框，选择“块”单选项，在“块”下拉列表框中选中 CZD 块名称，然后单击“确定”按钮。

7.3 块属性及其应用

属性是指从属于块的非图形信息，它是特定的且可包含在块定义中的文字对象，并且在定义一个块时属性必须预先定义而后被选定。

7.3.1 建立块属性

块的属性可以理解为对块对象的文字注释。在创建一个新块的时候附加关于这个块的属性定义。属性必须依赖于块存在才有意义，没有附加到块上的属性定义最多只能算是特殊的文本。如果一个块中不含任何图形对象，只有属性定义存在也是可以的。

选择“绘图”→“块”→“定义属性”命令，弹出如图 7-9 所示的“属性定义”对话框。

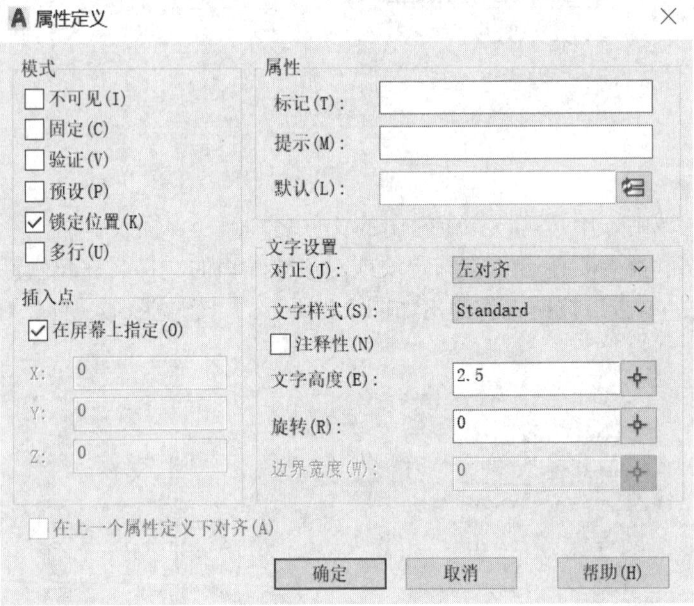

图 7-9 “属性定义”对话框

该对话框主要包括模式、属性、插入点、文字设置等几个区域。其中“模式”区域可以设置属性为不可见、固定、验证、预设；“属性”区域提供了 3 个文本框，可以在其中输入属性标记、提示信息和缺省值；“插入点”区域用于定义插入点坐标；“文字设置”区域用于定义文本的对齐、类型、高度、旋转角等。

下面举例说明块属性的定义方法。

（1）打开前面用 WBLOCK 命令存储的 CZD 图形文件。

（2）选择“绘图”→“块”→“定义属性”命令，弹出“属性定义”对话框。在“标记”文本框中输入 CZD，在“提示”文本框中输入“粗糙度”，在“默认”文本框中输入 6.3，在“插入点”区域选中“在屏幕上指定”复选项，单击图 7-10 所示的图形，然后单击“确定”按钮完成属性定义。最后将完成属性定义的图形创建成块，结果如图 7-11 所示。

图 7-10　未带属性　　　　图 7-11　设置了属性

7.3.2　插入带有属性的块

插入一个带有属性的块与插入一个一般的块的方法是一样的。

当插入带有属性的块或图形时，前面的提示与插入一个不带属性的块完全相同，只是在后面增加了属性输入提示。可在属性提示下输入属性值或接受默认值。可用系统变量 ATTDIA 来控制 AutoCAD 在提示用户输入属性时是在命令行上显示属性提示（ATTDIA 的值为 0）还是在对话框中发出属性提示（ATTDIA 的值为 1）。

将图 7-11 所示的块插入到图形中（ATTDIA 取默认值 0）的操作步骤如下：

（1）在“绘图”工具栏中单击按钮或者选择“插入”→“块”命令，弹出“插入”对话框。

（2）单击“浏览”按钮，在弹出的对话框中选取 CZD1.DWG 后单击“打开”按钮。

（3）在“名称”组合框中选择要插入的块文件名（CZD1.DWG），指定插入点（选中“插入点”区域中的“在屏幕上指定”复选项），选中“统一比例”。

（4）指定插入点或[比例(S)/X/Y/Z/旋转(R)/比例(PS)/PX/PY/PZ/预览旋转(PR)]: 输入属性值 CZD <6.3>:3.2。

（5）在需要插入块的地方重复以上操作，结果如图 7-12 所示。

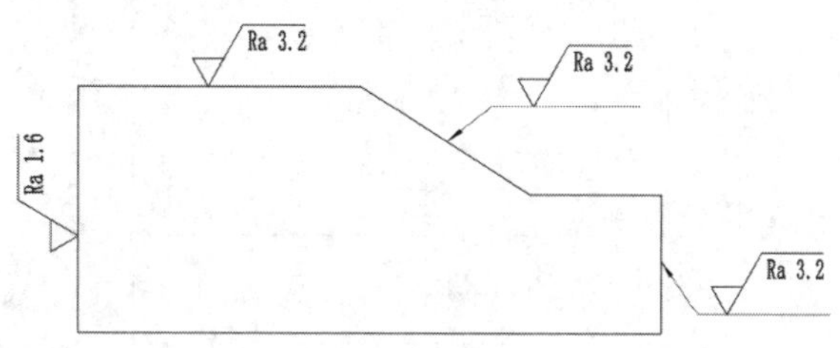

图 7-12　在图形中插入带属性的块

7.4　外部参照

在 AutoCAD 中将图形文件调入当前图形中有两种方法：一种是用“插入块”命令将一个图形文件插入到另一个文件中（插入到当前图形中的图形变成了当前图形的一部分。一旦图形被插入，插入的图形和其原来的图形文件便不再有任何联系），被称为“嵌入”方法；另一种是用 XREF 命令从外部引入图形（将一个图形与另一个图形连接起来），被称为“链接”方法。

一旦插入了某个块，这些块就永久地插入到了当前图形中，如果原始图形发生了改变，插入的块并不反映这种改变。而以外部参照的方式插入某个图形后，被插入图形的数据并不直接加入到当前图形中，而只是记录参照的关系。如果原始图形发生了变化，插入的外部参照将相应地改变。因此，包含外部参照的图形总是反映出每个外部参照文件最新的编辑情况。不能在当前图形中编辑一个外部参照图形。如果想编辑它们，必须编辑原始的外部图形文件。而且也不能像对块那样在当前图形文件中对外部参照图形进行分解。可以附加、覆盖、连接或更新外部参照图形。

7.5 实训

7.5.1 断面图的绘制方法和步骤

绘制断面图的一般步骤：

（1）画图前首先要分析、看懂形体。

（2）根据视图数量和尺寸大小布置图面，画出各视图的定位基准线。

（3）逐一画出各视图并进行编辑修改。

（4）标注剖切符号、绘制剖面线、标注断面图名称。

（5）检查、修改、存盘。

例 7.1　已知组合体的平面图和正立面图，试作 1-1 断面图，如图 7-13 所示。

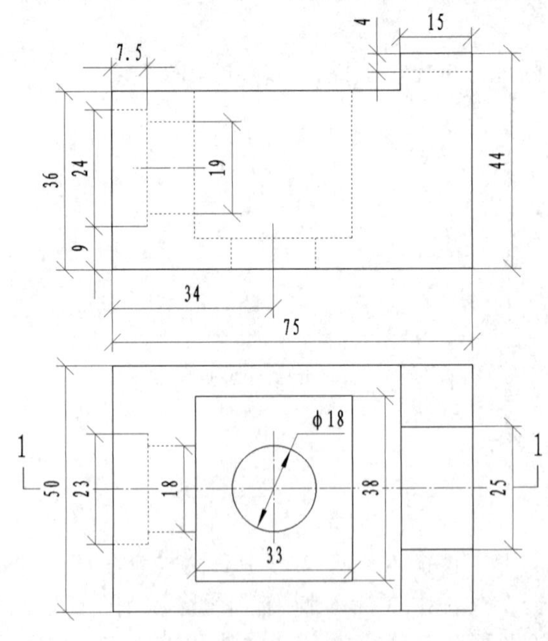

图 7-13　绘制断面图

（1）形体分析。

该形体左右不对称，因此正立面图采用全剖表达内形。

（2）绘图步骤。

1）按图 7-13 所示抄画平面图，并绘制立面图外轮廓线，如图 7-14（a）所示。

2）将原立面图中的虚线改画成粗实线，如图 7-14（b）所示。

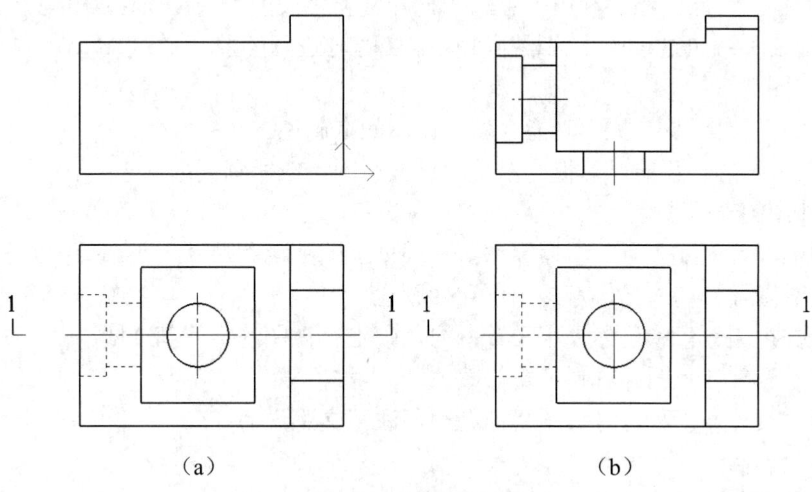

图 7-14　剖面图绘制

3）将剖切面与物体的接触部分填充上剖面线，如图 7-15（a）所示。

4）在平面图上标注两个剖切位置 1-1h 和尺寸，如图 7-15（b）所示。

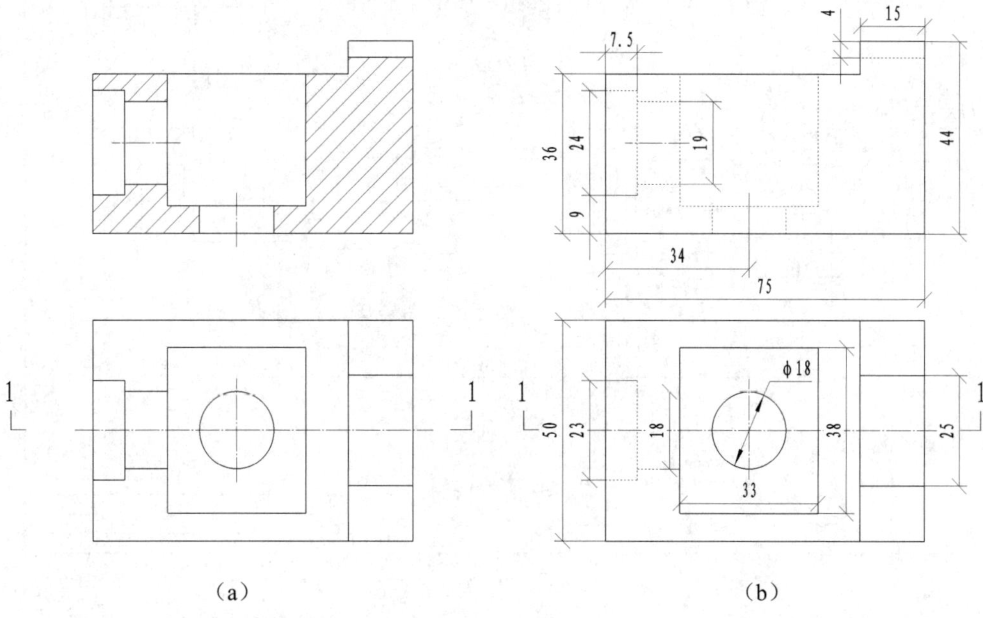

图 7-15　剖面图绘制

7.5.2　工程图的绘制方法和步骤

用计算机能快速、准确地绘制零件图，与手工绘图相比计算机能将复杂的问题简单化，例如画边框线和标题栏，画剖面线、椭圆、正多边形和圆弧连接，图形和尺寸的修改与编辑等。绘图时应注意以下问题：

- 利用“图层”来区分不同的线型。绘制图形时只能画在当前层上，因此应根据线型及时变换当前层。还可利用图层的“打开”和“关闭”来提高速度和进行图形编辑。
- 在画图和编辑过程中，应根据作图需要随时进行缩放、平移、镜像、拷贝等，以简化作图。
- 注意利用“对象捕捉”功能来保证作图的准确性。
- 要养成及时存盘的好习惯，以防因意外原因造成所画图形丢失。

绘制零件图的一般步骤：

（1）画图前首先要分析、看懂零件图，根据视图数量和尺寸大小选择图幅和比例。

（2）设置图幅、调入已保存的图框和标题栏。

（3）根据视图数量和尺寸大小布置图面，画出各视图的定位基准线。

（4）逐一画出各视图并进行编辑修改。

（5）标注尺寸和工程符号，填写标题栏，注写文字说明。

（6）检查、修改、存盘。

例 7.2 绘制如图 7-16 所示的轴类零件图。

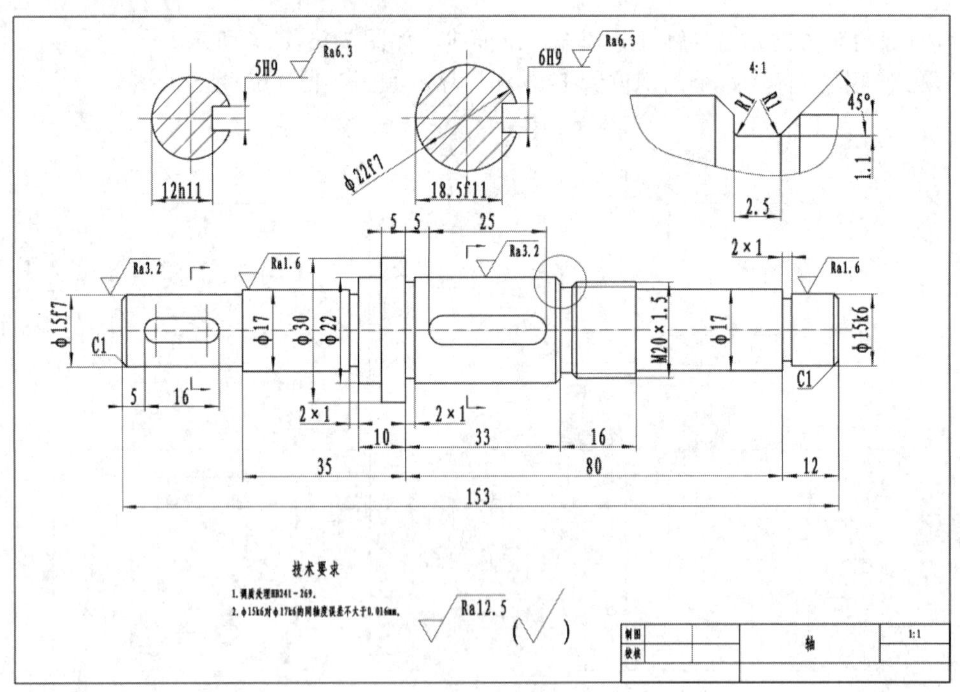

图 7-16 轴类零件图

（1）零件分析。

该零件属轴套类零件，用一个轴线水平放置的主视图和移出断面图及局部放大图表达。

（2）绘图步骤。

1）设定图纸：图幅 A3、比例 1:1、横放。

2）绘制视图：由于轴类零件多为同轴回转体，因此可用“直线”命令绘制各轴段的一半，然后用“镜像”命令或“偏移”命令绘制另一半，如图 7-17（a）所示；用“倒角”命令绘制倒角，如图 7-17（b）所示；用“圆”和“直线”命令绘制退刀槽和键槽，如图 7-17（b）所示。

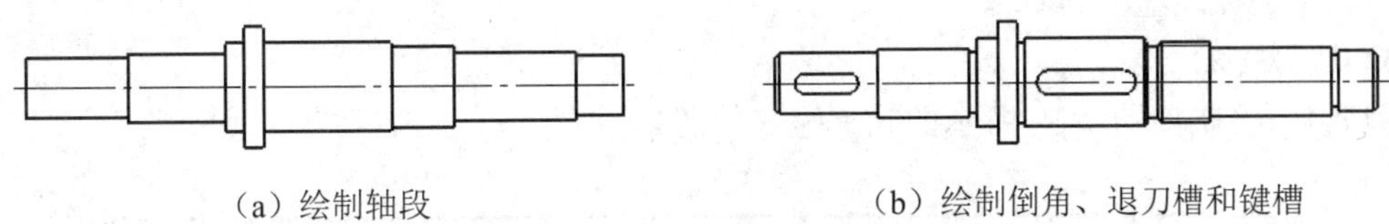

（a）绘制轴段　　（b）绘制倒角、退刀槽和键槽

图 7-17　绘制轴类零件步骤

3）标注尺寸。

4）标注表面粗糙度。利用“块”命令制作带属性的粗糙度块，标注粗糙度符号。用文字标注在其左边标注出“其余”。

5）填写技术要求。

例 7.3　绘制如图 7-18 所示的滑轮零件图。

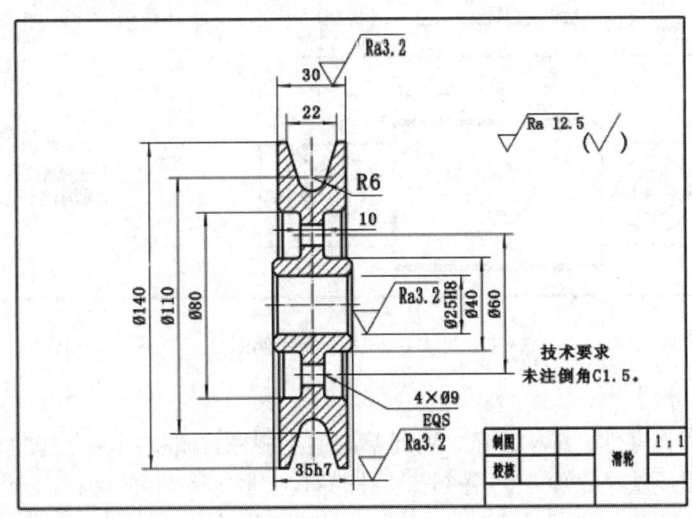

图 7-18　滑轮零件图

（1）零件分析。

该零件属于盘盖类零件，用一个轴线水平放置的主视图来表达。轮毂左右凸出，有内外倒角；轮辐上有 ϕ40 和 ϕ80 组成的环形槽，在其上均匀分布着 4 个 ϕ9 孔；轮缘上有装绳索的沟槽。零件图有表面粗糙度和技术要求文字标注。

（2）设定图纸：图幅 A4、比例 1:1、横放、调入已绘制的图框、填写标题栏。

（3）布置视图：只有一个视图，放置在合适的位置。

（4）绘图步骤。

1）绘制视图：将当前层设置为中心线层，用“直线”命令绘制基准线，即滑轮的轴线和左右对称中心线；切换当前层为粗实线层，用“偏移”命令绘制上下对称的轮毂、轮辐、轮缘；

用“圆”和“直线”命令绘制轮缘上的沟槽；用“倒角”“圆角”和“裁剪”命令绘制、编辑轮毂及轮缘形状；编辑、修改、画剖面线。

2）标注尺寸。

3）标注表面粗糙度。利用“块”命令制作带属性的粗糙度块，标注粗糙度符号。用文字标注在其左边标注出“其余”。

4）填写技术要求。

例 7.4 绘制如图 7-19 所示的轴承座零件图。

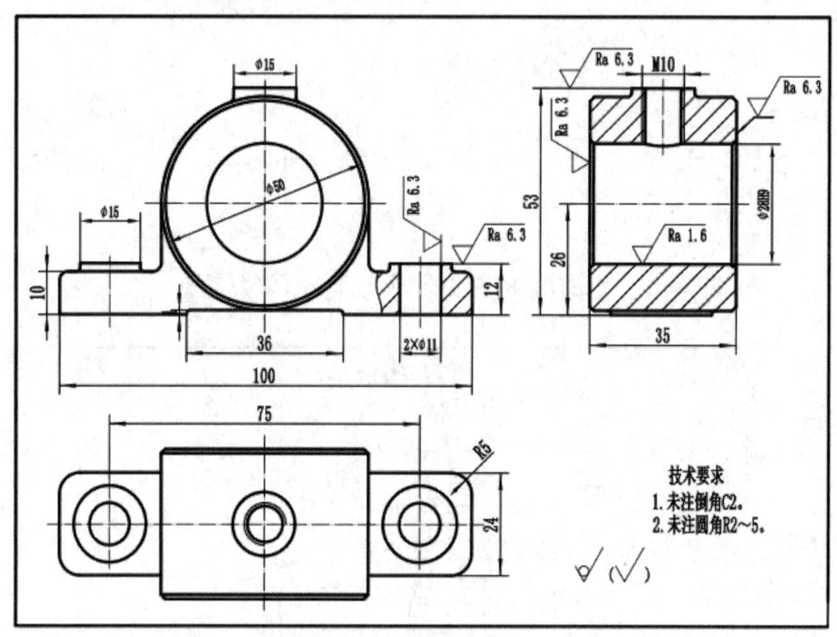

图 7-19 轴承座零件图

（1）零件分析。

该零件属箱壳类零件，结构复杂，用局部剖的主视图、俯视图和全剖的左视图来表达。主视图的局部剖视图反映了底座上的两个安装孔带有上凸缘、φ50 的圆柱面上有外倒角，φ28H9 的孔有内倒角。顶部有一安装油杯的 M10 螺孔。零件图有表面粗糙度和技术要求文字标注。

（2）设定图纸：图幅 A4、比例 1:1、横放、调入已绘制的图框、填写标题栏。

（3）布置视图：共有 3 个视图，放置在合适的位置。

（4）绘图步骤。

1）绘制视图：将当前层设置为中心线层，用“直线”命令绘制 3 个视图的基准线，即轴承座的底面线、左右对称中心线和前后对称中心线，28H9 孔的轴线及对称中心线；切换当前层为粗实线层，用“直线”“偏移”和“圆”命令绘制三视图；切换当前层为细实线层，绘制左视图中 M10 螺孔的大径；用“倒角”“圆角”和“裁剪”命令绘制和编辑；画剖面线。

2）标注尺寸和表面粗糙度。

3）填写技术要求。

7.5.3　标准件的绘制方法和步骤

完成螺栓连接，如图 7-20（a）所示。已知：螺栓 GB/T7582-2000-M20×L，螺母 GB/T6170-2000-M20，垫圈 GB/T97.1-2002-20，δ_1=20mm，δ_2=25mm。

作图步骤如下：

（1）选择适当图幅，绘制两连接板 δ_1=20mm，δ_2=25mm，如图 7-20（b）所示。

（2）用比例画法绘制螺栓、螺母、垫圈，并制作块。

（3）确定螺栓长度，插入螺栓并修剪，如图 7-20（c）所示。

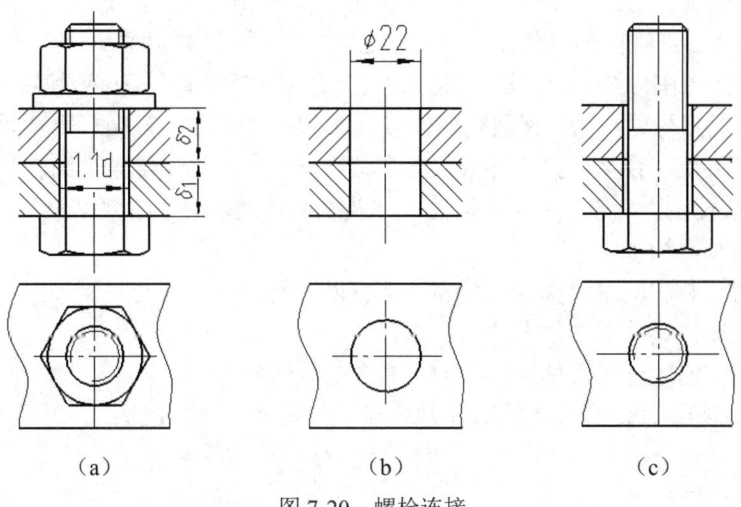

（a）　　（b）　　（c）

图 7-20　螺栓连接

（4）插入垫圈并修剪，如图 7-21（a）所示。

（5）插入螺母并修剪，如图 7-21（b）所示。

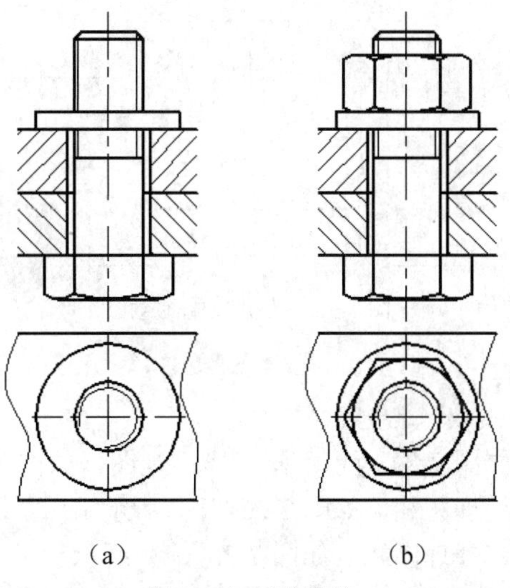

（a）　　（b）

图 7-21　螺栓连接

7.5.4　由零件图拼画装配图

根据装配示意图和所有零件草图、标准件的标记即可画出部件的装配图。

1. 拟定表达方案

对现有资料进行整理、分析，进一步了解部件的性能及结构特点，对部件的完整形状做到心中有数。然后拟定部件的表达方案，选择主视图，确定表达方法和视图数量。

2. 画装配图的方法与步骤

（1）选比例，定图幅，调标题栏；合理布图，画出视图的基准线，留出明细表的位置。

（2）画装配图时，通常从表达主要装配干线的视图开始画，一般从主视图开始，几个视图同时配合作图。画剖视图时以装配干线为准由内向外画，这样可避免画出被遮挡的不必要的图线，也可由外向内画，如先画外边主体大件。无论采用哪种画法都必须遵循以下原则：画完第一件后，必须找到与此相邻的件及它们的接触面，将此接触面作为画下一件时的定位面，开始画第二件，按装配关系一件接一件依照顺序画出下一件，切勿随意乱画。

（3）完成装配图。检查改错后，标注尺寸及配合代号，编注零件序号，最后填写明细表、标题栏和技术要求，校核。

由零件图拼画装配图时，作图方法和步骤有以下两种：

- 由零件图按画装配图的方法和步骤直接画装配图。
- 根据给定的零件图，使用块和并入的方法画装配图。

根据图 7-22 所给的装配示意图和图 7-23 所给的零件图画装配图。

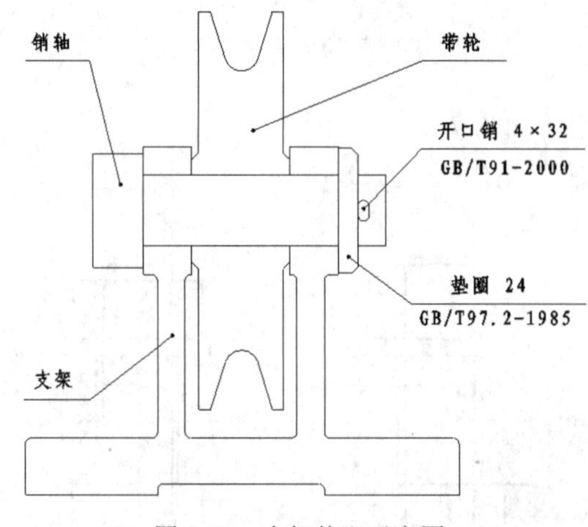

图 7-22　支架装配示意图

作图步骤如下：

（1）确定图幅：A3，横放，比例 2:1。

（2）画作图基准线，如图 7-24 所示；画底座主视图，如图 7-25（a）所示。

（3）画销轴主视图，处理图线，如图 7-25（b）所示。

（4）画皮带轮主视图，处理图线，如图 7-26（a）所示。

（5）画垫圈、开口销主视图，处理图线，如图 7-26（b）所示。

（6）标注尺寸：标注序号并填写明细表，如图 7-27 所示。

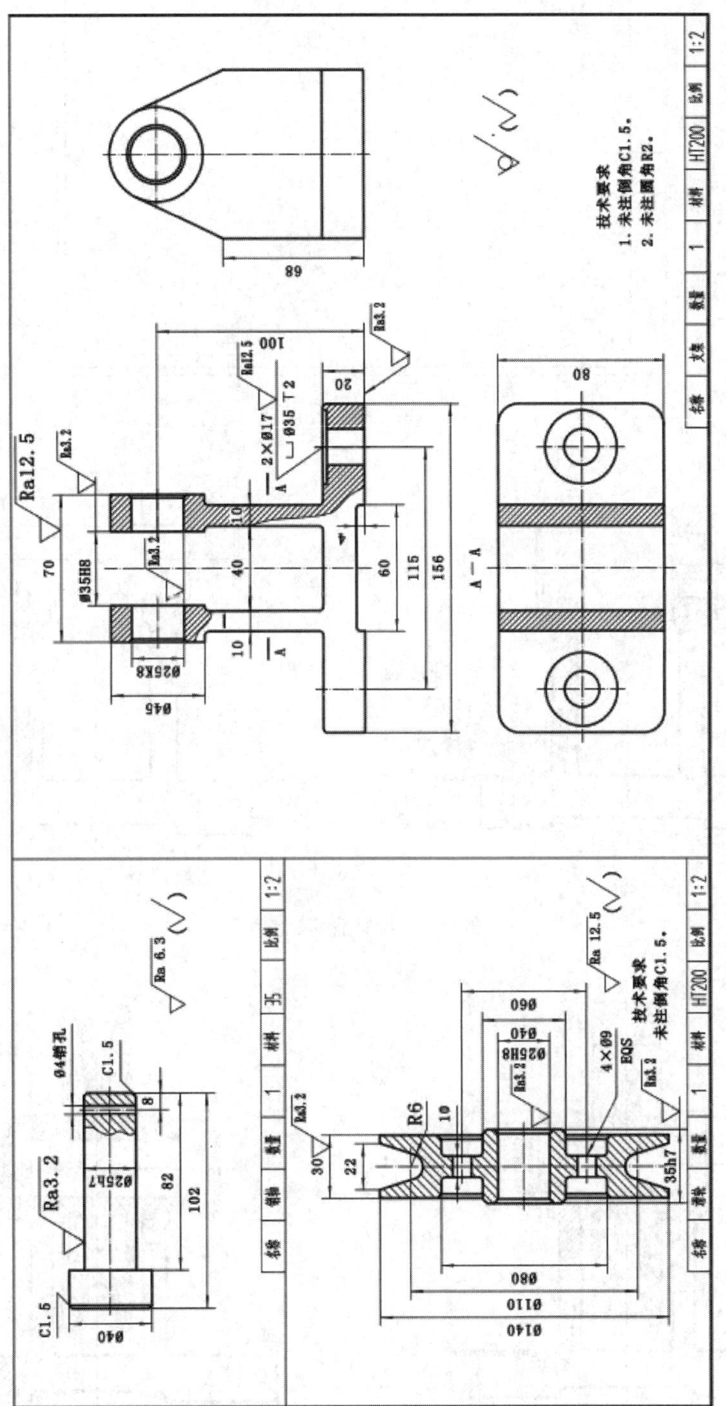

图 7-23 支架装配零件图

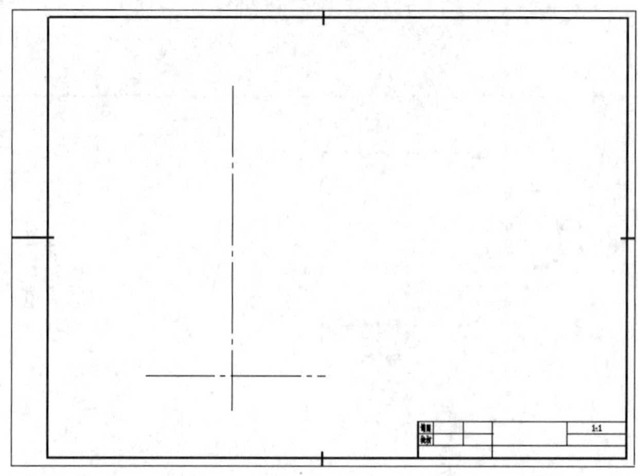

图 7-24　绘制基准线

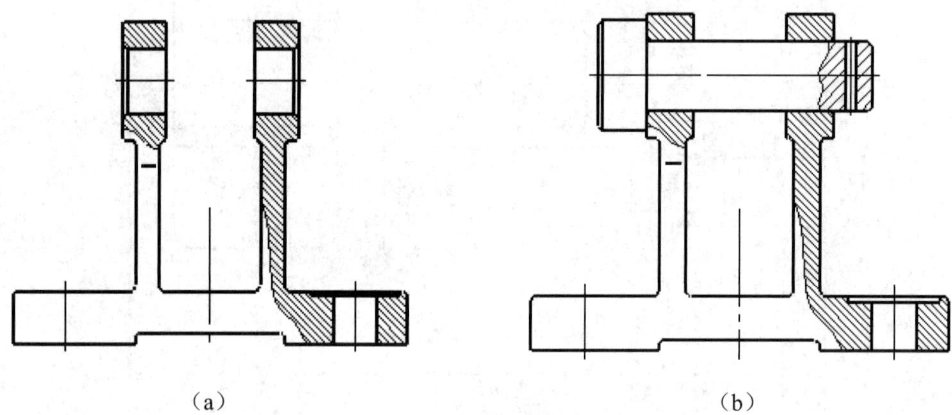

（a）　　（b）

图 7-25　绘制底座、销轴

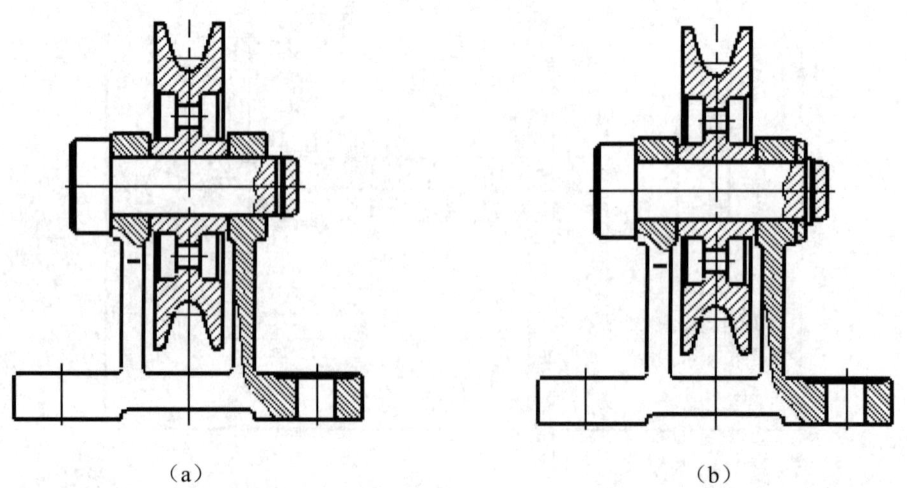

（a）　　（b）

图 7-26　绘制皮带轮、垫圈、开口销

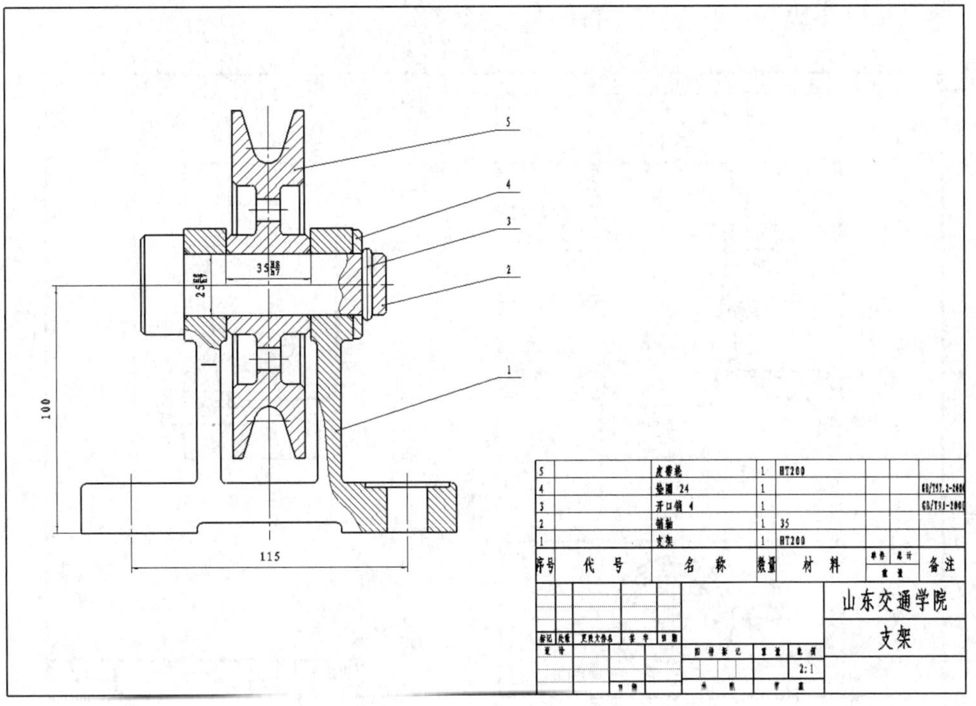

图 7-27　支架装配图

习题 7

1．抄画如图 7-28 所示的阀杆零件图。

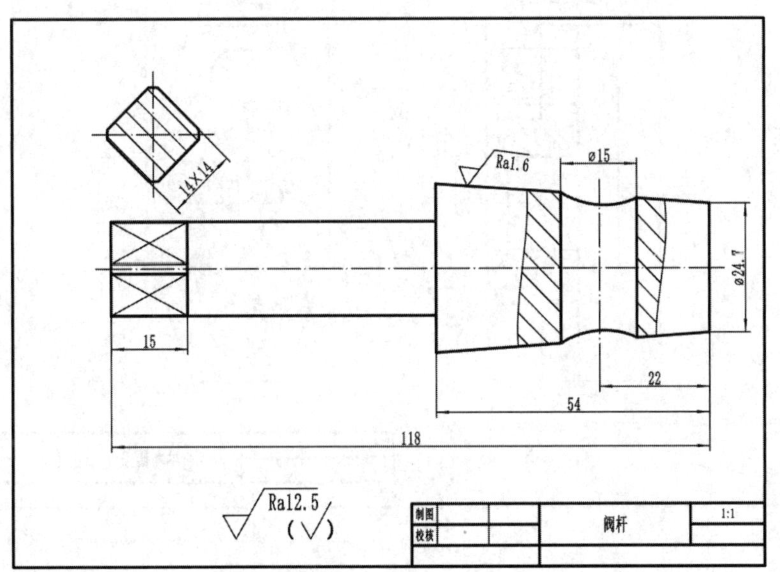

图 7-28　阀杆零件图

2．抄画如图 7-29 所示的阀体零件图。

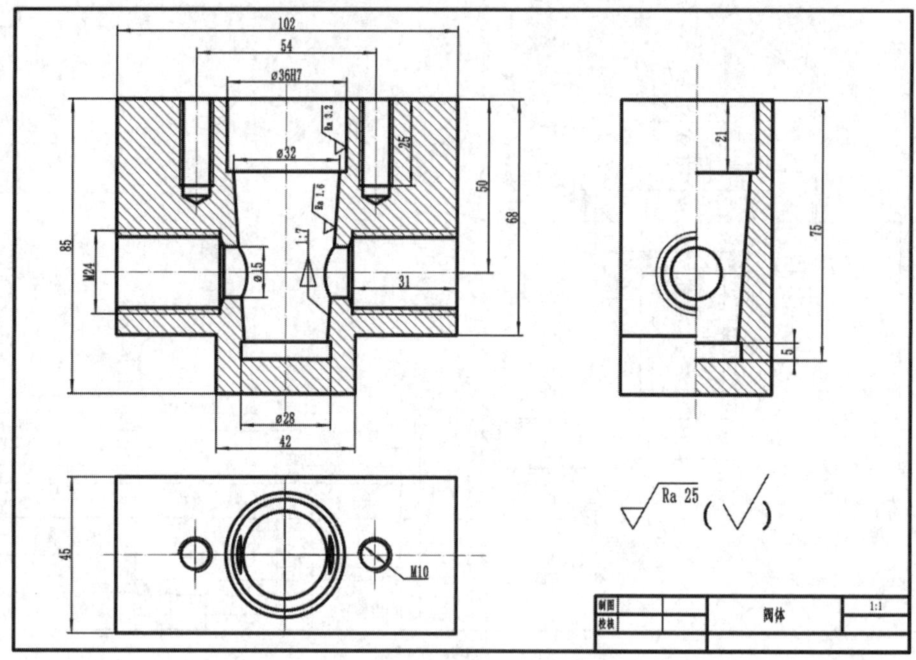

图 7-29　阀体零件图

3．抄画如图 7-30 所示的填料压盖零件图。

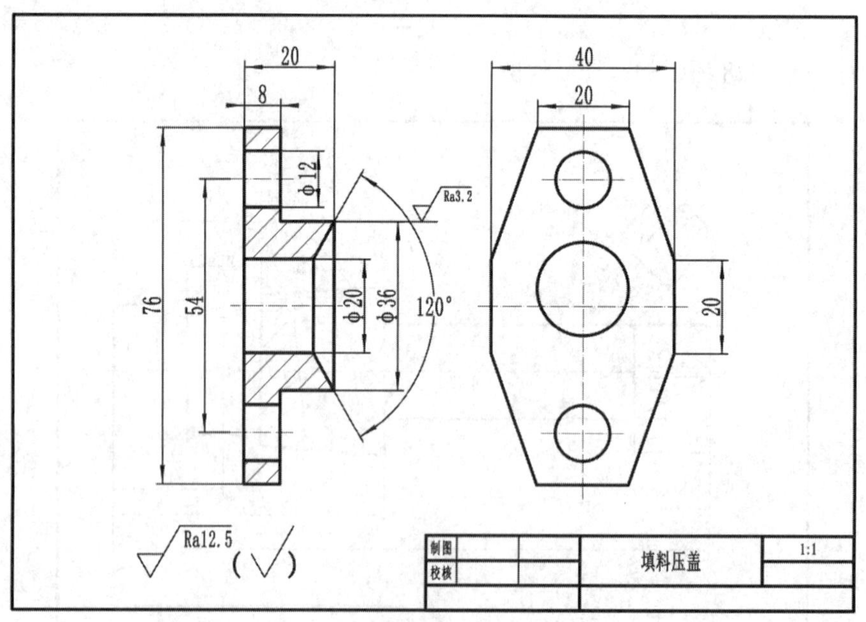

图 7-30　填料压盖零件图

4．根据图 7-28 至图 7-30 所示的零件图绘制图 7-31 所示的装配图。

5．根据图 7-32 所给的装配示意图和零件图及图 7-19 绘制轴承座装配图。

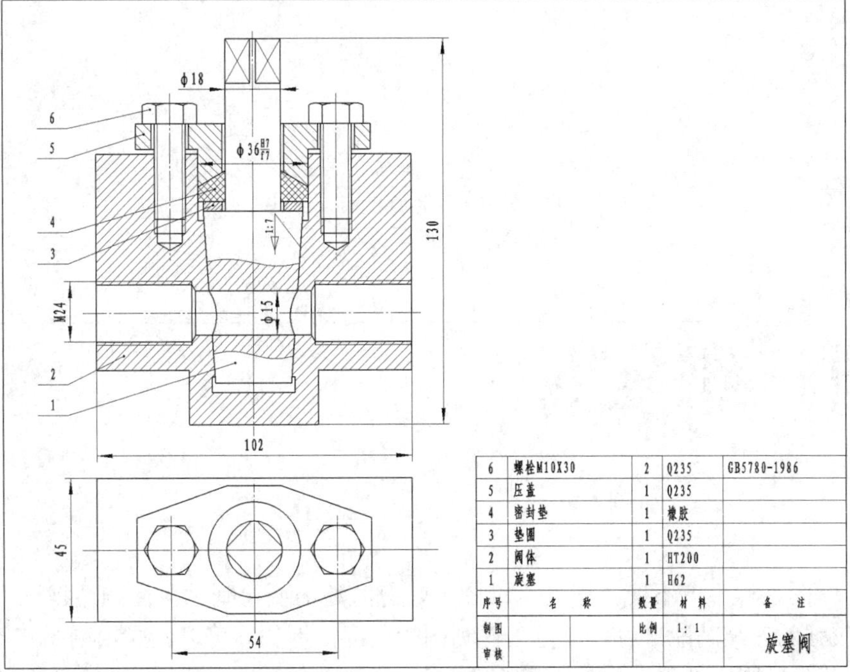

图 7-31　旋塞阀装配图

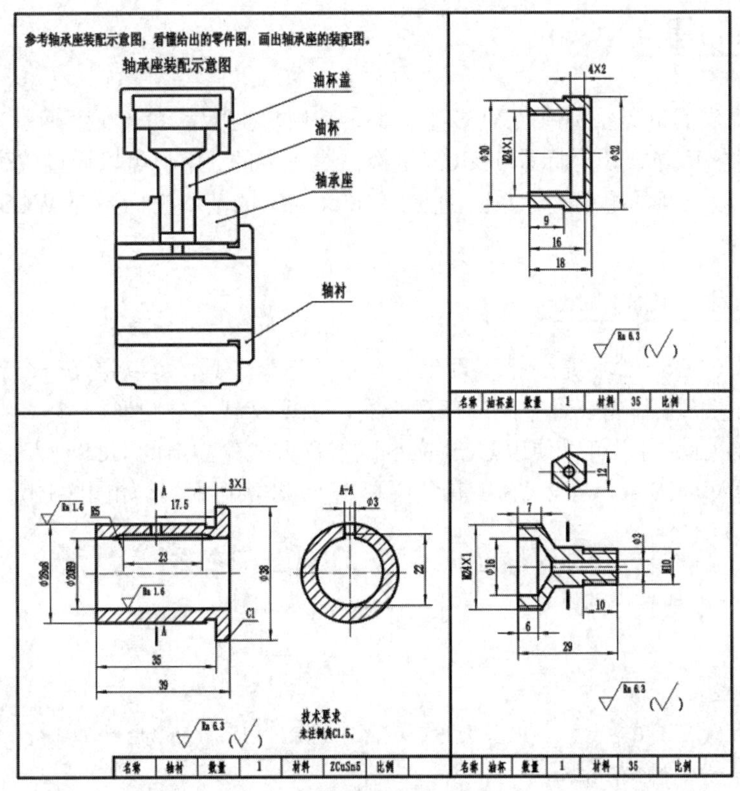

图 7-32　阀装配图

第8章 绘制三维实体

在实际作图过程中，不仅会用到二维图形，有时还需要绘制轴测图和透视图。AutoCAD 2020 具有较强的三维功能，可以满足工程制图的需要。例如它可以生成轴测图和透视图，并可进行表面着色和阴影处理。AutoCAD 2020 提供了较多的绘制三维图形的命令，本章就结合实例来着重介绍绘制三维图形的基本命令和方法。

8.1 坐标系的建立

AutoCAD 提供的世界坐标系（WCS 坐标系）和用户坐标系（UCS 坐标系）都是笛卡儿坐标系。在通常状态下，WCS 坐标系和 UCS 坐标系是重合的。用户可以通过改变用户坐标原点及坐标轴方向来设立新的用户坐标系。因此，AutoCAD 的基本坐标系统 WCS 只有一个，而 UCS 可以定义多个。

8.1.1 用户坐标系（UCS）命令

用户坐标系（UCS）命令是一个管理坐标系统的基本工具，可以定义一个新用户坐标，允许将绘图所用的坐标系移到三维空间的任意平面，以便绘制三维图形。

在 AutoCAD 中，用户可以使用 UCS 命令以多种方式建立新的 UCS 坐标系。

在命令行输入 UCS 或者在 UCS 工具条中单击 UCS 按钮，如图 8-1 所示。

图 8-1 UCS 工具条

```
命令: _ucs
当前 UCS 名称: *世界*
[新建(N)/移动(M)/正交(G)/上一个(P)/恢复(R)/保存(S)/删除(D)/应用(A)/?/世界(W)] <世界>:
新建(N)选项：输入 N
指定新 UCS 的原点或 [Z 轴(ZA)/三点(3)/对象(OB)/面(F)/视图(V)/X/Y/Z] <0,0,0>:
```

移动(M)：输入 M
指定新原点或 [Z 向深度(Z)] <0,0,0>:

指定新 UCS 的原点：改变当前用户坐标系原点的位置，如图 8-2 所示。

Z 轴(ZA)：指定一个新原点和位于 Z 轴上的一点，将用户坐标系设置到特定方式。

三点(3)：选择 3 点构成新坐标系 X、Y、Z。

对象(OB)：通过指定一个对象来定义新的 UCS 坐标系。

面(F)：将当前用户坐标系置于三维实体的一个面上。

视图(V)：将新的用户坐标系的 XY 平面设为与屏幕平行，Z 轴与其正交，原点不变。

X/Y/Z：独立地旋转 X、Y、Z 轴来生成新的 UCS 坐标系。

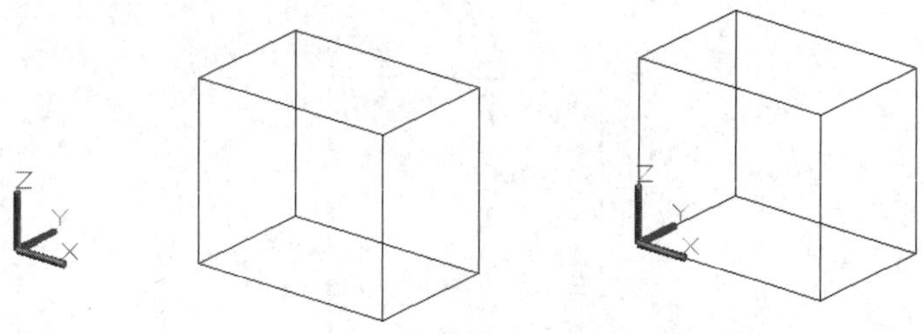

图 8-2　指定或移动坐标原点

在 AutoCAD 2020 中，可以在"坐标功能"选项卡中进行更方便的设置。

8.1.2　管理已定义的 UCS

在 AutoCAD 2020 中，可以使用 UCSMAN 命令通过对话框的形式来管理已定义的用户坐标系，包括恢复已保存的 UCS 或正交 UCS、指定窗口中的 UCS 图标和 UCS 设置、命名和重命名当前 UCS。

操作方式：在"坐标功能"选项卡中单击按钮，弹出如图 8-3 所示的 UCS 对话框，在其中进行命名、正交、设置等操作。

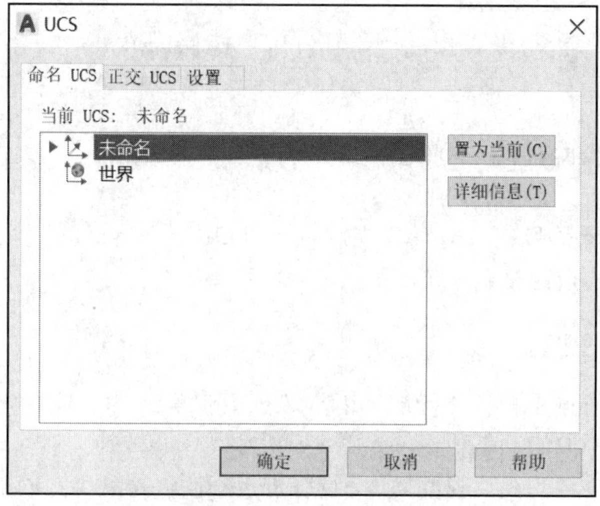

图 8-3　UCS 对话框

8.2 三维图形显示

由于屏幕本身是二维的，我们看到的三维视图是在不同视线方向上观察得到的投影视图。AutoCAD 默认视图为 XY 平面视图，同时提供了视点（VPOINT）命令允许用户设定任意视线方向，也可通过选择菜单项和工具条来选取特定的三维视图。

8.2.1 轴测视图和正交视图

在三维建模工作空间下，在“视图功能”选项卡中单击“视图”按钮，下拉菜单如图 8-4 所示。

图 8-4 “视图”按钮的下拉菜单

8.2.2 视点（VPOINT）

AutoCAD 工作空间经典：视图→三维视图→视点（VPOINT）。

功能：设置不同的视点观察物体，使平面图转化为立体图，选择视点不同可得到不同的轴测图。

选择“视图”→“三维视图”→“视点”命令。

```
Command:VPOINT
Rotate/<View Point>: 默认值即为当前视点，也可以输入新视点坐标 X,Y,Z
Rotate/<View Point>:R
Enter angle in X-Y plane from X axis <270>: 输入角度
Enter angle from X-Y plane : 输入角度
```

指令说明：

①设置视点：选择“视区”→“3D 视点”→VPOINT 命令。

②VPOINT 命令只指定观测方向，不指定观测距离。

8.2.3 动态观察（3D orbit）

在三维建模工作空间下，在“导航功能”选项卡中单击“动态观察”按钮，在下拉菜单中可以选择 3 种不同的动态观察，如图 8-5 所示。

动态观察可以从不同的视点观察物体，选择视点不同可得到不同的轴测图，并且可以自动动态旋转。

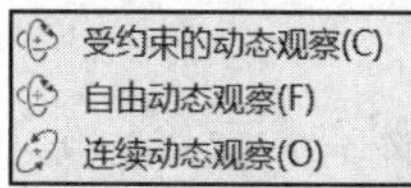

图 8-5　三维动态观察

8.3　三维图形绘制

8.3.1　等轴测图绘制

AutoCAD 提供的等轴测图绘制实际上是绘制等轴测投影图，在绘制前应选择“工具”菜单中的“草图设置”命令，在弹出的“草图设置”对话框中选择相应的模式，如图 8-6 所示。

图 8-6　“草图设置”对话框

设置等轴测平面（ISOPLANE）：

```
命令: ISOPLANE
Left(左平面)/Top(上平面)/Right(右)/<Toggle>:（选定等轴测平面）
```

等轴测圆的绘制：

```
命令: ELLIPSE
Arc/Center/Isocircle/<axis endpoint 1>:I（输入 I 画等轴测圆）
Center of Circle:（指定圆心位置）
<Center radius>/diameter:（输入半径或直径）
```

8.3.2　三维实体绘制

AutoCAD 三维建模可使用实体、曲面和网格对象创建图形。

实体、曲面和网格对象提供不同的功能，这些功能综合使用时可提供强大的三维建模工具套件。例如，可以将图元实体转换为网格，以使用网格锐化和平滑处理。然后，可以将模型转换为曲面，以使用关联性和 NURBS 建模。

1．基本三维实体

AutoCAD 提供的绘制基本三维实体有六面体、球、圆柱体、圆锥体、三棱柱、圆环。在绘制基本实体时，可以从“绘制”菜单的“实体”子菜单或“实体”工具条（如图 8-7 所示）中选取；也可以在三维基础或三维建模工作空间的“建模功能”选项卡中单击按钮，在弹出的下拉菜单中选取，如图 8-8 所示。

图 8-7 “实体”工具条

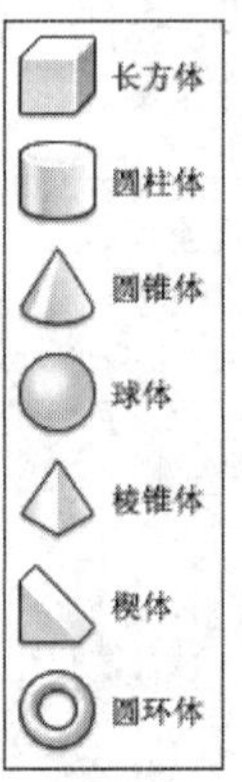

图 8-8 按钮的下拉菜单

下面讲述各实体的绘制，结果如图 8-9 所示。

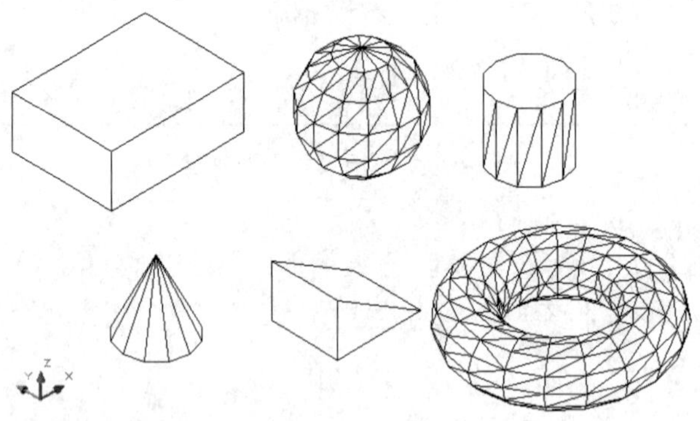

图 8-9 实体的绘制

（1）长方体。

在“实体”工具条中单击“长方体”按钮。

```
命令: _box
指定长方体的角点或 [中心点(CE)] <0,0,0>:
指定角点或 [立方体(C)/长度(L)]: L（输入边长）
指定长度: 80 （输入长度）
指定宽度: 60 （输入宽度）
指定高度: 30 （输入高度）
```

（2）球体。

在“实体”工具条中单击“球体”按钮。

```
命令: _sphere
当前线框密度: ISOLINES=4
指定球体球心 <0,0,0>:
指定球体半径或 [直径(D)]: 30
```

（3）圆柱体。

在“实体”工具条中单击“圆柱体”按钮。

```
命令: _cylinder
指定底面的中心点或 [三点(3P)/两点(2P)/切点、切点、半径(T)/椭圆(E)]:
指定底面半径或 [直径(D)] <18.78>:
指定高度或 [两点(2P)/轴端点(A)] <20.8496>:
```

（4）圆锥体。

在“实体”工具条中单击“圆锥体”按钮。

```
命令: _cone
指定底面的中心点或 [三点(3P)/两点(2P)/切点、切点、半径(T)/椭圆(E)]:
指定底面半径或 [直径(D)] <0.3958>:
指定高度或 [两点(2P)/轴端点(A)/顶面半径(T)] <1.1926>:
```

（5）三棱柱即楔体。

在“实体”工具条中单击“楔体”按钮。

命令: _wedge

```
指定楔体的第一个角点或 [中心点(CE)] <0,0,0>:
指定角点或 [立方体(C)/长度(L)]: L
指定长度: 50
指定宽度: 40
指定高度: 3
```

（6）圆环体。

在“实体”工具条中单击“圆环体”按钮。

```
命令: _torus
指定圆环体中心 <0,0,0>:                  （指定圆环中心位置）
指定圆环体半径或 [直径(D)]: 40           （输入圆环半径或直径）
指定圆管半径或 [直径(D)]: 15             （输入圆管半径或直径）
```

2. 由二维生成三维实体

在立体的组合中，有的立体只靠上述 6 种基本立体的组合，但有时无法满足实际需要，AutoCAD 的实体功能内提供了拉伸和旋转功能可以扩大对实体形状的要求。先定义任意形状的二维平面图形，经过拉伸和旋转而形成满足需要的实心体。

（1）拉伸（EXTRUDE）形成实心体，如图 8-10 所示。

运用拉伸的方法建立实体时要先画一个二维的封闭图形，但这个二维图形必须是用复合线生成的。

在“实体”工具条中单击“拉伸”按钮。

```
命令: _extrude
选择对象: 找到 1 个
指定拉伸高度或 [路径(P)]: 60
指定拉伸的倾斜角度 <0>:
```

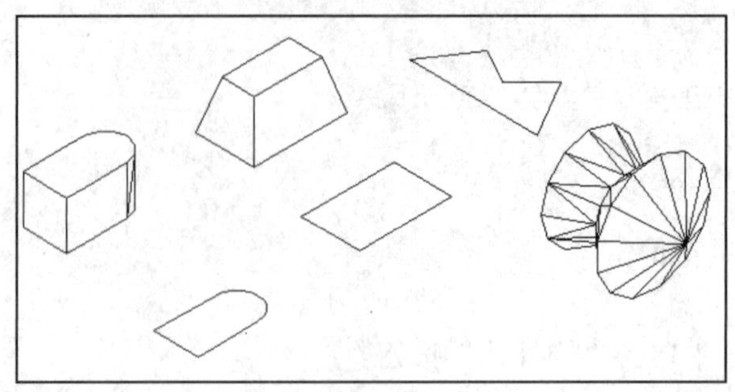

图 8-10　拉伸和旋转的实体

（2）旋转（REVOLVE）形成实心体，如图 8-10 所示。

运用旋转的方法建立实体时要先画一个二维的封闭图形，但这个二维图形必须是用多段线生成的。

在“实体”工具条中单击“旋转”按钮。

```
命令: _revolve
选择对象: 找到 1 个
指定旋转轴的起点或定义轴依照 [对象(O)/X 轴(X)/Y 轴(Y)]:
指定轴端点:
指定旋转角度 <360>:
```

8.4　三维实体的编辑

在 AutoCAD 中，利用布尔运算中的联集（相加）、相减和交集可以对基本实体进行叠加、挖切等操作，从而更方便地得到所需要的三维实体，同时还可以对它进行剖切和倒角。实体编辑的工具条如图 8-11 所示。

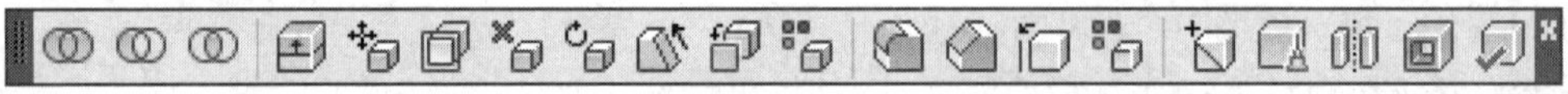

图 8-11　实体编辑的工具条

8.4.1　三维实体的剖切与圆滑

（1）剖切。SLICE 命令是用一个指定的平面将实体对象切为两半，从而生成一个新的实体。切开后的两部分可保留一部分，也可以两部分都保留。

在“实体”工具条中单击“剖切”按钮。

```
命令: _slice
选择对象: 找到 1 个
指定切面上的第一个点，依照 [对象(O)/Z 轴(Z)/视图(V)/XY 平面(XY)/YZ 平面(YZ)/ZX] （在此输入剖切面）
在要保留的一侧指定点或 [保留两侧(B)]: b
```

（2）倒圆角。

FILLET 命令可以对三维实体进行倒圆角处理。

在“实体”工具条中单击“倒圆角”按钮。

```
命令: _FILLETEDGE
半径 = 1.0000
选择边或 [链(C)/半径(R)]:
选择边或 [链(C)/半径(R)]: r
输入圆角半径或 [表达式(E)] <1.0000>: 2
选择边或 [链(C)/半径(R)]:（已选定 1 个边用于圆角，选择其他要倒圆角的边）
```

（3）倒角。

在“实体”工具条中单击“倒角”按钮。

```
命令: _CHAMFEREDGE
距离 1 = 1.0000，距离 2 = 1.0000
选择一条边或 [环(L)/距离(D)]:
选择属于同一个面的边或 [环(L)/距离(D)]:
按 Enter 键接受倒角或 [距离(D)]:
```

8.4.2　布尔运算

在“编辑”菜单的“实体”子菜单中选择布尔运算的各项或者从“实体”工具条中选取。例如绘制如图 8-12 所示的三维图形。

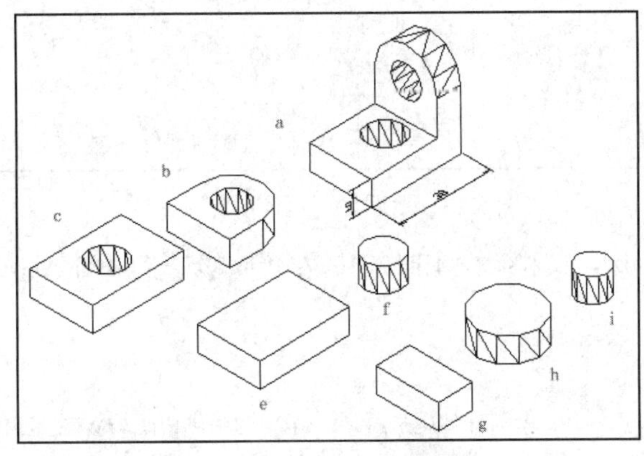

图 8-12　三维绘图

具体作图如下：

把立体 a 分解成 b 和 c 两部分，分别绘制六面体 e、g 和圆柱体 f、h、i，用“移动”命令将圆柱体 f 移到六面体 e 的中心（应先在六面体 e 的顶面作中心线，以便于找中心）。

在“实体”工具条的布尔运算组中单击“相减”按钮，选取物体 e 后回车，选取物体 f 后回车（即先选大的物体，再选小的物体）。

用“移动”命令将圆柱体 h 移到六面体 g 顶面左边棱线的中间点。

在“实体”工具条的布尔运算组中单击“联集”按钮，将物体 h、g 同时选中即可完成联集操作。

用“移动”命令将圆柱体 i 移到六面体 g 和圆柱体 h 组合后的圆心。

在“实体”工具条的布尔运算组中单击“相减”按钮，选取物体 e 后回车，选取物体 i 后回车。

8.4.3　三维阵列

选择“编辑”→“三维操作”→“三维阵列”命令。

8.5　三维表面绘制

8.5.1　绘制基本形体表面

AutoCAD 2020 基本形体表面用于创建以下三维形：长方体、圆锥体、圆柱体、网格、棱锥体、球体、圆环体和楔体，如图 8-13 所示。创建三维形的过程和创建三维实体的过程相似。

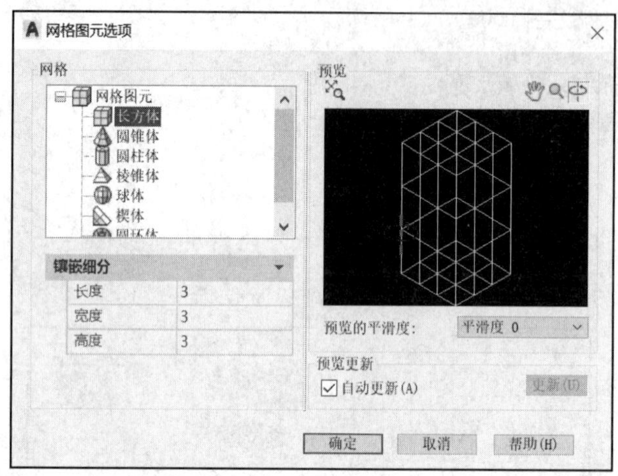

图 8-13　“网格图元选项”对话框

（1）绘制长方体网格（如图 8-14 所示）。在“网格”菜单的“图元”子菜单中单击“长方体”按钮 。

```
命令: _MESH
当前平滑度设置为: 0
输入选项 [长方体(B)/圆锥体(C)/圆柱体(CY)/棱锥体(P)/球体(S)/楔体(W)/圆环体(T)/设置(SE)]
<长方体>: _BOX
指定第一个角点或 [中心(C)]:
指定其他角点或 [立方体(C)/长度(L)]:
指定高度或 [两点(2P)] <5.9352>:
```

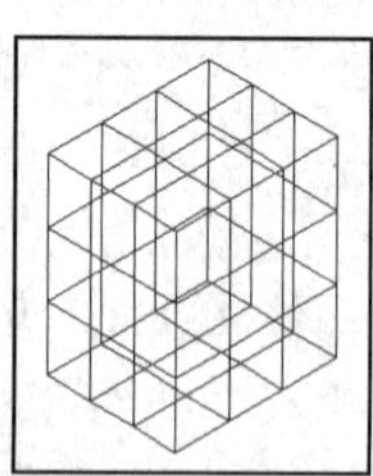

图 8-14　长方体网格

（2）绘制圆锥体网格。

```
命令: _MESH
当前平滑度设置为: 0
输入选项 [长方体(B)/圆锥体(C)/圆柱体(CY)/棱锥体(P)/球体(S)/楔体(W)/圆环体(T)/设置(SE)]
<长方体>: _CONE
```

```
指定底面的中心点或 [三点(3P)/两点(2P)/切点、切点、半径(T)/椭圆(E)]:
指定底面半径或 [直径(D)]:
指定高度或 [两点(2P)/轴端点(A)/顶面半径(T)] <5.6480>:3
```

对于棱锥体、圆柱体、球体、圆环体等，操作方法与上述方法基本一致，如图 8-15 所示。

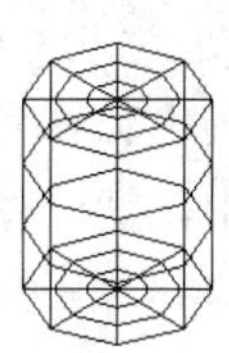
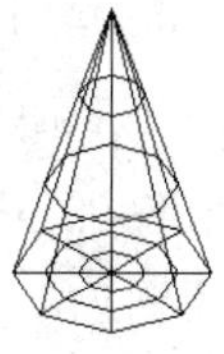
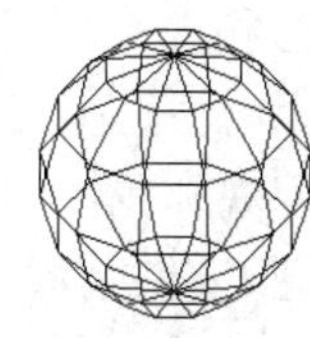
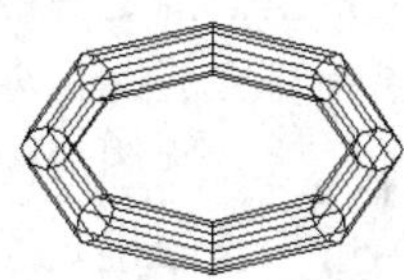

图 8-15　网格图元

8.5.2　绘制三维面（DFACE）

```
命令: _3dface
指定第一点或 [不可见(I)]:
指定第二点或 [不可见(I)]:
指定第三点或 [不可见(I)] <退出>:
指定第四点或 [不可见(I)] <创建三侧面>:
```

8.5.3　绘制直纹面

在“创建”工具条中单击“直纹面”按钮 。

```
命令: _rulesurf
选择第一条定义曲线:
选择第二条定义曲线:
```

8.5.4　绘制旋转曲面

在“曲面”菜单中选择“旋转曲面”命令。

```
命令: _revsurf
选择要旋转的对象:
选择定义旋转轴的对象:
指定起点角度 <0>:
指定包含角 (+=逆时针, -=顺时针) <360>:
```

绘制结果如图 8-16 所示。

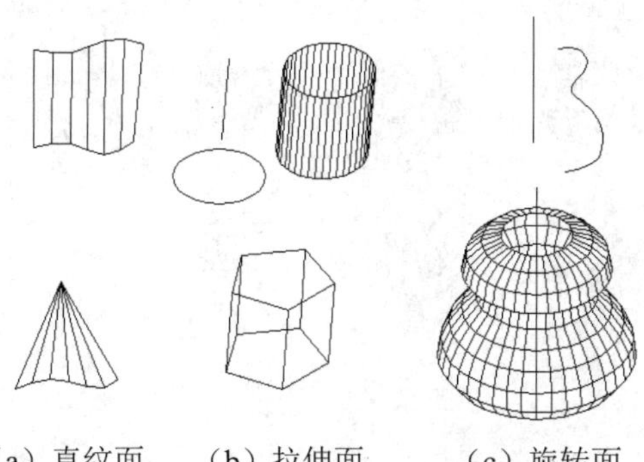

（a）直纹面　（b）拉伸面　（c）旋转面

图 8-16　3D 曲面

8.6　三维图形的视觉处理

真实的三维图形可以帮助设计者看到最终的设计效果，这样要比用线框表示清楚得多。三维图形的视觉处理主要包括消隐、着色和渲染。消隐和着色主要是对三维图形进行阴影处理，产生与现实明暗效果相对应的图像效果。渲染是对三维图形加上颜色和材质，还可以配以灯光、背景、场景等，更真实地表达图形的外观和纹理。在 AutoCAD 中，消隐图像是最简单的，而着色消除隐藏线并为可见平面指定颜色，渲染则添加和调整了光源并为表面附着上材质以产生真实效果，因此着色和渲染使图像的真实感进一步增强。

要决定生成哪种图像，首先需要考虑图像的应用目的和时间投入等因素。如果是为了演示，那么就需要全部渲染；如果只需要查看一下设计的整体效果，那么简单消隐或着色图像就足够了。

三维图形的视觉处理操作可从“视觉样式”和“渲染”工具条中选取，如图 8-17 和图 8-18 所示。

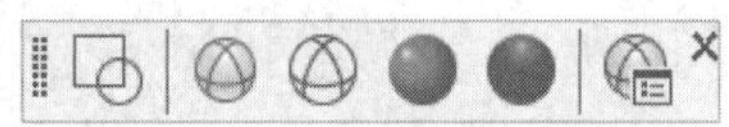

图 8-17　“视觉样式”工具条

图 8-18　“渲染”工具条

8.6.1　三维图形的消隐

消隐，即显示用三维线框表示的对象，同时消隐表示后向面的线。

在“渲染”工具条中单击“消隐”按钮，即对三维实体进行消隐。

执行该命令后，隐藏于实体背后的面被遮挡，使图形看起来更加清晰和真实。

8.6.2　三维图形的视觉样式

AutoCAD 2020 提供的视觉样式如图 8-19 所示，还可以通过视觉样式管理器来新建视觉样式。

使用“视觉样式”菜单提供的各选项可以查看、编辑用线框或着色表示的对象。

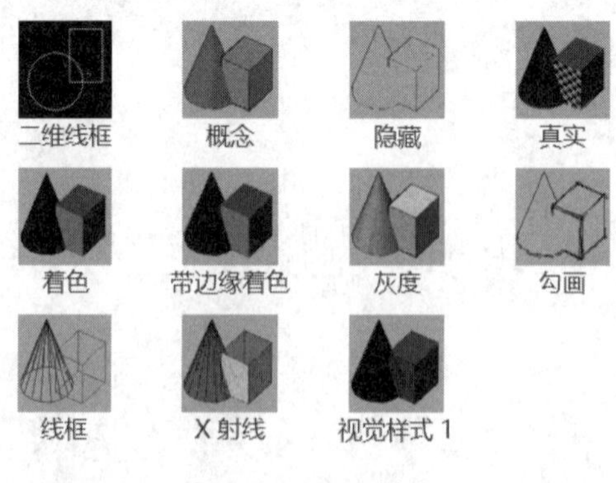

图 8-19　视觉样式

视觉样式各项的执行步骤：

（1）将包含要着色视图的视图设置为当前视图。

（2）从“视图”菜单中选择“视觉样式”命令或者在“视觉样式”工具条中选取。

（3）选择以下选项之一：

- 二维线框：执行该命令后，显示用直线和曲线表示边界的对象，效果如图 8-20 所示。

```
命令: _vscurrent
输入选项 [二维线框(2)/线框(W)/隐藏(H)/真实(R)/概念(C)/着色(S)/带边缘着色(E)/灰度(G)/勾画(SK)/X 射线(X)/其他(O)] <灰度>: _2dWireframe
```

- 三维线框：执行该命令后，以三维线框的模式显示图形，效果如图 8-21 所示（显示一个着色的 UCS 三维图标）。
- 三维消隐：执行该命令后，系统将自动隐藏对象中观察不到的线，只显示那些位于前面的无遮挡的对象，效果如图 8-22 所示。

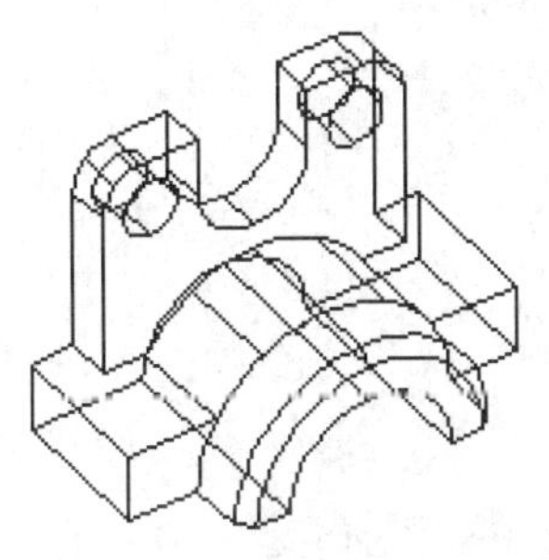

图 8-20　二维线框效果

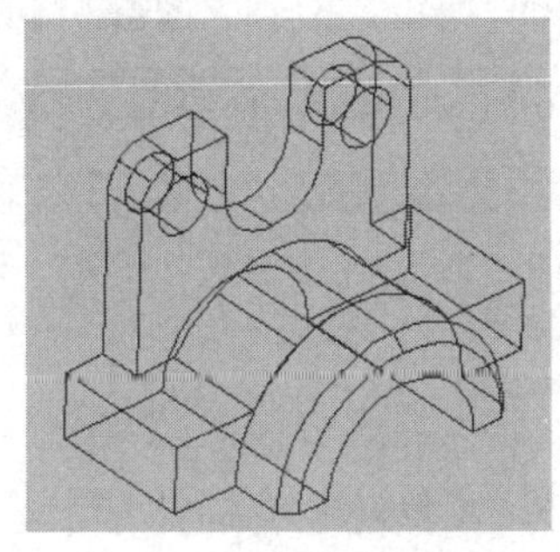

图 8-21　三维线框效果

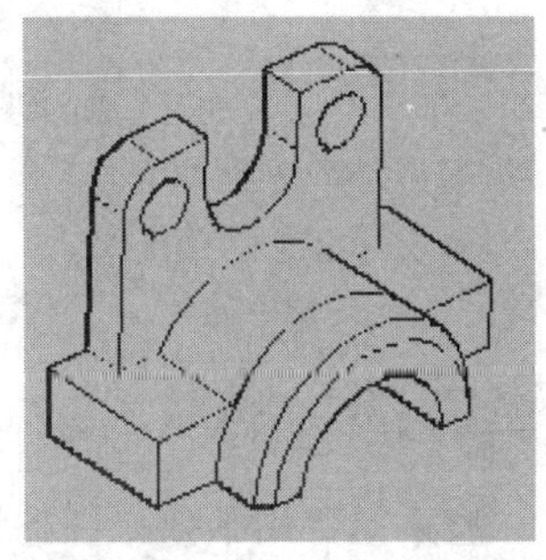

图 8-22　三维隐藏效果

- 真实：执行该命令后，系统可使对象实现平面着色，它只对各多边形的面着色，不会对面边界作光滑处理，效果如图 8-23 所示。
- 概念：执行该命令后，系统根据图形面上的颜色和外观着色，效果如图 8-24 所示。
- 着色：着色对象并在多边形面之间光顺边界，给对象一个光滑、具有真实感的形象，效果如图 8-25 所示。

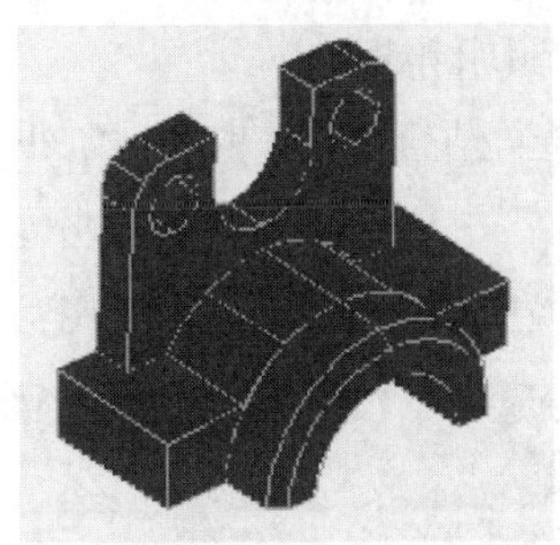

图 8-23　真实效果

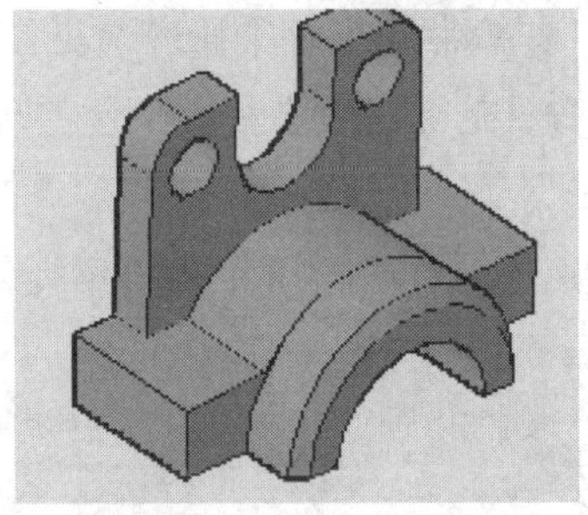

图 8-24　概念效果

图 8-25　着色效果

在“视觉样式”工具条中单击按钮后，系统弹出如图 8-26 所示的“视觉样式管理器”对话框，在其中可对上述几种视觉样式进行更改，也可以创建新的其他形式的视觉样式。

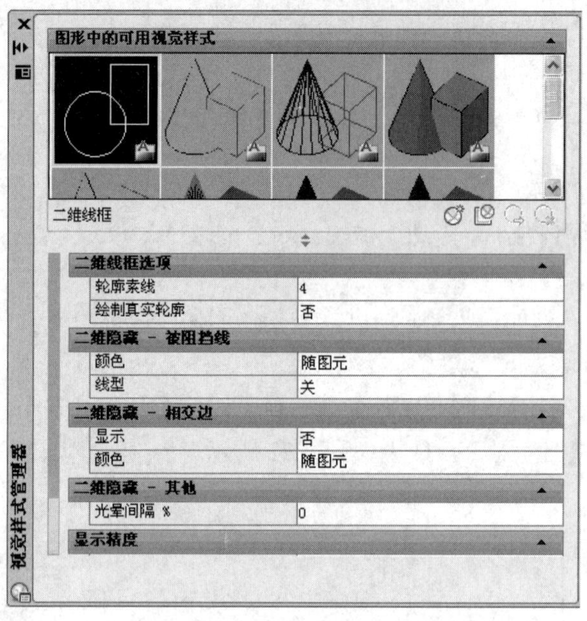

图 8-26　“视觉样式管理器”对话框

8.6.3　渲染

渲染主要用于效果图的设计。图形经过渲染后，给人以逼真的视觉感受。

渲染可以使设计图比简单的消隐或着色图像更加清晰。传统的建筑、机械和工程图形的渲染可用于展览宣传的效果图。

渲染一般包括以下 4 个步骤：

（1）准备要渲染的模型：包括采用适当的绘图技术、消除隐藏面、构造平滑着色所需的网格、设置显示分辨率等。

（2）照明：包括创建和放置光源、创建阴影。

（3）添加颜色：包括定义材质的反射性质、指定材质和可见表面的关系。

（4）渲染：一般需要通过若干中间步骤来检验渲染模型、照明和颜色。

上述步骤只是概念上的划分，在实际渲染过程中这些步骤通常结合使用，也不一定非要按照上述顺序进行。

渲染的操作步骤：在三维建模工作空间下单击“可视化”选项卡，如图 8-27 所示。

图 8-27　“可视化”选项卡

1. 建立光源

AutoCAD 的渲染功能可最大限度地控制四类光源，如图 8-28 所示。

图 8-28　光源类型

- 点光源：可认为是一个球形光源，向任意方向发射。
- 聚光灯：对指定的目标进行集中照射。
- 平行光：发出一束直线光，只向一个方向发射。
- 光域网灯光：可认为是通常的背景光，能均匀地照射在所有对象上。

建立新光源的步骤：在“渲染”面板中选择“创建光源”，再从出现的子菜单中选择光源类型，弹出如图 8-29 所示的“光源-视图光源模式”对话框，然后单击选项即可。

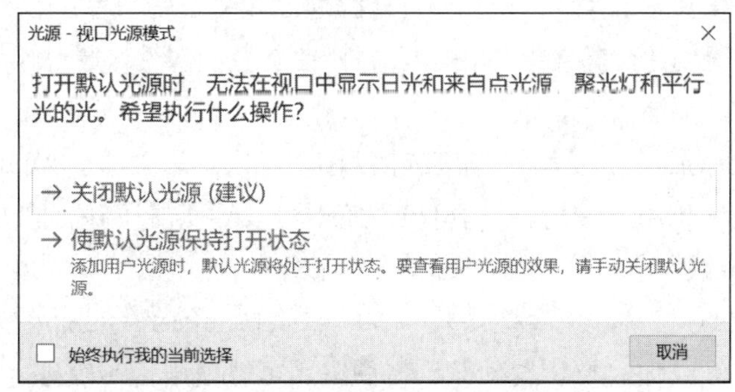

图 8-29　“光源-视图光源模式”对话框

命令: _pointlight
指定源位置 <0,0,0>:
输入要更改的选项 [名称(N)/强度(I)/状态(S)/阴影(W)/衰减(A)/颜色(C)/退出(X)] <退出>　（输入要更改的选项）

单击“光源”选项组中的“对话框启动器”按钮，弹出“模型中的光源”对话框，如图 8-30 所示，在其中选择光源名称。

如果光源具有光线轮廓，则光源显示为选定。双击光源名称将弹出“特性”对话框，如图 8-31 所示。

注意，在图形中平行光不显示轮廓。使用“模型中的光源”对话框选择平行光。

2. 阳光和位置

将光源置于场景中后可以修改位置和目标，由光线轮廓表示的光源置于图形中后可以重新定位，可以移动和旋转光源，可以修改目标，选定光线轮廓后将显示夹点。

单击“阳光和位置”选项组中的“对话框启动器”按钮，弹出“阳光特性”对话框，如图 8-32 所示，在此可以调整位置。

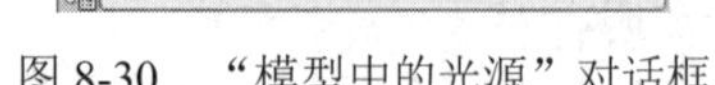

图 8-30 “模型中的光源”对话框

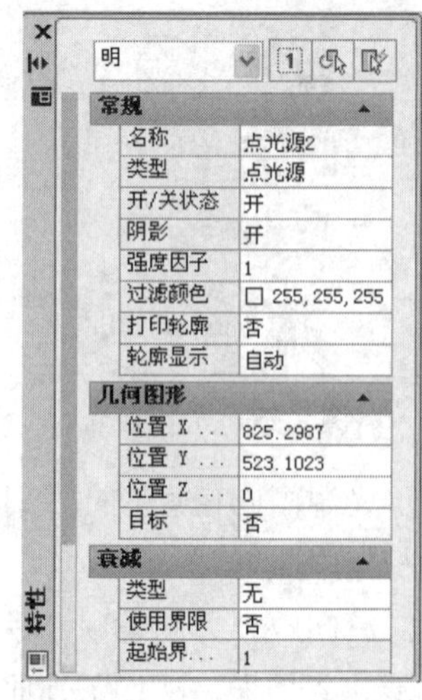

图 8-31 “特性”对话框

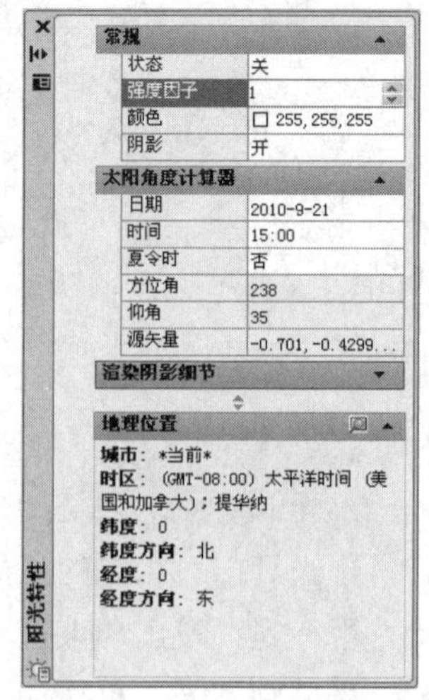

图 8-32 “阳光特性”对话框

3. *确定材质*

材质可以改变所渲染对象对光线的反射特性，通过改变这些特性可以使对象看上去光滑或粗糙。图形中包括了所创建的每个装饰图的表面特性图块和属性，通过操纵灯光、漫射度、光泽度和粗糙度来修饰材质。

在图形中为对象添加材质可以在任何渲染视图中提供逼真效果。Autodesk 有一个含有预定义材质的大型材质库供用户使用。使用材质浏览器可以浏览材质并将它们应用于图形中的对象，还可以创建和修改材质。

纹理可提高材质的复杂程度和真实感。例如，要实现一条路的凹凸效果，可以向图形中表示道路的对象应用噪波纹理；要实现砂浆砌砖图案，可以使用瓷砖纹理。使用“纹理编辑器”可以定义纹理的外观和其应用于对象的方式。

（1）材质浏览器。

可以通过图 8-33 所示的“材质浏览器”对话框打开和浏览现有库。打开该对话框的方法是在“渲染”工具条中单击“材质浏览器”按钮。

- 浏览器工具栏：包含“显示/隐藏库树”按钮和“搜索”框。
- 文档材质：显示当前图形中所有已保存的材质。可以按名称、类型、样例形状和颜色对材质排序。
- 材质库树：显示 Autodesk 库（包含预定义的 Autodesk 材质）和其他库。
- 库详细信息：显示选定类别中材质的预览。
- 浏览器底部栏：包含“管理”菜单，用于添加、删除、编辑库和库类别，它还包含一个按钮，用于控制库详细信息的显示选项。

（2）材质编辑器。

在“渲染”工具条中单击“材质编辑器”按钮，弹出如图 8-34 所示的“材质编辑器”对话框。

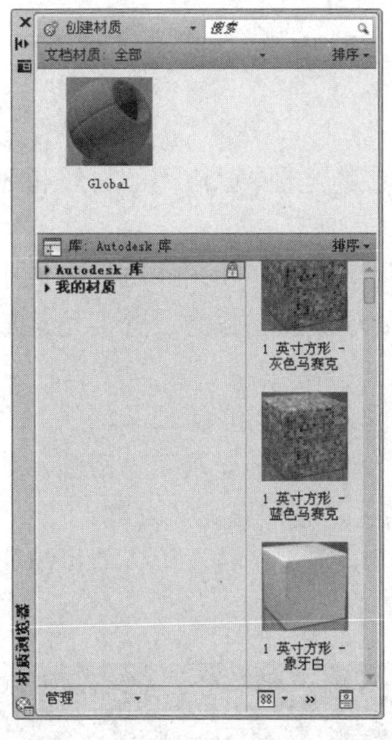

图 8-33　“材质浏览器”对话框

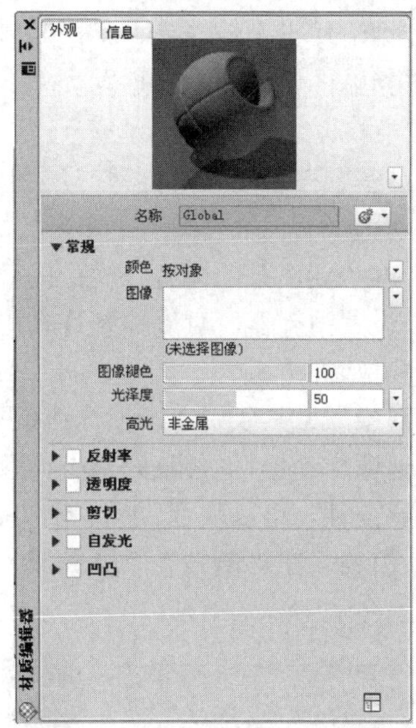

图 8-34　“材质编辑器”对话框

在“材质编辑器”对话框中可以定义以下特性：

- 外观：定义材质的外观。各个材质具有唯一的外观特性。使用“纹理编辑器”对话框可以编辑指定给材质的纹理贴图或程序贴图，也可以对材质重命名。
- 信息：定义或显示与给定材质相关联的关键字和描述。有一种材质始终可以在新图形中使用，即 GLOBAL。缺省情况下，此材质将应用于所有对象，直至应用了另一种材质。
- 颜色：对象上材质的颜色在该对象的不同区域各不相同，远离光源的面显现出的红色比正对光源的面显现出的红色暗，反射高光区域显示最浅的红色，可为材质指定颜色或自定义纹理。
- 图像：控制材质的基本漫射颜色贴图。漫射颜色是对象在被直射日光或人造光照射时所反射的颜色。
- 图像褪色：控制基础颜色和漫射图像之间的混合。
- 光泽度：材质的反射质量决定了光泽度或消光度。光泽度较低的材质将具有较大的高光区域，且高光区域的颜色更接近材质的主色。
- 高光：控制材质的反射高光的获取方式。

（3）创建材质。

在“材质浏览器”或“材质编辑器”对话框中创建新材质。选择要创建的材质类型，或者重命名或修改现有材质。设置特性后可以使用贴图进一步修改材质。

创建材质的步骤：

1）单击“渲染”选项卡“材质”组中的“材质浏览器”按钮。

2）在“材质浏览器”对话框的工具栏中单击“创建材质”按钮。

3）选择材质样板，在“材质编辑器”对话框中输入名称。

4）指定材质颜色选项。

5）使用滑块设定反光度、不透明度、折射、半透明度等特性。

6）选择贴图频道和程序贴图类型。

4. 渲染

渲染是基于三维场景来创建二维图像。它使用已设置的光源、已应用的材质和环境设置为场景的几何图形着色。

（1）准备要渲染的模型。模型的建立方式对于优化渲染性能和图像质量来说非常重要。

（2）设置渲染器。可以控制许多影响渲染器如何处理渲染任务的设置，尤其是在渲染较高质量的图像时。

在“渲染”工具条中单击“高级渲染设置”按钮或者单击“渲染”选项卡“渲染”组中的“对话框启动器”按钮，弹出如图 8-35 所示的“高级渲染设置”对话框，其中包含渲染器的主要控件，可以从预定义的渲染设置中选择，也可以进行自定义设置。

（3）渲染。在“渲染”工具条或“渲染”选项卡中单击“渲染”按钮即可渲染，效果如图 8-36 所示。

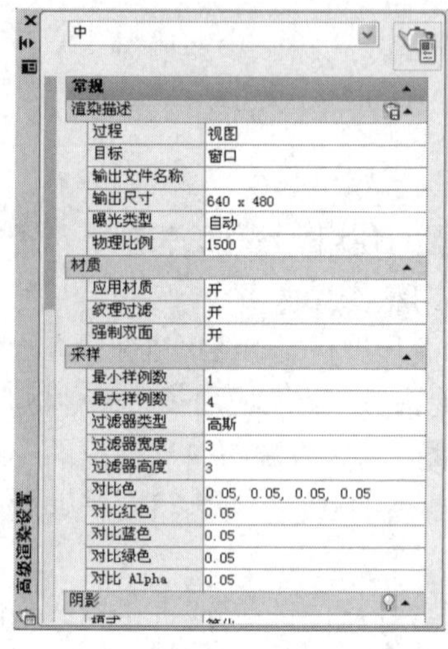

图 8-35 “高级渲染设置”对话框

图 8-36 渲染效果

8.7 实训

实训 1 绘制如图 8-37 所示的组合体。

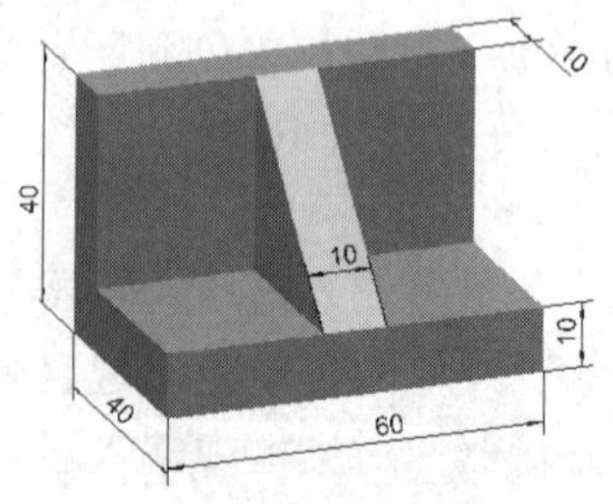

图 8-37 组合体

（1）单击“长方体”按钮，绘制长为 60，宽为 40，高为 10 的长方体，如图 8-38 所示。

（2）单击“长方体”按钮，绘制长为 60，宽为 10，高为 30 的长方体，如图 8-39 所示。

（3）单击“楔体”按钮，绘制长为 10，宽为 30，高为 30 的楔体，如图 8-39 所示。

图 8-38　绘制长方体

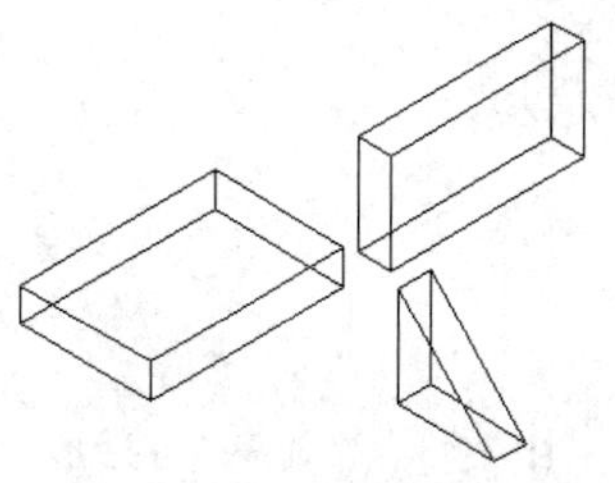

图 8-39　绘制长方体和楔体

（4）选择“移动”命令，将楔体移动到如图 8-40 所示的位置。

（5）对立体进行布尔运算，选择“并集”命令，将 3 个立体全部选取并回车，如图 8-41 所示。

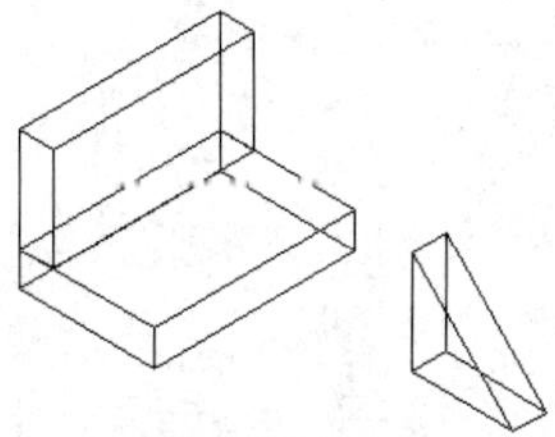

图 8-40　移动楔体

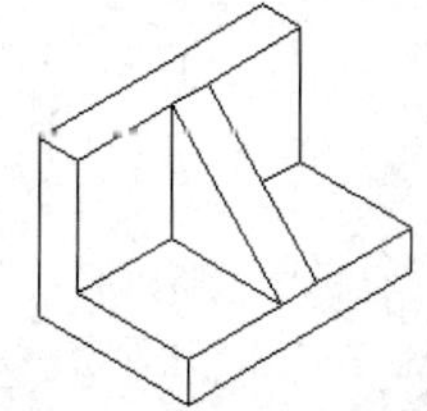

图 8-41　对立体进行布尔运算

（6）选择“消隐”或“着色”命令。

实训 2　绘制如图 8-42 所示的组合体。

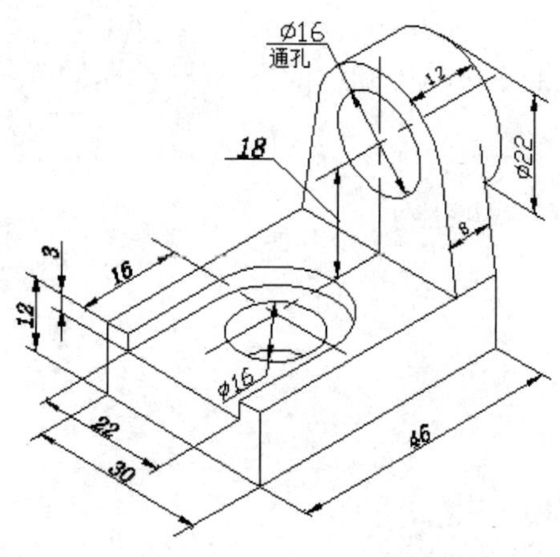

图 8-42　组合体

（1）绘制长方体。选择“矩形”命令，绘制长为 46，宽为 30 的矩形。选择“拉伸”命令，再选择拉伸对象（矩形），输入拉伸高度 12 并回车，如图 8-43 所示。

（2）用“直线”和“圆”命令绘制如图 8-44 所示的图形，用“多段线编辑”命令将图线变为多段线。选择“拉伸”命令，再选择拉伸对象，输入拉伸高度 3 并回车。

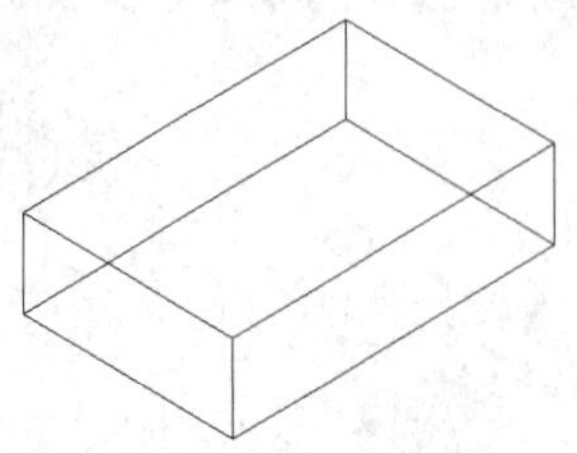

图 8-43　绘制并拉伸矩形

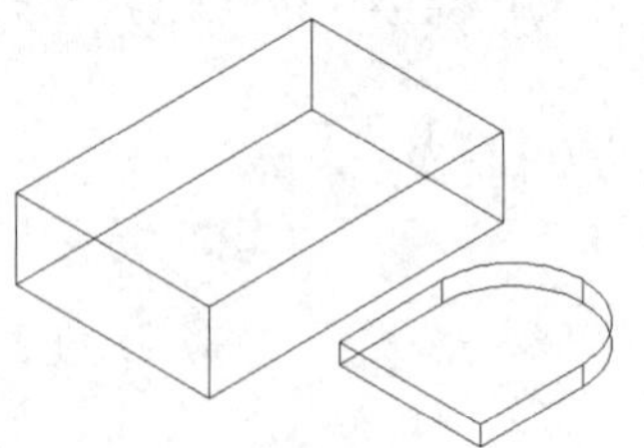

图 8-44　绘制图形并拉伸

（3）用“直线”和“圆”命令绘制如图 8-45 所示的图形，用“多段线编辑”命令将图线变为多段线。选择“拉伸”命令，再选择拉伸对象，输入拉伸高度 8 并回车。

（4）选择“圆柱体”命令，绘制直径为 16，高度为 9；直径为 22，高度为 4；直径为 16，高度为 12 的圆柱体，如图 8-46 所示。

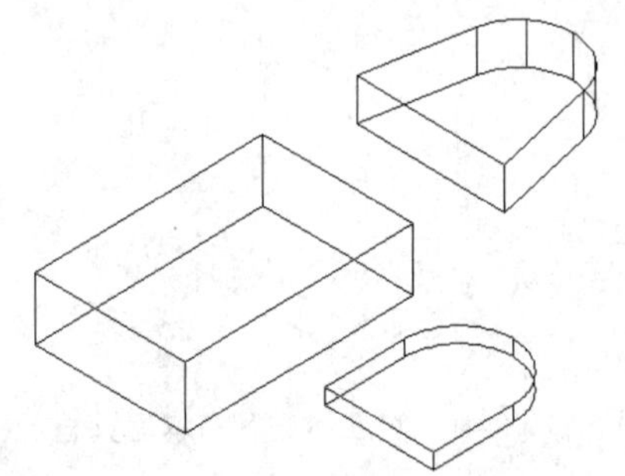

图 8-45　绘制图形并拉伸

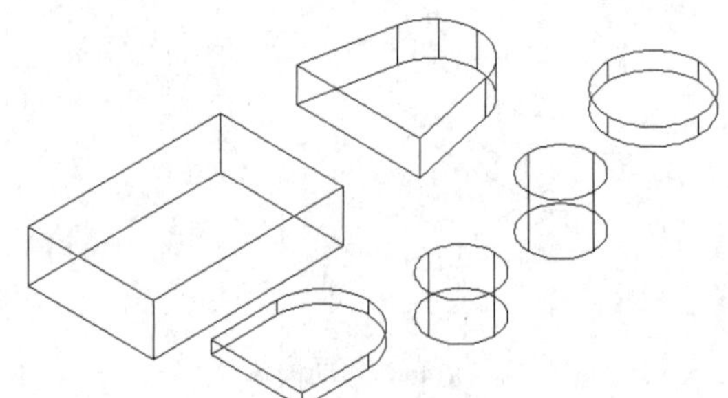

图 8-46　绘制圆柱体

（5）选择“移动”命令，将绘制的立体移动到如图 8-47 所示的对应位置，再进行并集和差集布尔运算。

（6）选择“三维旋转”命令，将带圆柱的立板绕 Y 轴旋转-90°，如图 8-48 所示。

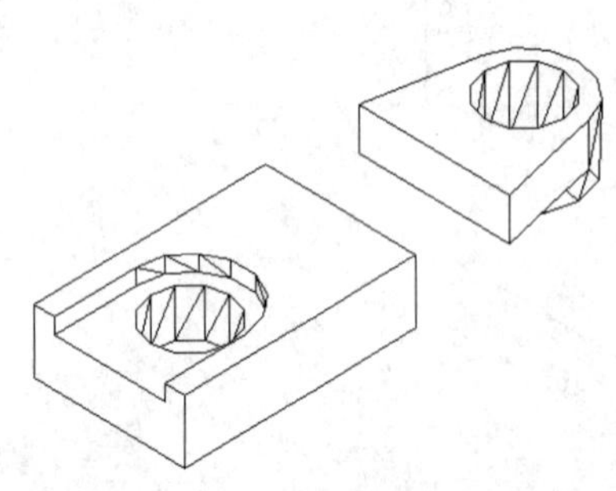

图 8-47　进行布尔运算

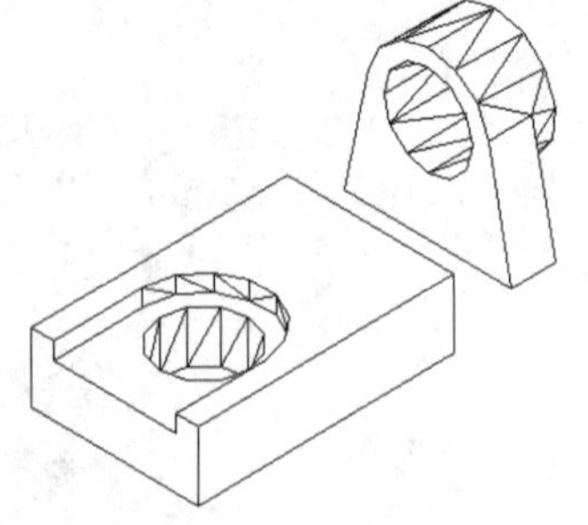

图 8-48　旋转

（7）选择“移动”命令，将绘制的立体移动到如图 8-49 所示的对应位置，用“并集”命令将两部分合并。

（8）选择“剖切”命令，对立体进行剖切，如图 8-50 所示。

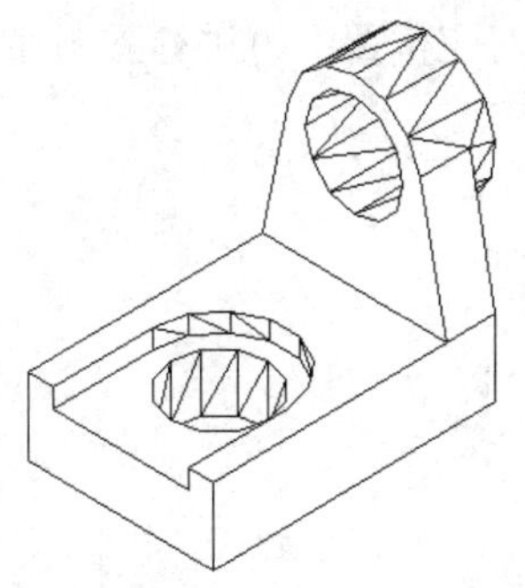

图 8-49　进行布尔运算

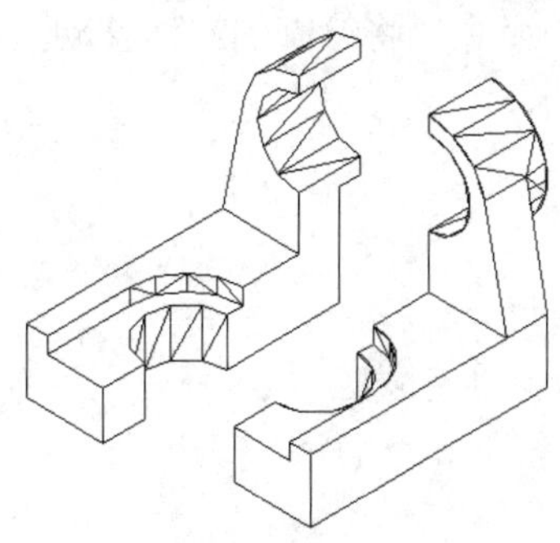

图 8-50　剖切

实训 3　绘制如图 8-51 所示的组合体。

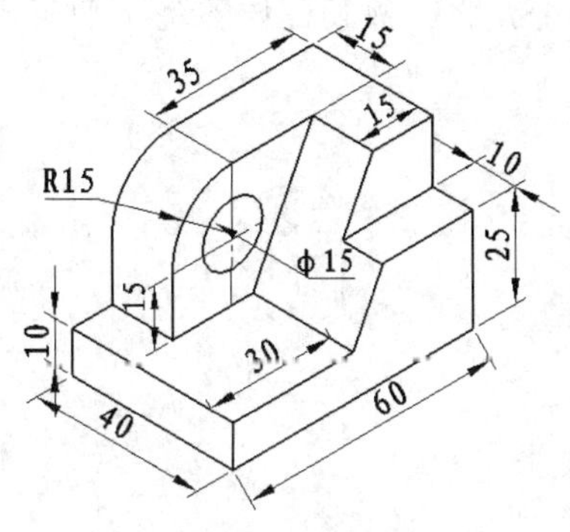

图 8-51　组合体

（1）绘制底板长方体。选择“长方体”命令，绘制长为 60，宽为 40，高为 10 的长方体，如图 8-52 所示。

（2）绘制后立板。用“直线”“圆”和“圆角”命令绘制如图 8-53 所示的图形，用“多段线编辑”命令将图线变为多段线。

（3）选择“拉伸”命令，再选择拉伸对象，输入拉伸高度 15 并回车，如图 8-54 所示。选择“差集”命令，完成直径为 7.5 的圆孔。

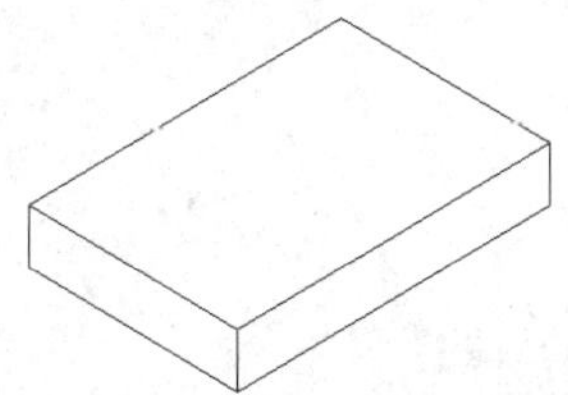

图 8-52　绘制长方体

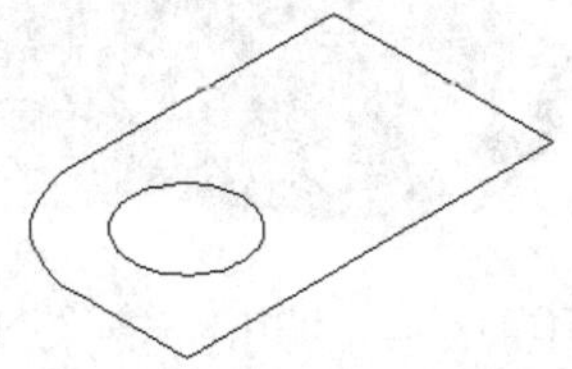

图 8-53　绘制后立板平面图

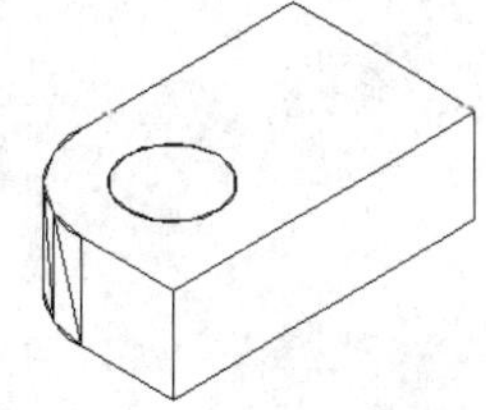

图 8-54　拉抻并进行布尔运算

（4）用“直线”命令绘制如图 8-55 所示的图形，用“多段线编辑”命令将图线变为多段线。

（5）选择“拉伸”命令，再选择拉伸对象，输入拉伸高度 25 并回车，如图 8-56 所示。

（6）选择“长方体”命令，绘制长为 25，宽为 15，高为 10 的柱体，如图 8-57 所示；选择“移动”命令，将绘制的立体移动到如图 8-57 所示的对应位置；再进行差集布尔运算，如图 8-57 所示。

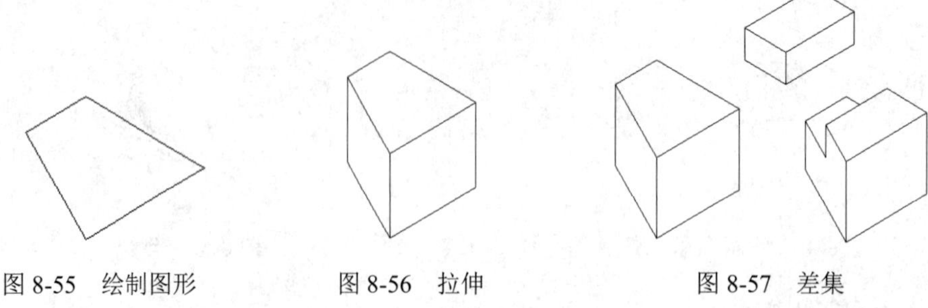

图 8-55　绘制图形　　图 8-56　拉伸　　图 8-57　差集

（7）选择“三维旋转”命令，将立板和柱体各绕 Y 轴旋转-90°，如图 8-58 所示。

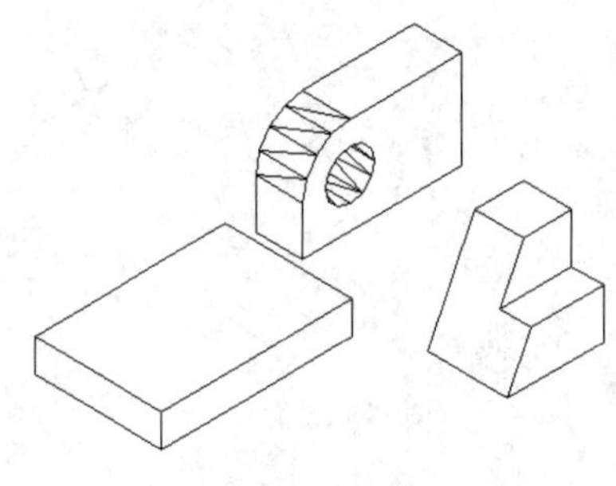

图 8-58　旋转

（8）选择“移动”命令，将绘制的两立体移动到如图 8-59 所示的对应位置，再进行并集布尔运算。

（9）选择“消隐”“着色”和“渲染”命令。

图 8-59　进行布尔运算和消隐、着色和渲染后的效果

习题 8

1．完成如图 8-60 所示的阀体三维立体图和零件工作图。

提示：根据零件的特点自己确定生成立体的步骤。

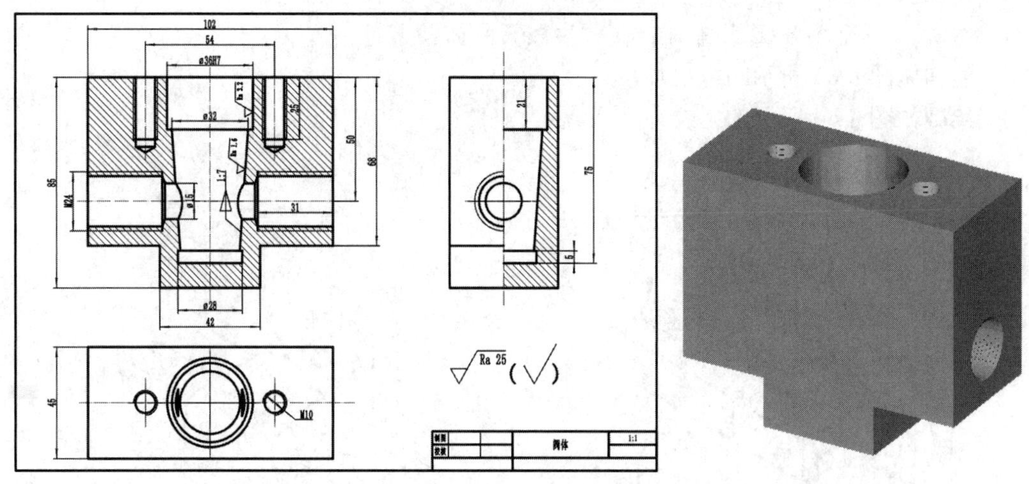

图 8-60　阀体三视图和实体

2．完成如图 8-61 所示的压料阀盖三维立体图和零件工作图。

提示：根据零件的特点自己确定生成立体的步骤。

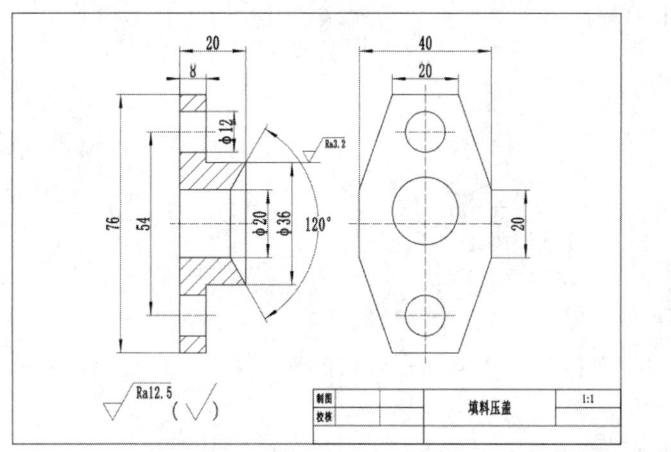

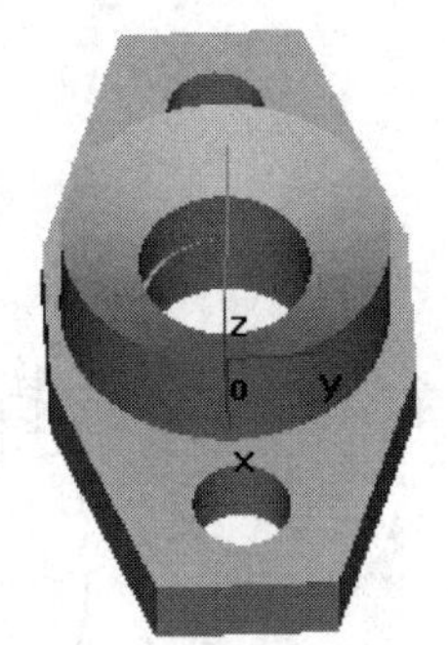

图 8-61　压料阀盖三视图和实体

3．绘制如图 8-62 所示的阀杆。

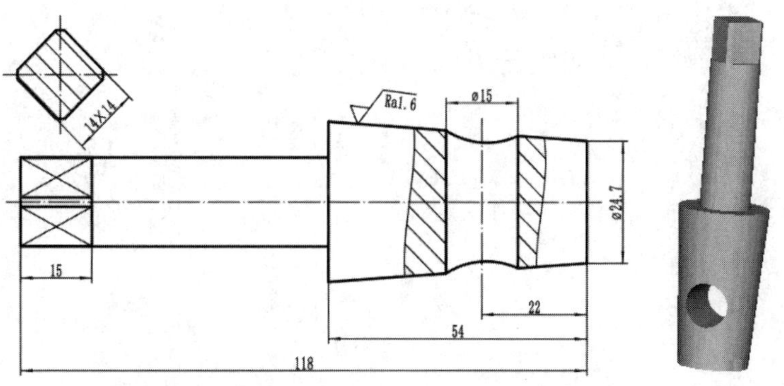

图 8-62　阀杆视图和实体

4. 将图 8-60 至图 8-62 装配在一起，生成阀配体。
5. 绘制如图 8-63 所示的组合体。
6. 绘制如图 8-64 所示的组合体。

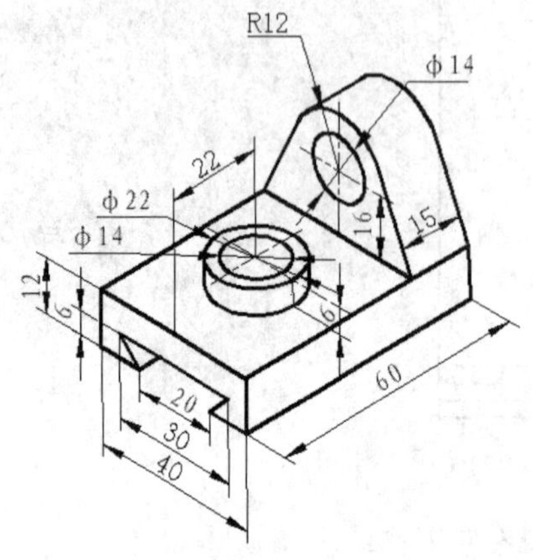

图 8-63　组合体

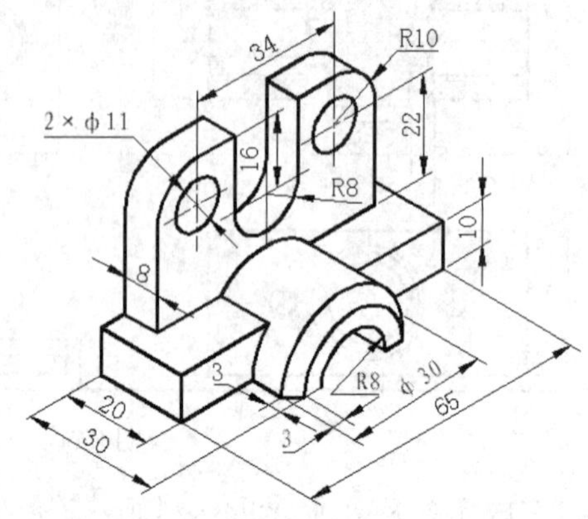

图 8-64　组合体

7. 绘制如图 8-65 所示的阀盖。

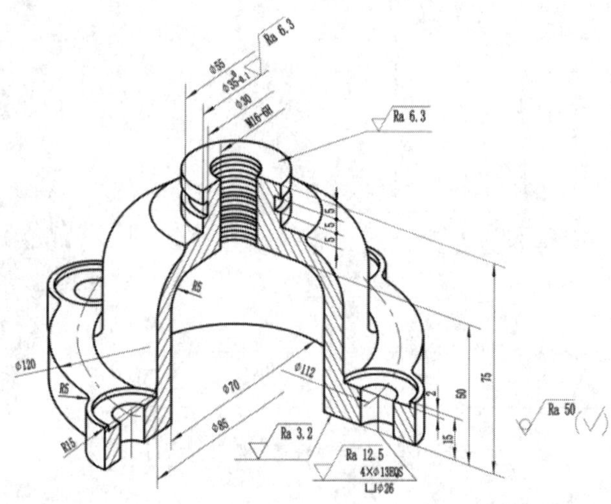

图 8-65　阀盖

提示：根据零件的特点自己确定生成立体的步骤。

第9章 图形输出

创建完图形后，一般要打印到图纸上，也可以创建电子图纸以在Internet上发布。用户可以打印单一视图或多个视图，也可以根据不同的需要打印出一个或多个视图，或设置选项来决定打印的内容和图形在图纸上的布置。

9.1 打印图形

图形绘制后有多种输出方法，可以打印在图纸上，也可以创建成文件以供其他应用程序使用。这两种情况都需要进行打印设置。

9.1.1 打印样式

打印样式是通过确定打印特性（如线宽、颜色和填充样式）来控制对象或布局的打印方式。打印样式表中收集了多组打印样式。打印样式管理器是一个窗口，其中显示了所有可用的打印样式表。

打印样式有两种类型：颜色相关和命名。一个图形只能使用一种类型的打印样式表。用户可以在两种打印样式表之间转换，也可以在设定了图形的打印样式表类型之后更改所设置的类型。

对于颜色相关打印样式表，对象的颜色确定如何对其进行打印。这些打印样式表文件的扩展名为 ctb。不能直接为对象指定颜色相关打印样式。要控制对象的打印颜色，则必须更改对象的颜色。例如，图形中所有被指定为红色的对象均以相同的方式打印。

命名打印样式表使用直接指定给对象和图层的打印样式。这些打印样式表文件的扩展名为 stb。使用这些打印样式表可以使图形中的每个对象以不同的颜色打印，与对象本身的颜色无关。

打印样式可以从打印样式表中获取。打印样式表可以附加在布局和视图中，它保存了打印样式的设置。如果需要以不同的方式打印同一图形，也可以使用打印样式。

例如，如果用户有一个由多个零件组成的部件，则可以为零件指定打印样式“零件1”和

“零件 2”，这两种样式仅受各零件的影响。可以创建打印样式表，将“零件 1”对象打印为红色，而淡显“零件 2”对象，然后创建另一个打印样式，交换两种打印样式。将这两个打印样式分别指定给同一布局，就能创建两份完全不同的打印图纸。

说明：使用打印样式可将所有对象用黑色输出，而保持图形中不同图层的颜色。虽然现在许多绘图设备都可以绘制彩色图形，但大多数工程图还是希望用黑色输出。使用打印样式时，可选择在绘制每一对象时显示对象特性的修改，这样不必打印图形就能查看结果。

（1）颜色相关。选择此选项可创建 255 个打印样式，每个样式关联一种颜色，这些信息都存储在样式一中。其打印样式表中包含了 255 种颜色的列表，这是基于 ACI（AutoCAD Color Index）的。每种颜色都分配了打印特性以确定彩色图形如何打印，并且样式不能添加、删除或重命名——每种颜色都有一种样式。颜色相关的打印样式表以 ctb 后缀名保存在 Plot Style 文件夹中。

（2）命名。选择此选项将创建一个包含名为 Normal 的打印样式的样式表。用户可在打印样式编辑器中向该表添加新样式。在此表中每种样式都有名称，每种样式都具有打印特性，其默认样式名为 Normal，不能修改或删除。命名的打印样式可以分配给图层和对象。命名的打印样式表以 stb 后缀名保存在 Plot Style 文件夹中。要使用命名的打印样式，必须在“选项”对话框的“打印”选项卡中将新图形的默认打印样式设为“使用命名打印样式”。

用户可以创建命名打印样式表，以便运用新打印样式的所有灵活特性。创建打印样式表时，可以从头开始或修改现有打印样式表（从现有 CFG 文件、PCP 或 PC2 文件输入样式特性）。

打开打印样式表管理器的方法：选择“打印”→“管理打印样式”命令。

9.1.2　样式管理器

打印样式的真实特性是在打印样式表中定义的，可以将它附着到 Model 选项卡、布局或布局中的视口。在将打印样式表附着到布局或视口时，打印样式对对象不起作用。通过给布局指定不同的打印样式表可以创建不同的打印图纸。打印样式表存储在与设备无关的 STB 文件中。

创建命名打印样式表的步骤如下：

（1）选择“打印”→“管理打印样式”命令打开打印样式文件夹。所有的打印样式表都有名称和代表样式表类型的图标。

（2）在“打印样式”文件夹中双击“添加打印样式表向导”，仔细阅读添加打印样式表的介绍文字，然后单击“下一步”按钮。

（3）在“开始”页面中选择添加方式：

- 从头开始：选择此选项后，AutoCAD 将创建新的打印样式表。
- 使用一个存在的打印样式表：选择此选项后，AutoCAD 将以现有的命名打印样式表为起点创建新的命名打印样式表。新的打印样式表包括原有打印样式表中的样式。
- 使用 AutoCAD R14 的打印设置：选择此选项后，AutoCAD 将使用 acad.16.cfg 文件中的画笔指定信息创建新的打印样式表。如果要输入设置，又没有 PCP 或 PC2 文件，则应选择此选项。
- 使用 PCP 或 PC2 文件：使用 PCP 或 PC2 文件中存储的画笔指定信息创建新的打印样式表。

（4）确定打印样式表类型后单击“下一步”按钮。

（5）在“文件名”对话框中输入打印样式表的名称。命名样式表文件的扩展名为 stb，颜色相关样式表的扩展名为 ctb。

（6）单击“确定”按钮。

9.1.3 打印样式表编辑器

当在“打印样式管理器”窗口中选中某个“打印样式”文件后，系统会弹出这个文件的“打印样式表编辑器”对话框（如图 9-1 所示），其中有 3 个选项卡：常规、表视图、表格视图。

图 9-1 “打印样式表编辑器”对话框

- “常规”选项卡：列出了所选择打印样式文件的总体信息。
- “表视图”选项卡：以表格的形式列出了样式文件中所有的打印样式，用户可在其中对指定的任一打印样式进行修改。
- “表格视图”选项卡：主要有以下 3 个区域：
  - “打印样式”列表框：以列表形式列出了被打开的样式文件所包含的全部打印样式。
  - 选项组：用户可以修改打印样式的各项设置。
  - “说明”文本框：提供每个打印样式的说明。

9.1.4 打印输出

选择“文件”菜单中的“打印”命令，弹出如图 9-2 所示的“打印”对话框，在“打印机/绘图仪”栏的“名称”下拉列表框中选择一种绘图仪。

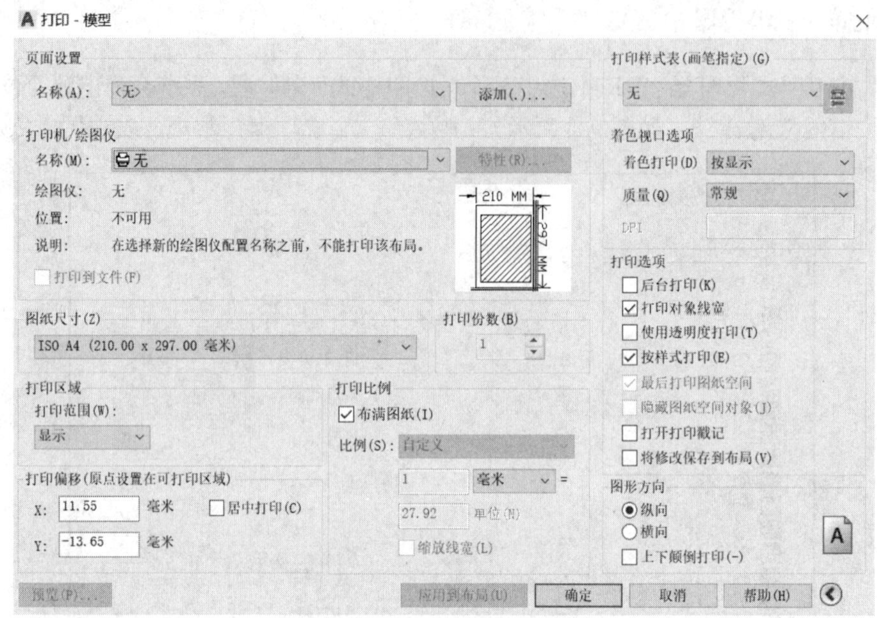

图 9-2 “打印”对话框

下面重点介绍“打印”对话框中的“打印机/绘图仪”“打印样式表”和“图纸尺寸”3 个区域。

（1）“打印机/绘图仪”区域。

- “名称”下拉列表框：列出了当前 AutoCAD 配置的所有输出设备，包括打印输出设备和电子输出设备，其中 DWFePlot.pc3 和 DWFClassic.pc3 为电子出图工具。所谓电子出图就是 AutoCAD 图形以文件的形式输出，输出后缀为 DWF。图形输出后，用户可在网络浏览器中将其打开并发送出去。DWFClassic.pc3 输出的打印文件可以被 AutoCAD 2020 打开，而 DWFePlot.pc3 输出的打印文件只能被 Internet Explorer 或 Netscape 等网络浏览器打开。电子出图实质上就是 AutoCAD 图形文件与 DWF 格式文件之间的转换。

说明：在“名称”下拉列表框下部列出了被选择的打印设备的种类、端口位置及相关描述信息。

- “特性”按钮：用来设置指定打印设备的属性。单击该按钮，将弹出如图 9-3 所示的“绘图仪配置编辑器”对话框。
  - “常规”选项卡：用来向用户提示当前打印设备的端口、驱动程序位置及版本等信息，用户也可以在该选项卡内为打印设备添加描述信息。
  - “端口”选项卡：用来设置打印输出端口，可以设置本地端口，也可以设置网络端口。

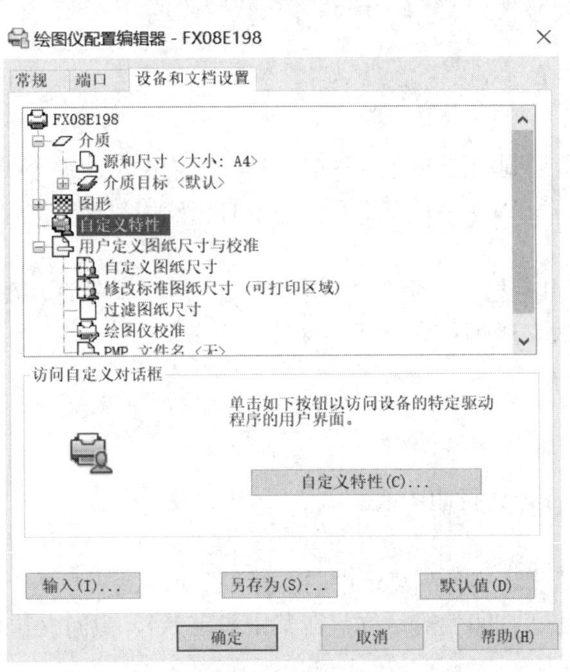

图 9-3　“绘图仪配置编辑器”对话框

- “设备和文档设置”选项卡：用来设置纸张大小和进纸方式等。
- “自定义特性”按钮：单击该按钮将弹出当前打印机的“属性”对话框，如图 9-4 所示，其中提供了关于当前打印设备的详细信息。

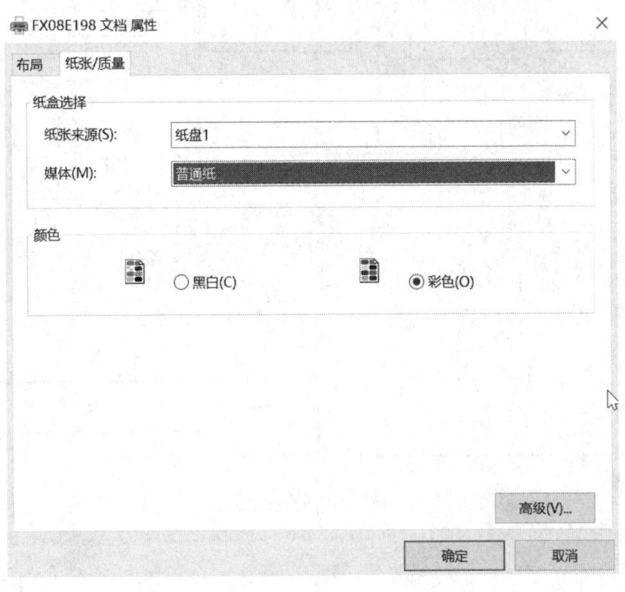

图 9-4　打印机的“属性”对话框

（2）“打印样式表”区域：用来确定新建打印样式文件的名称和类型。

（3）“图纸尺寸”区域：可指定出图范围及打印份数。

对各项内容进行设置后，单击“预览”或“确定”按钮，按提示操作即可。

9.2 图形格式转换

在实际工作中，所遇到的图形是多种多样的，它们的格式并不一致，AutoCAD 提供的 Export 命令可以让用户将 AutoCAD 图形转换成各种格式的数据文件，以便其他 Windows 应用程序使用。

选择“输出”→“其他格式”命令，弹出“数据输出”对话框，在“文件类型”下拉列表框中选择输出的文件类型，然后单击“保存对象”按钮。

9.3 实训

绘制图 9-5 所示的图形并打印图纸。

（1）绘制图形。

（2）打印图形。选择“文件”菜单中的“打印”命令或者单击“绘图”工具条中的“输出”按钮，系统弹出“打印”对话框。在其中设定 A4、横向、预显，然后单击“确定”按钮。

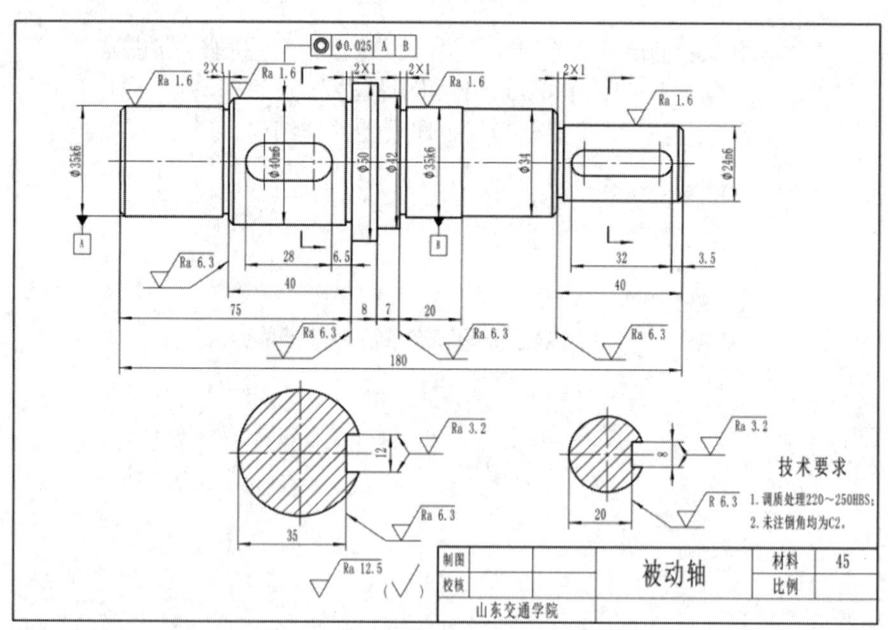

图 9-5 被动轴

习题 9

1．绘制图 9-6 所示的图形并打印成 A4 图纸，同时将该图输出为 BMP 位图。

输出 BMP 位图提示：选择“输出”→“其他格式”命令，弹出“数据输出”对话框，在“文件类型”下拉列表框中选择输出的文件类型，然后单击“保存对象”按钮。

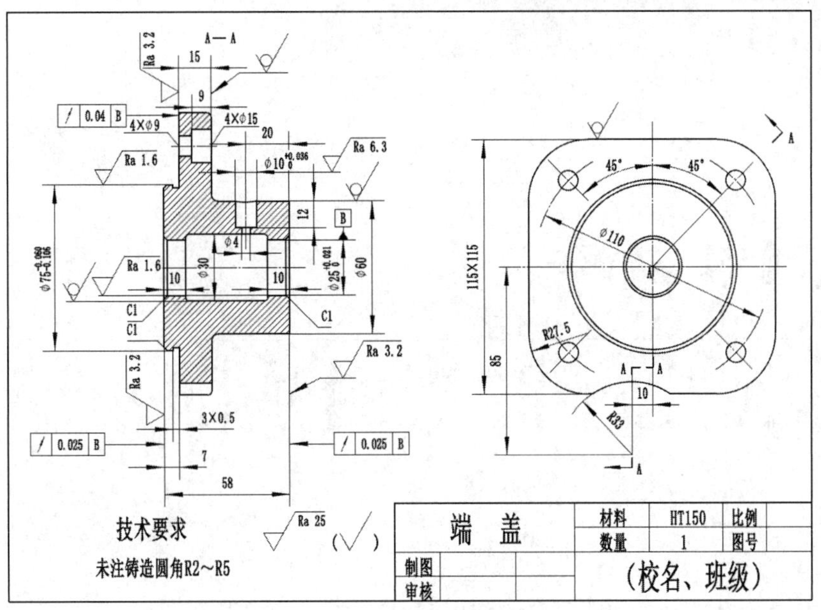

图 9-6 端盖零件

2．绘制图 9-7 所示的图形并打印成 A4 图纸，同时将该图输出为 DPF。

输出 DPF 提示：选择“输出”→DPF 命令，弹出“另存为 DPF”对话框，在其中输入文件名后单击“保存”按钮。

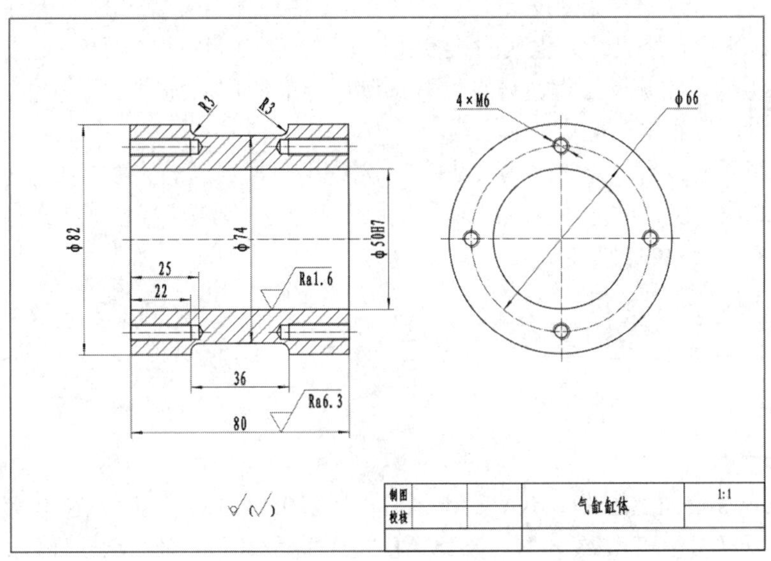

图 9-7 气缸缸体

3．绘制一个长 35mm 的 M12 六角螺栓，将其保存为 LGM12.dwg 文件。然后将该文件格式转换为 LGM12.bmp、LGM12.3ds、LGM12.eps、LGM12.wmf、LGM12.dxf 和 LGM12.dxx。

第 10 章 CAXA 电子图板的基础知识

CAXA 电子图板是一个功能齐全的通用 CAD 软件。它以交互图形方式对几何模型进行实时的构造、编辑和修改。CAXA 电子图板提供形象化的设计手段，帮助设计人员发挥创造性，提高工作效率，缩短新产品的设计周期，把设计人员从繁重的设计绘图工作中解脱出来，并有助于促进产品设计的标准化、系列化和通用化，使得整个设计规范化。

CAXA 电子图板功能强大、易学易用，而且充满个性化设计，适合于所有需要二维绘图的场合。利用它可以进行零件图设计、装配图设计、零件图组装装配图、装配图分解零件图、工艺图表设计、平面包装设计、电气图纸设计等。它已经在机械、电子、航空、航天、汽车、船舶、轻工、纺织、建筑及工程建设等领域得到广泛的应用。随着功能的不断完善，CAXA 电子图板将是设计工作中不可缺少的工具。

CAXA 电子图板拥有“开放的体系结构”，允许用户根据自己的需求在电子图板开发平台基础之上进行二次开发，扩充功能，实现用户化、专业化，使电子图板成为既能通用于各个领域，又适用于特殊专业的软件。

10.1 CAXA 电子图板系统

10.1.1 启动 CAXA

双击 Windows 桌面上的“CAXA CAD 电子图板 2019”图标或者选择 Windows 系统菜单“开始”→“程序”→CAXA→“CAXA CAD 电子图板 2019”来启动软件，如图 10-1 所示，即可进入“新建”对话框的“工程图模板”选项卡，如图 10-2 所示。

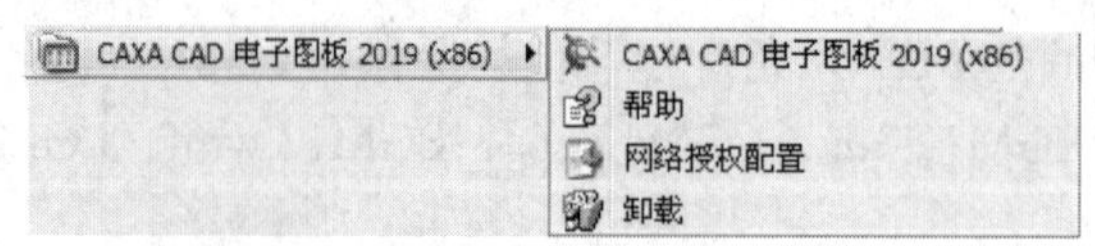

图 10-1　Windows 系统的“开始”菜单

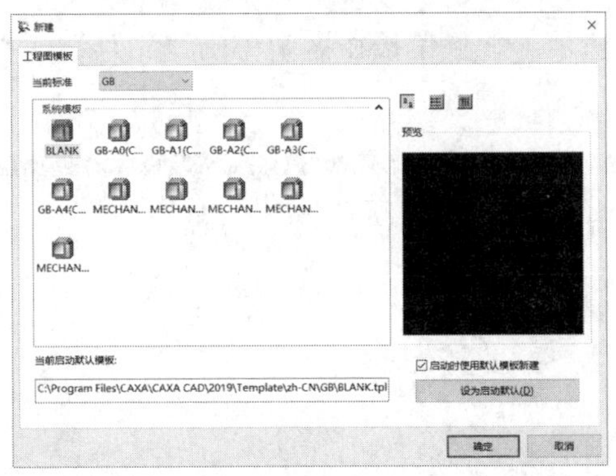

图 10-2 “新建”对话框的“工程图模板”选项卡

10.1.2 退出 CAXA

选择“文件”菜单中的“退出”命令或者单击窗口右上角的☒按钮，即可退出 CAXA 系统。

10.2 工作界面

启动 CAXA CAD 2019 电子图板后就进入了 CAXA 电子图板的绘图工作界面。

10.2.1 用户界面风格及组成

2019 版电子图板的用户界面有新风格界面和经典风格界面两种。新风格界面自上向下依次为快速启动工具栏、菜单按钮区、功能区、绘图区和状态栏等，如图 10-3 所示。

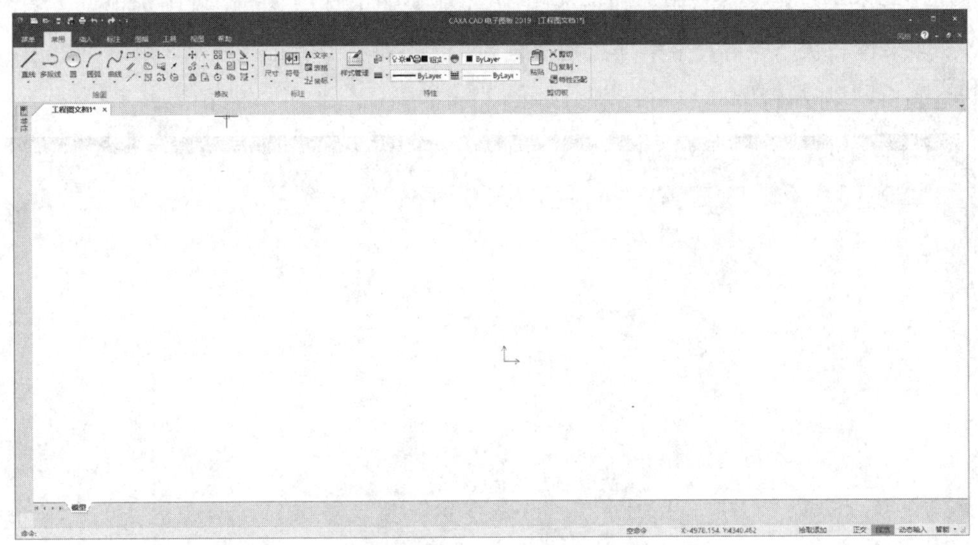

图 10-3 CAXA CAD 2019 电子图板的新风格界面

在新风格界面中单击菜单按钮区中的“视图”→“切换界面”按钮即可切换到经典界面中，按快捷键 F9 也可以完成切换。

经典风格界面主要是通过主菜单和工具条来访问常用命令，包含主菜单、工具条区、绘图区、状态栏等，如图 10-4 所示。在菜单按钮区中单击“工具”→“界面重置”→“切换”按钮即可切换到新风格界面。

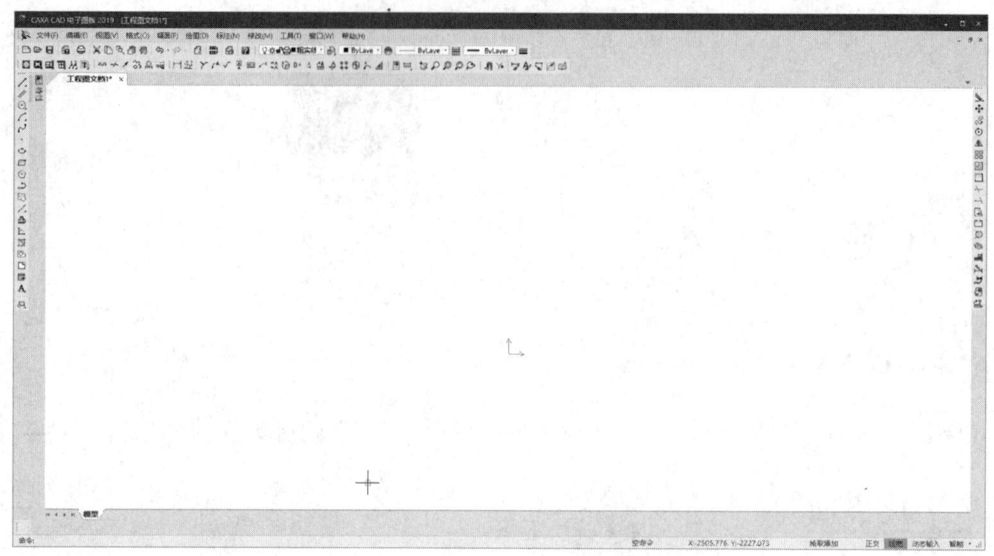

图 10-4　CAXA CAD 2019 电子图板经典界面

10.2.2　屏幕界面的定制

电子图板的界面风格是完全开放的，用户可以随心所欲地对界面进行定制，使界面更符合自己的使用习惯。这里主要介绍显示/隐藏工具栏的操作。

在任意一个工具栏区域右击，弹出如图 10-5 所示的工具栏菜单，其中列出了主菜单、工具条、立即菜单和状态条等，菜单项左侧带有“ √ ”的表示当前正在显示，单击菜单项可以在显示和隐藏之间进行切换。

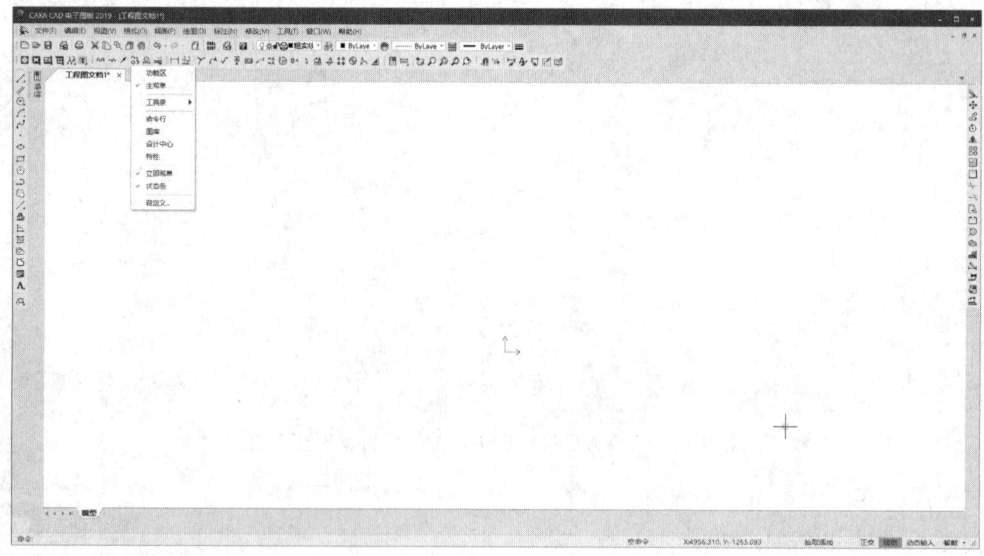

图 10-5　“显示/隐藏”菜单项

10.2.3 用户界面说明

1. 绘图区

绘图区是进行绘图设计的工作区域，位于屏幕的中心，并且占据了屏幕的大部分面积。在绘图区的中央设置了一个二维直角坐标系，也称为世界坐标系。它的坐标原点为(0.0000,0.0000)。如果没有设立自己的用户坐标系，那么当前用户坐标系就为世界坐标系。

CAXA 电子图板以当前用户坐标系的原点为基准，水平方向为 X 方向，并且向右为正，向左为负，垂直方向为 Y 方向，向上为正，向下为负。

在绘图区用鼠标拾取的点或由键盘输入的点均以当前用户坐标系为基准。

2. 菜单系统

CAXA 电子图板的菜单系统包括主菜单、下拉菜单、立即菜单 3 个部分。

（1）主菜单与下拉菜单。主菜单位于屏幕的顶部，如图 10-6 所示，每部分都含有若干个下拉菜单，如图 10-7 所示。

文件(F) 编辑(E) 显示(V) 幅面(P) 绘制(D) 查询(I) 设置(S) 工具(T) 帮助(H)

图 10-6 主菜单

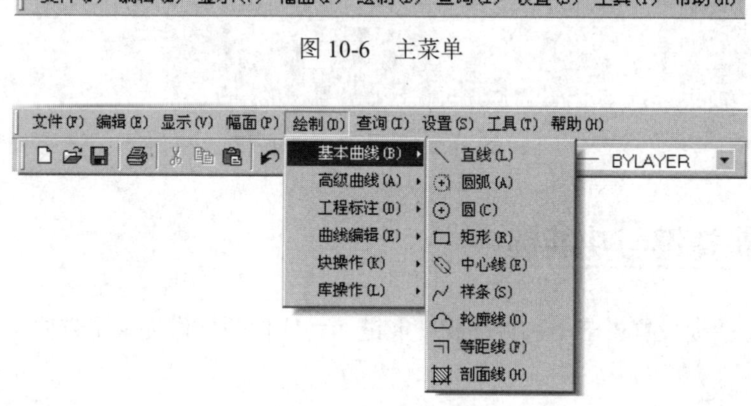

图 10-7 下拉菜单

（2）立即菜单。立即菜单描述了该项命令执行的各种情况和使用条件。根据当前的作图要求正确地选择某一选项，即可得到准确的响应，如图 10-8 所示。

图 10-8 立即菜单及状态显示与提示

3. 状态显示与提示

（1）当前点的坐标显示区位于屏幕底部的状态提示区，当前点的坐标值随鼠标光标的移动而动态变化。

（2）操作信息提示区。操作信息提示区位于屏幕的左下角，用于提示当前命令执行的情况或提醒输入。

（3）屏幕点菜单状态提示。屏幕点菜单状态提示位于当前点坐标显示区的右侧，可自动提示当前拾取点的性质和拾取方式。例如，拾取点可能为屏幕点、切点、端点等。

（4）点捕捉状态设置区。点捕捉状态设置区位于屏幕的右下角，在此区域内设置点的捕捉状态，分别为自由、智能、导航和栅格。

（5）命令与数据输入区。命令与数据输入区位于屏幕的左下角，用于由键盘输入命令或数据。

4. 工具栏

在工具栏中，可以通过单击相应的按钮来进行操作。常用的工具栏有“标准”“绘图工具”“编辑工具”“颜色图层”“常用工具”等，如图 10-9 所示。可以根据自己的习惯及需求定义和调整工具栏。

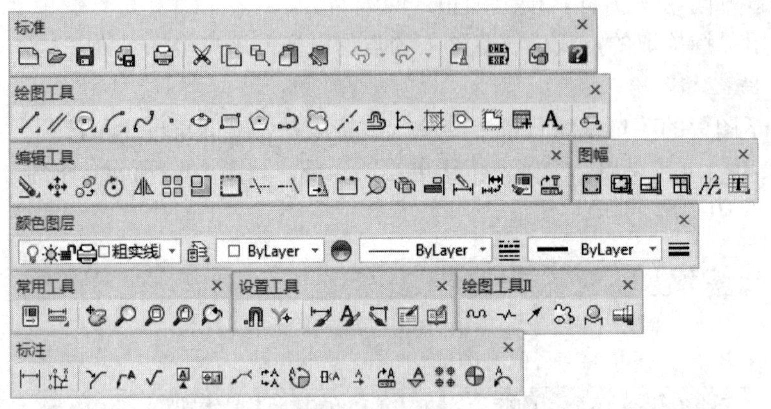

图 10-9　常用的工具栏

10.3　常用快捷键与功能键

CAXA 电子图板设置了若干快捷键和功能键，为软件的操作提供了方便。

10.3.1　常用快捷键

方向键：用于平移显示的图形。

PageUp 键：放大显示图形。

PageDown 键：缩小显示图形。

Home 键：用于复原显示。

Delete 键：删除所选对象。

Alt+1～Alt+9 组合键：利用这些组合键可以迅速激活立即菜单中相应数字所对应的菜单命令，以便选择或输入数据。

10.3.2　常用功能键

功能热键也简称为功能键。使用功能键可以完成某种预定的操作。

F1 键：请求系统的帮助。在执行任何一种操作的过程中，如果遇到了困难想请求得到帮助，则可以按 F1 键。此时，系统会列出与操作有关的技术内容，指导如何完成该项操作。在了解了正确的操作以后，单击“取消帮助”按钮即可继续进行正常的操作。

F2 键：拖画时切换动态拖动值和坐标值。

F3 键：全部显示。

F4 键：指定一个当前点作为参考点，用于相对坐标点的输入。如果想以某一点作为参考点进行相对坐标的输入，则可以按 F4 键。此时，在立即菜单区出现提示“请指定参考点:”。

F5 键：当前坐标系切换开关，功能是进行坐标系的切换，一般情况下，是在世界坐标系中进行操作的。如果建立了用户坐标系（也称局部坐标系），则可以使用 F5 键进行切换。但是应当注意，只有建立了用户坐标系以后，F5 键才能起作用，否则按 F5 键后系统没有任何反应。

F6 键：点捕捉方式切换开关，功能是进行捕捉方式的切换。CAXA 电子图板设置了自由捕捉、智能捕捉、栅格捕捉和导航捕捉 4 种不同的点捕捉方式，使用 F6 键可以交替地切换它们。

F7 键：三视图导航开关。

F8 键：鹰眼开关。

F9 键：经典界面与兼容界面切换。

10.4 文件管理

CAXA 电子图板为用户提供了功能齐全的文件管理系统，使用它可以灵活、方便地对原有文件或屏幕上的绘图信息进行文件管理，定制自己的模板文件。“文件”菜单中有文件的建立与存储、文件的打开与并入、文本的读入、绘图输出等。

文件管理功能通过“文件”菜单来实现，选取该菜单项，系统会弹出下拉菜单，如图 10-10 所示。

10.4.1 创建新文件

创建新文件就是创建基于模板的图形文件。

（1）选择“文件”→“新建”命令或者单击标准工具栏中的“新建”按钮，系统弹出“新建”对话框，如图 10-11 所示。

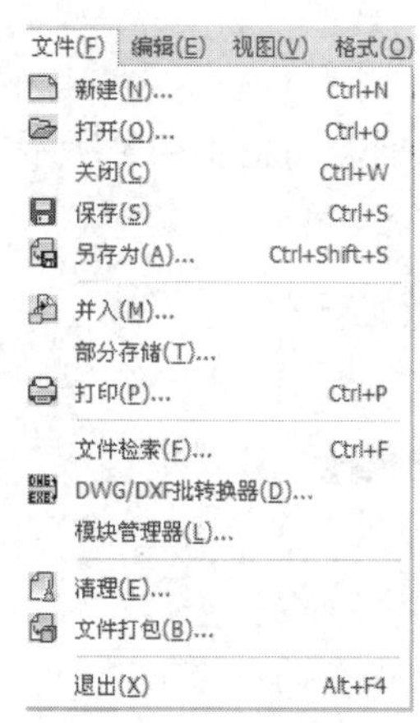

图 10-10 “文件”菜单

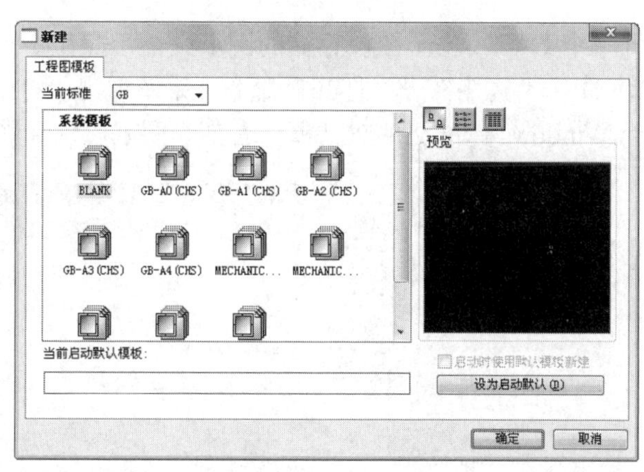

图 10-11 “新建”对话框

通过该对话框可以创建基于模板的图形文件。这里所说的模板相当于已经印好图框和标题栏的一张空白图纸。调用某个模板文件相当于调用一张空白图纸。模板的作用是减少重复性操作。对话框中列出了若干个模板文件，它们是国标规定的 A0～A4 的图幅、图框及标题栏模板，以及一个名称为 EB.TPL 的空白模板文件，即 EB、GBA0～GBA4。图 10-12 所示为 A3 空白模板。

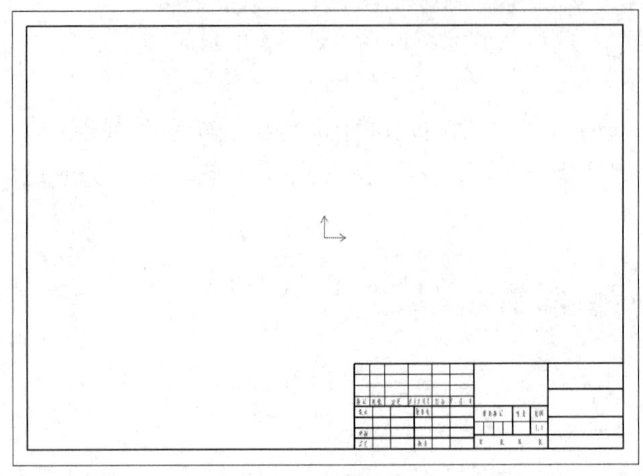

图 10-12　EB 模板的坐标

（2）选取所需的模板，单击“确定”按钮，此时一个选取的模板文件被调出来并显示在屏幕绘图区，这样一个新文件就创建好了。由于调用的是一个模板文件，因此在屏幕顶部显示的是一个无名文件。

（3）建立好新文件后就可以进行各种操作了。但是，当前的所有操作都记录在计算机内存中，只有在存盘操作以后绘图文件才会被保存下来。

（4）在画图以前，也可以不进行新文件操作，而是采用调用图幅、图框的方法或者以无名文件方式直接画图，最后在存储文件时再给出文件名。

10.4.2　打开文件

打开一个 CAXA 电子图板存储的图形文件，操作步骤如下：

（1）选择“文件”→“打开”命令，系统弹出“打开”对话框，如图 10-13 所示。对话框左部为 Windows 标准文件对话框，右部为图纸属性和图形的预览。

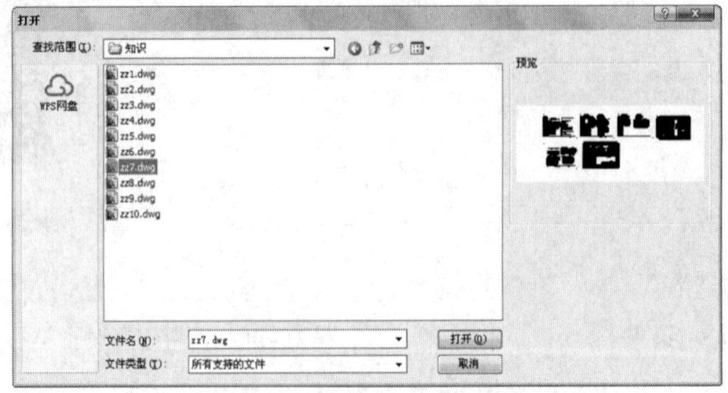

图 10-13　“打开”对话框

（2）选取要打开的文件名，单击“打开”按钮，系统将打开一个图形文件。

（3）如果读入的是 DOS 版文件，则没有图纸属性和图形的预览，并且在打开文件后将原来的 DOS 版文件作为一个备份。将扩展名改为 OLD，存放在 TEMP 文件夹下。

10.4.3　存储文件

将当前绘制的图形以文件形式存储到磁盘上，操作步骤如下：

（1）选择“文件”→“存储文件”命令，如果当前没有文件名，系统将弹出如图 10-14 所示的“另存文件”对话框。

（2）在“文件名”文本框中输入一个文件名，单击“保存”按钮，系统即按所给文件名存盘。文件类型可以选用标准电子图板文件*.EXB，也可以选用模板文件*.TPL。

如果文件名已存在，则直接按当前文件名存盘，此时不出现对话框。一般情况下在第一次存盘后，当再次存盘时，就不出现对话框。

（3）要对所存储的文件设置密码，应单击“设置”按钮，按照要求设置密码。注意对有密码的文件在打开时必须输入密码。

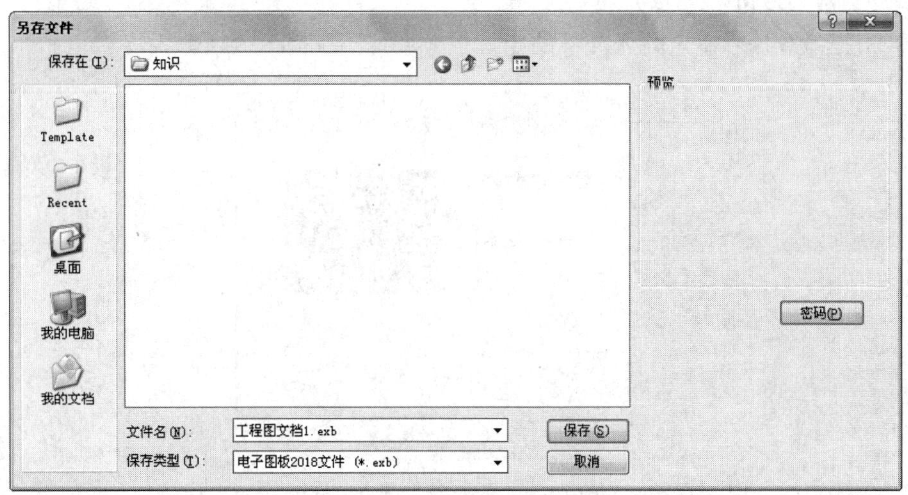

图 10-14　“另存文件”对话框

10.4.4　另存文件

将当前绘制的图形另取一个文件名存储到磁盘上。每次使用都会弹出“另存文件”对话框。

（1）选择“文件”→“另存文件”命令，弹出“另存文件”对话框。

（2）其余操作步骤参见“存储文件”。

10.4.5　并入文件

将另一文件并入到当前的文件中。如果有相同的层，则并入到相同的图层中；否则全部并入当前层。

（1）选择“文件”→“并入”命令，弹出“并入文件”对话框，如图 10-15 所示。

图 10-15　“并入文件”对话框

（2）选择要并入的文件名，单击“打开”按钮，系统弹出如图 10-16 所示的对话框，设置后单击“确定”按钮。

（3）根据系统提示确定并入文件的定位点，系统再次提示“请输入旋转角:”。

图 10-16　选择文件并入方式

（4）输入旋转角后，系统会调入选择的文件，并将其在指定点以给定的角度并入到当前文件中。此时，两个文件的内容同时显示在屏幕上，而原有的文件保留不变，并入后的内容可以用一个新文件名存盘。

注意：将几个文件并入一个文件时最好使用同一个模板，模板中定好这张图纸的参数设置、系统配置，以及层、线型、颜色的定义和设置，以保证最后并入时每张图纸的参数设置及层、线型、颜色的定义都是一致的。

10.4.6　部分存储

将图形的一部分存储为一个文件，操作步骤如下：

（1）选择“文件”→“部分存储”命令，系统提示“拾取元素:”。

（2）拾取要存储的元素，拾取完后用鼠标右键确认。系统提示“请给定图形基点:”。

（3）确定图形基点后，系统弹出“另存文件”对话框，输入文件名后单击“保存”按钮即可将所选中的图形存入给定文件名的文件中。

10.4.7 DWG/DXF 批转换器

可将各版本的 DWG/DXF 文件批量转换为 EXB 文件，并且可以设置转换的路径。

单击“选择 DWG/DXF”按钮，将出现如图 10-17 所示的对话框，在其中选择所要转换的目录及文件。

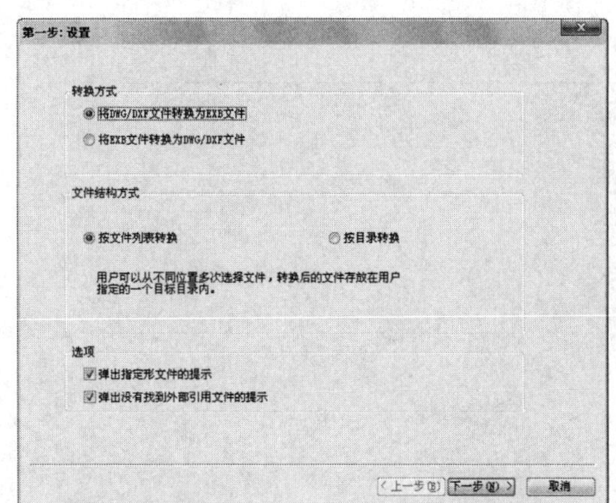

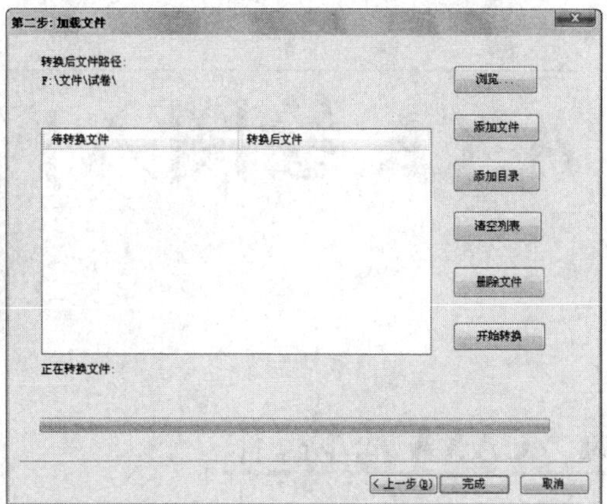

图 10-17 批转换操作

习题 10

1. CAXA 电子图板有哪些特点？
2. CAXA 电子图板的新风格界面和经典界面怎样实现切换？
3. CAXA 电子图板怎样读入由 AutoCAD 生成的图形？

第 11 章 CAXA 绘图入门

11.1 CAXA 基本操作

11.1.1 命令的输入与执行

CAXA 电子图板在执行命令的操作方法上设置了鼠标选择和键盘输入两种输入方式，两种方式并行存在，为不同程度的用户提供了操作上的便利。

1. 激活命令的方法

- 从下拉菜单中单击。单击下拉菜单中的某个选项，打开其下拉菜单，再移动光标到某个需要的命令上单击，即可激活该命令。例如单击“绘图”→“直线”，即激活了“直线”命令。
- 从当前绘制工具栏中单击。单击屏幕上显示的当前绘制工具栏中的某个按钮，即可激活对应的命令。例如在工具栏中单击 按钮可激活“直线”命令，单击 按钮可激活“画圆”命令。
- 从命令提示行中输入。当命令提示行中显示“命令”时，可在键盘上直接输入命令。例如输入 line 或 l 并回车可激活“直线”命令，输入 circle 或 c 并回车可激活“圆”命令。使用此种方法输入命令，需要记忆大量的命令名称，对初学者来说有一定的困难。但一旦掌握了这些命令名，特别是简化了的命令名，则可大大提高命令的输入速度。
- 从弹出菜单中激活。在没有命令执行时，单击屏幕上的某些图形对象，然后右击，可显示一个弹出菜单，在其中选择某个命令即可激活该命令。弹出菜单中的内容随每次选择的图形对象的不同而不同。用这种方法只能激活与选择的图形对象有关的命令，不能激活所有的命令。
- 右键重复激活。刚执行完某个命令，立即右击，即可重复激活刚才执行的命令。用此方法可快速激活那些需要重复执行的命令。按回车键或空格键同样可以重复激活刚执行完的某个命令。

2. 命令的执行过程

激活命令后，通常都会在命令提示行的上方显示一个立即菜单，再在立即菜单中选择适合自己当前需要的绘制方式，然后按照命令提示输入绘图所需要的数据，完成绘图。例如激活“直线”命令，可显示直线立即菜单，单击立即菜单中的某个框或其右侧的三角按钮打开列表框，从中选择适合需要的选项。例如单击第一个框，可从中看到有两点线、平行线、角度线、角等分线、切线/法线等选项，单击其中某个选项可作为当前的选择。有些选择框中只有两个选项，单击它就立即发生变化，不会有列表框。例如单击第二个框中的“连续”，会立刻变为“单个”，再次单击就又会变为“连续”。有些选择框中的内容发生变化时，整个立即菜单中的内容和选择框中的个数也会发生变化。

随着用户在立即菜单中选择了不同的选项，命令提示行中也会有不同的提示出现。例如若选择“两点线”，命令提示行中先后出现“第一点：”和“第二点：”的提示；如果选择“平行线”，命令提示行中先后出现“拾取直线：”和“输入距离或点：”的提示等。根据提示输入。

如果激活不同的命令，则会出现不同的立即菜单。对立即菜单作出不同的选择，立即菜单又会发生不同的变化，同时命令提示行中也会给出不同的提示。初学者对此应有足够的认识。

3. 命令的中断

如果要放弃正在执行的命令，可使用 Esc 键。直接激活其他命令，也可使正在执行的命令中断。

4. 绘图数据的输入

绘图数据包括点坐标、半径、直径、距离、角度等，从键盘上直接输入后回车即可。

5. 点的输入

点是最基本的图形元素，点的输入是各种绘图操作的基础，力求简单、迅速、准确。除了提供常用的键盘输入和鼠标点取输入方式外，还设置了若干种捕捉方式，例如智能捕捉、点的捕捉、工具点的捕捉等。

（1）由键盘输入点的坐标。如果没有进行新坐标系设置，则屏幕上已有的点或将要输入的点都是以世界坐标系的原点为基准进行定位的。也就是说，每一个点都是由唯一的坐标确定的。点在屏幕上的坐标有绝对坐标和相对坐标两种方式，它们在输入方法上是完全不同的，初学者必须正确掌握。

绝对坐标的输入方法是直接通过键盘输入 X、Y 坐标，但 X、Y 坐标值之间必须用逗号隔开。例如 30,40、-20,10 等。

相对坐标是指相对参考点的坐标，与坐标系原点无关。输入时，为了区分不同性质的坐标，CAXA 电子图板对相对坐标的输入作了如下规定：输入相对坐标时必须在第一个数值前面加上一个符号@，以表示相对。例如输入@60,84，表示相对参考点来说输入了一个 X 坐标为 60，Y 坐标为 84 的点。再比如绘制两点直线时，输入起点坐标为“100,25”，终点坐标输入“150,90”和“@50,65”的作用是一样的。相对坐标非常适合利用两角点绘制矩形时输入尺寸等情况。绘制矩形时，在屏幕上任意点击输入第一个角点，然后利用“@宽度,高度”的相对坐标输入矩形的宽度和高度。另外，相对坐标也可以用极坐标的方式表示。例如@60<45 表示输入了一个相对当前点的极坐标：相对当前点的极坐标半径为 60，半径与 X 轴的逆时针夹角为 45°。

参考点是系统自动设定的相对坐标的参考基准。它通常是用户最后一次操作点的位置。在当前命令的交互过程中，用户可以按 F4 键来专门确定希望的参考点。

例如，如果对于要输入的点不能知道其准确的坐标，但知道与屏幕上已知的某个点的相对位置，可先输入一个参考点，然后利用相对坐标输入。如图 11-1 所示，已知圆与矩形框相切，并已知圆的上象限点与矩形底边中点的距离，可利用如下方法来绘制圆：输入绘制圆命令，选择“圆心-半径”方式，系统提示输入圆心时先按 F4 键；系统提示输入参考点，按空格键，弹出工具点菜单，从中选择中点；将光标移到矩形底边中点单击；系统再次提示输入圆心点，再输入相对坐标@104-30, 0；然后输入半径 30，即可完成圆的绘制过程。在此输入的@104-30,0 表示需要进行的运算，系统会自动计算出结果进行运用。

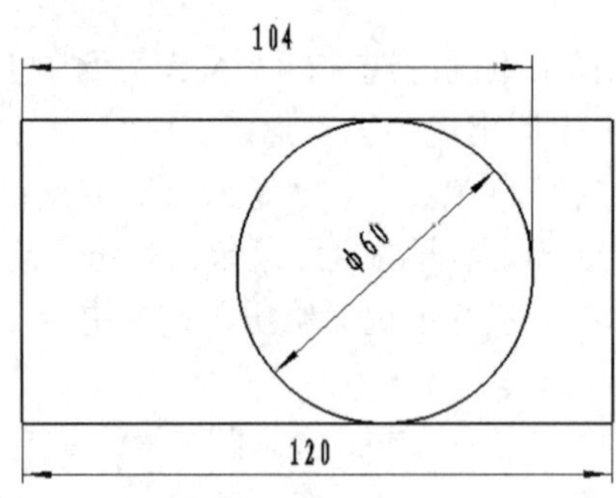

图 11-1　相对坐标输入示例

（2）鼠标输入点的坐标。鼠标输入点的坐标就是通过移动鼠标的十字光标来选择需要输入的点的位置，按鼠标左键该点的坐标即被输入。鼠标输入的都是绝对坐标。用鼠标输入点时，应一边移动十字光标，一边观察屏幕底部的坐标显示数字的变化，以便准确地确定待输入点的位置。

鼠标输入方式与工具点捕捉配合使用可以准确地定位特征点，如端点、切点、垂足点等。用 F6 键可以进行捕捉方式的切换。

（3）工具点的捕捉。工具点就是在作图过程中具有几何特征的点，如圆心点、切点、端点等。

所谓工具点捕捉就是使用鼠标捕捉工具点菜单中的某个特征点。

进入作图命令，需要输入特征点时只需按下空格键，即在屏幕上弹出下拉工具点菜单，如图 11-2 所示。

屏幕点（S）：屏幕上的任意位置点。

端点（E）：曲线的端点。

中点（M）：曲线的中点。

圆心（C）：圆或圆弧的圆心。

交点（I）：两曲线的交点。

切点（T）：曲线的切点。

垂足点（P）：曲线的垂足点。

最近点（N）：曲线上距离捕捉光标最近的点。

孤立点（L）：屏幕上已存在的用点命令绘制的点。

象限点（Q）：圆或圆弧的象限点。

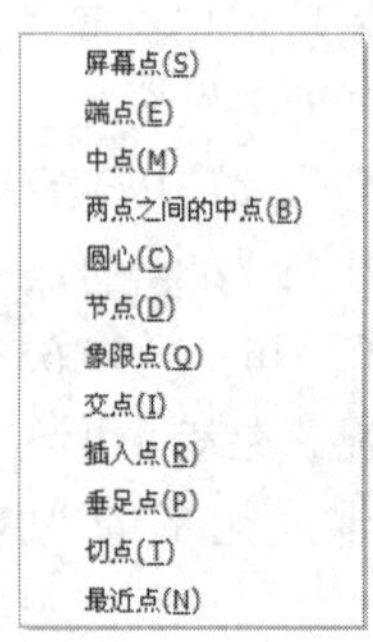

图 11-2　工具点菜单

工具点的缺省状态为屏幕点，若在作图时拾取了其他的点状态，即在提示区右下角的工具点状态栏中显示出当前工具点捕捉的状态。但这种点的捕获只能用一次，用完后便立即回到屏幕点状态。

工具点捕获状态的改变也可以不用工具点菜单的弹出与拾取，在输入点状态的提示下可以直接按相应的键盘字符（如“E”代表端点，“C”代表圆心等）进行切换。

在使用工具点捕获时，捕捉框的大小可选择“设置”→“拾取设置”命令，在弹出的“拾取设置”对话框中预先设定。

11.1.2　国家标准《工程制图》的有关规定设置

CAXA 按照最新国标提供了图框、标题栏、明细表、文字标注、尺寸标注和工程标注，已通过国家机械 CAD 标准化审查，保证了设计过程的全面标准化。

1. 图纸幅面

（1）命令。

键盘输入：输入 setup 并回车。

下拉菜单：幅面→图幅设置，如图 11-3 所示。

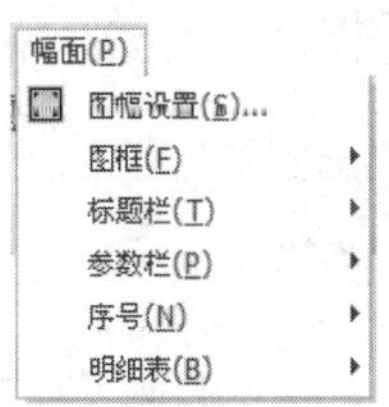

图 11-3　“幅面”下拉菜单

（2）功能。选择标准图幅或自定义图幅，变更绘图比例及选择图纸放置方向。

（3）操作。选择“图幅设置”命令，系统弹出“图幅设置”对话框，如图 11-4 所示。

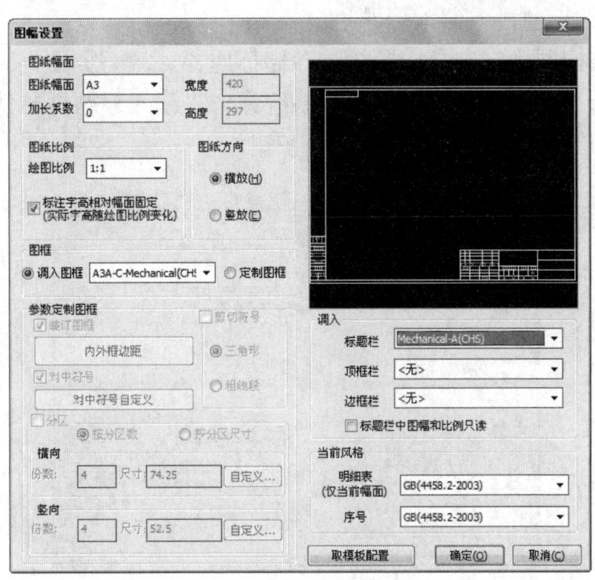

图 11-4　“图幅设置”对话框

在其中可对图纸幅面的大小、加长系数、绘图比例、图纸方向进行选择，还可以设置图框和标题栏，最后单击“确定”按钮结束设置。

2. 图框

（1）命令。

键盘输入：输入 frmload 并回车。

下拉菜单：幅面→图框→调入图框。

（2）功能。调入图框文件并显示图框。

（3）操作。选择“调入图框”命令，系统弹出“读入图框文件”对话框，如图 11-5 所示。选中图框文件，单击“确定”按钮。

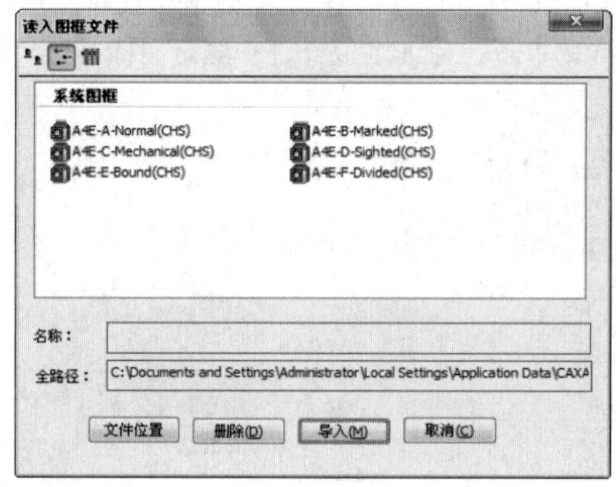

图 11-5 “读入图框文件”对话框

3. 标题栏

（1）命令。

键盘输入：输入 headload 并回车。

下拉菜单：幅面→标题栏→调入标题栏。

（2）功能。调入标题栏，定义标题栏，存储标题栏，填写标题栏。

（3）操作。选择“调入标题栏”命令，系统弹出“读入标题栏文件”对话框，如图 11-6 所示。选择需要的标题栏格式，单击“确定”按钮。

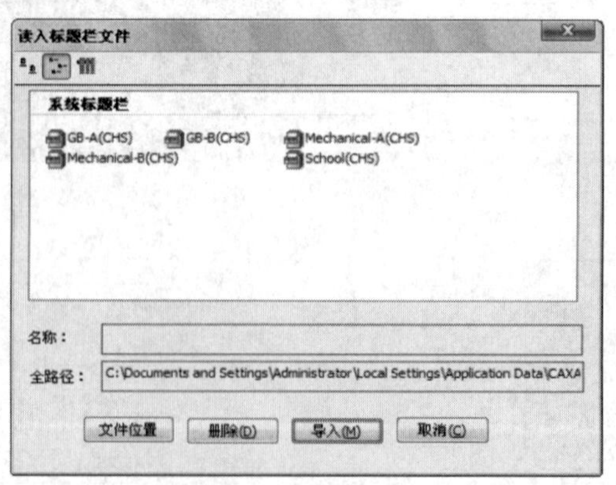

图 11-6 “读入标题栏文件”对话框

4. 文字参数

（1）命令。

下拉菜单：格式→文字参数。

（2）功能。设置文字参数。

（3）操作。选择“文字参数”命令，系统弹出“文本风格设置”对话框，如图 11-7 所示。选择需要的参数，单击“确定”按钮。

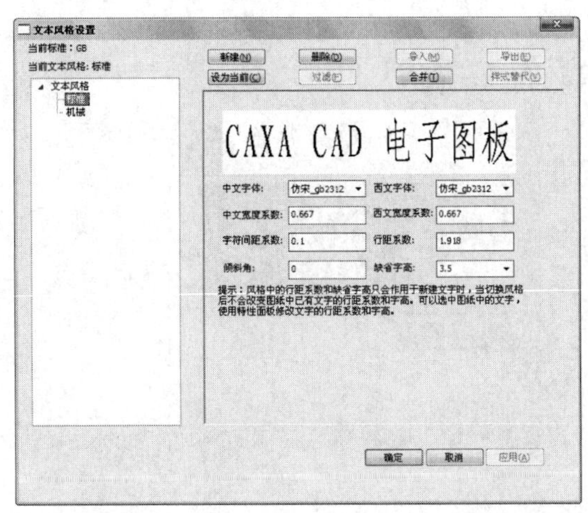

图 11-7 “文本风格设置”对话框

11.1.3 图层、线型和颜色的改变

利用“颜色图层”工具条（如图 11-8 所示）可以改变当前绘制实体的图层、线型和颜色。

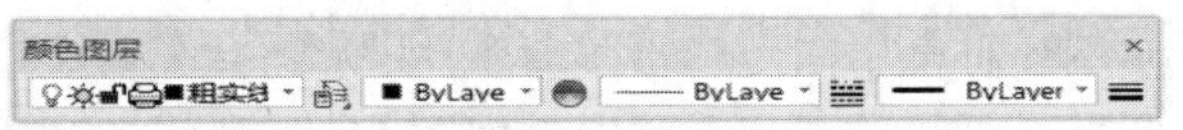

图 11-8 “颜色图层”工具条

1. 改变当前图层

在“颜色图层”工具条中，单击“层控制”下拉列表框，在其中直接选取所需图层，如图 11-9 所示。

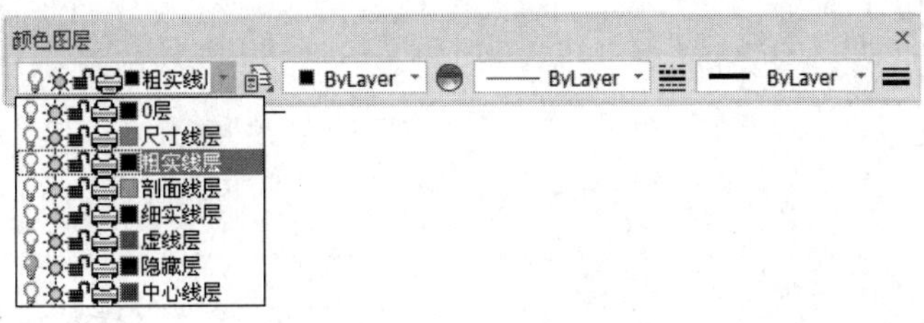

图 11-9 “层控制”下拉列表框

2. 改变线型

在“颜色图层”工具条中，单击“线型”下拉列表框，在其中直接选取所需图层，如图 11-10 所示。

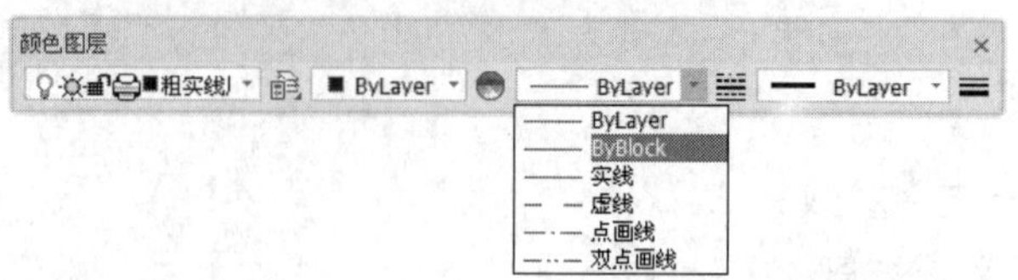

图 11-10　“线型”下拉列表框

3. 改变颜色

在“颜色图层”工具条中，单击“颜色”按钮，系统弹出如图 11-11 所示的“颜色选取”对话框，点取所需的颜色后单击“确定”按钮。

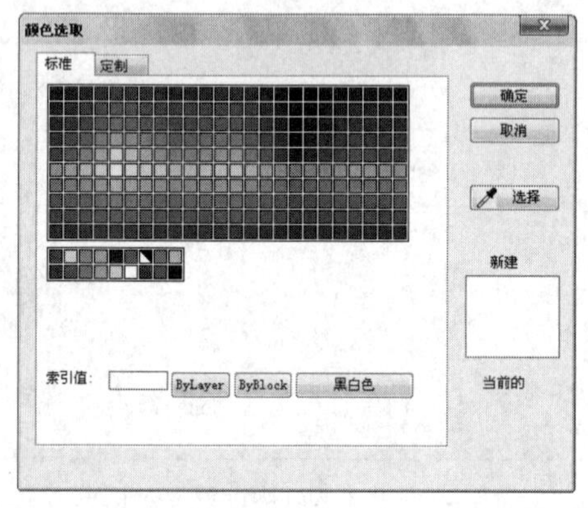

图 11-11　“颜色选取”对话框

11.2　基本绘图命令

本节介绍绘制平面图形时常用的几个绘图命令，其余的会在后续章节进行详细讲解。绘图命令位于主菜单“绘图”或“绘图工具”栏中，如图 11-12 所示。常用选择命令的方式如下：

- 在“绘图”下拉菜单中选择相应命令，如图 11-12（a）所示。
- 在“绘图工具”栏中单击相应的命令按钮，如图 11-12（b）所示。
- 在兼容面孔中单击相应的命令按钮，如图 11-12（c）所示。

（a）“绘图”下拉菜单　　（b）“绘制工具”栏　　（c）兼容面孔

图 11-12　基本绘图命令

11.2.1 直线

1. 命令

键盘输入：line 或 l。

下拉菜单：绘图→直线。

绘图工具：单击／按钮。

兼容面孔：单击／按钮。

2. 功能

以不同的方式绘制直线。

3. 操作

选择“直线”命令，系统在屏幕的左下角弹出直线的立即菜单，如图 11-13 所示。

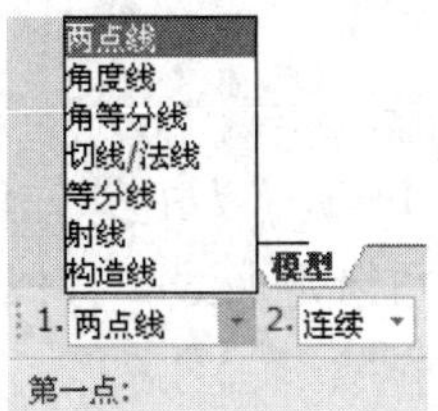

图 11-13　直线的立即菜单

单击立即菜单的第一项，出现 7 种绘制直线的方法：两点线、角度线、角等分线、切线/法线、等分线、射线和构造线。

（1）两点线。在直线立即菜单的“1.”中选取“两点线”，此时命令输入区提示为“第一点:”，根据提示给定两点绘制一条直线段或按给定的连续条件绘制连续的直线。

在直线立即菜单的“2.”中可以选择“单个”或“连续”来绘制直线。任意直线则输入任意两点。

画连续正交直线：选择“两点线”“连续”“正交”，画出的线均为水平线和垂直线，如图 11-14 所示。

画圆的公切线：按空格键弹出工具点菜单，选择“切点”，按提示拾取第一个圆，同样的方法输入第二个点，如图 11-15 所示。

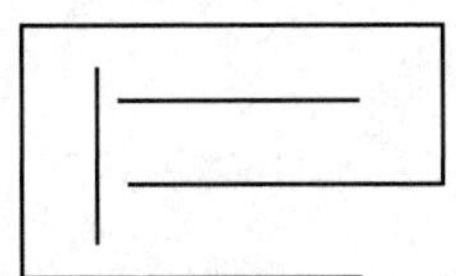

图 11-14　正交方式画直线

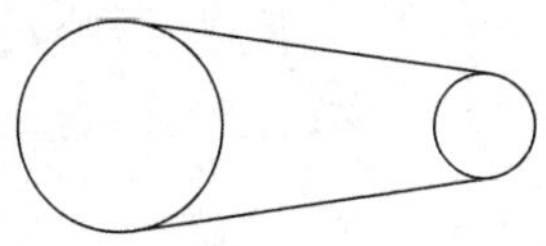

图 11-15　捕捉方式画直线

（2）角度线。画给定长度与给定坐标轴或直线成一定角度的直线，如图 11-16 所示。

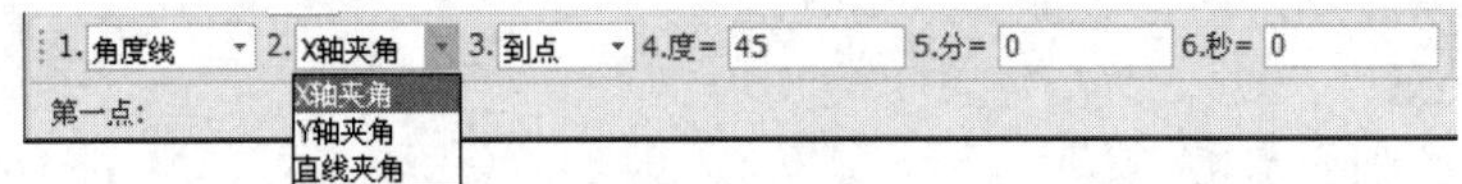

图 11-16　角度线

单击“2.”可以选择“X 轴夹角”“Y 轴夹角”或“直线夹角”。

单击“3.”可以选择“到点”或“到线上”。

单击“4.”中的数字编辑框，可以输入夹角的度数。

画线时按屏幕提示输入第一点，然后用鼠标拖动生成的角度线到合适的长度并单击。图 11-17 所示为与 X 轴成 41°角的直线。

（3）角等分线。按给定的等分数和给定长度绘制一个角的等分线，立即菜单如图 11-18 所示。

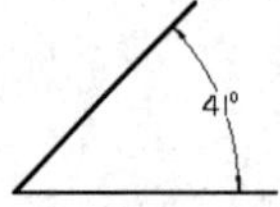

图 11-17　与 X 轴成 41°角的直线

图 11-18　角等分线的立即菜单

选择“2.分数”操作提示区出现“输入实数”的提示，输入一个需要等分的数值。选择“3.长度”输入一个等分线长度值，图 11-19 所示为五等分角度的示例。

（4）切线/法线。生成过给定点且与给定曲线平行或垂直的功能曲线，立即菜单如图 11-20 所示。

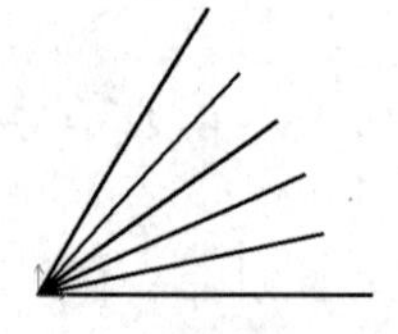

图 11-19　五等分角度

图 11-20　切线/法线的立即菜单

单击“2.”选择“切线”或“法线”；单击“3.”选择“对称”或“非对称”；单击“4.”选择“到点”或“到线上”；按提示要求用鼠标选取已知曲线，然后输入给定点，拖动鼠标使切线/法线到合适的长度并单击，如图 11-21 所示。

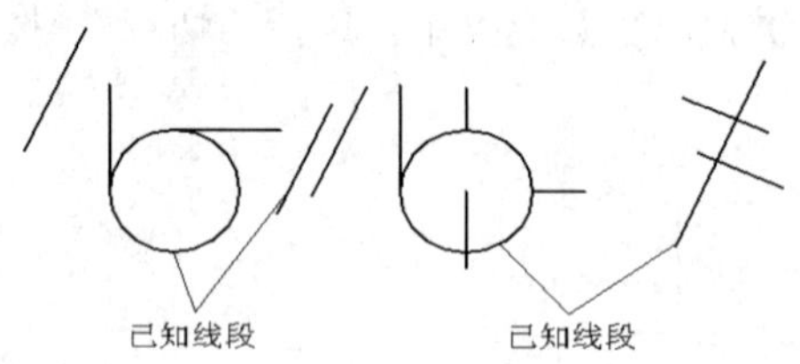

图 11-21　作切线和法线

11.2.2　圆弧

1. 命令

键盘输入：arc。

下拉菜单：绘制→圆弧。

绘图工具：单击按钮。

兼容面孔：单击按钮。

2. 功能

以不同的方式绘制圆弧。

3. 操作

选择命令后，系统弹出圆弧立即菜单，如图 11-22 所示，单击“1.”有 6 种方式可以选择。因操作方法类似，仅介绍以下 3 种方式：

（1）三点圆弧。选择“三点圆弧”，按屏幕要求输入第一点和第二点，生成一段过上述两点及光标所在位置的动态圆弧，拖动鼠标到合适位置后单击。例如作圆弧与已知三曲线相切，如图 11-23 所示。

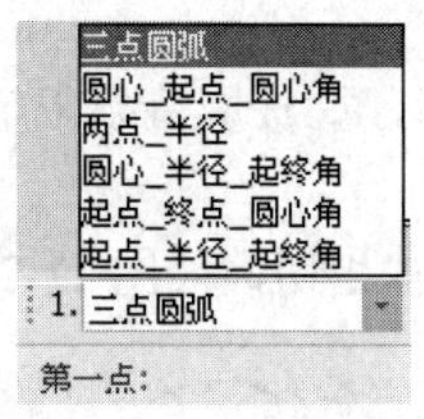

图 11-22　圆弧的立即菜单

（2）圆心_起点_圆心角。选择“圆心_起点_圆心角”，按屏幕要求输入圆弧的圆心点和起点，生成一段圆心和起点固定，终点由鼠标拖动的动态圆弧，拖动鼠标到合适的位置后单击。

（3）两点_半径。选择“两点_半径”，按屏幕要求输入圆弧的起点和终点，生成一段起终点固定，半径由鼠标拖动的动态圆弧，拖动圆弧到合适的长度后单击或者由键盘输入半径后回车。例如作圆弧与已知两曲线相切，如图 11-24 所示。

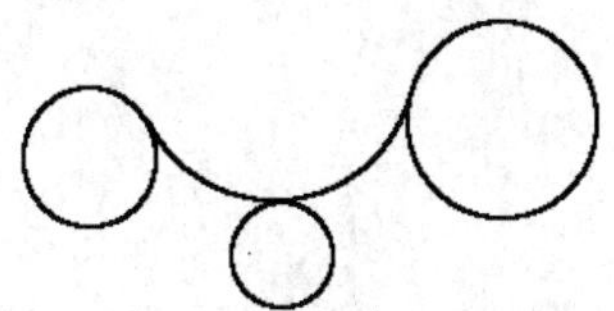

图 11-23　作圆弧与已知三曲线相切

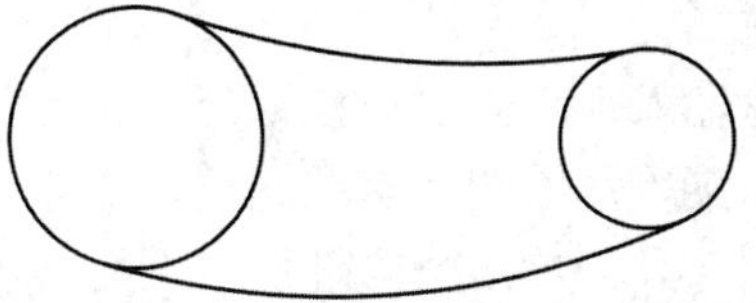

图 11-24　作圆弧与已知两曲线相切

11.2.3　圆

1. 命令

键盘输入：circle。

下拉菜单：绘图→圆。

绘图工具：单击按钮。

兼容面孔：单击按钮。

2. 功能

以不同的方式绘制圆。

3. 操作

选择“圆”命令，系统弹出立即菜单，如图 11-25 所示，单击“1.”有以下 4 种画圆的方式：

（1）圆心_半径。选择“圆心_半径”，单击“2.”对“半径”和“直径”进行切换，根据提示输入圆心点，用鼠标拖动半径到合适的长度后单击或者由键盘输入半径后回车。

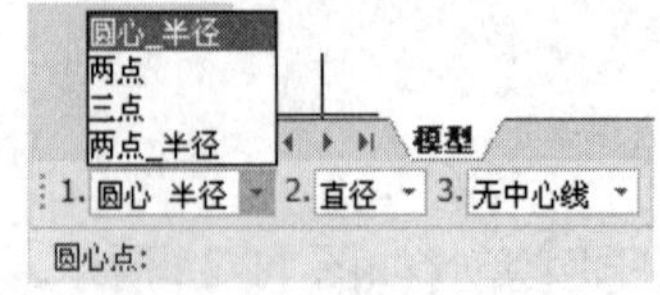

图 11-25　圆的立即菜单

（2）两点。选择“两点”方式，根据提示输入一个点后拖动鼠标使另一端点到合适的位置，然后单击。

（3）三点。选择“三点”方式，按屏幕提示输入第一点和第二点，用鼠标拖动圆的第三点到合适的位置，然后单击。

（4）两点_半径。选择“两点_半径”，按屏幕要求输入圆的两个点，用鼠标拖动圆的第三点到合适的位置，然后单击。

例如作已知半径 R 的圆与两已知圆相切，如图 11-26 所示。

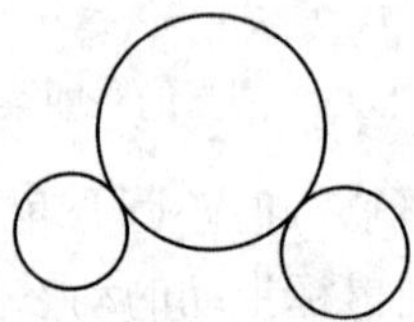

图 11-26　作已知半径 R 的圆与两已知圆相切

11.2.4　矩形

1. 命令

键盘输入：rec。

下拉菜单：绘图→矩形。

绘图工具：单击□按钮。

兼容面孔：单击□按钮。

2. 功能

生成由 4 条直线构成的矩形。

3. 操作

选择“矩形”命令，屏幕出现矩形立即菜单，单击“1.”可以把两角点切换成长度和宽度方式，如图 11-27 所示。

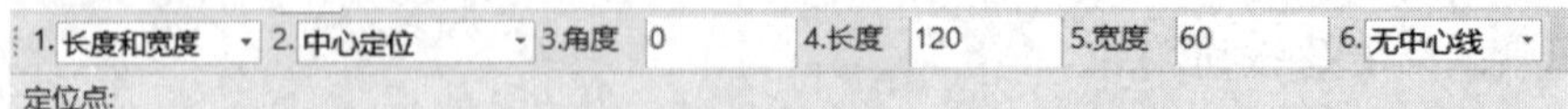

图 11-27　长度和宽度方式生成矩形的立即菜单

（1）两角点。给出矩形的任意两个对角点即可生成矩形。单击矩形立即菜单中的“1.”可以切换成“两角点”画矩形的方式，如图 11-28 所示；单击“2.”可切换画矩形有无中心线。对角点的输入方式如图 11-29 所示。用鼠标直接指定第一点和第二点或直接由键盘输入两点的坐标。例如用鼠标指定第一点后再用键盘输入相对坐标如@120,80。

图 11-28　两角点方式生成矩形的立即菜单

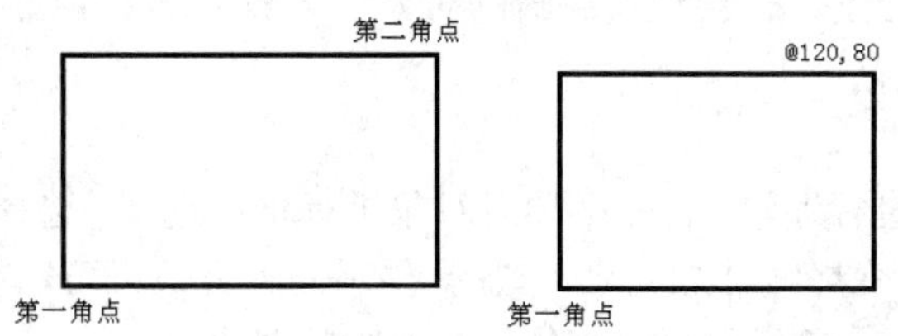

图 11-29　两角点生成矩形方式

（2）长度和宽度。给出矩形的长度和宽度生成矩形。

单击矩形立即菜单中的“1.”可以把“两角点”切换成“长度和宽度”；“2.”可以切换中心定位和顶边中点，单击“4.”和“5.”中的数字编辑框可以改变数值，确定长度和宽度后给出定位点即可生成矩形。

11.2.5　中心线

1．命令

键盘输入：centerl。

绘图工具：单击按钮。

兼容面孔：单击按钮。

下拉菜单：绘制→中心线。

2．功能

绘制中心线。

3．操作

选择“中心线”命令，出现立即菜单，如图 11-30 所示，给出中心线延伸长度。

图 11-30　中心线延伸长度

（1）画孔和轴的中心线。根据提示如果拾取的是直线，则提示拾取另一条直线，生成矩形的中心线。

（2）画圆、圆弧或椭圆的中心线。如果拾取的是圆、圆弧或椭圆，则自动生成一对正交的中心线，如图 11-31 所示。

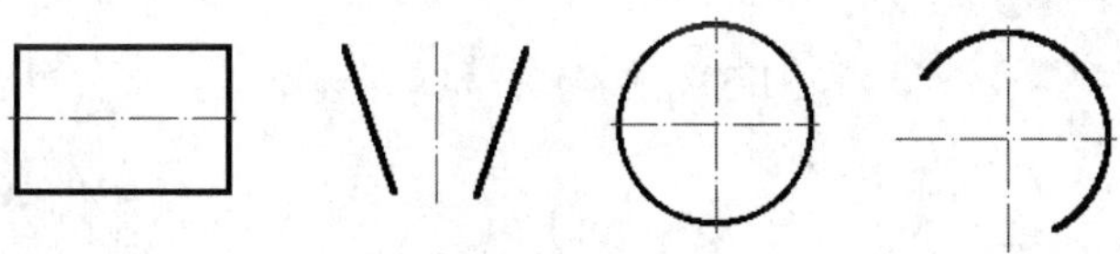

图 11-31　中心线的绘制

11.3 图形编辑命令

在对图形进行编辑之前，需要选择编辑的对象，一般被选中的实体以虚线形式显示。

11.3.1 选择（拾取）对象

要对已绘制的图形进行编辑，首先必须对对象进行拾取选择。选择对象的方式有点选和框选两种。被选中的对象会变虚线并加亮显示，加亮显示的具体效果可以在系统选项中进行设置，加亮状态如图 11-32 所示，虚线显示的实体是被选中的对象。

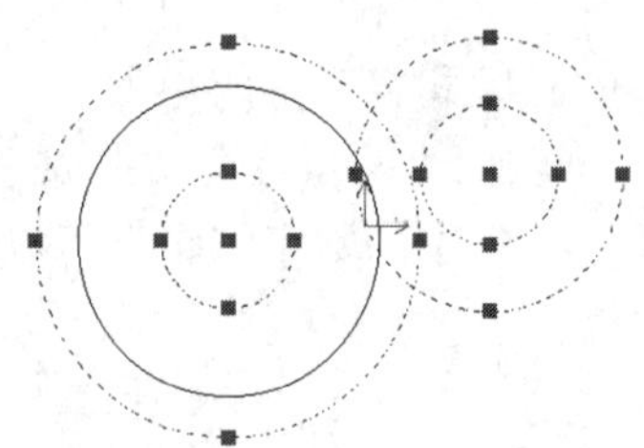

图 11-32 拾取对象的加亮状态

1. 单选

直接移动鼠标点取要编辑的对象，鼠标左键单击选中对象，被选中状态的对象变虚线加亮状态。

2. 框选

框选是选择两个对角点构成的一个矩形区域，鼠标左键确定矩形的第一个角点，移动鼠标即可拉出一个矩形，按鼠标左键确定矩形的第二个角点即可定义此框选区域。框选可以选择单个对象，也可以选择多个对象。注意，角点指定的次序不同，选择的结果也不同，指定了第一个角点以后，从左向右拖动（窗口选择）仅选择完全包含在选择区域内的对象，如图 11-33（a）所示，此时选择框为蓝色调，框线为实线；从右向左拖动（交叉选择）可选择包含在选择区域内以及与选择区域的边框相交叉的对象，如图 11-33（b）所示，此时选择框为绿色调，框线为虚线。

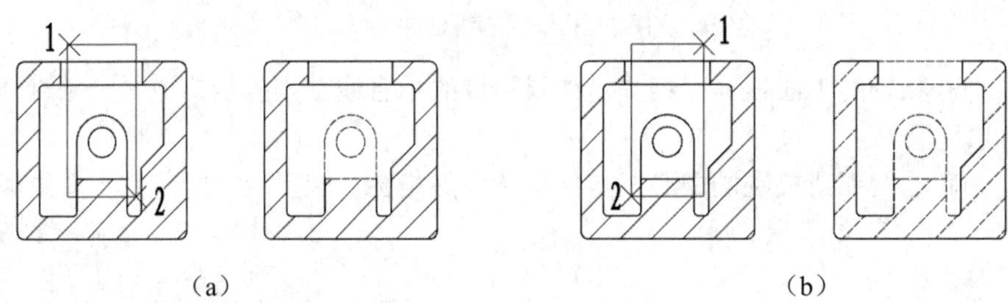

图 11-33 窗口选择和交叉选择

11.3.2 删除

1. 命令

键盘输入：del。

下拉菜单：编辑→拾取删除。

绘图工具：单击按钮。

兼容面孔：单击按钮。

2. 功能

删除拾取到的实体。

3. 操作

选择命令后，根据提示拾取要删除的图形，单击鼠标右键结束命令，图形即被删除。

11.3.3　裁剪

1. 命令

键盘输入：trim。

下拉菜单：修改→剪裁。

绘图工具：单击按钮。

兼容面孔：单击按钮。

2. 功能

对给定的曲线进行修剪，删除不需要的部分，得到新的曲线。

3. 操作

选择“裁剪”命令，系统弹出裁剪立即菜单，如图 11-34 所示。

（1）快速裁剪。快速裁剪方式下，直接用光标拾取要裁剪掉的线段，与该线段相交的曲线均为裁剪边界，单击鼠标左键，点取的线段被裁剪掉，如图 11-35 所示。快速裁剪示例如图 11-36 所示。

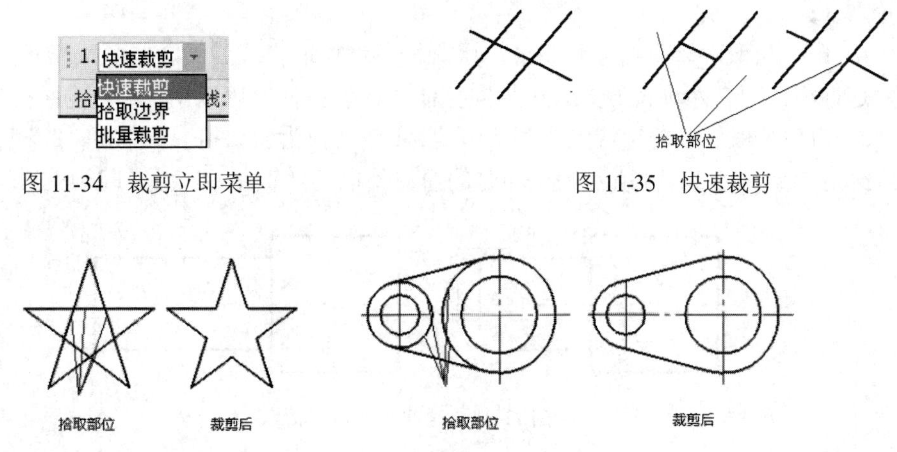

图 11-34　裁剪立即菜单

图 11-35　快速裁剪

图 11-36　快速裁剪示例

注意：对于与其他曲线不相交的一条单独的曲线不能使用“裁剪”命令，只能用“删除”命令将其去掉。

（2）拾取边界。以一条或多条曲线作为剪刀线，对一系列被裁剪的曲线进行裁剪。单击剪裁立即菜单中的“1.”切换为拾取边界方式，根据提示选择一条或多条曲线作为剪刀线，单击鼠标左键确认，用鼠标选取要裁剪的曲线，单击鼠标确认，如图 11-37 所示。

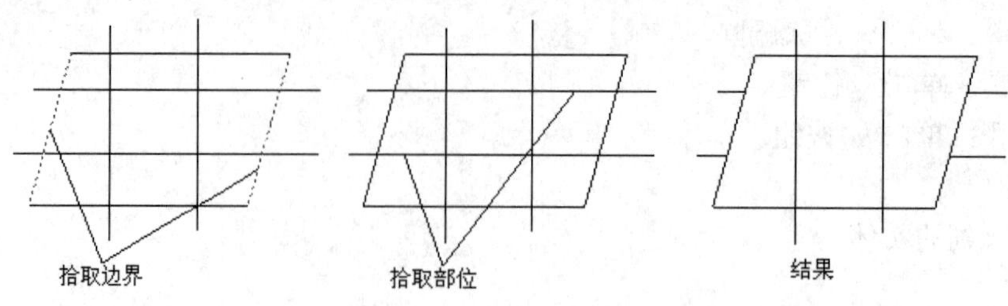

图 11-37　拾取边界裁剪

（3）批量裁剪。当曲线较多时，可以对曲线进行批量裁剪。单击裁剪立即菜单中的“1.”切换为批量裁剪方式，根据提示拾取剪刀链，可以是一条曲线，也可以是首尾相连的多条曲线。选取要裁剪的曲线，单击鼠标右键确认，然后选择要裁剪的方向，裁剪完成。

11.3.4　拉伸

1. 命令

键盘输入：stretch。

下拉菜单：修改→拉伸。

绘图工具：单击“拉伸”按钮。

兼容面孔：单击“拉伸”按钮。

2. 功能

对所选取的曲线进行拉伸操作。

3. 操作

选择“拉伸”命令，系统弹出拉伸立即菜单 1.窗口拾取 ，切换“1.”可进行单个拾取和窗口拾取。

（1）单个拾取。单个拾取状态下，用鼠标左键拾取直线、圆、圆弧或样条进行拉伸，若拾取的是直线，则有两种拉伸方式：轴向拉伸和任意拉伸，可以用“2.”进行切换。

（2）窗口拾取。单击拉伸立即菜单中的“1.”切换为窗口拾取，单击“2.”可以选择给定偏移或给定两点，图 11-38 所示为拉伸时的窗口拾取，关键是 P1 点在 P2 点之右。

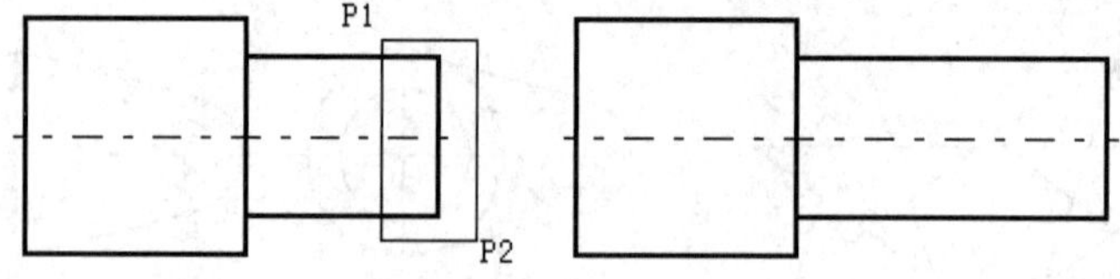

图 11-38　拉伸时的窗口拾取

11.3.5　平移

1. 命令

键盘输入：move。

下拉菜单：绘制→平移。

绘图工具：单击“拉伸”按钮。

兼容面孔：单击 按钮。

2. 功能

对拾取到的实体进行平移或拷贝操作。

3. 操作

选择“平移”命令，系统弹出平移立即菜单，如图 11-39 所示。“1.”中有两种方式：给定偏移和给定两点。

1.给定两点 2.保持原态 3.旋转角 0 4.比例 1
拾取添加

图 11-39 平移立即菜单

（1）给定偏移。用给定偏移量的方式进行拷贝或平移实体。切换“2.”进行移动或拷贝。在给定偏移状态下，拾取到实体后单击鼠标右键确定，此时系统自动给出一个基准点，同时提示“X 和 Y 方向偏移量和位置点”，系统要求以给定的基准点为基准输入 X 和 Y 的偏移量或由鼠标给出一个拷贝或平移的位置点。一旦给出，拷贝或平移便完成，如图 11-40 所示。

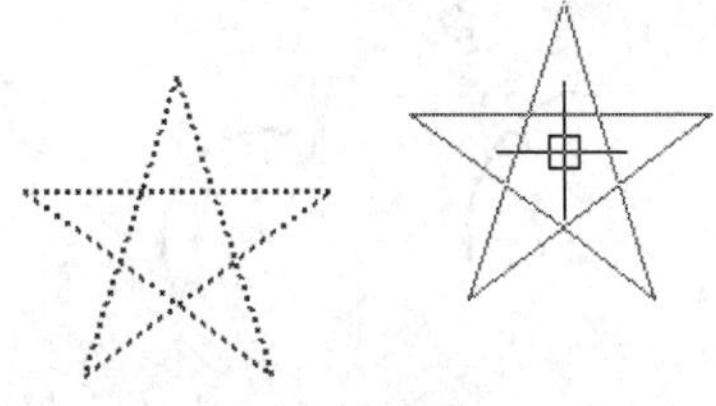

图 11-40 给定偏移状态下平移

（2）给定两点。用指定两点作为拷贝或平移的位置依据。可以在任意位置输入两点，系统将两点间距离作为偏移量，然后进行拷贝或平移操作。用鼠标左键单击平移立即菜单中的“1.”切换为给定两点状态，拾取实体，根据提示任意输入两点，拷贝或平移操作完成。

11.4 基本尺寸标注

本节主要介绍工程标注中的几个常用的基本尺寸标注，其余的在第 10 章进行详细介绍。

1. 命令

下拉菜单：绘制→标注。

绘图工具：单击“工程标注”按钮 。

2. 功能

对图形进行尺寸标注。

3. 操作

选择“尺寸标注”命令，系统弹出尺寸标注立即菜单 1: 基本标注 ，根据提示拾取标注元素，系统自动识别标注类型并弹出相应的立即菜单。

基本标注包括线性尺寸标注、直径尺寸标注、半径尺寸标注和角度尺寸标注。

（1）线性尺寸标注。可以标注水平尺寸、垂直尺寸和平行尺寸，也可以标注直线的长度及其与坐标轴的夹角，如图 11-41 所示。

（2）直径尺寸标注。圆直径的尺寸标注应加前缀 φ，尺寸线通过圆心，也可以标注在非圆视图中，如图 11-42 所示。

（3）半径尺寸标注。圆弧半径的尺寸前缀为 R，尺寸线从圆心方向出发或指向圆弧。圆弧半径的尺寸标注如图 11-43 所示。

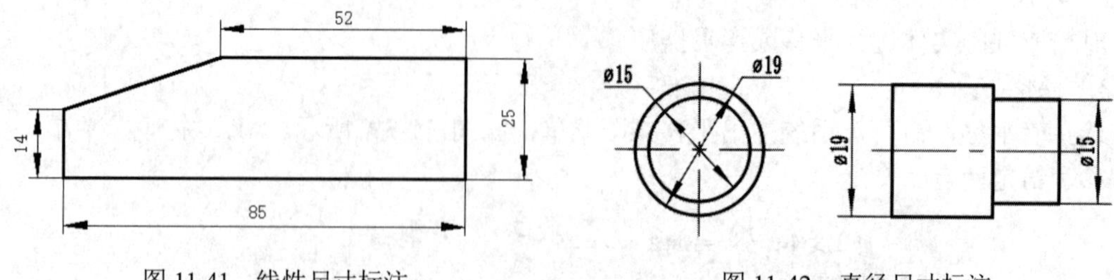

图 11-41　线性尺寸标注　　　　图 11-42　直径尺寸标注

（4）角度尺寸标注。角度尺寸标注的尺寸线汇交于角度的顶点，尺寸线是以角度顶点为圆心的圆弧，角度尺寸数值单位为度。角度尺寸标注如图 11-44 所示。

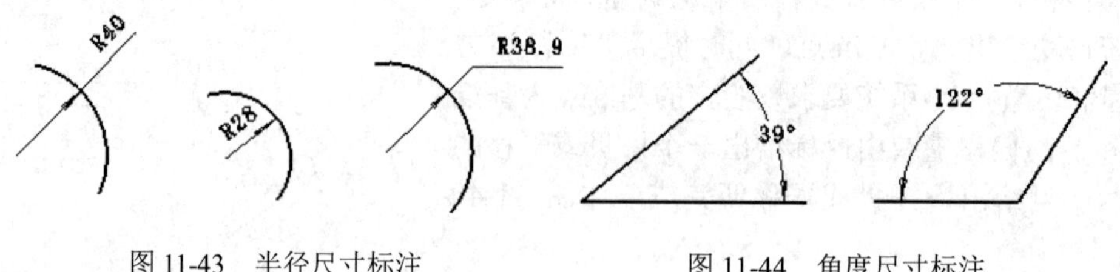

图 11-43　半径尺寸标注　　　　图 11-44　角度尺寸标注

11.5　显示控制

在实际作图过程中，当遇到较为复杂的图形时，受显示屏幕的限制，图形显示不清楚，给绘图带来了不便。为了解决这一问题，就需要采用局部放大的功能。

11.5.1　显示窗口

1．命令

键盘输入：zoom。

下拉菜单：视图→显示窗口。

常用工具栏：单击“显示放大”按钮。

2．功能

将拾取框内的图形进行放大。

3．操作

选择“显示窗口”命令，根据提示在所需要的位置输入显示窗口的第一角点和第二角点，系统将两角点所包含的内容充满绘图区显示出来，以便操作。

11.5.2　显示上一步

1．命令

键盘输入：prev。

下拉菜单：视图→显示上一步。

常用工具栏：单击“显示上一步”按钮。

2. 功能

恢复上一次显示状态。

3. 操作

选择“显示上一步”命令后，系统立即将屏幕内容按上一次的显示状态显示出来。

11.5.3　显示全部

1. 命令

键盘输入：zoomall。

下拉菜单：视图→显示全部。

常用工具栏：单击“显示全部”按钮。

2. 功能

显示全部图形。

3. 操作

选择“显示全部”命令后，所画的全部图形按照尽可能大的原则在屏幕绘图区内显示出来，如图 11-45 所示。

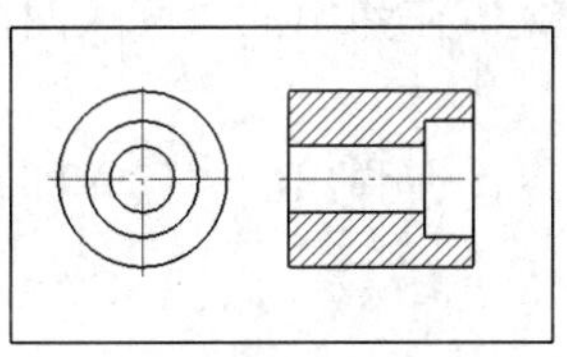

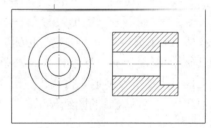

（a）显示全部前

（b）显示全部后

图 11-45　显示全部示例

11.6　实训

11.6.1　基本操作练习

下面以一简单的几何作图为例来说明用 CAXA 电子图板绘图的主要操作过程。

（1）利用相对坐标与极坐标输入方式绘制出如图 11-46 所示的图形。

1）单击按钮，弹出立即菜单。

2）在屏幕上任取一屏幕点作为相对参考点。

3）相对参考点输入极坐标值@10,0；@20<60；@26,0；@0,-24；@12,0；@0,35；@30（适当长度）<142。

4）捕捉左下角端点，输入@0,30；@16,0；@0,10；连续画正交直线与 AB 直线相交；用裁剪命令剪去多余的线条，整理出全图，如图 11-47 所示。

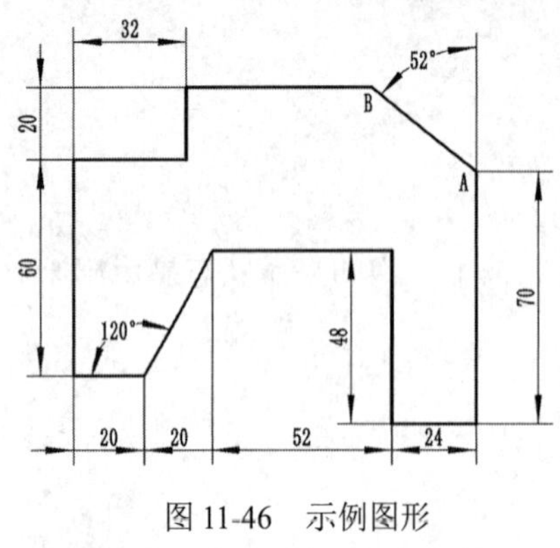

图 11-46　示例图形

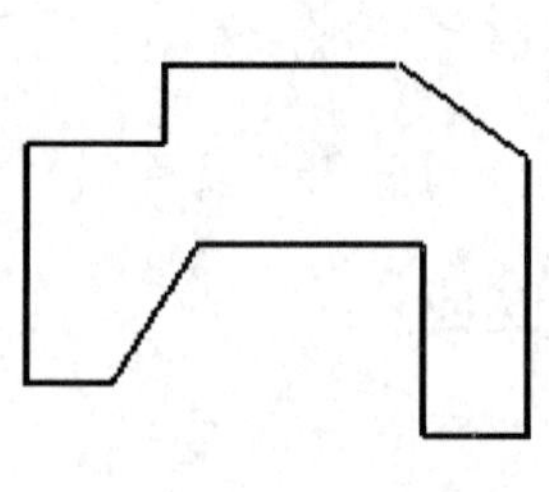

图 11-47　全图

（2）尺寸标注。

单击“绘图工具”工具栏中的“工程标注”按钮，在弹出的“工程标注”下拉菜单中单击“尺寸标注”按钮，立即菜单选择“基本标注”，按系统提示分别拾取标注元素，拾取完后按鼠标左键确认。

（3）设置图纸幅面并调入图框和标题栏。

1）选择“幅面”菜单中的“图纸幅面”命令，弹出“图纸幅面”对话框。在其中设置：图纸幅面 A4、绘图比例 1:1、图纸方向横放，单击“确定”按钮。

2）选择“幅面”→“图框设置”→“调入图框”命令，在弹出的“读入图框文件”对话框中选择横 A4 图框，单击“确定”按钮。

3）选择“幅面”→“标题栏”→“调入标题栏”命令，在弹出的“读入标题栏”对话框中选择 school，单击“确定”按钮。

图框和标题栏调入后的图纸显示如图 11-48 所示。

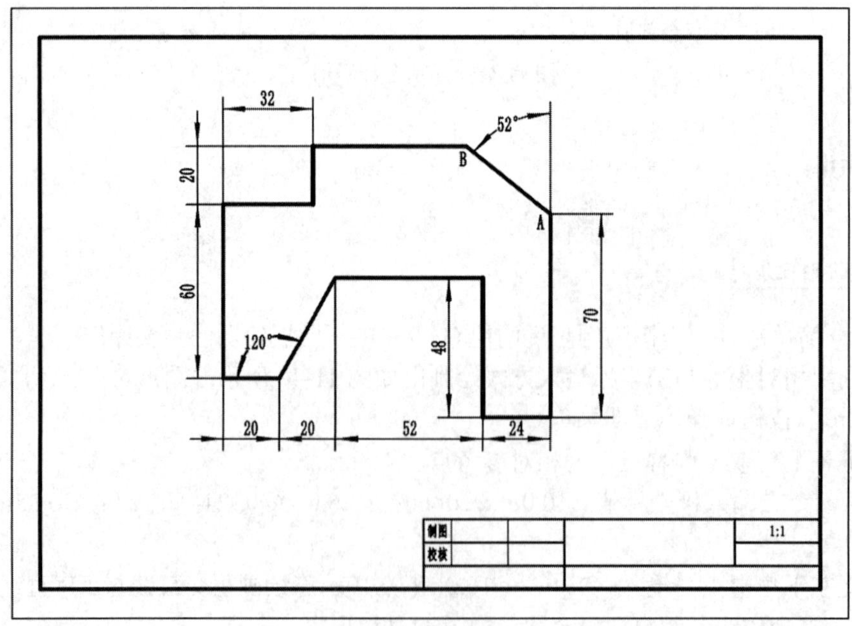

图 11-48　图纸显示

4）填写标题栏。选择“填写标题栏”命令，弹出“填写标题栏”对话框，如图 11-49 所示。在其中填写有关信息，单击“确定”按钮，如图 11-50 所示。

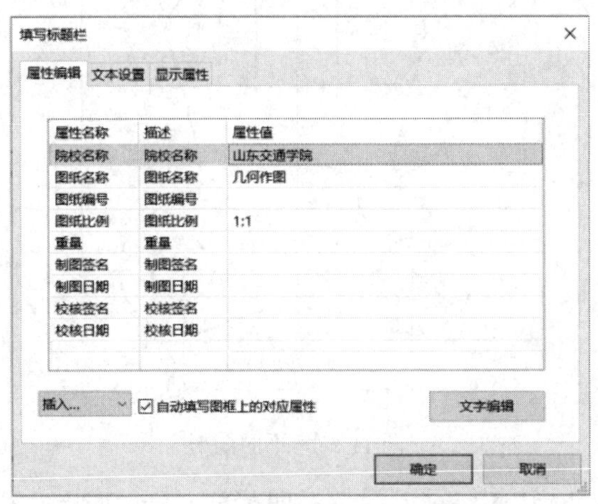

图 11-49　“填写标题栏”对话框

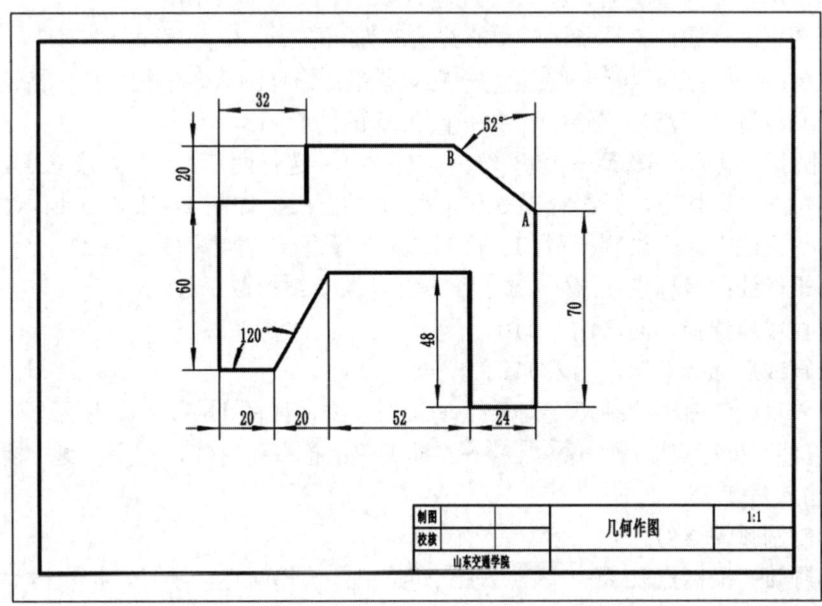

图 11-50　完整的图纸

请同学们将该图形用“直线”命令的各选项做一遍。

11.6.2　平面图形作图

绘制如图 11-51 所示的平面图形，作图步骤如下：

（1）确定图幅：A4 竖放，调用图框，插入标题栏。

（2）用“直线”命令绘制基准线（中心线），如图 11-52（a）所示。

1）改变图层：将属性工具条中的 0 层改为中心线层。

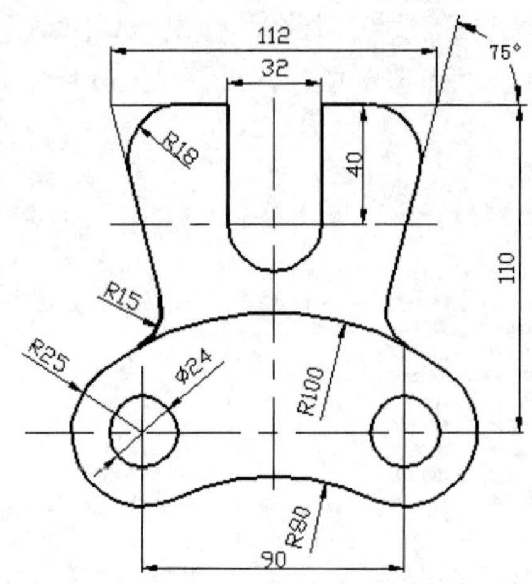

图 11-51　平面图形

2）绘制直线：鼠标点取 →直线→立即菜单：拾取两点直线（正交）绘制水平和垂直线；拾取平行线（双向）绘制两圆中心线（相距 90）。

（3）用“圆”命令绘制圆、圆弧，如图 11-52（b）和（c）所示。

1）改变图层：将属性工具条中的中心线层改为 0 层。

2）绘制圆：鼠标点取 →圆→立即菜单：选择圆心、半径，按空格键，捕捉“交点”，拾取圆心位置（交点），画直径 24 和半径 25 的同心圆。

3）绘制圆弧：鼠标点取 →圆弧→立即菜单：选择两点、半径，按空格键，捕捉“切点”，在适当位置拾取切点，画半径 100 和半径 80 的圆弧，如图 11-52（c）所示。

（4）用“直线”命令绘制相距 110 和 112 的平行直线，如图 11-52（d）所示。

1）绘制平行线：鼠标点取 →直线→立即菜单：拾取平行线。

2）拾取直线后选择单向，输入 110。

3）拾取直线后选择双向，输入 112。

（5）用“直线”命令绘制角度为 75° 的倾斜直线，如图 11-53（a）所示。

绘制角度线：鼠标点取 →直线→立即菜单：拾取角度线，按空格键，捕捉“交点”，拾取交点后输入角度 75°。

（6）绘制圆弧并修剪。

1）绘制圆弧：鼠标点取 →圆弧→立即菜单：选择两点、半径，按空格键，捕捉“切点”，在适当位置拾取切点，画半径 15、半径 18 和半径 25 的圆弧，如图 11-53（b）。

2）用“裁剪”命令修剪多余的线段。

（7）绘制相距 32 的两线段和圆弧，如图 11-53（c）所示。

1）绘制平行线：鼠标点取 →直线→立即菜单：选择平行线，拾取直线后选择单向，输入 40；拾取直线后选择双向，输入 16。

2）绘制圆：鼠标点取 →圆→立即菜单：选择圆心、半径，按空格键，捕捉“交点”，拾取圆心位置（交点），画半径 16 的圆。

3）用“裁剪”命令修剪多余的线段，如图 11-53（d）所示。

（8）标注尺寸，完成全图。

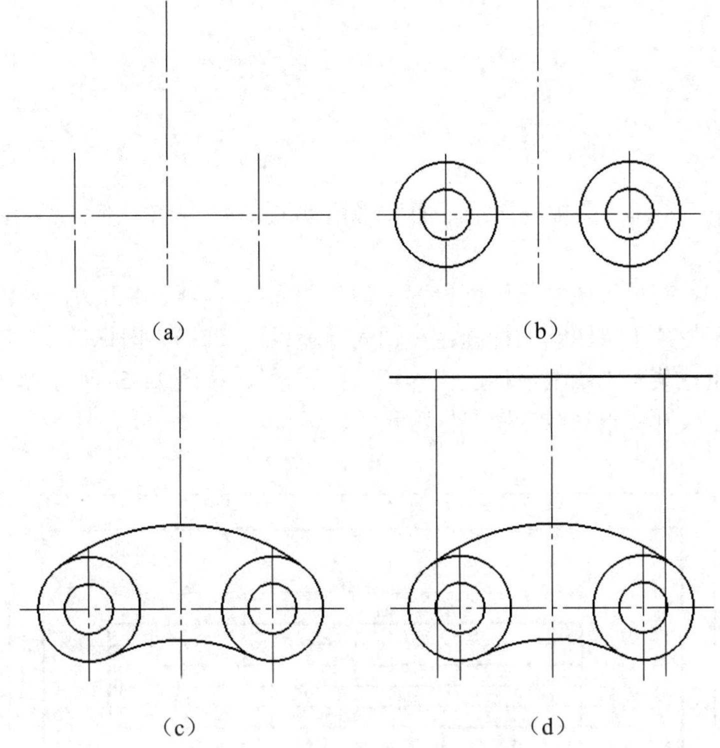

图 11-52　平面图形绘制步骤

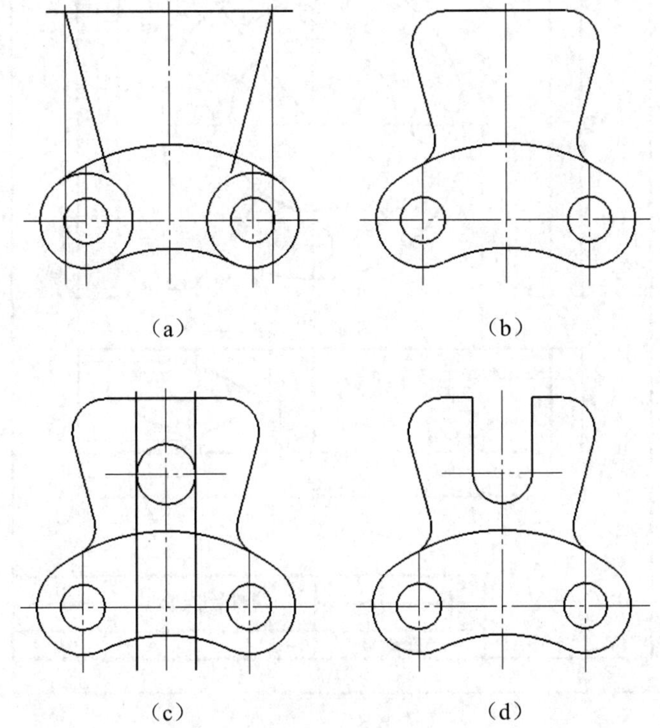

图 11-53　平面图形绘制步骤

习题 11

1．线型练习（如图 11-54 所示）。

提示：

（1）单击下拉菜单“图幅→图纸幅面”，图纸幅面 A4，绘图比例 1:1，图纸方向“竖放”，单击“确定”按钮。

（2）单击下拉菜单“图幅→图框设置→调入图框”，选择 A4 带边，单击“确定”按钮。

（3）单击下拉菜单“图幅→标题栏→调入标题栏”，选择“国标”，单击“确定”按钮。

（4）单击下拉菜单“图幅→标题栏→填写标题栏”，按图 11-54 所示填写各项。

（5）按图中尺寸要求完成全图并标注尺寸。

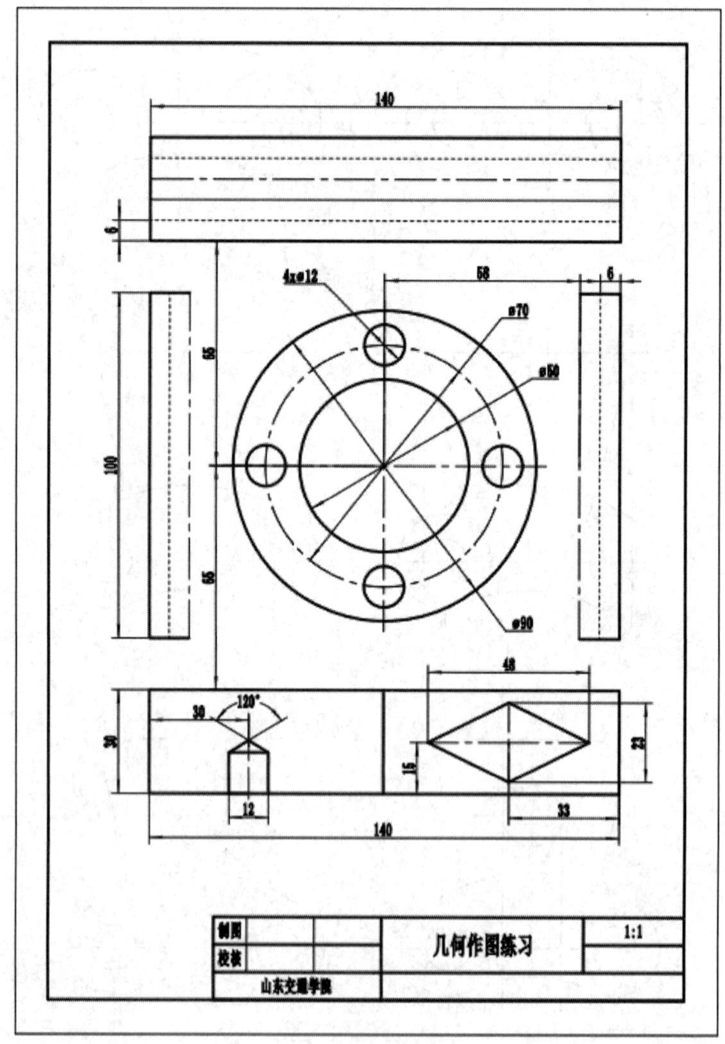

图 11-54　线型练习

2．绘制吊钩平面图（如图 11-55 所示）。

提示：

（1）单击下拉菜单“图幅→图纸幅面”，图纸幅面 A4，绘图比例 1:1，图纸方向“竖放”，单击“确定”按钮。

（2）单击下拉菜单“图幅→图框设置→调入图框”，选择 A4 带边，单击“确定”按钮。

（3）单击下拉菜单“图幅→标题栏→调入标题栏”，选择 school，单击“确定”按钮。

（4）单击下拉菜单“图幅→标题栏→填写标题栏”，按图 11-55 所示填写。

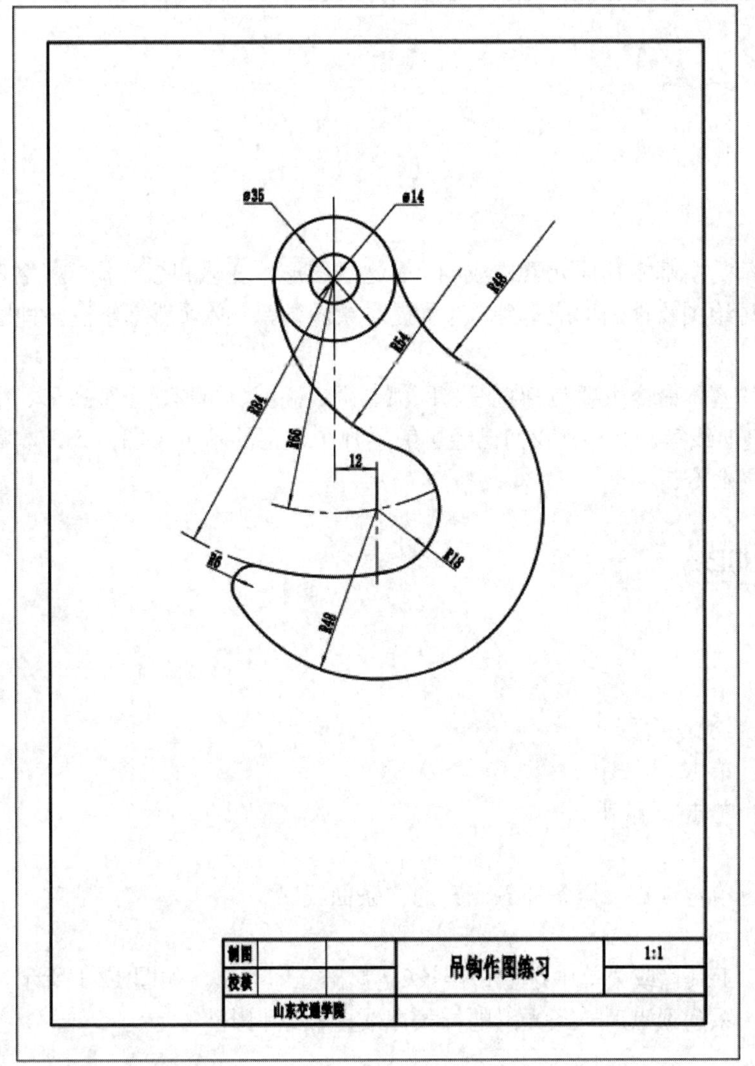

图 11-55　吊钩平面图

（5）按图中尺寸要求完成全图并标注尺寸。

第12章 图形绘制

一切图形都是由基本几何元素构成的，而这些图形的变化和组合构成了各种工程图样。图形的绘制是各种绘图软件的构成基础，为了提高绘图效率，必须熟练掌握各种图形绘制的基本命令。

绘制图形的基本命令主要包括直线、圆弧、圆、椭圆、矩形、正多边形、中心线、样条曲线、等距线、剖面线等。上一章我们已经了解了几个常用的基本绘图命令，本章继续介绍其他常用的基本绘图命令。

12.1 样条曲线

1. 命令

键盘输入：spline。

下拉菜单：绘制→样条。

绘图工具：单击按钮。

兼容面孔：单击按钮。

2. 功能

绘制一条过给定顶点（样条插入点）的样条曲线。

3. 操作

在“绘图”工具栏或菜单中选取“样条”，弹出立即菜单，如图12-1所示。操作提示“输入点:”，输入一系列顶点后一条光滑的样条曲线即被绘制出来。

图12-1 样条的立即菜单

立即菜单中“1.”为绘制样条曲线“直接作图”和“从文件读入”两种方式的切换开关，选择“从文件读入”时屏幕上弹出“打开样条数据文件”对话框，从中选择数据文件，系统即可根据文件中的数据绘制出样条曲线；通过“3.”选项进行样条曲线绘制的开曲线和闭曲线间的切换。

图 12-2 所示为直接作图方式过一系列样条插值点绘制的样条曲线。

（a）开曲线　　（b）闭曲线

图 12-2　样条曲线的绘制

12.2　等距线

1. 命令

键盘输入：offset。

下拉菜单：绘图→等距线。

绘图工具：单击按钮。

兼容面孔：单击按钮。

2. 功能

以等距方式生成一条或同时生成数条给定曲线的等距线。

3. 操作

在“绘图”工具栏或菜单中选取“等距线”，弹出立即菜单，如图 12-3 所示。

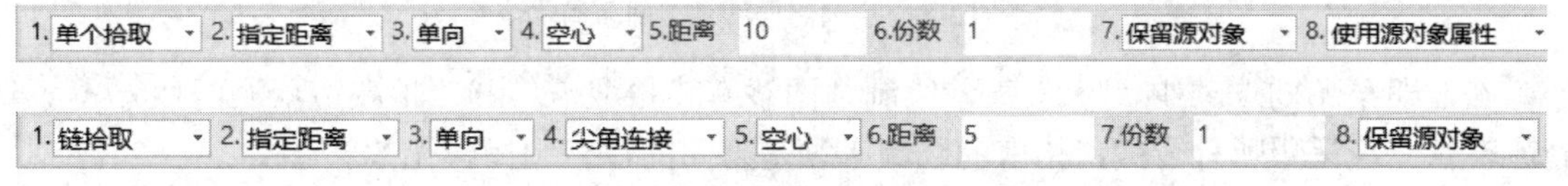

图 12-3　画等距线的立即菜单

等距线立即菜单的含义（以“单个拾取”方式为例）如下：

（1）“1.”为“单个拾取”或“链拾取”的切换开关。“单个拾取”表示每次只拾取一条单个曲线。链拾取时，只要拾取首尾相接的轮廓线的一个元素，系统就将其作为一个整体画出其等距线。

（2）“2.”为“指定距离”或“过点方式”的切换开关。

（3）“3.”可实现“单向”与“双向”的切换。“单向”表示只画出单方向的等距线，“双向”表示画出对称两个方向的等距线。

（4）“4.”可实现“空心”与“实心”的切换。选择“实心”时，系统在画出的等距线间按当前系统的颜色进行填充，而“空心”方式只画等距线，不进行填充。

（5）“5.”和“6.”可分别设置等距线的间距和份数。

图 12-4 所示为绘制等距线的示例。

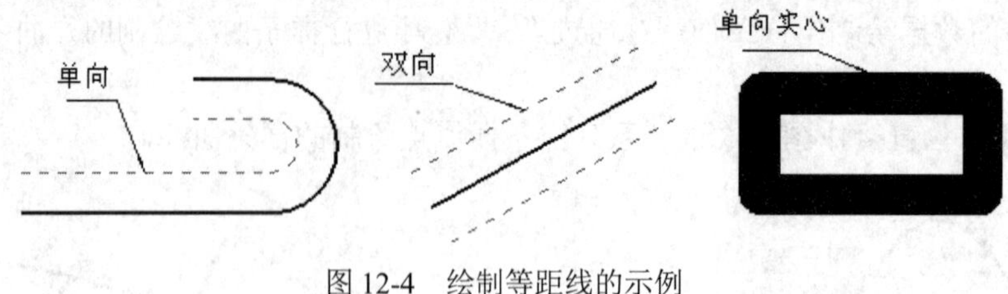

图 12-4　绘制等距线的示例

12.3　剖面线

1. 命令

键盘输入：hatch。

下拉菜单：绘图→剖面线。

绘图工具：单击按钮。

兼容面孔：单击按钮。

2. 功能

在封闭的轮廓线内按给定间距、角度绘制剖面线。

3. 操作

在绘图工具栏或菜单中选取“剖面线”，弹出立即菜单，如图 12-5 所示。

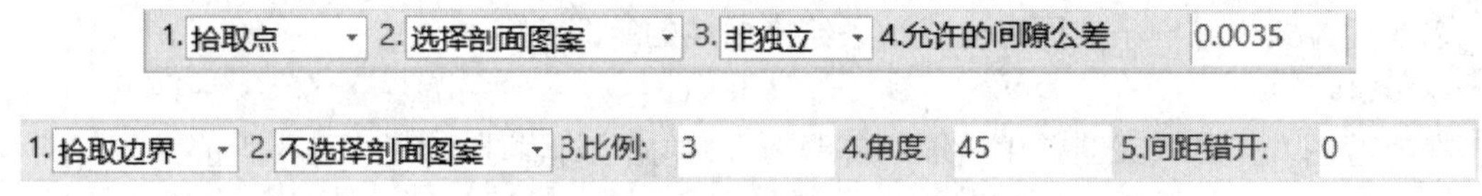

图 12-5　绘制剖面线的立即菜单

在立即菜单的选项中，“1.”表示绘制剖面线有“拾取点”和“拾取边界”两种方式。要特别注意无论采用哪种方式，拾取的区域必须是封闭的，否则操作无效。

（1）拾取点。根据操作提示“拾取环内点”，在待画剖面线的封闭环内拾取一个点，系统将根据拾取点的位置搜索封闭环，被搜索到的环变成虚线显示，按确认键后在此封闭环内生成剖面线。画剖面线一定要正确选择拾取点的位置。如图 12-6（a）所示，矩形为一封闭环，其内的圆也为一封闭环。若拾取点在矩形内部且在圆外，画出的剖面线如图 12-6（b）所示；若拾取点在封闭圆内部，画出的剖面线如图 12-6（c）所示；若拾取点分别在矩形内（圆外）和圆内选取，此种方式拾取顺序无先后之分，则可以画出矩形与圆之间的剖面线，如图 12-6（d）所示。

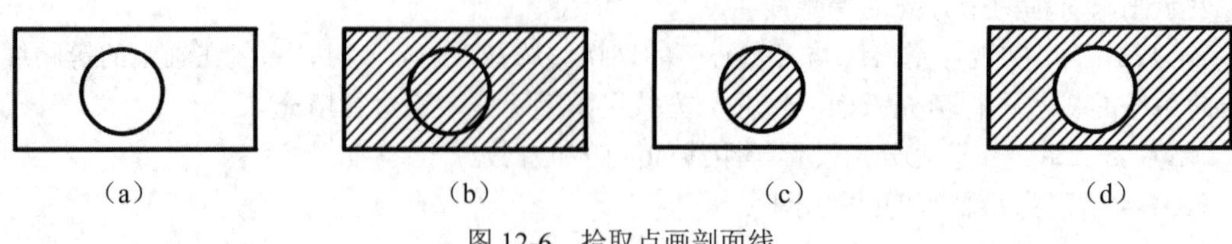

（a）　（b）　（c）　（d）

图 12-6　拾取点画剖面线

（2）拾取边界。操作提示“拾取边界”，系统将根据拾取的边界搜索生成剖面线。如果拾取到的边界不能构成互不相交的封闭环，则操作无效。拾取边界时，可以用窗口拾取，也可以一条边界一条边界地连续拾取。

图 12-7 所示是拾取边界画剖面线的示例，图（a）中是拾取矩形和圆并按确认键后画出的剖面线，图（b）中，矩形和圆重叠部分不能构成互不相交的封闭环，用拾取边界的方式不能画出剖面线，而采用拾取点的方式则可以很容易地画出剖面线。

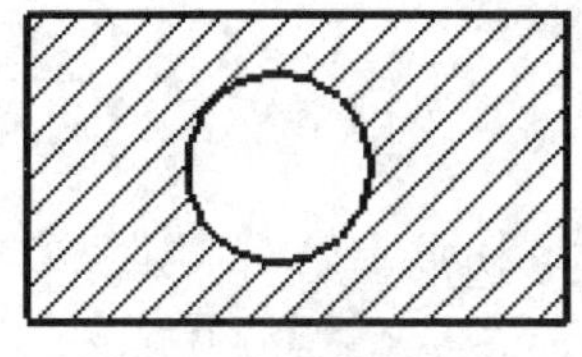

（a）正确的边界

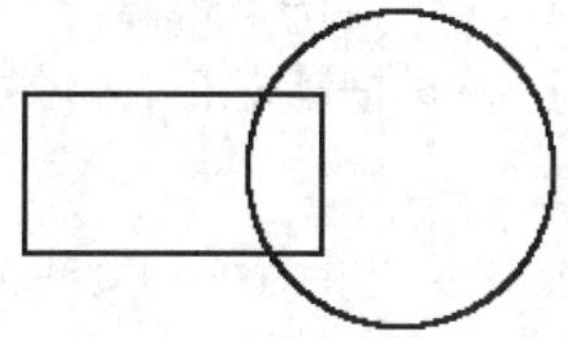

（b）错误的边界

图 12-7　拾取边界画剖面线

立即菜单中选项“2.”可以有“选择剖面线图案”和“不选择剖面线图案”两种选择，单击“不选择剖面线图案”时填充的是系统缺省的剖面符号，菜单中的选项可以设定剖面线的显示比例和角度，比例数值越大，显示剖面线间距越大；单击“选择剖面线图案”时系统可提供一系列可选择的剖面图案，以适应不同行业的需要，如土木、建筑等行业。拾取剖面线区域完成后按确认键，将弹出“剖面图案”对话框，如图 12-8 所示。

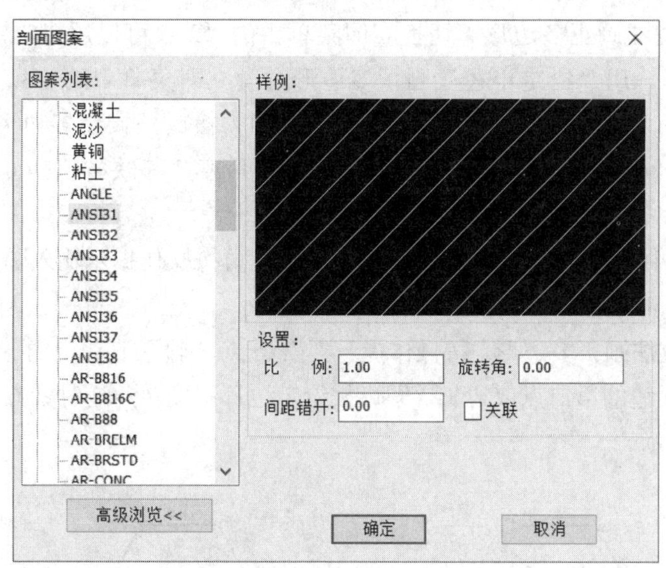

图 12-8　“剖面图案”对话框

具体操作如下：

（1）在左侧“图案列表”中选择剖面图案，在右侧的预显框中将显示该剖面图案。选择“无图案”时，系统恢复初始的剖面图案。

（2）右侧可以进行比例、旋转角等参数设置。

（3）单击“确定”按钮加以确认或单击“取消”按钮放弃此次设置。

12.4　正多边形

1. 命令

键盘输入：polygon。

下拉菜单：绘图→正多边形。

绘图工具：单击按钮。

兼容面孔：单击按钮。

2. 功能

按给定的边数（半径）和旋转角度在指定位置画出正多边形。

3. 操作

在“绘图”工具栏或菜单中选取“正多边形”，弹出立即菜单，如图 12-9 所示。

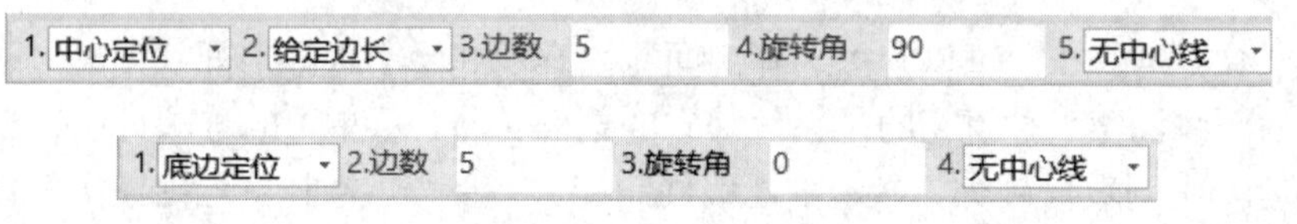

图 12-9　正多边形的立即菜单

立即菜单中的“1.”可以切换绘制正多边形的两种定位方法：中心定位和底边定位。

（1）中心定位法画正多边形。切换立即菜单中的“2.”可以用“给定半径”或“给定边长”画正多边形。用“给定半径”画正多边形时，立即菜单中的“3.”又有“内接”和“外接”两种方式，表示可以画一个给定半径的圆的内接或外接正多边形。“边数”可输入正多边形的边数。“旋转角”可输入正多边形的旋转角度，其缺省值为 0，如图 12-10（a）所示。

按操作提示“中心点：”给定正多边形的中心点，再按操作提示输入圆上一点或半径即可画出正多边形。

（2）底边定位法画正多边形。按操作提示“第一点：”输入底边上的一点，按提示“第二点或边长：”输入底边的第二点或边长，即可按给定边长和旋转角逆时针方向画出正多边形，如图 12-10（b）所示。

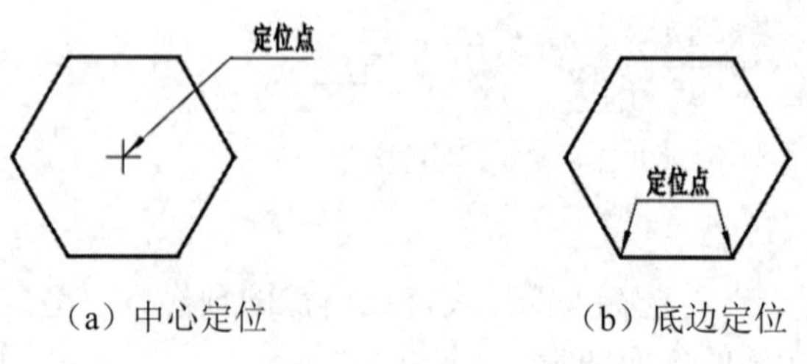

（a）中心定位　　（b）底边定位

图 12-10　绘制正多边形

12.5　椭圆

1. 命令

键盘输入：ellipse。

下拉菜单：绘图→椭圆。

绘图工具：单击⊙按钮。

兼容面孔：单击⊙按钮。

2. 功能

在给定位置上画出一个给定长、短轴，且任意方向的椭圆或椭圆弧。

3. 操作

在“绘图”工具栏或菜单中选取“椭圆”，弹出立即菜单，如图 12-11 所示。

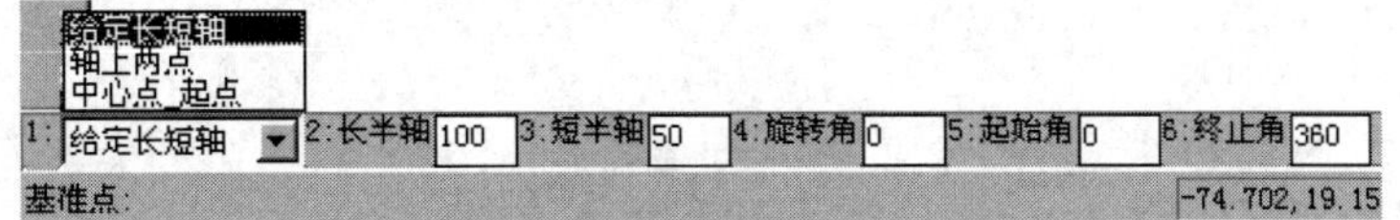

图 12-11　椭圆的立即菜单

立即菜单中的“1.”是一个选择项，给出了画椭圆的 3 种方式：给定长短轴、轴上两点、中心点_起点。

（1）给定长短轴画椭圆。在立即菜单的“2.”和“3.”中给定椭圆的长、短半轴值，在“4.”中确定椭圆的旋转角。注意，输入正值旋转方向为逆时针，输入负值旋转方向为顺时针。“5.”和“6.”中的“起始角”与“终止角”是指椭圆的起始点和终止点与 X 轴的夹角，改变其数值可以画椭圆或椭圆弧。

（2）轴上两点画椭圆。以轴上两点方式画椭圆时，系统要求输入一个轴上的两点和另一个轴的长度。

（3）中心点_起点画椭圆。以中心点_起点方式画椭圆时，系统要求输入椭圆的中心点和一个轴的起点，然后输入另一个轴的长度。

以上 3 种画椭圆的方式都可以用鼠标拖动来确定椭圆的形状。

12.6　孔/轴

1. 命令

键盘输入：hatch。

下拉菜单：绘图→孔/轴。

绘图工具：单击按钮。

兼容面孔：单击按钮。

2. 功能

在指定位置画出指定角度的（圆柱或圆锥）孔或轴的轮廓线。

3. 操作

在“绘图”工具栏或菜单中选取“孔/轴”，弹出立即菜单，如图 12-12 所示。

立即菜单中的“1.”可切换绘制“轴”或“孔”，绘制孔和轴的操作完全相同，画出的图形区别只是画孔时不画两端的端面线。

操作时，系统首先提示“插入点”，给定一点后，系统又弹出一个新的立即菜单，如图 12-12（b）所示。此时可在“2.”和“3.”选项中确定起始直径和终止直径的数值，若两者数值不同，则可画出圆锥孔或圆锥轴。“4.”可以选择画出的图有无中心线。画图时，系统提示“轴上一点或轴的长度:”，移动鼠标确定孔或轴的长度并单击鼠标左键，或由键盘输入孔或轴的长度数值并回车，一个孔或轴被快速绘制完成。阶梯轴或孔可连续画出后再退出命令。

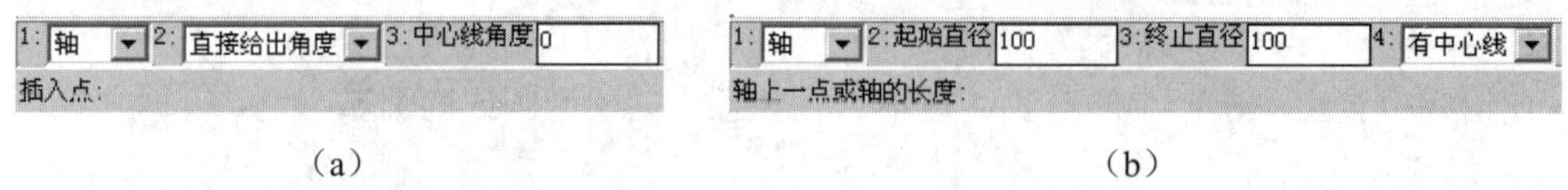

（a）　　　　　　　　　　（b）

图 12-12　孔/轴的立即菜单

图 12-13 所示是绘制孔和轴示例。

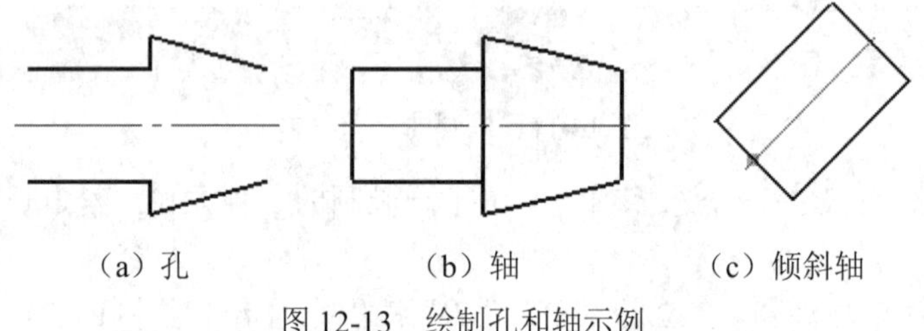

（a）孔　　　　（b）轴　　　　（c）倾斜轴

图 12-13　绘制孔和轴示例

12.7　波浪线

1. 命令

键盘输入：wavel。

下拉菜单：绘图→波浪线。

绘图工具：单击按钮。

兼容面孔：单击按钮。

2. 功能

按给定波峰高度绘制波浪曲线。

3. 操作

在“绘图”工具栏或菜单中选取“波浪线”，弹出立即菜单 1:波峰 3 。“1.波峰”表示波浪线的波峰高度，可改变其数值。绘制波浪线很简单，只要按提示要求用鼠标输入几个点，按下鼠标右键结束本次操作，一条光滑的波浪线就绘制完成了。

12.8　双折线

1. 命令

键盘输入：condup。

下拉菜单：绘图→高级曲线→双折线。

绘图工具：单击后再单击按钮。

兼容面孔：单击后再单击双折线按钮。

2. 功能

绘制一条双折线，也可以将一条已有的直线变为双折线。

3. 操作

在“绘图”工具栏或菜单中选取“双折线”，若按操作提示“拾取直线或第一点”的要求选取一条直线，则该直线变为双折线；若输入第一点，则操作提示变为“第二点”，此时输入第二点后即在输入的两点之间画出一条双折线。本操作没有立即菜单。

12.9　公式曲线

1. 命令

键盘输入：polygon。

下拉菜单：绘图→高级曲线→公式曲线。

绘图工具：单击按钮。

兼容面孔：单击按钮。

2. 功能

按给定的数学表达式绘制曲线图形。

3. 操作

在“绘图”工具栏或菜单中选取“公式曲线”，弹出“公式曲线”对话框，如图 12-14 所示。其中提供了坐标系、参数及曲线名称等，可根据作图需要进行选择，单击“预显”按钮可在对话框的预览框中显示该公式曲线。对话框的内容设定后单击“确定”按钮，对话框消失。操作提示“曲线定位点:”，用鼠标或键盘输入一个点后一条设定的公式曲线绘制完成。

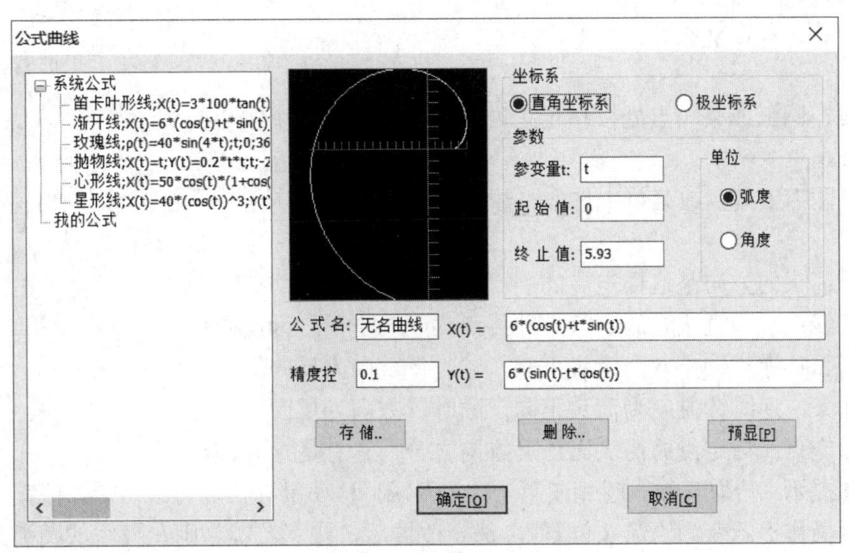

图 12-14　“公式曲线”对话框

12.10 填充

1. 命令

键盘输入：solid。

下拉菜单：绘图→填充。

绘图工具：单击按钮。

兼容面孔：单击按钮。

2. 功能

按绘图要求对图形进行填充（涂黑）。

3. 操作

选取“填充”命令后操作提示“拾取环内点”，用鼠标点取待填充的封闭图形并按下左键，即可按当前层的颜色对该封闭图形进行填充。图 12-15 所示为填充示例。

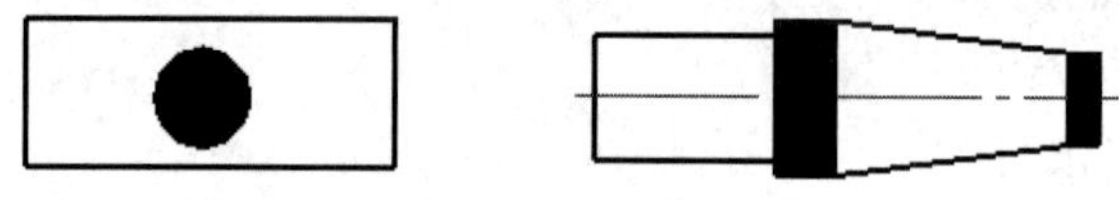

图 12-15 填充示例

12.11 箭头

1. 命令

键盘输入：arrow。

下拉菜单：绘图→箭头。

绘图工具：单击按钮。

兼容面孔：单击按钮。

2. 功能

在直线、圆弧或某一点处按指定正方向或反方向画一个实心箭头。

3. 操作

在“绘图”工具栏或菜单中选取“箭头”，弹出立即菜单 1: 正向，“1.”为正向或反向切换开关。

系统对箭头的方向是这样定义的：

- 直线：从画直线时的起点指向终点为正向，反之为反向。
- 圆弧：逆时针方向为箭头正向，顺时针方向为反向。
- 样条：逆时针方向为箭头正向，顺时针方向为反向。
- 指定点：指定点的箭头无正反方向之分，它总是指向该点。

按操作提示“拾取直线、圆弧或第一点”要求，移动鼠标拾取直线、圆弧或第一点并按下左键，此时操作提示变为“箭头位置”，选定位置后再按下左键，则在直线或圆弧上画出一个箭头。

12.12 点

1. 命令

键盘输入：point。

下拉菜单：绘图→点。

绘图工具：单击 ▫ 按钮。

兼容面孔：单击 ▫ 按钮。

2. 功能

在指定位置画一个孤立点、曲线上的等分点或等距点。

3. 操作

在“绘图”工具栏或菜单中选取“点”，弹出立即菜单 1: 孤立点 。单击“1.”可选取“孤立点”“等分点”和“等距点”3 种方式。

（1）孤立点。绘制“孤立点”时，只要把鼠标移到指定位置并按下鼠标左键，孤立点即被画出。

（2）等分点。绘制“等分点”时，拾取待等分的直线或圆弧，选定等分数，按下鼠标左键，则等分点绘制完成。

（3）等距点。绘制“等距点”时，将圆弧按指定的弧长划分，其立即菜单变为图 12-16 所示的内容。立即菜单中的“2.”为切换“指定弧长”方式和“两点确定弧长”方式开关。若选择“指定弧长”方式，则在“3.弧长”中指定每段弧的长度，在立即菜单的“4.等分数”中输入等分数，然后拾取要等分的曲线，接着拾取起始点，选取等分方向，即可绘制出曲线的等弧长点，如图 12-16（a）所示。若选择“两点确定弧长”方式，则在“3.等分数”中输入等分数，然后拾取要等分的曲线，拾取起始点，选取等弧长点（弧长），即可绘制出曲线的等弧长点，如图 12-16（b）所示。

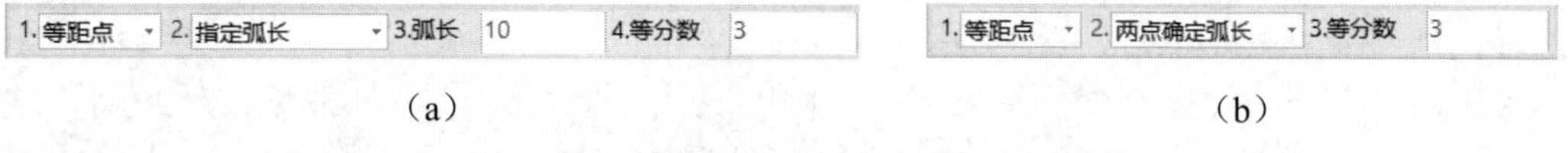

（a）　　（b）

图 12-16　等距点方式划分曲线的立即菜单

12.13 齿形

1. 命令

键盘输入：gear。

下拉菜单：绘图→齿形。

绘图工具：单击按钮。

兼容面孔：单击按钮。

2. 功能

按给定的参数生成整个齿轮或生成给定个数的齿形。

3. 操作

选取“齿轮生成”命令，弹出“齿形参数”对话框，如图 12-17 所示。在其中可根据绘图需要设置齿轮的齿数、模数、压力角、变位系数等，还可通过改变齿顶高系数和齿顶隙系数来改变齿顶圆直径和齿根圆直径，也可直接改变齿顶圆直径和齿根圆直径。

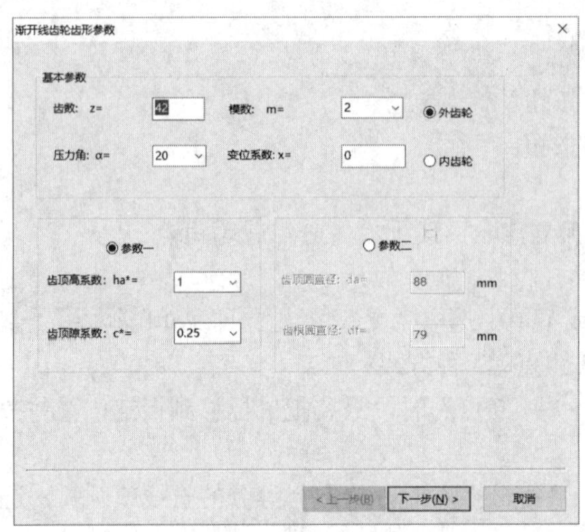

图 12-17 “齿形参数”对话框

确定完齿轮的参数后单击“下一步”按钮，弹出“齿形预显”对话框，如图 12-18 所示。在此对话框内可以设置齿顶过渡圆角半径、齿根过渡圆角半径、精度等。“有效齿数”可选择要生成的齿数和相对于齿轮圆心的起始角（图 12-18（a）），若“有效齿数”不被选中则生成整个齿轮（图 12-18（b））。确定完该对话框中的参数后可单击“预显”按钮观察生成的齿形，若要修改前面的参数则单击“上一步”按钮回到前一个对话框。

设置完成后单击“完成”按钮，对话框消失，操作提示“齿轮定位点”，给出齿轮定位点（齿轮圆心）即可画出齿形。

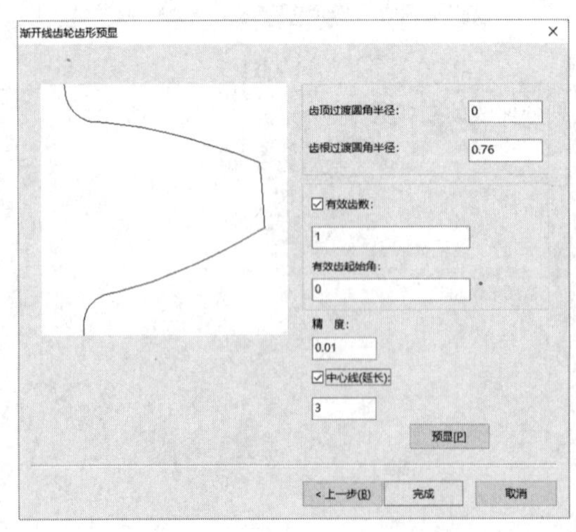

（a）

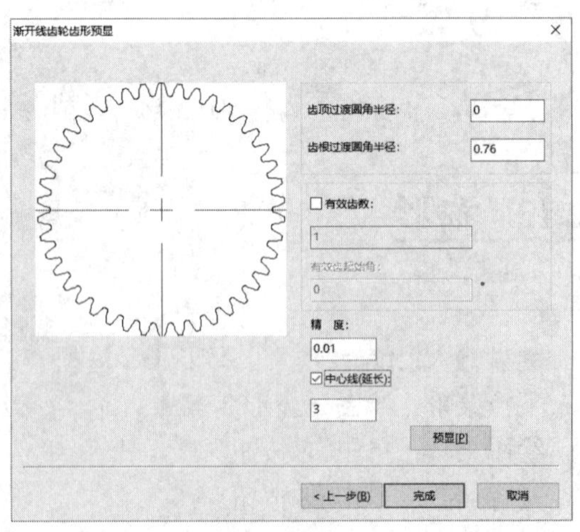

（b）

图 12-18 “齿形预显”对话框

12.14 圆弧拟合样条

1. 命令

键盘输入：nhs。

下拉菜单：绘图→圆弧拟合样条。

绘图工具：单击按钮。

兼容面孔：单击按钮。

2. 功能

将样条线分解为多段圆弧，并且可以指定拟合的精度。配合查询功能使用，可以使加工代码编程更方便。

3. 操作

选取“圆弧拟合样条”命令，弹出立即菜单，如图 12-19 所示。单击立即菜单中的“1.”可以选取“不光滑连续”或“光滑连续”。立即菜单中的“2.”为是否保留原曲线的切换开关。在立即菜单的“3.”和“4.”中可以设定拟合误差和最大拟合半径，然后拾取需要拟合的样条线即可。

图 12-19 圆弧拟合样条的立即菜单

12.15 实训

绘制如图 12-20 所示的平面图形。

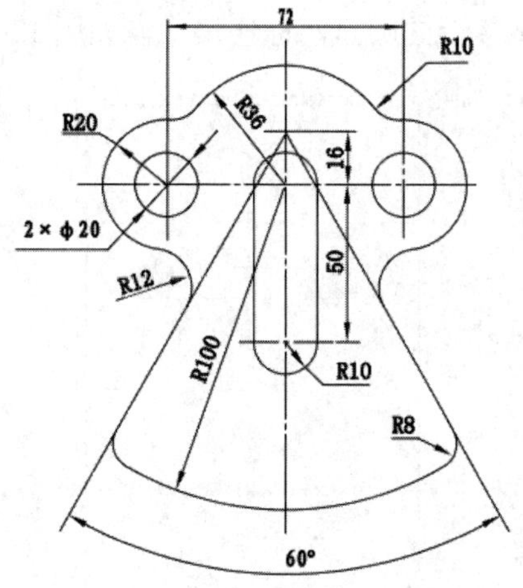

图 12-20 平面图形

（1）设置图纸幅面并调入图框和标题栏。

1）选择“幅面”菜单中的“幅面设置”命令，弹出“图纸幅面”对话框。选择图纸幅面

A4、绘图比例 1:1、图纸方向竖放、图框横 A4，“调入标题栏”选择学校等参数，单击“确定”按钮。

2）填写标题栏。选择“填写标题栏”，弹出“填写标题栏”对话框，填写有关的信息后单击“确定”按钮。

（2）用“直线”命令绘制基准线（中心线），如图 12-21（a）所示。拾取直线（正交）绘制水平和垂直线。

1）改变图层：将属性工具条中的 0 层改为中心线层。

2）绘制直线：鼠标点取⟋→立即菜单：拾取两点直线（正交）绘制水平和垂直线；拾取平行线⫽（双向）绘制两圆中心线（相距 72、16、50）。

（3）用“圆”命令绘制圆、圆弧，如图 12-21（b）和（c）所示。

1）改变图层：将属性工具条中的中心线层改为 0 层。

2）绘制圆：鼠标点取⊙→立即菜单：选择圆心、半径，按空格键，捕捉“交点”，拾取圆心位置（交点），画直径 20 和半径 20 的同心圆、半径 36 的圆。

3）绘制圆弧：鼠标点取圆弧⌒→立即菜单：选择两点、半径，按空格键，捕捉“切点”，在适当的位置拾取切点，画半径 10 的两个圆弧，如图 12-21（b）所示。

4）修剪圆弧（圆）：拾取“修剪”命令⊹，去掉圆中多余的圆弧，如图 12-21（c）所示。

（4）用“直线”命令绘制角度线，如图 12-21（d）所示。

1）绘制角度线：鼠标点取⟋→立即菜单：拾取角度线。

2）X 轴夹角 60，拾取直线起点，输入直线长度 100，回车。

3）Y 轴夹角 30，拾取直线起点，输入直线长度 100，回车。

4）绘制 R100 圆弧：鼠标点取⌒→立即菜单：选择两点、半径，拾取角度线，输入半径 100，如图 12-21（d）所示。此圆弧也可以画半径 100 的圆，进行修剪。

5）绘制圆：选择两点、半径，在适当的位置拾取切点，画半径 10、12 和半径 8 的圆。用“直线”命令绘制两切线，如图 12-21（e）所示。

（5）用“修剪”命令去掉多余的圆弧，标注尺寸，如图 12-21（f）所示。

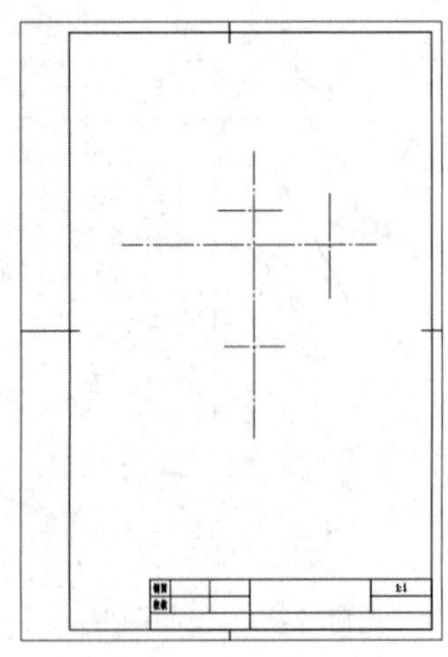

（a）平面图形

图 12-21　绘制平面图形

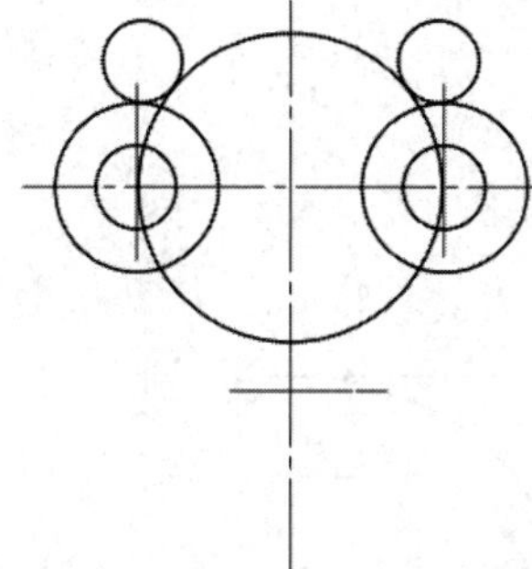

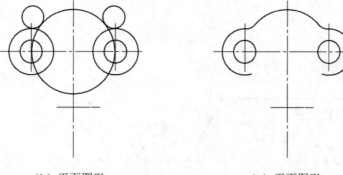

（b）平面图形 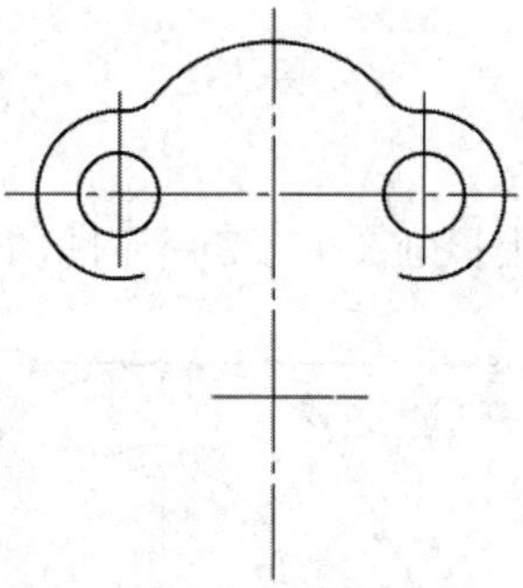　　　　（c）平面图形

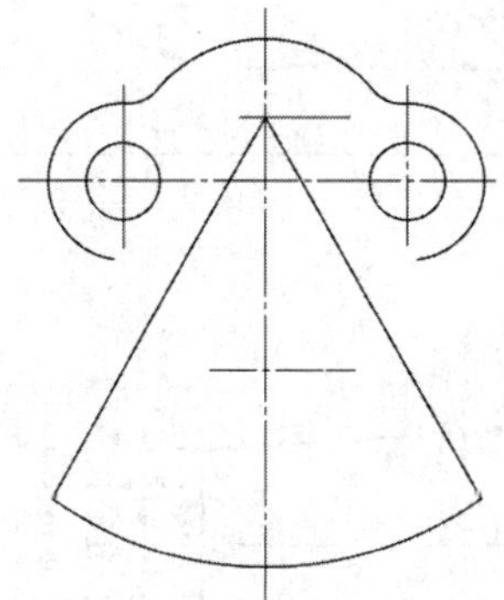

（d）平面图形

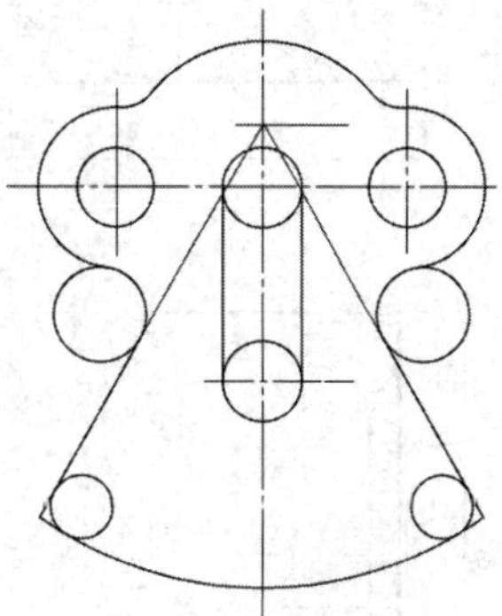

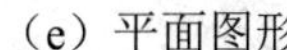

（e）平面图形

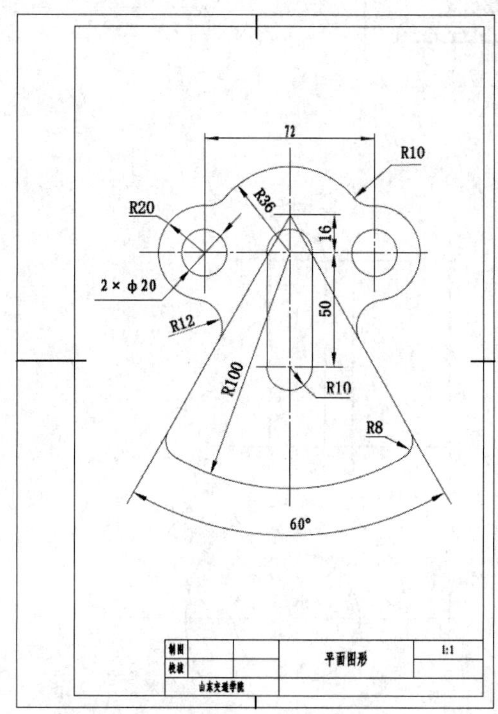

（f）平面图形

图 12-21　绘制平面图形（续图）

习题 12

在 A3 图幅上抄画图 12-22 所示的图形。

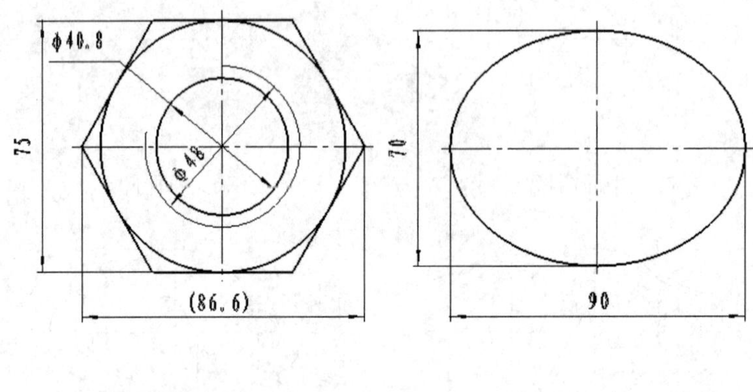

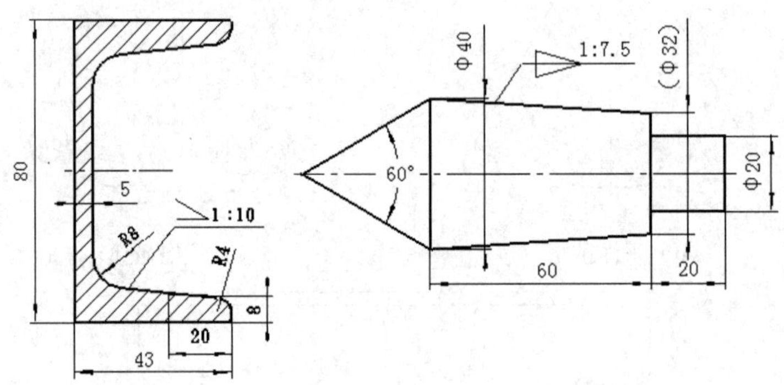

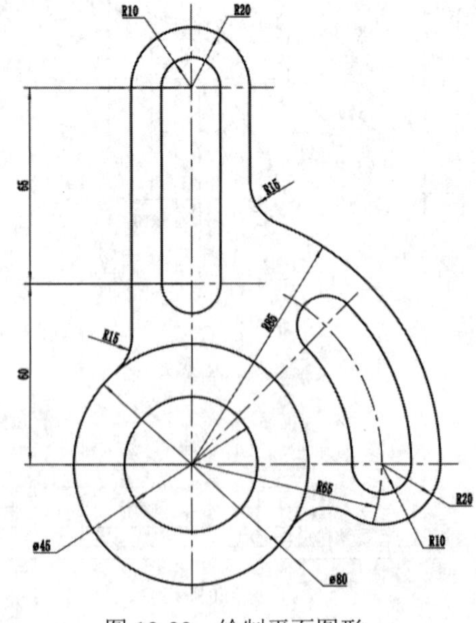

图 12-22　绘制平面图形

第13章 图形编辑

在绘图过程中，对当前图形进行编辑修改是交互式绘图软件必不可少的基本功能。它对提高绘图速度和绘图质量具有至关重要的作用。CAXA 为用户提供了功能齐全、操作灵活方便的编辑修改功能。

电子图板的编辑修改功能主要包括基本编辑、图形编辑和属性编辑等。基本编辑主要是一些常用的编辑功能和操作方法，例如对图形的复制、剪切和粘贴等；图形编辑主要是针对各种图形对象进行编辑和修改，例如对图形的平移、裁剪、旋转等操作；属性编辑是对各种图形对象进行图层、线型、颜色等属性的修改。

为了适应各方面的绘图需要，电子图板支持对象的连接与嵌入（OLE）技术，可以在电子图板生成的文件中插入图片、图表、文本电子表格等 OLE 对象，也可以插入声音、动画、电影剪辑等多媒体信息。

13.1 基本编辑

13.1.1 概述

CAXA 电子图板的基本编辑功能主要包括取消操作、重复操作、图形的剪切/拷贝/粘贴、删除对象、拾取删除、删除所有等，相应命令在“编辑”子菜单中可以找到，如图 13-1 所示。

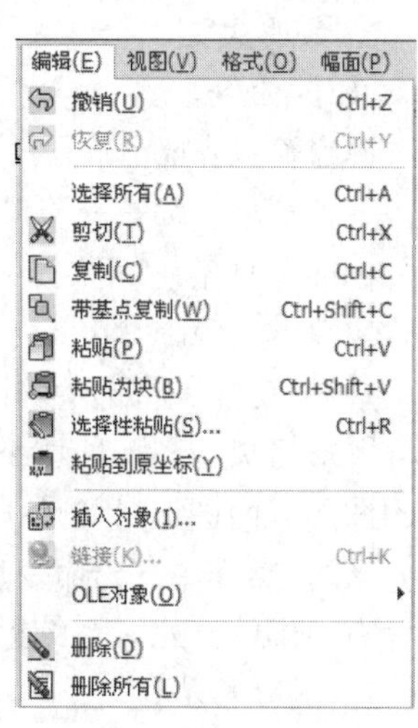

图 13-1 图形编辑菜单

13.1.2 撤销操作与恢复操作

撤销与恢复操作是相互关联的一对命令，将当前图纸的内容切换到编辑过程中的某一个状态。

1. 撤销操作

（1）命令。

键盘输入：undo。

下拉菜单：编辑→撤销。

标准工具条：单击按钮。

（2）功能。取消最后一次发生的操作。

（3）操作。在图形绘制和编辑过程中，如果出现误操作可以拾取该命令返回。

2. 恢复操作

（1）命令。

键盘输入：redo。

下拉菜单：编辑→恢复。

标准工具条："重复"按钮。

（2）功能。它是撤销操作的逆过程，用来取消最近一次的撤销操作。

13.1.3 图形剪切、复制与粘贴

1. 图形剪切

（1）命令。

键盘输入：cut。

下拉菜单：编辑→剪切。

标准工具条："剪切"按钮。

快捷键：Ctrl+X。

（2）功能。将选中的图形或 OLE 对象送入剪贴板中，以供图形粘贴时使用。

（3）操作。发出命令后，用鼠标选取要剪切的图形，被选中的图形变虚线显示，按下鼠标右键确认，此时系统提示输入图形的定位基点，单击鼠标左键确定，被选中的图形在屏幕上消失。

2. 图形复制

（1）命令。

键盘输入：copy。

下拉菜单：编辑→复制。

标准工具条："复制"按钮。

快捷键：Ctrl+C。

（2）功能。将选中的图形或 OLE 对象送入剪贴板中，以供图形粘贴时使用。

图形拷贝与图形剪切不论在功能上还是在使用上都十分相似，只是图形拷贝不删除用户拾取的图形，而图形剪切是在图形拷贝的基础上再删除掉用户拾取的图形。

（3）操作。发出命令后，用鼠标选取要复制的图形，被选中的图形变为虚线显示，按下鼠标右键确认，此时系统提示输入图形的定位基点，单击鼠标左键确定，屏幕没有什么变化。

3. 图形粘贴

（1）命令。

键盘输入：paste。

下拉菜单：编辑→粘贴。

标准工具条：“粘贴”按钮。

快捷键：Ctrl+V。

（2）功能。将剪贴板中的图形粘贴到当前或新打开的文件中。

（3）操作。命令拾取后，剪贴板中的图形被鼠标拖动，此时系统提示输入定位点和旋转角度，操作完毕。

4. 选择性粘贴

（1）命令。

键盘输入：specialpaste。

下拉菜单：编辑→选择性粘贴。

标准工具条：“选择性粘贴”按钮。

（2）功能。将 Windows 剪贴板中的内容按照所需的类型和方式粘贴到文件中。

（3）操作。选择“选择性粘贴”命令，系统弹出如图 13-2 所示的“选择性粘贴”对话框。在其中选择粘贴的方式，单击“确定”按钮，即可按选择的方式进行粘贴。

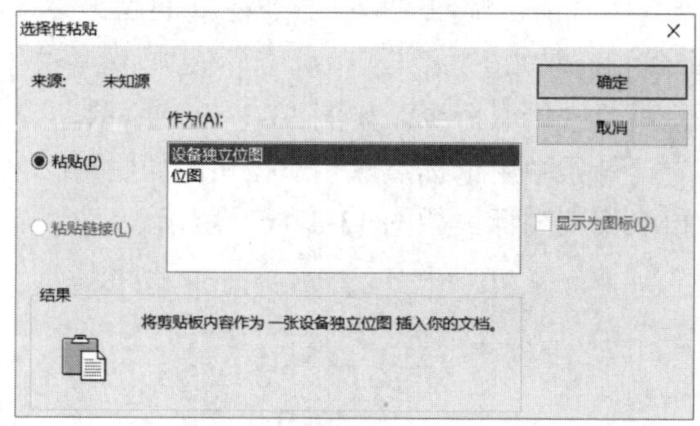

图 13-2 “选择性粘贴”对话框

13.1.4 插入对象

（1）命令。

键盘输入：insertobject。

下拉菜单：编辑→插入对象。

（2）功能。插入一个 OLE 对象。可以新创建对象，也可以从现有文件创建。新创建的对象可以是嵌入的对象，也可以是链接的对象。

（3）操作。选择“插入对象”命令，系统弹出“插入对象”对话框。可以在对话框中新创建对象，也可以从现有文件创建。新创建的对象可以是嵌入的对象，也可以是链接的对象。单击“确定”按钮，即可按选择的方式进行对象插入。

13.1.5 删除

1. 删除

（1）命令。

键盘输入：erase。

下拉菜单：修改→删除。

编辑工具条："删除"按钮。

（2）功能。从图形中删除对象。

（3）操作。选择"删除"命令或按 Delete 键将删除拾取到的图形。

2. 删除所有

（1）命令。

键盘输入：eraseall。

下拉菜单：修改→删除所有。

（2）功能。将所有已打开图层上符合拾取过滤条件的实体全部删除。

（3）操作。选择"删除所有"命令，将删除所有系统拾取设置所选中的图形。

13.2 图形编辑

为提高作图效率和删除在作图过程中产生的多余线条，电子图板提供了图形编辑功能，其主要内容如图 13-3 所示。其中裁剪、拉伸、平移命令在第 11 章已经介绍，本节着重介绍其余的图形编辑命令。编辑命令的拾取如下：

（1）在"修改"下拉菜单中拾取命令，如图 13-3（a）所示。

（2）在"编辑工具"工具条中用鼠标点取相应按钮，如图 13-3（b）所示。

（3）在兼容面孔中拾取相应图标，如图 13-3（c）所示。

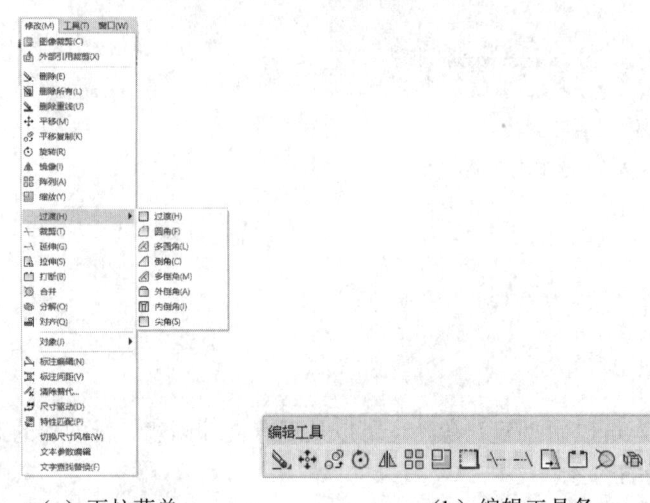

（a）下拉菜单

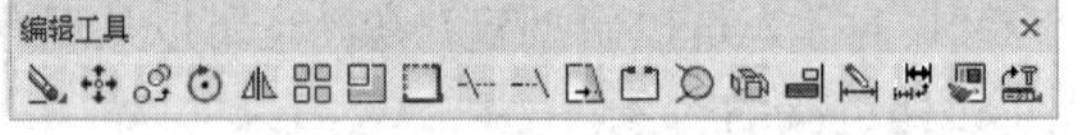

（b）编辑工具条

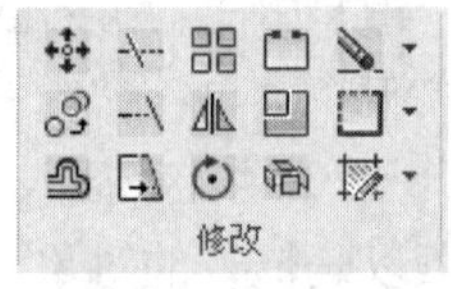

（c）兼容面孔

图 13-3 图形编辑菜单

13.2.1 过渡

1. 命令

键盘输入：corner。

下拉菜单：修改→过渡。

编辑工具：单击按钮。

兼容面孔：单击按钮□。

2. 功能

在直线与直线、直线与圆弧、圆弧与圆弧之间用圆角、倒角或尖角进行过渡。

3. 操作

选取“过渡”命令，弹出立即菜单，如图 13-4 所示。用鼠标点取立即菜单中的“1.圆角”，在其上方出现选项菜单，共有 7 项：圆角、多圆角、倒角、外倒角、内倒角、多倒角和尖角，可根据绘图需要选择过渡形式。“2.”可进行裁剪方式切换，裁剪方式有 3 种：裁剪、裁剪始边和不裁剪，如图 13-5 所示。其中“裁剪始边”是指只对拾取的第一条线进行裁剪。

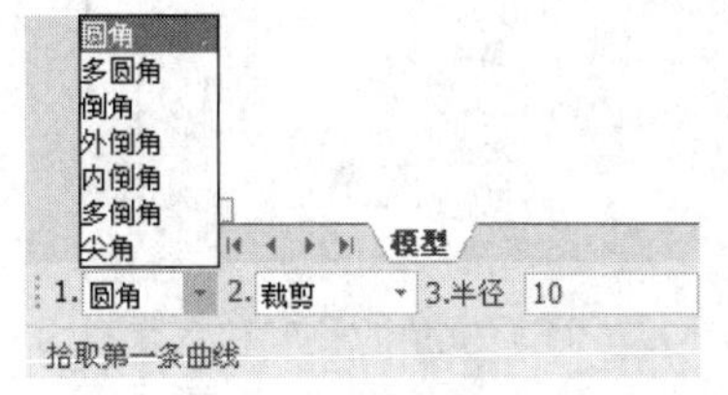

图 13-4　过渡的立即菜单

图 13-5　裁剪方式的立即菜单

（1）圆角过渡。图 13-6 是圆角过渡形式用不同的裁剪方式绘制的图形，从中可以对 3 种裁剪方式加以区别。

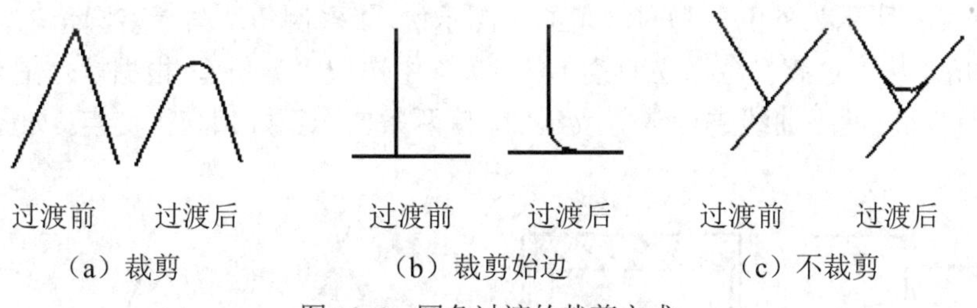

图 13-6　圆角过渡的裁剪方式

（2）多圆角过渡。用多圆角过渡可以对一系列首尾相接的直线（可以是封闭的，也可以是不封闭的）同时在相交处以相同的半径进行圆角过渡，如图 13-7 所示。设定半径后，拾取任意一条边，即可同时画出几个相同半径的圆角。

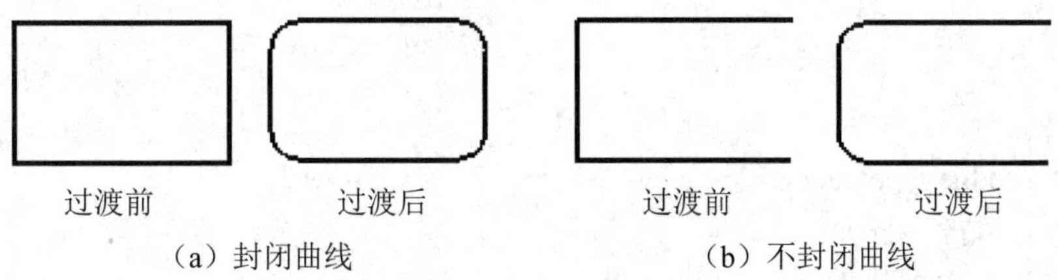

图 13-7　多圆角过渡

（3）倒角过渡。从“过渡”命令立即菜单的“1.”中选取“倒角”，“2.”在“长度和角度方式”和“长度和宽度方式”中选择，如图 13-8 所示。“3.”裁剪方式与圆角相同。在“4.”和“5.”中设定倒角的长度和角度，其中“长度”是指从两直线的交点开始，沿所拾取的第一条直线方向的长度；“角度”是指倒角线与所拾取的第一条直线的角度，如图 13-9 所示。两直线拾取的顺序不同，做出的倒角也不同。

图 13-8　倒角的立即菜单

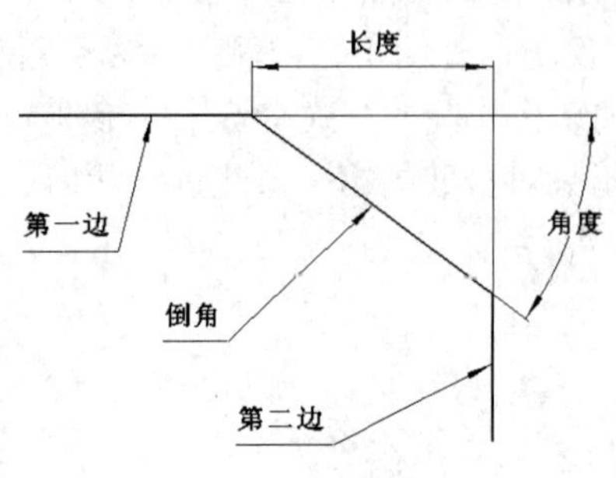

（a）倒角的长度和角度

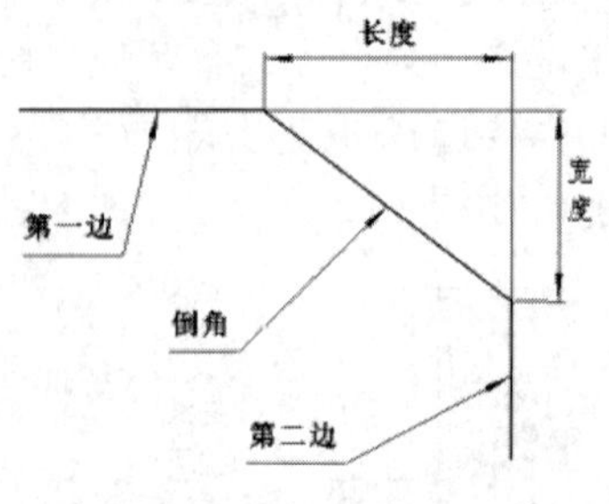

（b）倒角的长度和宽度

图 13-9　倒角

（4）外倒角和内倒角。从“过渡”命令立即菜单的“1.”中选取“外倒角”或“内倒角”，“2.”“3.”和“4.”选项内容同上，可以设定倒角的参数、长度和角度，不再赘述。根据操作提示连续拾取三条直线，拾取的这三条直线无顺序要求但必须相互是垂直、平行关系，否则操作无效。图 13-10 所示为外倒角和内倒角的绘图示例。“多倒角”与“多圆角”操作类似。

（5）尖角。从“过渡”命令立即菜单的“1.”中选取“尖角”，根据操作提示连续拾取两条曲线，系统自动对两条曲线进行裁剪或延伸，使两条曲线正好相交于交点，如图 13-11 所示。

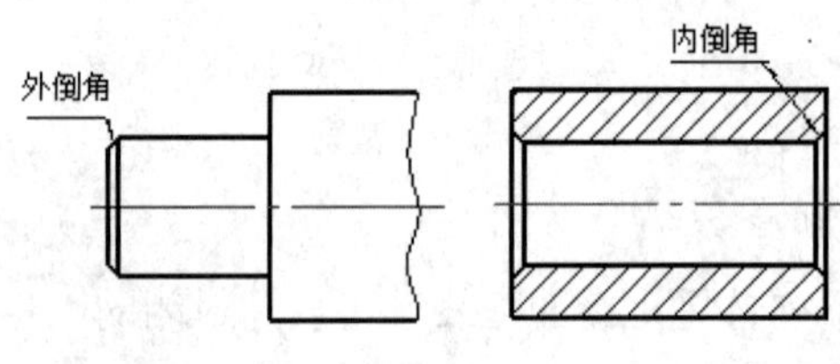

图 13-10　内倒角和外倒角示例

（a）相交　（b）不相交　（c）尖角过渡

图 13-11　尖角过渡

13.2.2　延伸

1．命令

键盘输入：edge 或 extend。

下拉菜单：修改→延伸。

编辑工具：单击--\按钮。

兼容面孔：单击--\按钮。

2．功能

以一条曲线为边界对一系列曲线进行裁剪或延伸。

3．操作

选择“延伸”命令，弹出立即菜单，如图 13-12 所示。用鼠标点取立即菜单中的“1.”

可切换为“延伸”和“齐边”两种方式。“延伸”时按提示选择要操作的对象后则提示改为“选择要延伸对象”，根据作图需要点取要编辑的曲线。“齐边”时按提示拾取剪刀线作为边界，提示变为“拾取要编辑的曲线：”，根据作图需要点取要编辑的曲线。如果拾取的曲线与边界相交，则按“裁剪”命令进行操作，即系统裁剪拾取的曲线至边界为止；如果拾取的曲线与边界曲线无交点，则系统将曲线按其自身的趋势延伸至边界。延伸操作实例如图 13-13 所示。

图 13-12　延伸或齐边的立即菜单

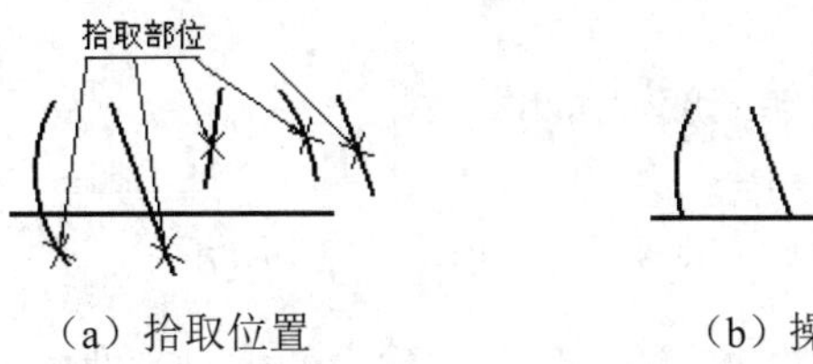

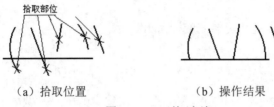

（a）拾取位置　　（b）操作结果

图 13-13　延伸/齐边

13.2.3　打断

1. 命令

键盘输入：break。

下拉菜单：修改→打断。

编辑工具：单击按钮。

兼容面孔：单击按钮。

2. 功能

将一条指定曲线在指定处打断成两条曲线，以便于其他操作。

3. 操作

选取“打断”命令，弹出立即菜单，如图 13-14 所示，打断有“一点打断”和“两点打断”两种形式。“一点打断”模式下，按提示要求“拾取曲线：”，然后提示要求用鼠标拾取一条待打断的曲线，该曲线变成虚线显示，命令行提示变为“选取打断点：”，根据作图需要充分利用智能点、工具点菜单等选取打断点，选中后单击鼠标左键，曲线即被打断。虽然曲线被打断后在屏幕上所显示的与打断前并没有什么不同，但实际上原来的曲线已经变为两条互不相干的曲线，若原曲线为封闭曲线则打断为非封闭曲线。

图 13-14　打断的立即菜单

“两点打断”模式：在立即菜单中单击“1.”切换为“两点打断”，“2.”有“伴随拾取点”和“单独拾取点”两种打断点拾取模式。前一种模式在执行两点打断时先拾取需要打断的曲线，直接将拾取点作为第一打断点，并根据提示选择第二打断点。后一种模式下，同样先拾取需要打断的曲线，在命令输入区提示下分别拾取两个打断点。

无论使用哪种打断点拾取模式，拾取两个打断点后，被打断曲线会从两个打断点处被打断，同时两点间的曲线会被删除。

13.2.4 旋转

1. 命令

键盘输入：rotate。

下拉菜单：修改→旋转。

编辑工具：单击⊙按钮。

兼容面孔：单击⊙按钮。

2. 功能

将拾取到的图形元素进行旋转或旋转拷贝。

3. 操作

拾取“旋转”命令，系统弹出立即菜单，如图 13-15 所示。

图 13-15 旋转的立即菜单

立即菜单中“1.”为“起始终止点”和“给定角度”的切换开关。“起始终止点”是依次输入“基点”“起始点”和“终止点”，所选图形转过这三点所决定的角度。“给定角度”是给定旋转角进行旋转；“2.”可切换“旋转”（删除原图形）和“拷贝”（保留原图形）两种方式。

以“给定角度”方式为例，按操作提示“拾取元素：”拾取要旋转的图形，鼠标右键确认后提示变为“基点：”即旋转中心，选定基点后提示又变为“旋转角：”，此时可用鼠标移动确定旋转角或从键盘直接输入旋转角度，按左键结束本次操作。本命令可重复操作，按右键结束操作。

图 13-16 所示是旋转和旋转拷贝的绘图实例。

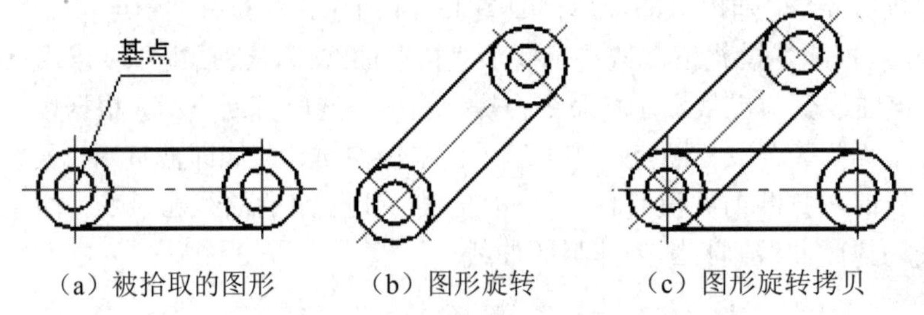

（a）被拾取的图形　（b）图形旋转　（c）图形旋转拷贝

图 13-16 旋转拷贝的绘图实例

13.2.5 镜像

1. 命令

键盘输入：mirror。

下拉菜单：修改→镜像。

编辑工具：单击按钮。

兼容面孔：单击按钮。

2. 功能

将拾取到的图形以某一条直线为轴线进行对称镜像或对称镜像拷贝。

3. 操作

在图形编辑工具栏或菜单中选取“镜像”，弹出立即菜单，如图 13-17 所示。

图 13-17 镜像的立即菜单

从立即菜单的“1.”中可切换“选择轴线”和“给定两点”两种方式，“选择轴线”是指定某一条直线作为镜像的对称线；“给定两点”是用指定两点的连线作为镜像的对称线。“2.”可以切换“拷贝”和“镜像”。“拷贝”保留被拾取的原图形，“镜像”则在完成镜像后删除原图形。图 13-18 所示为镜像和镜像拷贝绘图实例，从中可以看到利用镜像和镜像拷贝绘制某些图形非常方便快捷。

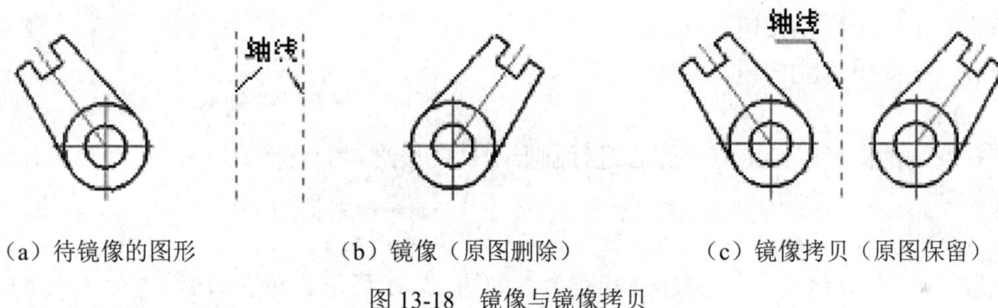

（a）待镜像的图形　（b）镜像（原图删除）　（c）镜像拷贝（原图保留）

图 13-18 镜像与镜像拷贝

13.2.6 比例缩放

1. 命令

键盘输入：scale。

下拉菜单：修改→比例缩放。

编辑工具：单击按钮。

兼容面孔：单击按钮。

2. 功能

将拾取到的图形按比例进行放大或缩小。

3. 操作

在图形编辑工具栏或菜单中选取“比例缩放”，弹出的立即菜单如图 13-19 所示，其中“1.”是“平移”和“拷贝”的切换开关。“平移”是指缩放后拾取到的原图形不保留，“拷贝”是指缩放后拾取到的原图形保留。立即菜单中的“2.”是“比例因子：”，有“比例因子”和“参考方式”两种缩放方式。

1. 平移 2. 比例因子
拾取添加

1. 拷贝 2. 比例因子
拾取添加

图 13-19 比例缩放的立即菜单

按操作提示“拾取元素:”拾取要缩放的图形，单击鼠标右键确认。命令提示变为“基准点:”，立即菜单也有所变化，如图 13-20 所示，输入或点取一点作为缩放的基准点，此时提示又变为“比例系数:”，从键盘输入比例系数或用鼠标拖动确定所缩放的图形大小并按左键，一个经缩放后的图形绘制完毕，按右键确认退出。

1. 拷贝 2. 比例因子 3. 尺寸值变化 4. 比例变化
基准点:

图 13-20 比例缩放立即菜单的变化

13.2.7 阵列

1. 命令

键盘输入：array。

下拉菜单：修改→阵列。

编辑工具：单击按钮。

兼容面孔：单击按钮。

2. 功能

将拾取到的图形以给定点为圆心进行圆形阵列或按给定的行数、列数、行间距和列间距进行矩形阵列。

3. 操作

选取“阵列”命令，系统弹出立即菜单，如图 13-21 所示。在立即菜单的“1.”中可切换“圆形阵列”“矩形阵列”和“曲线阵列”3 种形式。

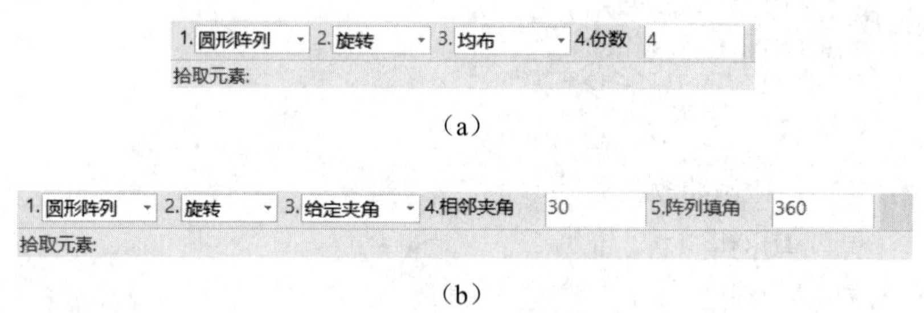

（a）

（b）

图 13-21 阵列的立即菜单

（1）圆形阵列。圆形阵列是以给定点为圆心，以给定点到拾取的图形上给定基点的距离为半径，按极坐标方式进行的阵列。

在圆形阵列的立即菜单中，“2.”可切换为“旋转”和“不旋转”，“3.”可切换阵列按圆周“均布”和“给定夹角”。若设定“均布”，则弹出如图 13-21（a）所示的立即菜单，只需给定份数即可。若非均布则设定“给定夹角”，其立即菜单如图 13-21（b）所示，此时需要在“4.”中设定各相邻图形之间的夹角，在“5.”中设定阵列填角，即从拾取的图形所在位置起绕阵列中心按逆时针方向转过的夹角。图 13-22 所示为圆形阵列的绘图实例。

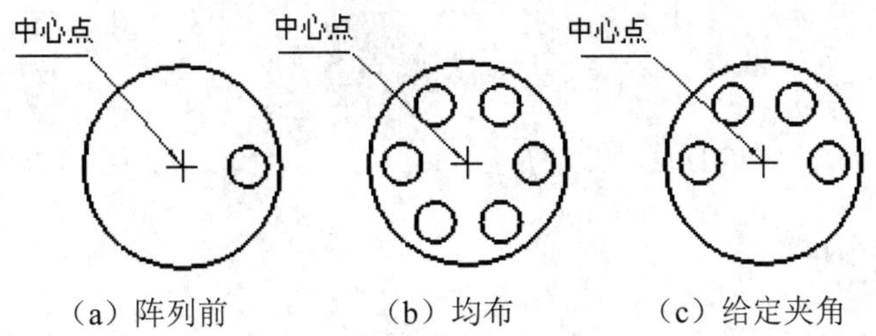

（a）阵列前　（b）均布　（c）给定夹角

图 13-22　圆形阵列的绘图实例

（2）矩形阵列。矩形阵列的立即菜单如图 13-23 所示，在“2.”和“4.”中可分别设置“行数”和“列数”，在“3.”和“5.”中可分别设定“行间距”和“列间距”，在“6.”中设定阵列的旋转角。

图 13-23　矩形阵列的立即菜单

注意： 在矩形阵列中，只允许自左下方向右上方阵列，因此应把阵列的基点放在左下方。在图 13-24 中，（a）图是行数为 3、列数为 4、行列间距均为 14、旋转角为 0 的矩形阵列，（b）图的旋转角为 30°。

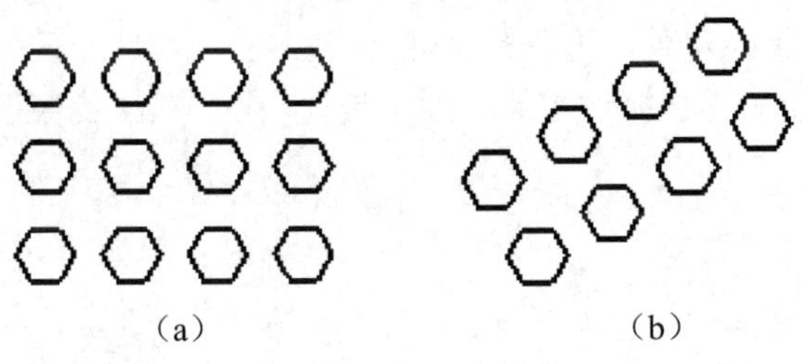

（a）　（b）

图 13-24　矩形阵列绘图示例

13.3　属性编辑

电子图板生成的图形对象具有各种属性，大多数对象的基本属性包括图层、颜色、线型、线宽、线型比例等。这些属性可以通过图层赋予对象，也可以直接单独对这些对象的属性进行编辑操作。

13.3.1　属性工具条

电子图板提供的属性工具条可以编辑对象的图层、颜色、线型、线宽这几个属性。

经典界面环境下在工具栏空白处单击鼠标右键可以在“工具条”下拉菜单中找到“颜色图层”选项，其对应的属性工具条如图 13-25 所示。

在新风格界面“常用”选项卡的“特性”功能区中可以直接找到属性工具条，如图 13-26 所示。拾取对象后，直接选择对应属性即可进行编辑修改。

图 13-25　“颜色图层”工具条

图 13-26　特性工具条

13.3.2　特性工具选项板

该选项板的属性包括基本属性，例如图层、颜色、线型、线宽、线型比例；也包括对象本身的特有属性，例如圆的特有属性，包括圆心、半径、圆直径等。

1. 命令

键盘输入：propertics。

下拉菜单：工具→特性。

鼠标右键：拾取对象后按右键并选择“特性”选项。

兼容面孔：单击按钮。

2. 功能

用特性工具选项板编辑对象的属性。

3. 操作

执行特性命令后，特性工具选项板即被打开，拾取要编辑的对象后在选项板中修改即可。当特性工具选项板为打开状态时，直接拾取对象编辑即可。

也可以先拾取要编辑的对象，再执行属性命令。

如图 13-27 所示，（a）为直接调用的特性工具选项板，（b）为某圆在编辑状态的特性工具选项板。

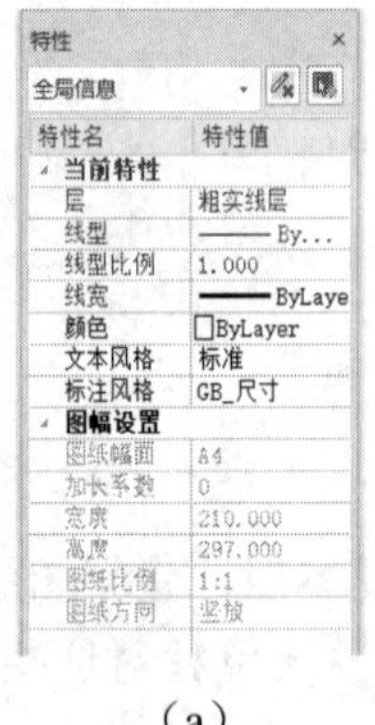

（a）

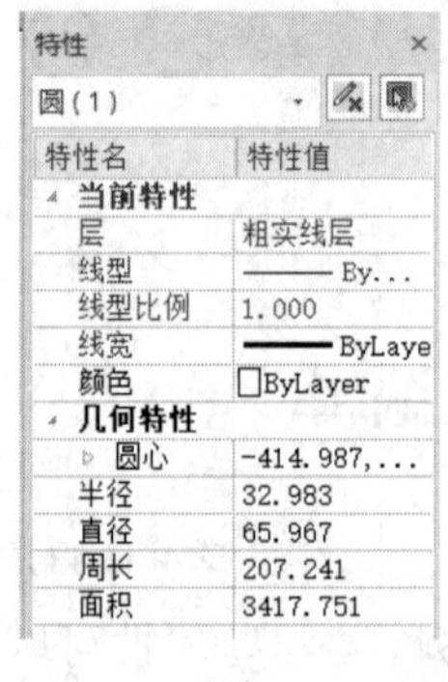

（b）

图 13-27　特性工具选项板

13.3.3　特性匹配

特性匹配功能既可以修改图层、颜色、线型、线宽等基本属性，也可以修改对象的特有属性，例如文字和标注等对象的特有属性。

1. 命令

键盘输入：match。

下拉菜单：修改→特性匹配。

编辑工具：单击“特性匹配”按钮。

兼容面孔：单击按钮。

2. 功能

可以将一个对象的某些或所有特性复制到其他对象。

3. 操作

调用特性匹配功能后，根据提示先拾取源对象，然后拾取要修改的目标对象。

13.4 样式管理

1. 命令

键盘输入：type。

下拉菜单：格式→样式管理。

常用工具条：设置工具条中的按钮。

兼容面孔：单击“常用”工具条“特性”栏内的按钮。

2. 功能

集中设置系统的图层、线型、标注样式、文字样式等，并可对全部样式进行管理。

3. 操作

调用样式管理功能后，弹出如图 13-28 所示的“样式管理”对话框。在其中可以设置各种样式的参数，也可以对所有的样式进行管理操作。

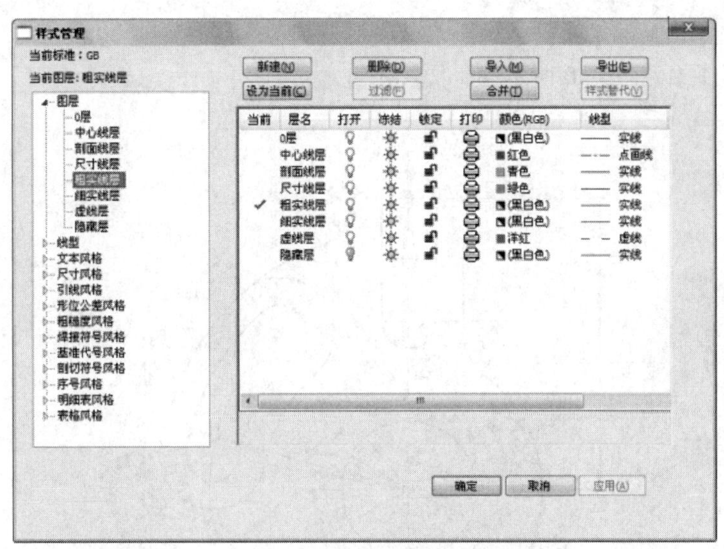

图 13-28 “样式管理”对话框

（1）样式设置方法。“样式管理”对话框的左侧为所有样式的列表，选中一个样式后，右侧会出现该样式的状态，例如选中“尺寸风格”后的结果如图 13-29 所示。可以进行新建、删除、设为当前等操作。

在该对话框中直接双击“标准”或者单击尺寸样式左侧的“+”后选中“标准”，均可打开“标准”尺寸样式进行各种参数设置。

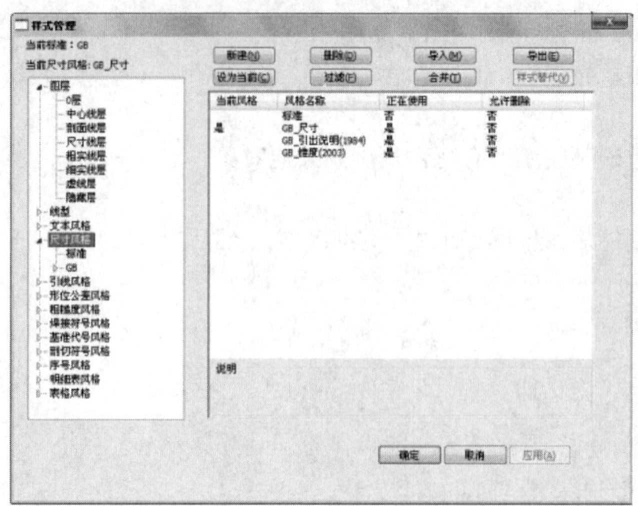

图 13-29　样式状态

（2）样式管理工具。在“样式管理”对话框中可以进行导入、导出、过滤、合并等操作，对各种样式进行管理。

13.5　实训

13.5.1　绘制平面图形

例 13.1　绘制如图 13-30 所示的平面图形。

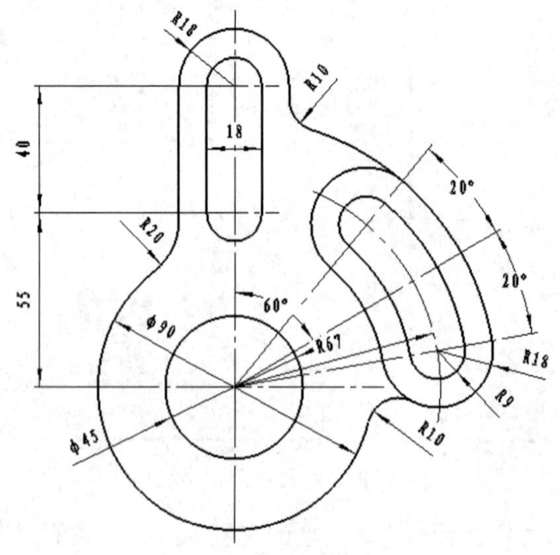

图 13-30　平面图形

（1）平面图形的绘制方法。

1）分析。平面图形通常由各种不同线段（包括直线段、圆弧和圆）组成。要先对平面图形的线段进行分析，弄清楚哪些是可以直接画出的已知线段，哪些是必须根据与相邻线段有连接关系才能画出来的中间线段，最后求出连接圆弧的切点和圆心确定连接线段。由图 13-33 可知，R18 和 R67 与 ϕ90 和 ϕ45 的圆弧为已知圆弧，R18 和 R9 的圆弧为中间圆弧，R20 的圆弧为连接圆弧。

2）方法。画图时，应先画已知线段，再画中间线段，最后画连接线段。

（2）平面图形的绘制步骤。

1）确定图幅：A4 竖放，绘制图框和标题栏并保存。

2）用“直线”命令绘制基准线（中心线），如图 13-31（a）所示。

①改变图层：将属性工具条中的 0 层改为中心线层。

②绘制直线：拾取“直线”命令，按下“(正交)”，绘制水平和垂直线。

③拾取“平行线”命令绘制相距（55、40）的中心线。

3）用“圆”命令绘制圆、圆弧，如图 13-31（b）所示。

①绘制圆：选择圆心_半径，捕捉“交点”，拾取圆心位置（交点），画 ϕ45、ϕ90 同心圆和 R18、R67 的圆。

②绘制角度为 20 的直线，鼠标点取 ⟋→立即菜单：拾取角度线。与 X 轴的夹角分别输入 10、30、50，绘制 3 条角度线。

③绘制圆弧：选择两点_半径或圆角命令，绘制 R9、R10、R20 的圆弧，如图 13-31（c）所示。

4）用“修剪”命令剪切多余的线段，如图 13-31（c）所示。

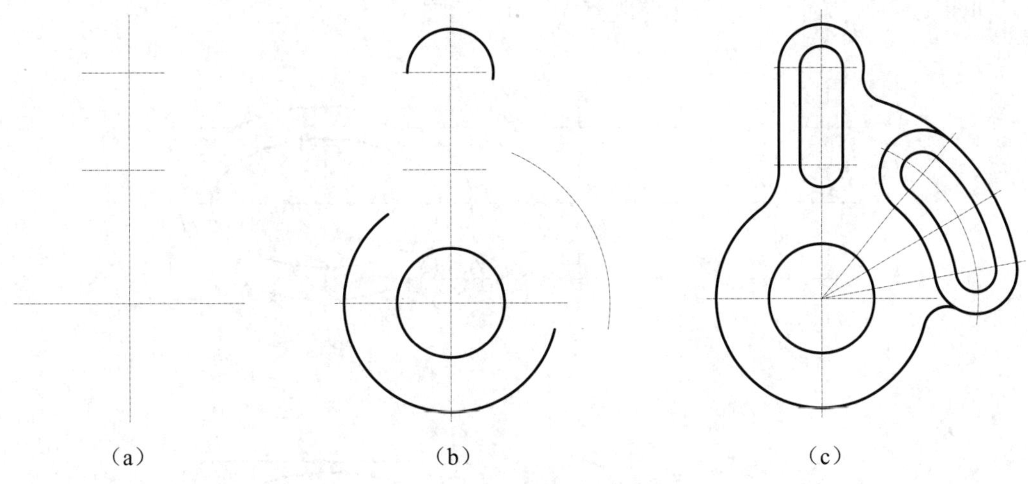

图 13-31　平面图形作图步骤

5）尺寸标注。在“标注”工具栏中单击“线性标注”“圆标注”和“圆弧标注”，按系统提示分别拾取标注元素。

例 13.2　绘制如图 13-32 所示的平面图形。

作图步骤如下：

（1）确定图幅：A4 竖放，填写标题栏并保存。

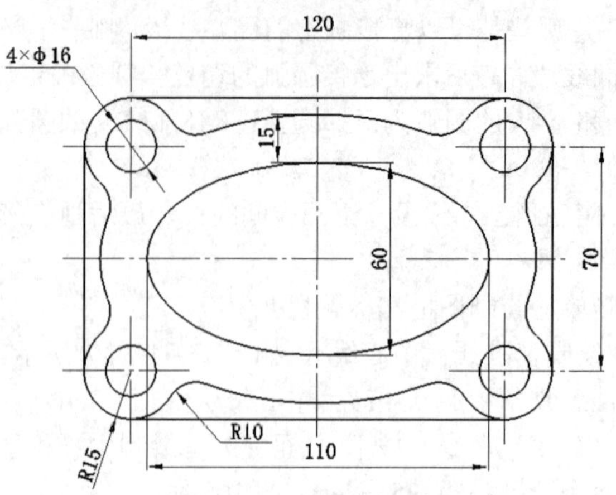

图 13-32　平面图形

（2）用“直线”命令绘制基准线（中心线），如图 13-33（a）所示。

1）改变图层：将属性工具条中的 0 层改为中心线层。

2）绘制直线：拾取“直线”命令并按下（正交），绘制水平和垂直线。

3）拾取“平行线”命令，立即菜单改为双向，绘制相距（35、60）的中心线。

（3）绘制椭圆和圆：将属性工具条中的中心线层改为粗线层。

1）绘制椭圆：拾取“椭圆”命令，选择中心，输入基准点（交点），立即菜单：长半轴为 55，短半轴为 30。将长半轴改为 70，短半轴改为 45，输入基准点（交点），如图 13-33（b）所示（也可以用偏移命令，输入偏移距离为 15）。

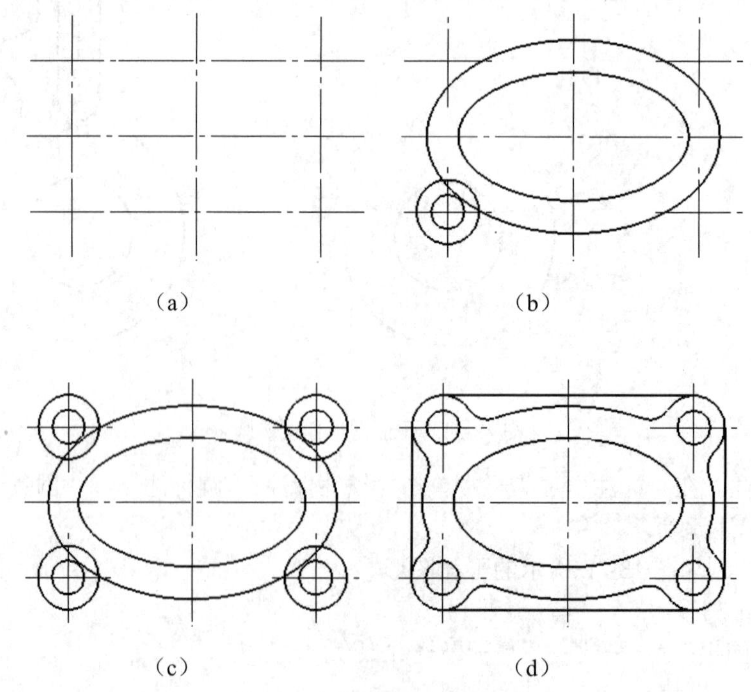

图 13-33　平面图形作图步骤

2）拾取“圆”命令，捕捉圆心位置（交点），画半径为 8、15 的圆，如图 13-33（b）所示。为了便于作图，对图中的线段进行修整，然后拾取要修整的线段。

3）用阵列命令绘制 4 个相同的图形，拾取“阵列”命令，立即菜单：选择“矩形阵列”，输入 2 行、2 列，行间距 70，列间距 120，然后选取阵列对象，如图 13-33（c）所示。

（4）绘制圆弧和直线。

1）用“两点_半径”命令绘制 R10 圆弧，也可以用“过渡”→“圆角”命令绘制。

2）用“直线”命令绘制 4 段直线，如图 13-33（d）所示。

3）标注尺寸。

13.5.2　三视图的绘制方法和步骤

例 13.3　绘制如图 13-34 所示的三视图。

（1）三视图的绘制方法。

1）分析。该组合体可以分解为 3 个基本形体：底板、立板、肋板。底板前面挖切了两个圆角及两个圆柱孔，底板上叠放着立板与肋板，立板与底板后面平齐且上面带一直径为 20 的圆柱孔。

2）方法。该组合体是由 3 个基本体组合而成的。应利用形体分析法将组合体分解为各个基本形体，弄清各基本形体的组合形式、相对位置，以及关联表面的连接关系，最后逐个画出。

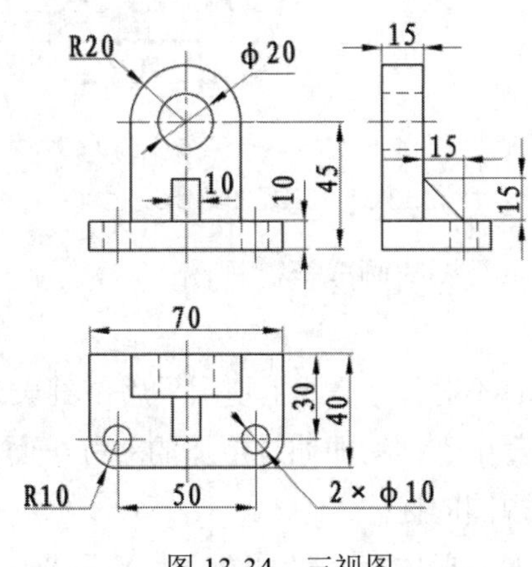

图 13-34　三视图

（2）三视图的绘制步骤。

1）确定图幅：A4 竖放，绘制图框和标题栏。

2）画底板的三视图：用“直线”和“偏移”命令画出底板的主视图和左视图，如图 13-35（a）所示。

3）作 45° 辅助线，确定俯视图起点，如图 13-35（a）所示。

4）利用上面的方法画出立板及肋板的三视图，如图 13-35（b）所示。

5）画出圆柱孔的三视图，如图 13-35（c）所示。

6）尺寸标注，如图 13-35（d）所示。

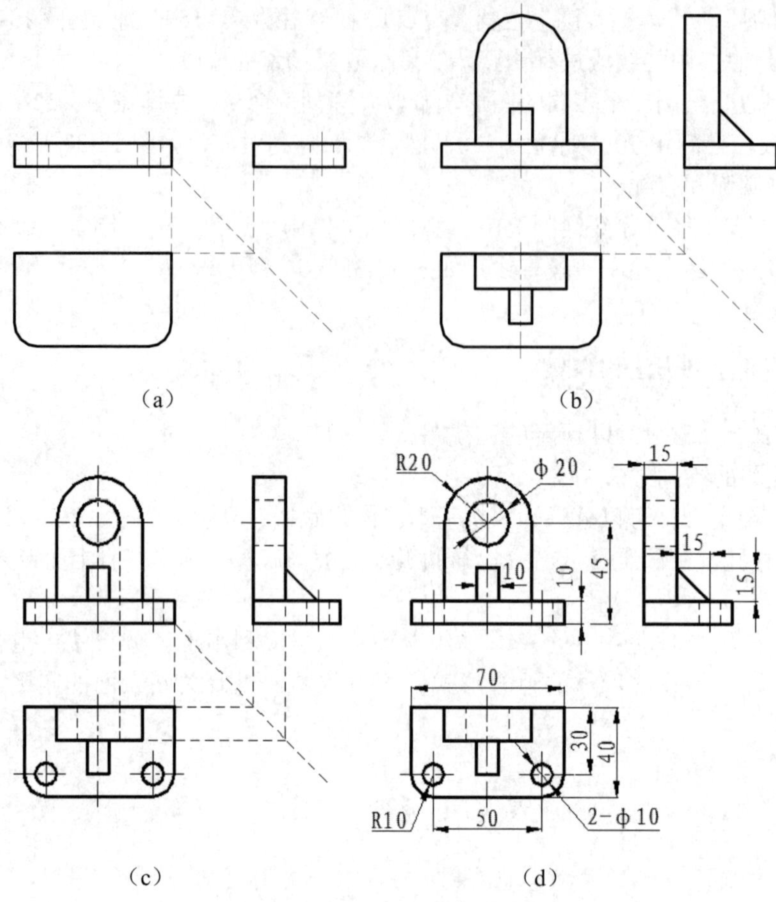

图 13-35　三视图绘制过程

例 13.4　将图 13-36 中的主视图改画成全剖视图。

（1）形体分析。

该形体内部结构复杂且左右不对称，因此主视图采用全剖表达内形。它前后对称，所以剖切面就是俯视图的对称中心线。由于剖切面通过形体的对称平面，而剖视图按投影关系配置，中间无图形隔开，故可省略剖视图的标注。

主视图中的虚线分别表示如下形体：距底面高度为 8 的八边形水平面（其上有一ϕ10 的通孔）、22×24×33 的矩形上下通孔、半径为 6 深为 33-5 的半圆柱槽孔。这三部分均被剖切面对称地剖开，虚线变成了实线。ϕ14 的孔有两个，前面被剖切移走，后面的留下成为可见，故要以实线画出。

（2）绘图步骤。

1）按图 13-36 所注尺寸抄画俯视图，画出剖视图的定位基准线，如图 13-37 所示。

2）画出主视图的外轮廓，并根据分析将原主视图中的虚线改画成粗实线，如图 13-38 所示。

3）用粗实线画出后半个形体中留下的ϕ14 孔，如图 13-39 所示。

4）拾取“剖面线”命令，将剖切面与物体的接触部分填充上剖面线，如图 13-40 所示。

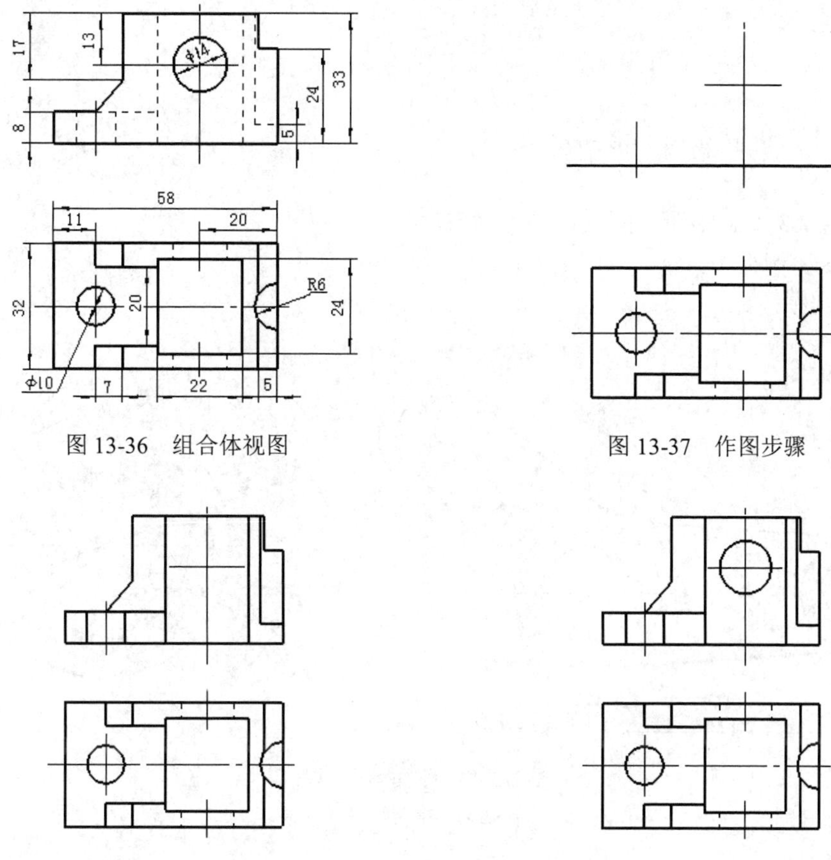

图 13-36　组合体视图

图 13-37　作图步骤

图 13-38　作图步骤

图 13-39　作图步骤

5）图 13-40 中的剖面线间隔太大，可对剖面线进行编辑。选中已填充的剖面线并单击右键，在弹出的快捷菜单中选择“图案填充编辑”选项，系统弹出“图案填充编辑”对话框。在“角度和比例”中把“比例”改成“0.8”，单击“确定”按钮。完成图形如图 13-41 所示。

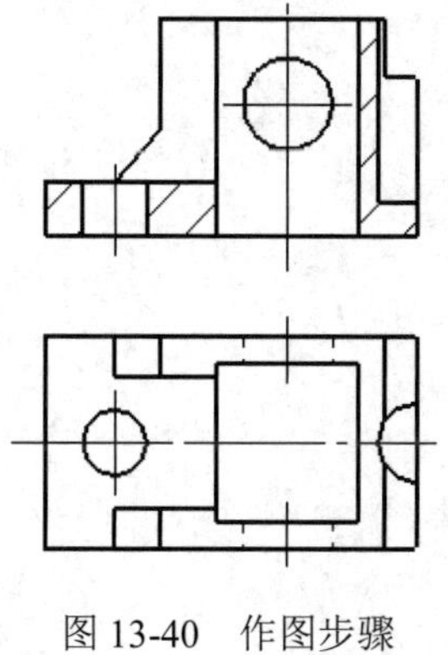

图 13-40　作图步骤

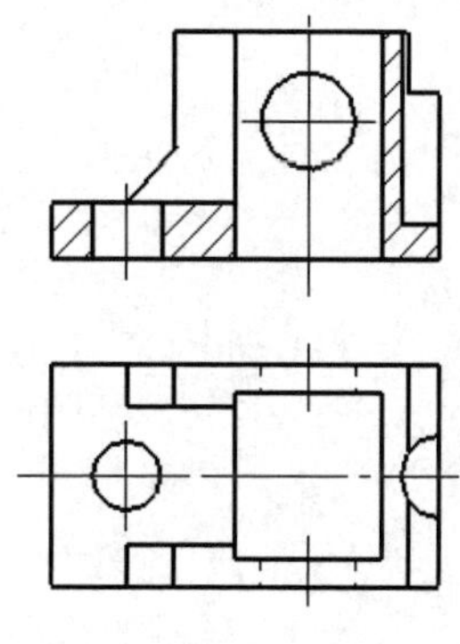

图 13-41　作图步骤

习题 13

在 A3 图幅上抄画如图 13-42 所示的图形。

要求：

（1）选择 A3 图纸幅面，图纸方向为横放。

（2）绘图比例为 1:1。

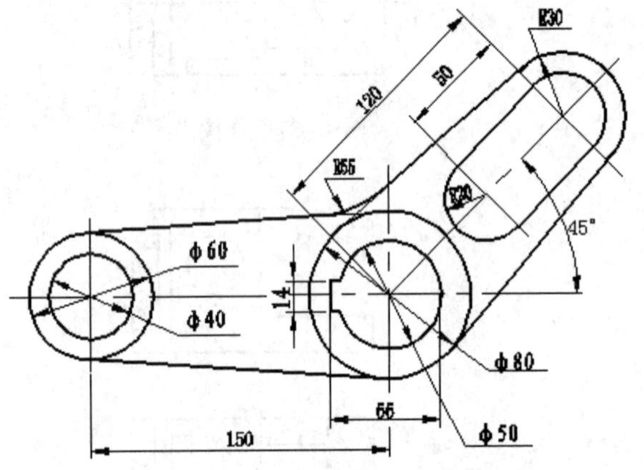

图 13-42　平面图形

第 14 章 图形显示与精确绘图

14.1 概述

前面几章详细介绍了绘图和图形编辑的有关命令及相应的操作方法，为了便于绘图操作，CAXA 电子图板还提供了一些控制图形的显示命令。一般来说，显示命令与绘图、编辑命令不同，它们只改变图形在屏幕上的显示方法，而不能使图形产生实质性的变化，它们允许操作者按期望的位置、比例、范围等条件进行显示，但是操作的结果既不改变原图形的实际尺寸，也不影响图形中原有图形元素之间的相对位置关系，换句话说，显示命令的作用只是改变了主观视觉的效果，而不会引起图形产生客观的实际变化。图形的显示控制包括重画、鹰眼、显示窗口、显示平移、显示全部、显示复原、显示比例、显示回溯、显示向后、显示放大、显示缩小、动态平移、动态缩放和全屏显示。

利用 CAXA 的对象捕捉工具能够快速、精确地绘图。这些工具无须输入坐标或进行烦琐的计算就可以绘制精确的图形。

14.2 显示功能

14.2.1 重生成

经过一段时间的图形绘制和编辑，屏幕绘图区中难免会留下一些擦除痕迹，或者使一些有用图形上产生部分残缺，这些由于编辑操作而产生的屏幕垃圾虽然不影响图形的输出结果，但影响屏幕的美观。使用重画功能可对屏幕进行刷新，清除屏幕垃圾，使屏幕变得整洁美观。

1. 命令

键盘输入：refresh。

下拉菜单：视图→重生成，如图 14-1 所示。

2. 功能

刷新当前屏幕图形。

3. 操作

发出命令后，系统将消除绘图区中的擦除痕迹和“屏幕垃圾”，对屏幕进行刷新，使屏幕变得整洁美观。

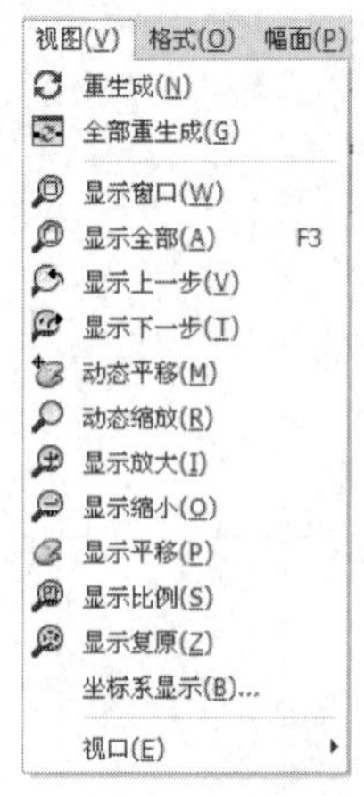

图 14-1 “视图”下拉菜单

14.2.2 显示平移

1. 命令

键盘输入：pan。

下拉菜单：视图→显示平移。

2. 功能

使图形在屏幕中进行平移。

3. 操作

在下拉菜单中选择“显示平移”命令后提示输入一个新的显示中心点，按下鼠标左键，系统立即将该点作为新的屏幕显示中心，平移所显示图形。本操作不改变所显示图形的大小，只是将图形作平行移动。在作图过程中，也可以使用键盘上的方向键使屏幕中心进行显示平移。

14.2.3 显示全部

1. 命令

键盘输入：zoomall。

下拉菜单：视图→显示全部。

2. 功能

进入全屏显示图形状态。

3. 操作

选择“显示全部”命令后即可进入全屏显示状态，当前所画的全部图形将在屏幕绘图区内显示出来，而且系统按尽可能大的原则将图形按充满屏幕的方式重新显示出来。按 Esc 键退出全屏显示。

14.3 屏幕点的捕捉设置

利用 CAXA 的对象捕捉工具能够快速、精确地绘图。这些工具无须输入坐标或进行烦琐的计算就可以绘制精确的图形。

系统对屏幕上的点可以进行不同形式的控制，这种控制方式称为捕捉。点的捕捉方式有 4 种：自由、智能、栅格和导航，按 F6 功能键可对 4 种方式进行切换，用鼠标单击捕捉点显示按钮也可以对捕捉方式进行选择。

选择“工具”→“屏幕点设置”命令或者单击工具栏中的 按钮，会弹出“屏幕点工具设置”对话框，如图 14-2 所示，在其中可以对屏幕点进行设置。

14.3.1 屏幕点方式

屏幕点的捕捉方式有 4 种：自由、栅格、智能、导航，如图 14-3 所示。

1. 自由点捕捉

在“屏幕点设置”对话框的屏幕点方式选项中选择自由点，而智能点与导航点设置和导航角度设置选项全部变灰。

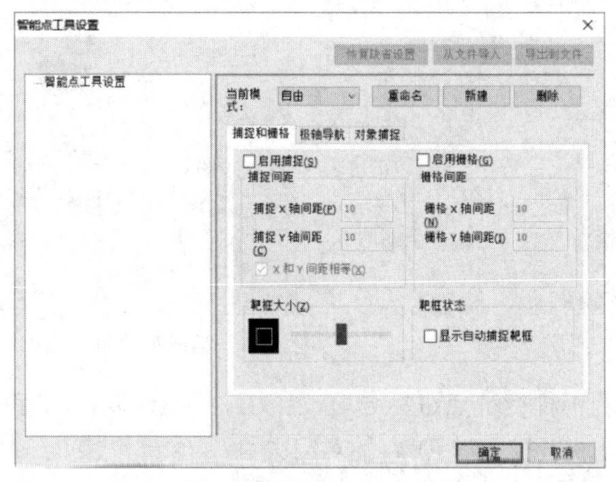

图 14-2 “屏幕点工具设置”对话框

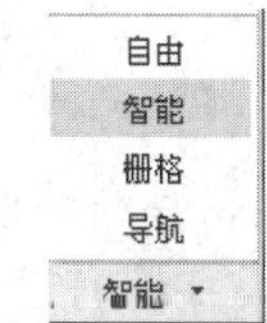

图 14-3 屏幕点

在自由方式下，对点不加任何限制，鼠标在屏幕的绘图区内移动时不自动吸附到任何特征点上，点的输入完全由当前鼠标在绘图区内的实际定位来确定。

2. 栅格点

栅格点就是在屏幕的绘图区内沿当前用户坐标系的 X 方向和 Y 方向等间距排列的点。鼠标在屏幕的绘图区内移动时会自动吸附到距离最近的栅格点上，这时点的输入是由吸附上的栅格点坐标来确定的。

在“屏幕点设置”对话框的屏幕点方式选项中选择栅格点，在栅格点设置选项中可以设置栅格的间距和显示，如图 14-4 所示。

当选择栅格点捕捉方式时，栅格点可以设置为可见和不可见，栅格点间隔也可以修改。鼠标的十字光标只能在被设置的屏幕栅格上移动，栅格点不可见时栅格点的自动吸附依然存在。

3. 智能点

在“屏幕点设置”对话框的屏幕点方式选项中选择智能点，导航角度设置选项变灰，而智能点与导航点设置选项变亮。在智能点设置选项中可以设置自动捕捉一些特征点。智能点状态下，鼠标自动捕捉一些特征点，当鼠标在屏幕的绘图区内移动时，如果它与某些特征点的距离在拾取盒范围之内，那么它将自动吸附到距离最近的那个特征点上，这时点的输入是由吸附上的特征点坐标来确定的。可以吸附的特征点包括孤立点、端点、中点、圆心点、象限点、交点、切点、垂点、最近点等。当选择智能点捕捉时，这些特征点统称为智能点。如果不需要对所有的智能点都进行捕捉，还可以根据需要随时选择特定的智能点进行捕捉。

4. 导航点

在“屏幕点设置”对话框的屏幕点方式选项中选择导航点，导航角度设置选项变亮，而智能点与导航点设置选项部分变亮，如图 14-5 所示。在导航点设置选项中可以设置自动捕捉一些特征点。

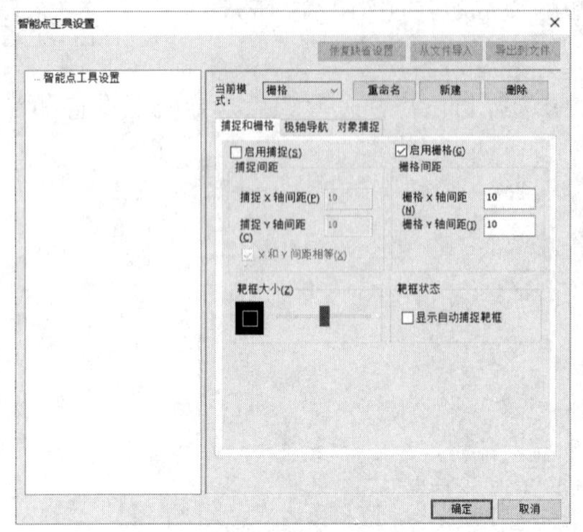

图 14-4　栅格点设置

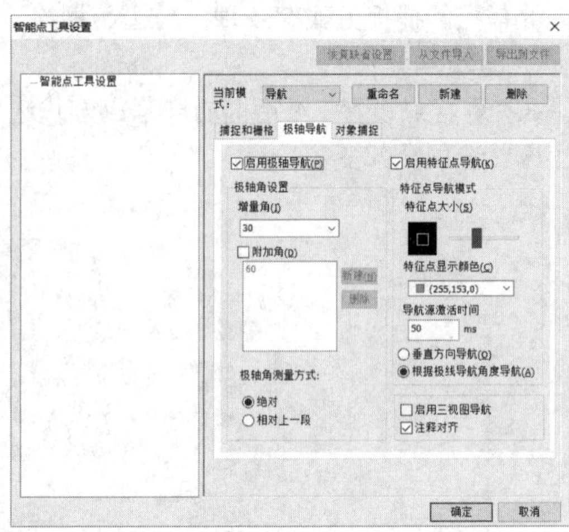

图 14-5　导航点设置

导航状态下，系统通过光标线对若干种特征点进行导航，当光标线通过设定的特征点时特征点被加亮，很容易确定“高平齐，长对正，宽相等”的对应关系。

注意：以上所说距离最近时还必须在拾取盒范围之内才可能被吸附上。

例 14.1　利用导航点绘制长、宽、高为 80、60、40 的六面体的主视图和俯视图。

作图步骤如下：

（1）画俯视图：用“矩形”命令绘制长为 80、宽为 60 的矩形，如图 14-6 所示。

（2）在屏幕右下角将屏幕点设置为导航。

（3）利用“直线”命令绘制直线，确定 P1 点：鼠标在俯视图上方移动，即可发现系统自动地寻找导航点，在适当位置单击确定 P1 点，如图 14-6 所示。

（4）确定 P2 点：鼠标右移自动寻找 P2 点，如图 14-7 所示。

（5）确定 P3 点：在导航状态下用相对坐标(@0,40)给出，如图 14-8 所示（也可以用直线的长度）。

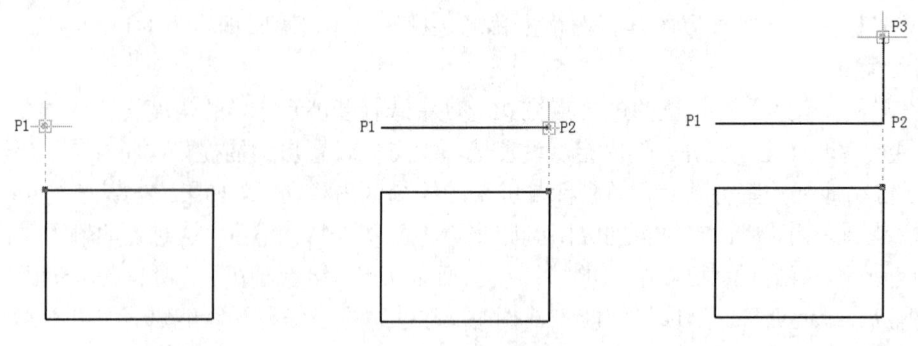

图 14-6　寻找导航点 P1　　图 14-7　寻找导航点 P2　　图 14-8　寻找导航点 P3

（6）确定 P4 点：鼠标左移自动寻找 P4 点，如图 14-9 所示。

（7）连接 P1 点完成主视图，如图 14-10 所示。

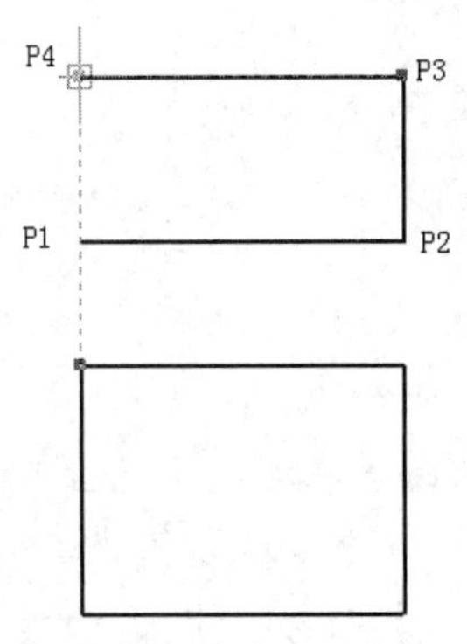

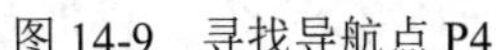

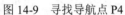

图 14-9　寻找导航点 P4

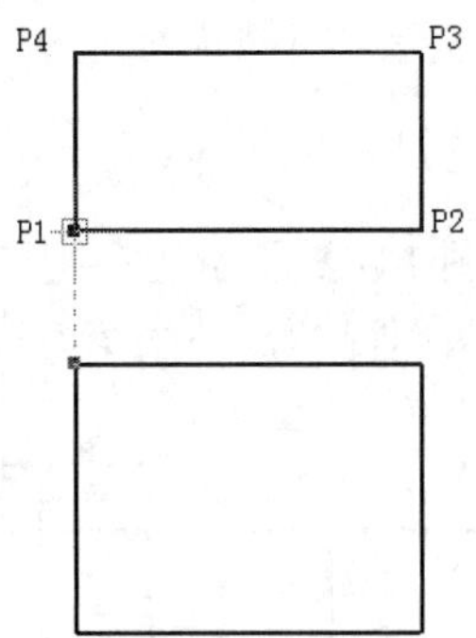

图 14-10　利用导航点画主视图

14.3.2　拾取过滤设置

功能：设置拾取图形元素的过滤条件。

操作：选择“工具”菜单中的“拾取设置”命令或者单击工具条中的 按钮。

兼容面孔：单击“工具”选项卡“选项”面板中的 按钮。

调用“拾取过滤设置”功能后会弹出如图 14-11 所示的对话框。

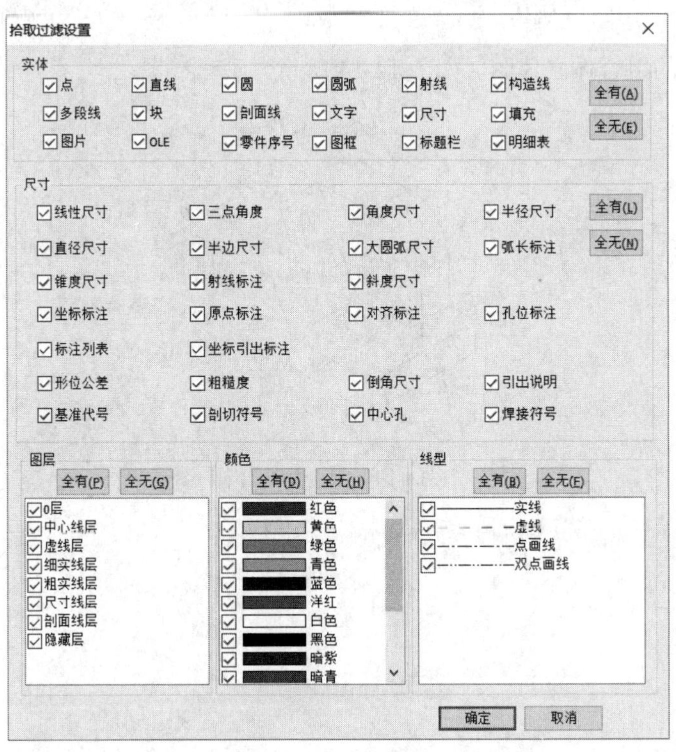

图 14-11　“拾取过滤设置”对话框

拾取过滤条件包括实体、尺寸、图层、颜色、线型，这 5 类条件的交集为有效拾取。利用条件组合进行过滤，可以快速、准确地从图中拾取到想要拾取的图形元素。

选择或取消对各项条件前复选框的选择即可添加或者过滤拾取条件。

习题 14

1．画如图 14-12 所示的三视图。

2．已知两面视图，补画第三视图，如图 14-13 所示。

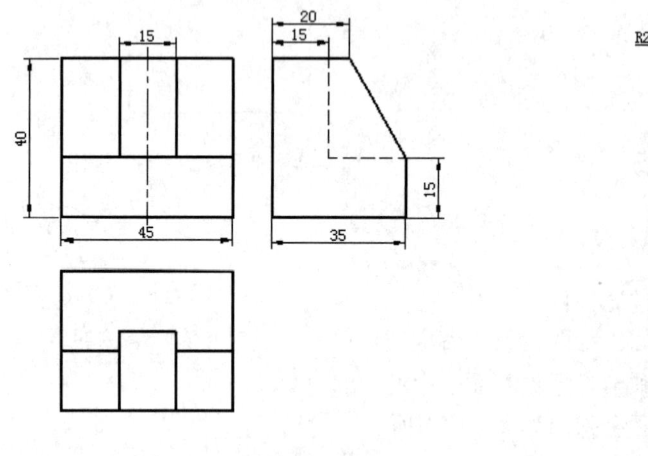

图 14-12　三视图

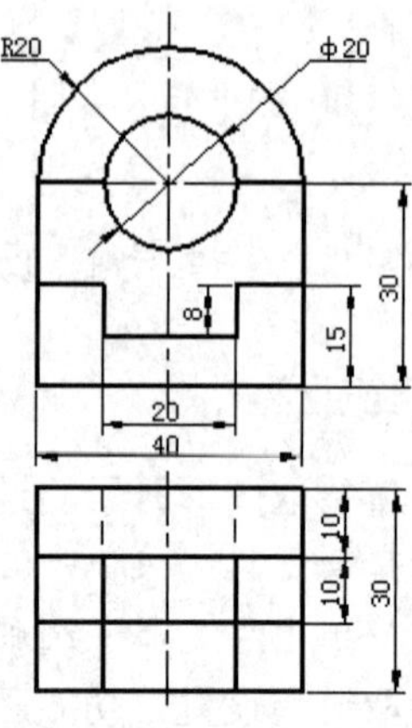

图 14-13　补画视图

3．根据所给的组合体立体图（如图 14-14 所示）画三视图。

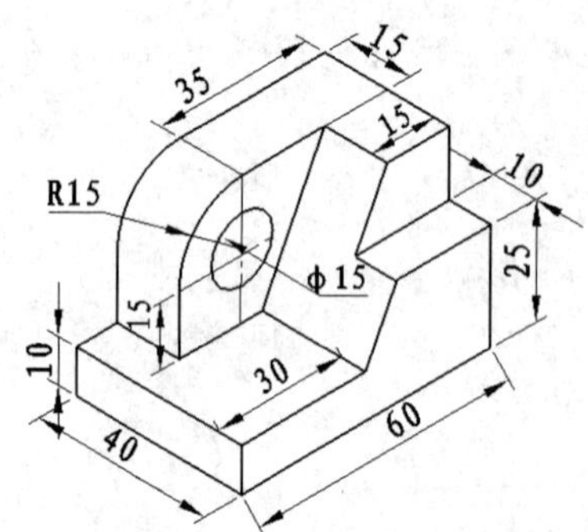

图 14-14　组合体立体图

第 15 章 图层、线型与颜色

15.1 图层

15.1.1 图层的概念

CAXA 电子图板绘图系统同其他 CAD 绘图系统一样，为用户提供了图层功能。

图层是开展结构化设计不可缺少的软件环境。众所周知，一幅机械工程图纸包含有各种各样的信息，有确定图形形状的几何信息，也有表示线型、颜色等属性的非几何信息，还有各种尺寸和符号。这么多的内容集中在一张图纸上，必然给设计绘图工作造成很大的负担。如果能把相关的信息集中在一起，或者把某个零件、组件集中在一起单独绘制或编辑，当需要时又能够组合或单独提取，将使绘图设计工作进一步简化。

图层可以看作是一张张透明的薄片，图形和各种信息就绘制存放在这些透明薄片上。在 CAXA 电子图板中最多可建 100 个层，但每一个图层必须有唯一的层名。不同的层上可以设置不同的线型和颜色，所有的图层由系统统一定位，且坐标系相同，因此在不同图层上绘制的图形不会发生位置上的混乱，图 15-1 形象地说明了图层的概念。

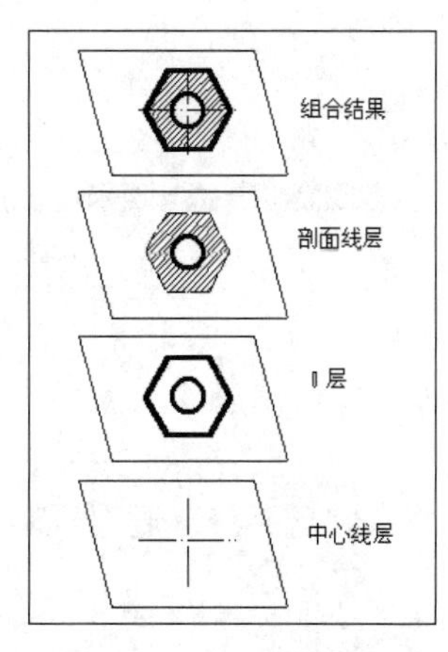

图 15-1 图层的概念

图层是有状态的，而且状态可以被改变。层的状态包括层名、颜色、线型、打开或关闭以及是否为当前层。每一个图层都对应一组确定好的层名、颜色、线型和打开与否的状态。根据作图需要可以随时将某一图层设置为当前层，初始层的层名为 0，颜色为白色，线型为粗实线。当前层状态始终为打开状态，即不能关闭当前层，也不能删除当前层。为了方便使用，系统为用户事先设置了 0 层、粗实线层、细实线层、中心线层、虚线层、尺寸线层、剖面线层和隐藏层共 8 个常用的图层。

15.1.2 图层的操作

根据作图需要，可以随时通过与对话框交互的方式对相应的图层状态进行修改，可以进行当前层设置、建立新层和修改层状态等操作。我们在第 11 章已经讲述，这里不再重复。

15.1.3 图层属性

1. 图层状态

图层状态有打开和关闭。图层处于打开状态时，该图层的图形被显示在屏幕绘图区；图层处于关闭状态时，该图层的图形处于不可见状态，但图形仍然存在，并未被删除。

在“图层设置”对话框中，将鼠标移至所在层的层状态（打开/关闭）位置上，用鼠标左键双击即可进行图层打开和关闭的切换。

注意：当前层不能被关闭。

2. 图层的线型

设置所选图层线型的步骤如下：

（1）系统为已有的 8 个图层设置了不同的线型，所有这些线型都可以重新设置。在“图层设置”对话框中，用鼠标左键双击欲改变层相对应的线型图标，系统弹出“线型”对话框，如图 15-2 所示，选择所需要的线型（具体的线型设置将在下面详细介绍），单击“确定”按钮返回“图层设置”对话框，此时对应图层的线型已改为所选定的线型。

（2）单击“确定”按钮，屏幕上图层属性为 BYLAYER 的图形将随着线型的改变而改变。

2. 图层颜色

每个图层都可以设置一种颜色，颜色是可以改变的。

系统已为常用的 8 个图层设置了不同的颜色，如果想改变可按以下步骤进行：

（1）在“图层设置”对话框中，用鼠标左键双击欲改变层对应的颜色图标，系统弹出“颜色选取”对话框，如图 15-3 所示，根据需要在标准色中选取一种颜色（具体的颜色选择将在下面详细介绍），单击“确定”按钮返回“图层设置”对话框，此时对应图层的颜色已改为所选定的颜色。

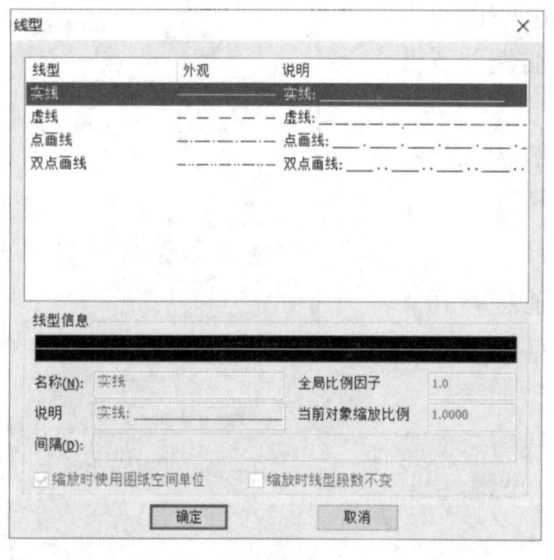

图 15-2 “线型”对话框

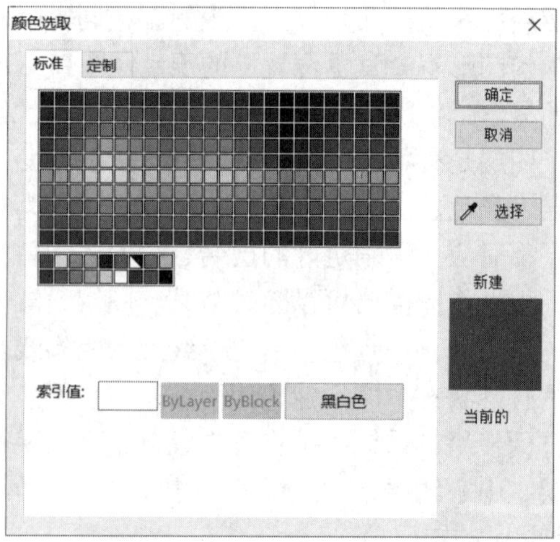

图 15-3 “颜色选取”对话框

（2）单击“确定”按钮，屏幕上图层颜色为 BYLAYER 的图形将随着颜色的改变而改变。

15.1.4 对图形的层设置

图形的层设置是指面向图形的层操作，它可以对任何层上的任何一个或一组图形进行控制，可以改变选定图形的层、线型、颜色等属性。

对图形的层设置的操作方法如下：

（1）选择要改变的图形，拾取图形结束后单击鼠标右键，出现如图 15-4 所示的快捷菜单，在其中选择“快速选择”选项，弹出“快速选择”对话框，如图 15-5 所示。

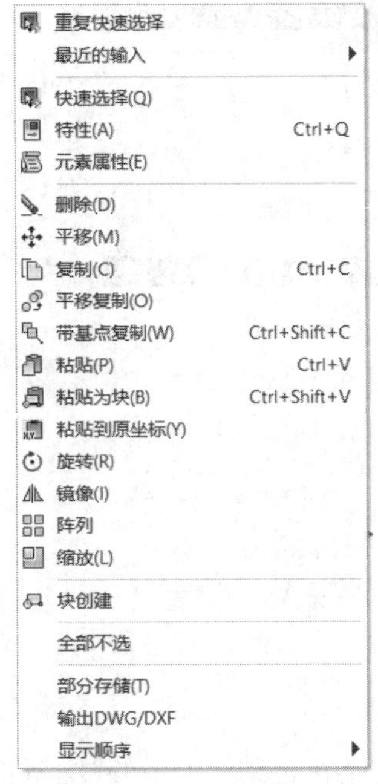

图 15-4 快捷菜单

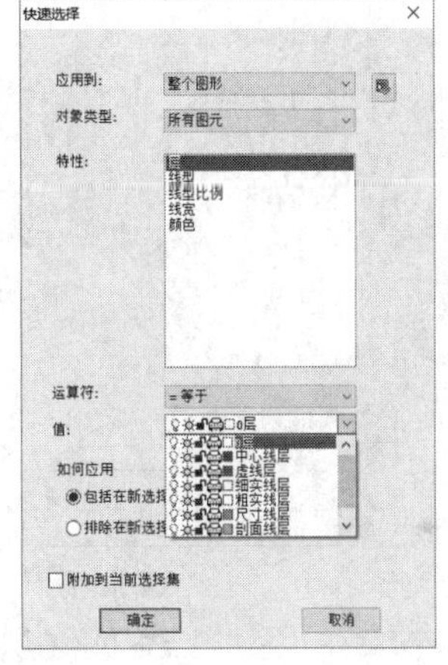

图 15-5 “快速选择”对话框

（2）在“特性”栏中选择“层”，则可以修改层的属性。若要改变线型、线宽、颜色等也可以依此进行选择修改。

上述操作也可以通过下拉菜单“工具”→“快速选择”完成。

15.2 线型

在工程图纸中，我们通常利用不同的线型来表示不同类型的图线，为此电子图板也提供了线型定制和管理的机制。线型是电子图板对象的基本属性之一。

15.2.1 线型命令

1. 命令

键盘输入：ltype。

经典面孔：下拉菜单“格式”→“线型”或者单击“颜色图层”中的☰按钮。

兼容面孔：单击“常用”选项卡“特性”面板中的按钮。

2. 功能

定制系统的线型。

3. 操作

选择“线型”命令后，系统弹出如图 15-6 所示的“线型设置”对话框。

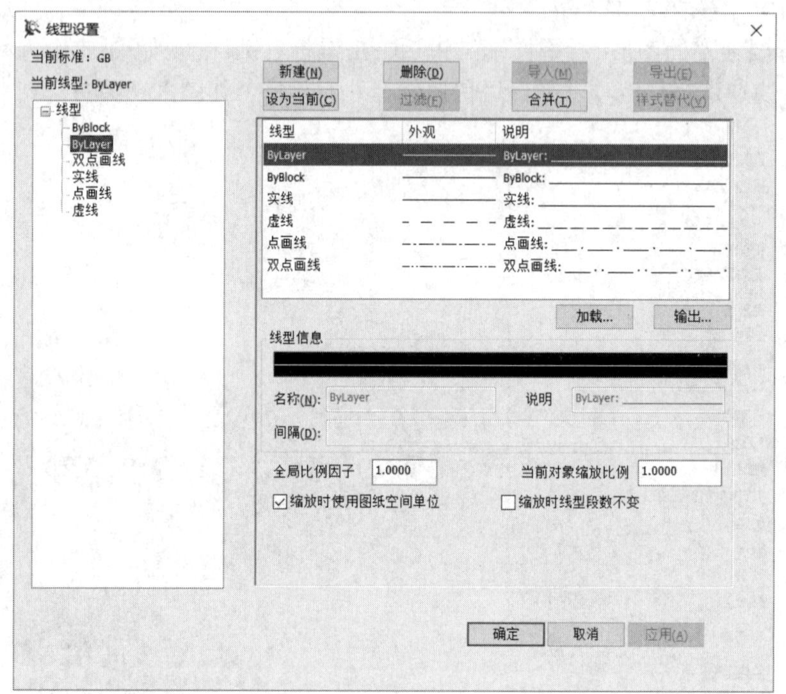

图 15-6 “线型设置”对话框

对话框中显示了系统已有的线型，同时可以通过该对话框定制线型、加载线型和卸载线型。

（1）定制线型。电子图板中定制线型的方法是，用一个 16 位的由 0 或 1 组成的数来表示线型。其中，0 表示抬笔，1 表示落笔。数字前、后表示线型的左、右。每一位数字表示一个单位长度，单位长度的大小可在“线型设置”对话框中设置。如虚线的设置方法：1010101010101010 。

（2）卸载线型。在“线型设置”对话框中，选择新线型后单击“删除”按钮便可卸载新线型，如图 15-7 所示。

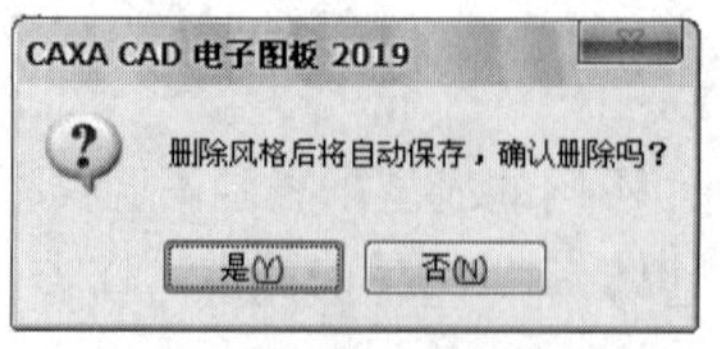

图 15-7 删除线型提示框

注意：系统自带的线型不能卸载，只能卸载自定义的线型。

（3）加载线型。该项功能主要是从已有文件中导入线型，操作步骤如下：

1）在“线型设置”对话框中单击“加载”按钮，弹出“加载线型”对话框，如图 15-8 所示。

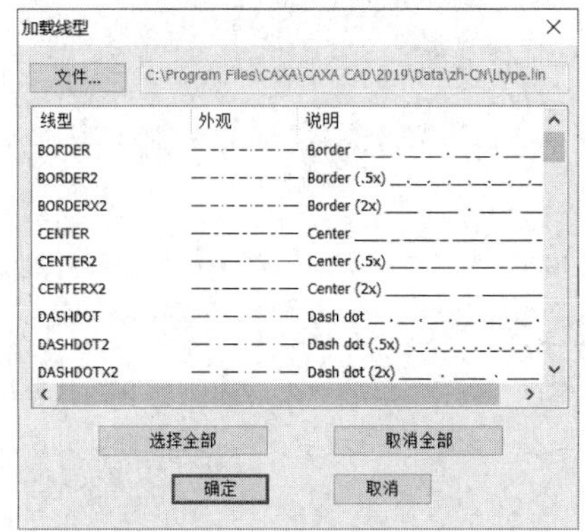

图 15-8 “加载线型”对话框

2）单击选择一个线型文件，然后在下方选择要加载的线型文件并单击“确定”按钮。

15.2.2 线型比例

线型比例是一个与全局比例因子和当前线型缩放比例类似的线型比例因子。不同的是，全局比例因子和当前线型缩放比例分别控制全部曲线和引用特定线型的曲线，属于样式数据的一部分，而线型比例属性是与实体相关的，不属于样式数据，即每个实体都可以拥有独立的线型比例。线型比例可以在特性工具选项板内进行编辑。对象线型比例因子=全局比例因子×对象线型缩放比例×当前对象线型比例。

15.2.3 线宽

线宽设置操作包括设置当前线宽和设置线宽比例。

1. 线宽操作

将某个线宽设置为当前，随后绘制的图形元素均使用此线宽。

设置当前线宽的方法：单击“颜色图层”工具条或“常用”选项卡“特性”面板中的“线宽”下拉菜单，在弹出的列表中用鼠标左键单击所需的线宽即可完成当前线宽选择的设置操作。线宽下拉菜单如图 15-9 所示。

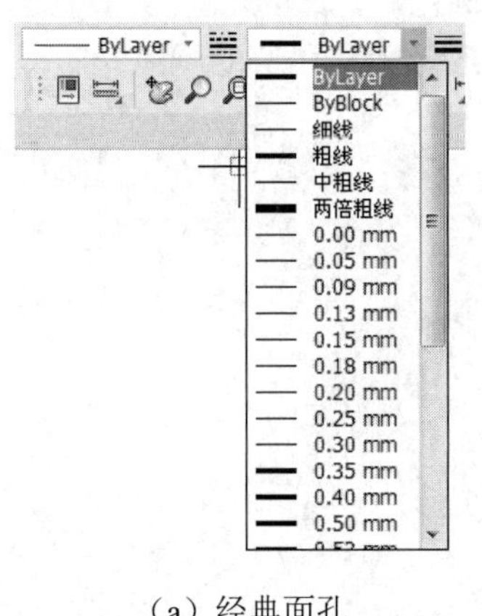

（a）经典面孔

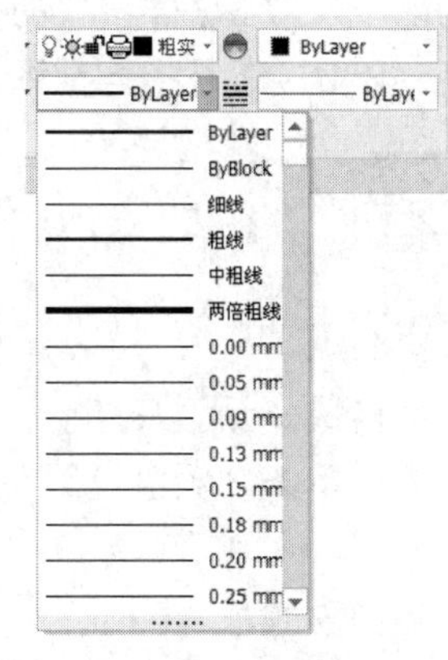

（b）兼容面孔

图 15-9 线宽下拉菜单

2. 线宽设置

功能：设置系统的线宽显示比例。

经典面孔：选择“格式”菜单中的“线宽”命令或者单击“颜色图层”工具条中的按钮。

兼容面孔：单击“常用”选项卡“特性”面板中的按钮。

鼠标右键：在“特性”对话框中直接设置或修改线宽比例。

调用线宽设置功能后会弹出“线宽设置”对话框，如图 15-10 所示。

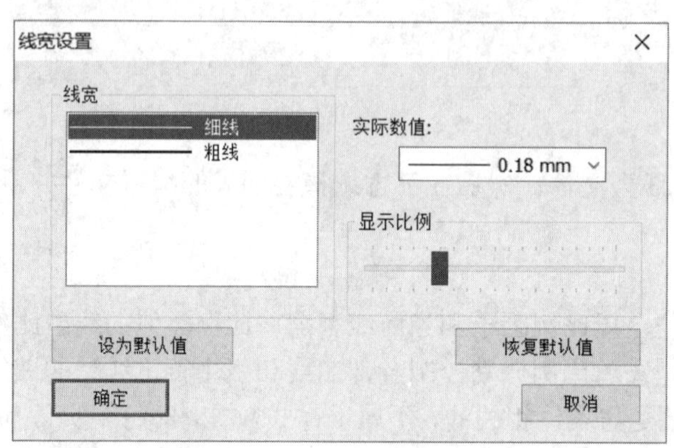

图 15-10　“线宽设置”对话框

“线宽设置”对话框中各项参数的含义和使用方法：选择细线或粗线后，可以在右侧“实际数值”栏为系统的细线或粗线指定线宽；拖动“显示比例”栏中的手柄可以调整系统所有线宽的显示比例，向右拖动手柄提高线宽显示比例，向左拖动手柄降低线宽显示比例。

15.3　颜色

电子图板所使用的颜色选择对话框，与 Windows 的颜色选择对话框基本相似，只是增加了两个设置逻辑颜色的按钮：ByLayer 和 ByBlock。ByLayer 是指当前图形元素的颜色与图形元素所在层的颜色一致。这样设置的好处是当修改图层颜色时，属于此层的图形元素的颜色也可以随之改变。ByBlock 是指当前图形元素的颜色与图形元素所在块的颜色一致。

15.3.1　颜色设置

1. 命令

键盘输入：color。

下拉菜单：格式→颜色。

属性工具条：单击“颜色设置”按钮。

2. 功能

设置系统的当前颜色。

3. 操作

选择“颜色”命令后，系统弹出如图 15-11 所示的“颜色选取”对话框，在其中进行设置。

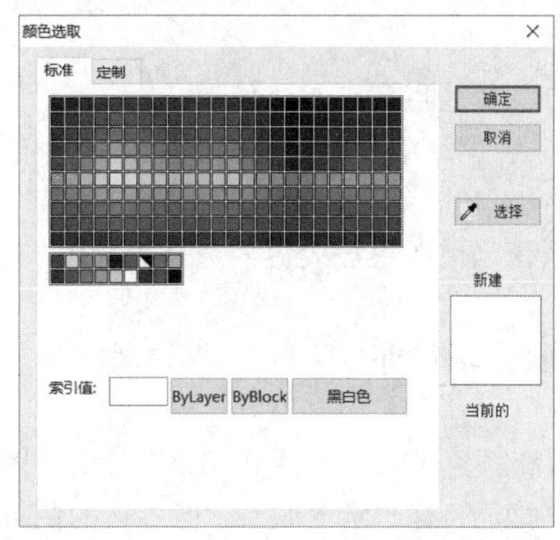

图 15-11　“颜色选取”对话框

15.3.2　颜色选取

电子图板系统中颜色的管理和设置主要是通过“颜色选取”功能进行的，可以使用标准颜色或定制颜色。

1. 使用标准颜色

调用颜色设置功能，弹出“颜色选取”对话框，系统缺省为使用标准颜色。在对话框内选择一类颜色，系统提供的颜色包括以下 4 类：

- 索引颜色：单击颜色的单元格可使用索引选项卡上的颜色。
- ByLayer：单击 ByLayer 按钮可使用指定给当前图层的颜色。
- ByBlock：单击 ByBlock 按钮使用 ByBlock 的颜色，生成对象并建为块时对象的颜色与块保持一致。
- 黑白色：当系统背景颜色为白色时，绘制对象颜色显示为黑色；反之，当系统背景颜色为黑色时，绘制对象颜色显示为白色。

选择一个颜色后，对话框提示索引名称，在右下方预览选择的颜色和当前的颜色。

单击“确定”按钮后系统当前颜色被设置为选择的颜色。

2. 使用定制颜色

单击“定制”选项卡，对话框切换为如图 15-12 所示。

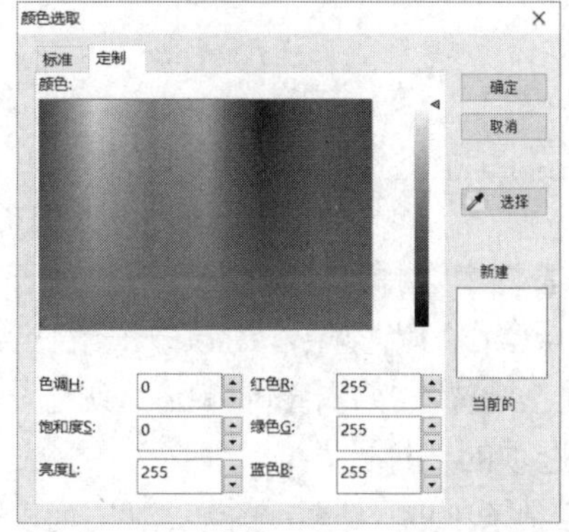

图 15-12　“颜色选取”对话框的“定制”选项卡

定制颜色的方式有以下 3 种：

- 使用鼠标直接在下方颜色区点取。
- 使用 HSL 模式，即在色调、饱和度、亮度框中指定数值。
- 使用 RGB 模式，即在红色、绿色、蓝色框中指定数值。

单击“确定”按钮后，系统当前颜色被设置为选择的颜色。

15.4 图层、线型、颜色综合应用

在前面几节对图层、线型和颜色进行了全面介绍，但是由于图层、线型和颜色的操作在几个不同的位置都可以进行，彼此之间有一定的联系，但各自的侧重点又有所不同，为了便于正确地操作，我们对图层、线型和颜色的控制分以下 3 类进行：系统设置、图形编辑、属性工具条。这 3 类控制方式相互联系、相辅相成，如能熟练掌握并在使用中灵活运用，将大大提高绘图的效率和质量。

15.4.1 系统设置

系统设置主要包括“设置”菜单中的线型、颜色和层设置选项。

“线型”的主要功能是设计新的线型，并将操作结果保存到文件中。

“颜色”的主要功能是改变系统的颜色状态，已画出的图线和此后所有图层所画的图线均变为用户选定的颜色。

“层设置”主要用来改变图层的属性和状态。

15.4.2 图形编辑

此类操作主要包括“编辑”菜单中的改变线型、改变颜色、改变层选项，以及右键操作功能中的“属性修改”选项。

此类操作是面向图形元素的操作，也就是说只有被选中的图形元素才会发生改变，而不会改变系统状态，也不会改变层属性。

15.4.3 属性工具条

在属性工具条中包含了层设置、颜色设置、线型设置 3 个按钮和当前层选择和线型选择两个下拉列表框。

常用操作如下：

（1）单击“层设置”按钮可弹出“层设置”对话框，它的作用与“系统设置”菜单中的“层设置”选项一样。

（2）在“当前层”下拉列表框中选择：“当前层”下拉列表框中列出了当前图形文件中的所有图层，使用时可从中选择一个作为当前层，用该方法改变当前层最为方便快捷。

（3）设置颜色：单击“颜色选择”按钮可弹出“颜色设置”对话框，它的作用和功能与“设置”菜单中的“颜色”选项的一样。

（4）线型设置：在属性工具条中的“线型选择”下拉列表框中列出了当前图形文件中的所有线型，需要时可从中选择一个线型，用该方法选择线型方便快捷。

第16章 工程标注

工程标注是绘图设计工作中的一项重要内容，它必须真实正确地反映出物体各部分的形状和位置，这直接关系到产品的质量。因此，没有正确的尺寸标注，所绘出的图纸也就没有意义。

电子图板依据《机械制图国家标准》提供了对工程图进行尺寸标注、文字标注和工程符号标注的一整套方法，它是绘制工程图样十分重要的手段和组成部分。工程标注包括尺寸标注、坐标标注、倒角标注、引出说明、文字标注、形位公差、基准代号、粗糙度、焊接符号、剖切符号、标注编辑、尺寸风格编辑、文本风格编辑和尺寸驱动等 14 个方面。

工程标注的基本操作如下：

（1）在“标注”下拉菜单中拾取命令，如图 16-1（a）所示。

（2）在工具栏中单击按钮，如图 16-1（b）所示。

（3）在兼容面孔中单击按钮，如图 16-1（c）所示。

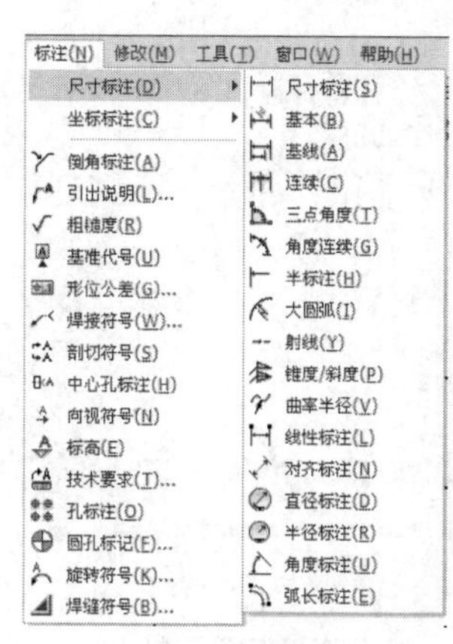

（a）下拉菜单

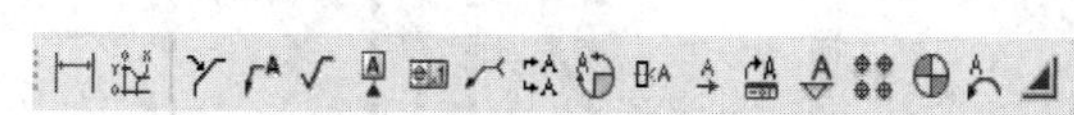

（b）工具栏

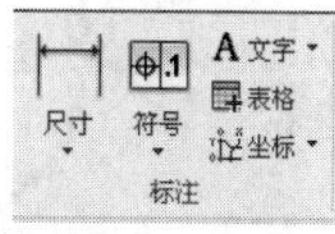

（c）兼容面孔

图 16-1　工程标注

16.1 尺寸标注

16.1.1 尺寸标注的分类

CAXA 电子图板可以根据标注时拾取图形元素的不同自动按图形的类型进行尺寸标注。在工程标注中，常见的标注类型（如图 16-2 和图 16-3 所示）有以下 5 类：

（1）线性尺寸标注。按标注方式分为以下 5 种：

- 水平尺寸：尺寸线方向水平。
- 竖直尺寸：尺寸线方向铅垂。
- 平行尺寸：尺寸线方向与标注点的连线平行。
- 基准尺寸：一组具有相同基准且尺寸线相互平行的尺寸标注。
- 连续尺寸：一组尺寸线位于同一直线上且首尾相连的尺寸标注。

（2）直径尺寸标注。圆半径的尺寸标注，尺寸值前应加 φ（标注时可输入%c），尺寸线通过圆心，尺寸线两个终端皆带箭头并指向圆弧。

（3）半径尺寸标注。圆半径的尺寸标注，尺寸值前应加 R，尺寸线方向从圆心出发或指向圆心，尺寸线指向圆弧的一端带箭头。

（4）角度尺寸标注。标注两直线之间的夹角，通过拖动确定角度是大于 180° 还是小于 180°。尺寸界线汇交于角度顶点，尺寸线为以角度顶点为圆心的圆弧，且两端带箭头，角度尺寸值为度或度分秒。

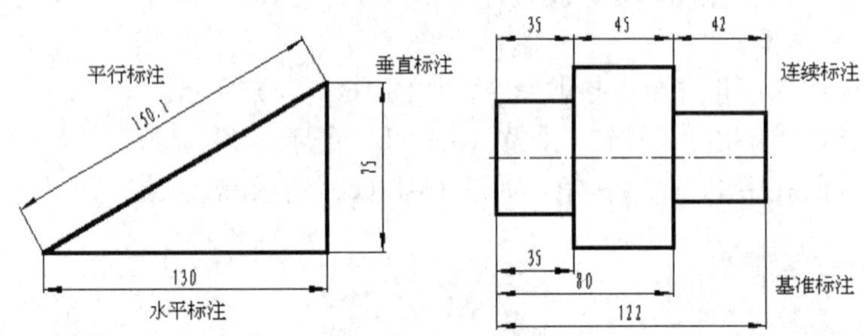

图 16-2　线性尺寸标注

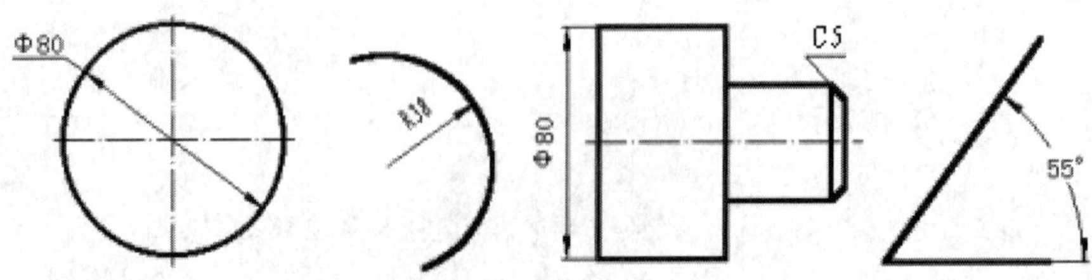

图 16-3　直径、半径、角度、倒角标注

（5）其他尺寸标注：其他尺寸标注，如倒角尺寸标注、坐标尺寸标注等。

16.1.2 标注参数设置

1. 命令

键盘输入：dimpara。

下拉菜单：格式→尺寸设置。

2. 功能

为标注尺寸设置各项参数。

3. 操作

选择“标注”命令，系统弹出如图 16-4 所示的“标注风格设置”对话框。

标注参数是系统预先设置的参数，一般情况下可使用默认值。当需要改变参数时，可以通过“标注风格设置”对话框来实现。

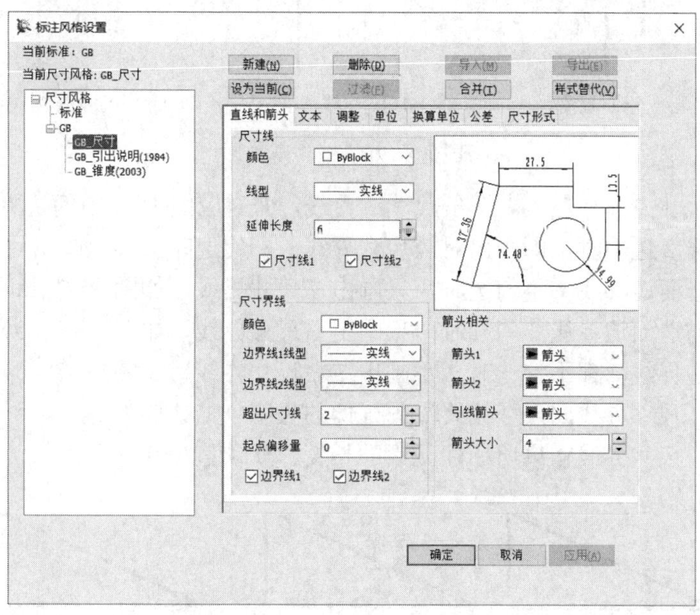

图 16-4 “标注风格设置”对话框

（1）当前标注风格。

可以添加多个尺寸风格，方法为在“标注风格设置”对话框中，单击“新建”按钮，弹出如图 16-5 所示的“新建风格”对话框，在其中输入名称，单击“下一步”按钮返回“标注风格设置”对话框。风格添加后，即在“当前标注风格”下拉列表框中增加了创建的名称。单击“删除”按钮，实现对风格的管理。

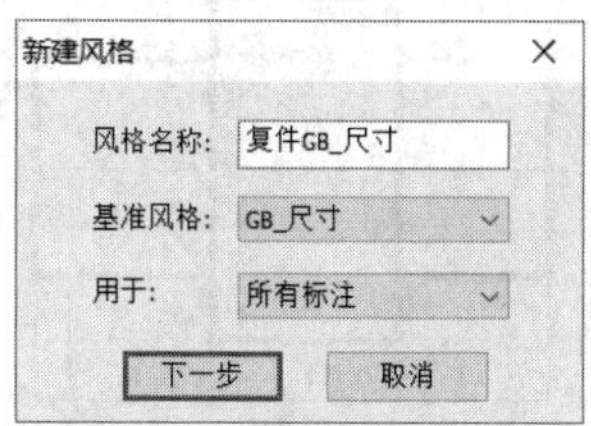

图 16-5 “新建风格”对话框

（2）直线和箭头。

在“直线和箭头”选项卡中可以对尺寸线、尺寸界线和箭头的颜色与风格等控制参数进行设置。

尺寸线和尺寸界线的颜色与线型均可按照要求进行修改设置；尺寸线延伸长度是指画在尺寸界线外侧尺寸线的长度，默认值为6，如图16-6（a）所示；“尺寸线1”和“尺寸线2”复选项默认为选中状态，如去掉对“尺寸线1”复选项的勾选，则如图16-6（b）所示左侧尺寸线关闭；如去掉对“尺寸线2”复选项的勾选，则如图16-6（c）所示右侧尺寸线关闭。

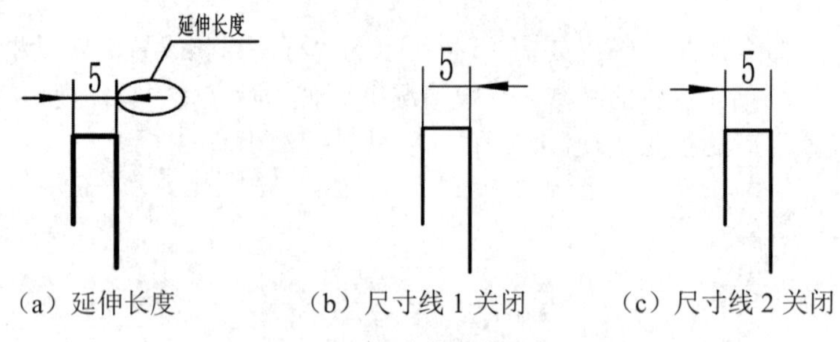

（a）延伸长度　（b）尺寸线1关闭　（c）尺寸线2关闭

图16-6　尺寸线参数示例

尺寸界线按尺寸方向分左、右两条尺寸线界线，即对应图16-4中的边界线1和边界线2。边界线1或边界线2选中时，即画出对应尺寸界线；不勾选时，禁止画出对应尺寸界线。

边界线1勾选而边界线2不勾选时，只画出左尺寸界线，如图16-7（a）所示。

边界线1不勾选而边界线2勾选时，只画出右尺寸界线，如图16-7（b）所示。

边界线1和边界线2都不勾选时，不画出左右尺寸界线，如图16-7（c）所示。

超出尺寸线：尺寸界线向尺寸线终端外延伸的长度，默认值为2。

起点偏移量：尺寸界线距离所标注元素的长度，默认值为0。

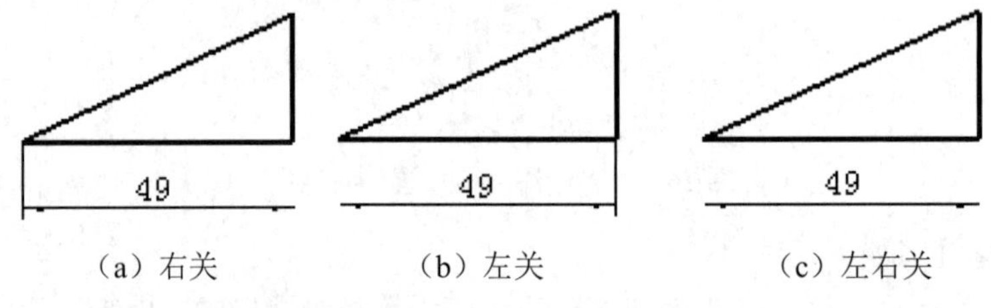

（a）右关　（b）左关　（c）左右关

图16-7　尺寸界线的开与关

尺寸终端的形式可以设置成箭头、斜线、圆点、无，左右两端可以相同，也可以不同，还可以设置“箭头长度”（默认值为4），如图16-8所示。

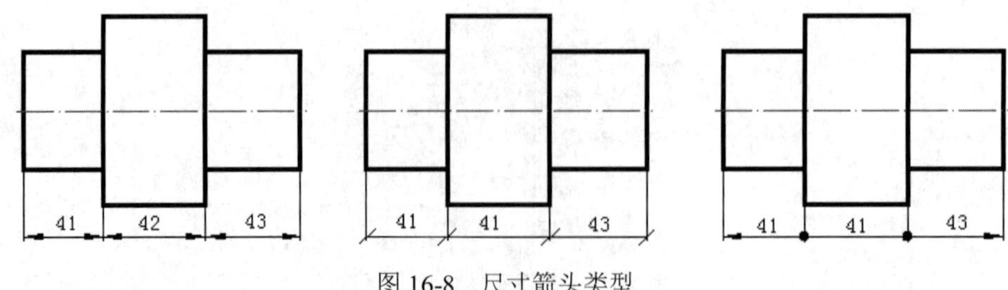

图16-8　尺寸箭头类型

（3）标注文字。

本项主要设置尺寸标注中的文字外观、文字位置、文字对齐方式，如图 16-9 所示。

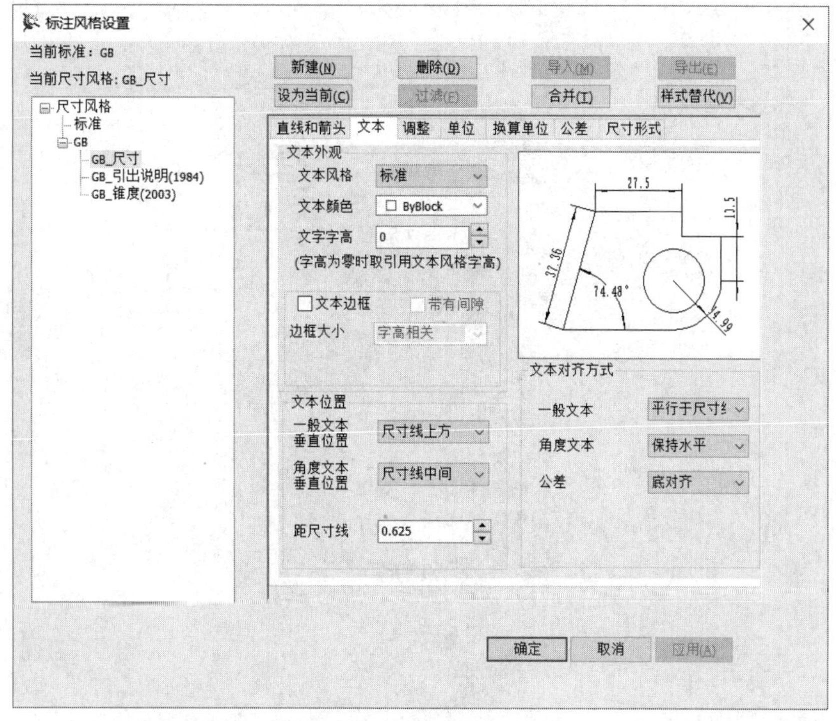

图 16-9 尺寸文本标注

1）文本外观。文本风格和文本颜色可根据需要进行设置；文字字高控制尺寸文字的高度，默认值为 3.5；文本边框表示可为标注文字加边框。

2）文本位置。用于控制文字相对于尺寸线的位置，分为上、中、下 3 个选项，默认值为“上”，其标注如图 16-10 所示。

- 上：尺寸文字位于尺寸线之上。
- 中：尺寸文字的中点与尺寸线在一条直线上。
- 下：尺寸文字位于尺寸线之下。

距尺寸线：控制文字距离尺寸线位置，缺省为 0.625。

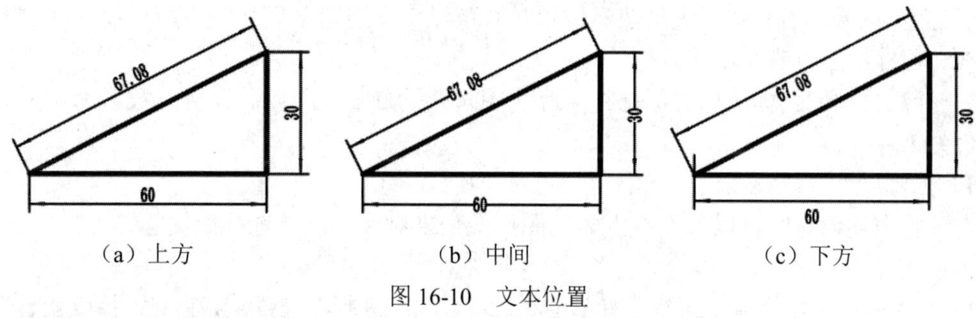

（a）上方　　（b）中间　　（c）下方

图 16-10 文本位置

3）文本对齐方式。一般文本和角度文本的对齐方式有平行于尺寸线、保持水平或 ISO 标准 3 种，根据具体需要进行设置修改。公差对齐方式主要是设置公差文字的对齐方式，主要有顶对齐、中对齐和底对齐 3 种，根据需要进行设置即可。

（4）调整。本选项卡主要是设置文字与箭头的关系，使尺寸线的效果最佳，如图 16-11 所示。

图 16-11　“调整”选项

1）调整选项。边界线内放不下文字和箭头时，从边界线内移出：

- 文字或箭头，取最佳效果。
- 文字。
- 箭头。
- 文字和箭头。
- 文字始终在边界线内。
- 若不能放在边界线内则不绘制箭头。

2）文本位置。当文本不满足缺省位置时，可以将文字置于尺寸线旁边、尺寸线上方不带引出线、尺寸线上方带引出线。

3）标注总比例。标注总比例是指实际绘图时，设置参数乘以总比例系数后为实际参数，默认值为 1。

4）优化：可以设置在尺寸界限间绘制尺寸线。

在进行上述调整时可以参看右上角的图例变化来对调整结果进行最优选择。

（5）单位。

1）线性标注。线性标注的参数有单位制，可以为十进制、分数、英制等；精度就是设置标注主单位中显示的小数位数；分数格式有竖直和水平，在单位制中选择分数时此参数可设置；

小数分隔符指的是小数点的表示方式，分为逗点、逗号、空格 3 种，可根据需要进行设置；小数圆整单位即设置标注测量值的舍入规则；度量比例是指标注尺寸与实际尺寸之比，缺省值为 1。

2）角度标注。角度标注中参数有单位制，可设置角度单位格式为度、度分秒、百分度或弧度；精度参数可设置标注的小数位数；其余参数没有特殊要求按缺省值即可。

16.1.3 尺寸标注

“尺寸标注”是进行尺寸标注的主体命令，尺寸类型与形式很多，系统在执行命令过程中提供了智能判别，功能如下：

- 拾取元素不同，自动标注相应的线性尺寸、直径尺寸、半径尺寸、角度尺寸。
- 根据立即菜单的条件去选择基本尺寸、基准尺寸、连续尺寸、尺寸线方向。
- 尺寸文字可采用拖动定位。
- 尺寸数值可采用测量值或由键盘输入。

1. 命令

键盘输入：dim。

下拉菜单：标注→尺寸标注。

工具栏：在“标注”工具栏中单击⊢⊣按钮。

兼容面孔：单击⊢⊣按钮。

在“标注”工具栏或下拉菜单中拾取“尺寸标注”命令，弹出立即菜单，如图 16-12 所示。

点取“1.基本标注”，弹出一个选项菜单，除“基本标注”外，还有基线标注、连续标注、三点角度、半标注、大圆弧标注、射线标注、锥度/斜度标注等。这些标注都是为了解决一些特殊的尺寸标注问题而设计的。

2. 基本尺寸的标注

CAXA 电子图板具有智能尺寸标注功能，系统能够根据拾取选择来智能地判断出所需要的尺寸标注类型，然后实时地在屏幕上显示出来，此时可以根据需要来确定最后的标注形式与定位点。系统根据鼠标拾取的对象来进行不同的尺寸标注，示例如图 16-13 所示。

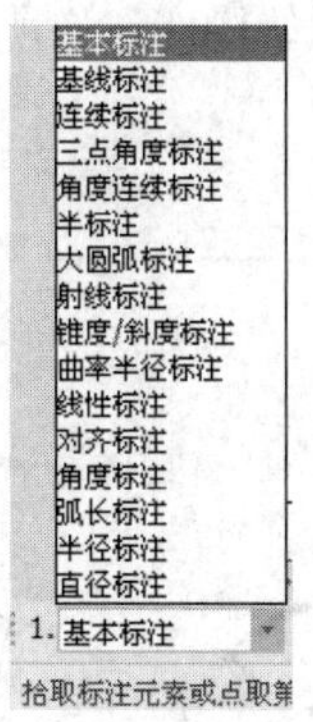

图 16-12　尺寸标注的立即菜单

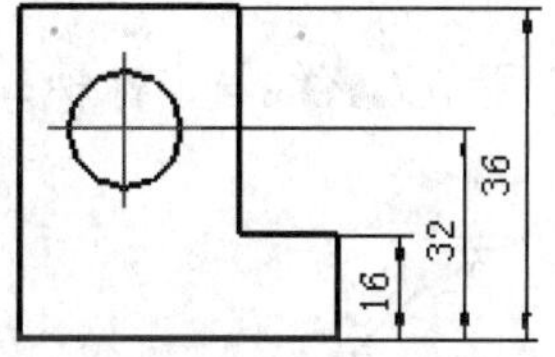

图 16-13　基线标注示例

（1）单个元素的标注。

1）直线的标注。直线的标注是指拾取要标注的直线，通过选择不同的立即菜单选项可标注直线的长度、直径和与坐标轴的夹角。

在“基本标注”下，当提示区出现“拾取要标注的元素”时可以拾取直线，拾取直线后出现如图 16-14 所示的立即菜单，在此可进行各项选择操作。

图 16-14　基本标注的立即菜单

- 直线长度的标注：当立即菜单的第三项选择“标注长度”，第四项选择“长度”，第五项选择“平行”时，标注的即为直线的长度；当立即菜单的第三项选择“标注长度”，第四项选择“长度”，第五项选择“正交”时，标注的即为直线的水平和垂直尺寸；当立即菜单的第二项选择“文字平行”时标注的是尺寸文字与尺寸线平行，选择“文字水平”时标注的是尺寸文字方向水平。
- 直线直径的标注：当立即菜单的第四项切换为“直径”时即标注的是直径，其标注方式与长度基本相同，区别在于尺寸值前缀 φ。
- 直线与坐标夹角的标注：当立即菜单的第二项切换为“默认位置”时标注的是直线与坐标轴的角度。

2）圆的标注。圆的标注是指拾取要标注的圆，选择不同的立即菜单选项，可标注圆的直径、半径。

在“基本标注”下，当提示区出现“拾取要标注的元素”时拾取圆或圆弧，出现如图 16-15 所示的立即菜单，在此可进行各项选择操作。

1. 基本标注　2. 文字平行　3. 直径　4. 标准尺寸线　5. 文字居中　6.前缀 %c　7.后缀　8.尺寸值 30
拾取另一个标注元素或指定尺寸线位置：　D Dim

图 16-15　圆标注的立即菜单

立即菜单的第三项有 3 个选项：直径、半径和圆周直径。在标注圆直径或圆周直径时，第六项尺寸数值前自动带前缀 φ；在标注半径时，尺寸数值前自动带前缀 R。

3）圆弧的标注。圆弧的标注是指拾取要标注的圆弧，通过选择不同的立即菜单选项可以标注圆弧的半径、直径、圆心角、弦长。圆弧标注的立即菜单如图 16-16 所示。

图 16-16　圆弧标注的立即菜单

图 16-17 所示为直线与坐标轴、圆、圆弧的标注图例。

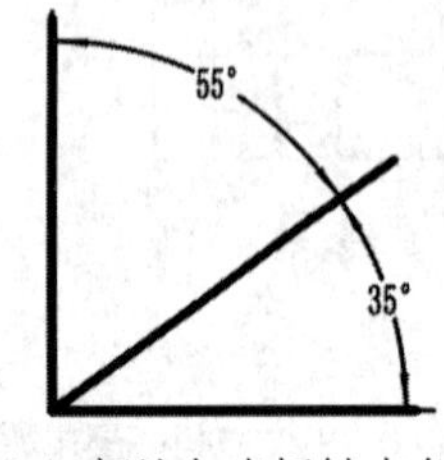

（a）标注与坐标轴夹角

（b）标注直径

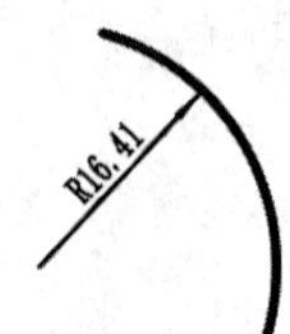

（c）标注半径

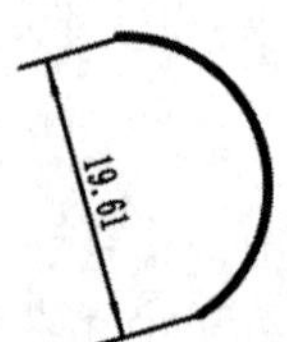

（d）标注弦长

图 16-17　直线与坐标轴、圆、圆弧的标注

（2）两个元素的标注。

1）点和点的标注。点和点的标注是指分别拾取点和点（屏幕点、孤立点或各种控制点如端点、中点等），标注两点之间的距离，如图 16-18 所示。

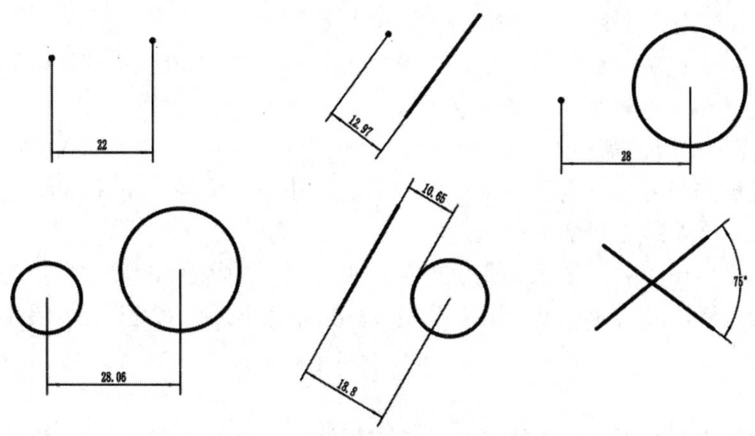

图 16-18 拾取不同元素的标注

2）点和直线的标注。点和直线的标注是指分别拾取点和直线，标注点到直线的距离。

3）点和圆（或点和圆弧）的标注。点和圆（或点和圆弧）的标注是指分别拾取点和圆（或圆弧），标注点到圆心的距离。

注意： 如果先拾取点，则点可以是任意点（屏幕点、孤立点或各种控制点如端点、中点等）；如果先拾取圆（或圆弧），则点不能是屏幕点。

4）圆和圆的标注。圆和圆的标注是指分别拾取圆和圆（或圆和圆弧、圆弧和圆弧），标注两个圆心之间的距离。

5）直线和圆（或圆弧）的标注。直线和圆（或圆弧）的标注是指分别拾取直线和圆（或圆弧），标注圆（或圆弧）的圆心（或切点）到直线的距离。

立即菜单的第 3 项有圆心和切点两个选项，选择圆心时标注圆心到直线的最短距离，选择切点时标注圆周（切点）到直线的最短距离。

6）直线和直线的标注。直线和直线的标注是指拾取两条直线，系统根据两直线的相对位置（平行或不平行）标注两直线的距离或夹角。

3. 基线标注

基线标注可实现多个尺寸的并联标注（坐标式标注），将尺寸标注的立即菜单切换成“基线标注”，系统提示“拾取线性尺寸或第一引出点：”。拾取一个已标注的尺寸或输入一点作为尺寸基准的引出点，然后拾取另一个引出点，立即菜单变为如图 16-19 所示。

图 16-19 基线标注的立即菜单

（1）拾取一个已标注的线性尺寸。如果拾取到一个已标注的线性尺寸，则新标注尺寸的第一引出点为所拾取线性尺寸距离拾取点最近的引出点，此时系统提示“输入第二引出点”，拖动光标可动态地显示所生成的尺寸。新生成尺寸的尺寸线位置由第二引出点和立即菜单中的“尺寸线偏移”控制。尺寸线偏移的方向由第二引出点与被拾取尺寸的尺寸线位置决定，即新尺寸的第二引出点与尺寸线定位点分别位于被拾取尺寸线的两侧。

立即菜单中“2.”可切换“文字平行”与“文字水平”，“3.”可确定尺寸线偏移的大小，“6.”尺寸的默认值为计算值，可以输入所需要的尺寸值。

输入完第二引出点后，系统接着提示“第二引出点”。新生成的尺寸将作为下一个尺寸的基准尺寸。如此循环，直到按Esc键结束。

（2）拾取点。拾取的第一点将作为基准尺寸的第一引出点，然后输入第二引出点和尺寸线定位点，所生成的尺寸将作为下一个尺寸的基准尺寸。系统接着提示“第二引出点”，以下的操作步骤与拾取一个线性尺寸情况相同。

输入完第二个引出点后，系统又提示“第二引出点”，新生成的尺寸将作为下一个尺寸的基准尺寸。如此循环，可以标注出一组基准尺寸。标注完毕按Esc键退出命令。图16-20所示是基线标注的示例。

4. 连续标注

连续标注可实现多个尺寸的串联标注（链式标注），如图16-21所示。将尺寸标注的立即菜单切换成“连续标注”，系统提示“拾取线性尺寸或第一引出点”。拾取一个已标注的尺寸或输入一点作为尺寸基准的引出点，然后拾取另一个引出点，立即菜单变为如图16-22所示。

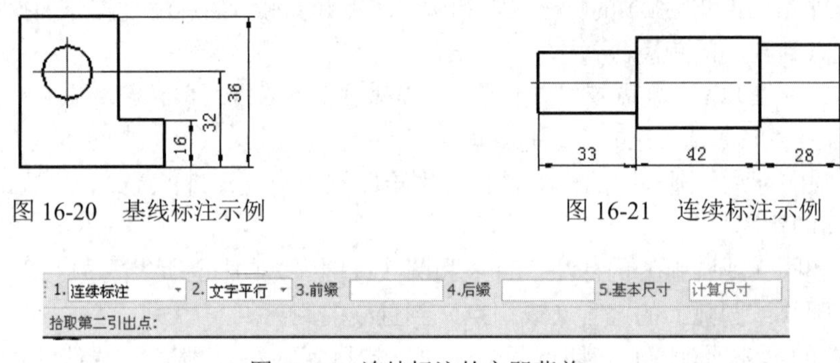

图16-20　基线标注示例

图16-21　连续标注示例

图16-22　连续标注的立即菜单

（1）拾取一个已标注的线性尺寸。如果拾取到一个已标注的线性尺寸，则新标注尺寸的第一引出点为所拾取线性尺寸距离拾取点最近的引出点，此时系统提示“输入第二引出点”，拖动光标可动态地显示所生成的尺寸。新生成尺寸的尺寸线与被拾取尺寸线在一条直线上。

输入完第二引出点后，系统接着提示“第二引出点”。新生成的尺寸将作为下一个尺寸的基准尺寸。如此循环，直到按Esc键结束。

尺寸值默认为计算值，也可以单击“6.”输入所需要的尺寸值。

（2）拾取引出点。拾取的第一点将作为基准尺寸的第一引出点，然后输入第二引出点和尺寸线定位点，所生成的尺寸将作为下一个尺寸的基准尺寸。系统接着提示“第二引出点”，立即菜单变为如图16-23所示。以下的操作步骤与拾取一个线性尺寸的情况相同。

图16-23　连续标注拾取点的立即菜单

操作方法与基线标注相似，不再赘述。

5. 三点角度标注

将“尺寸标注”的立即菜单切换成“三点角度标注”，立即菜单变为如图 16-24 所示。按系统提示依次输入顶点、第一点、第二点和位置点即可生成三点角度尺寸，如图 16-25 所示。

图 16-24　三点角度标注的立即菜单

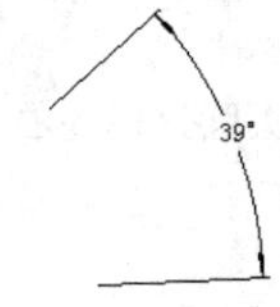

图 16-25　三点角度标注

6. 半标注

将尺寸标注的立即菜单切换成“半标注”，立即菜单变为如图 16-26 所示。

图 16-26　半标注的立即菜单

操作步骤如下：

（1）根据系统提示来拾取直线或第一点。如果拾取到一条直线，系统提示“拾取与第一条直线平行的直线或第二点”；如果拾取到一个点，系统提示“拾取直线或第二点”。

（2）拾取第二点或直线。如果两次拾取的都是点，第一点到第二点距离的 2 倍为尺寸值；如果拾取的为点和直线，点到被拾取直线的垂直距离的 2 倍为尺寸值；如果拾取的是两条平行的直线，两直线之间距离的 2 倍为尺寸值。尺寸值的测量值在立即菜单中显示，用户也可以输入数值。输入第二个元素后，系统提示“尺寸线位置”。

（3）确定尺寸线位置。用光标动态拖动尺寸线，在适当位置确定尺寸线位置后即完成标注。

在立即菜单中可以选择直径标注、长度标注，并且可以给出尺寸线的延伸长度。

说明：半标注的尺寸界线引出点总是从第二次拾取元素上引出。尺寸线箭头指向尺寸界线。

图 16-27 所示为半标注的示例。

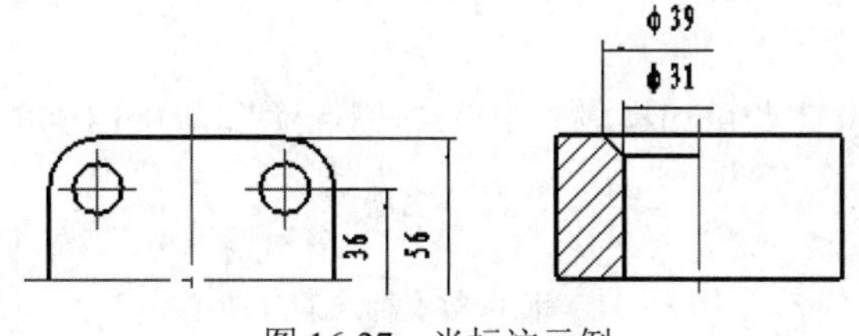

图 16-27　半标注示例

7. 大圆弧标注

将“尺寸标注”的立即菜单切换成“大圆弧标注”，如图 16-28 所示。

进入大圆弧标注状态后，系统依次提示：

（1）拾取圆弧。拾取圆弧之后，圆弧的尺寸值在立即菜单中显示。

（2）指定引出第一引出点。

（3）指定引出第二引出点。

（4）指定定位点。在立即菜单中显示尺寸的测量值。可以用 Alt+3 组合键输入尺寸值。按命令顺序依次操作即可完成大圆弧标注。图 16-29（a）所示为大圆弧标注示例。

图 16-28　大圆弧标注的立即菜单

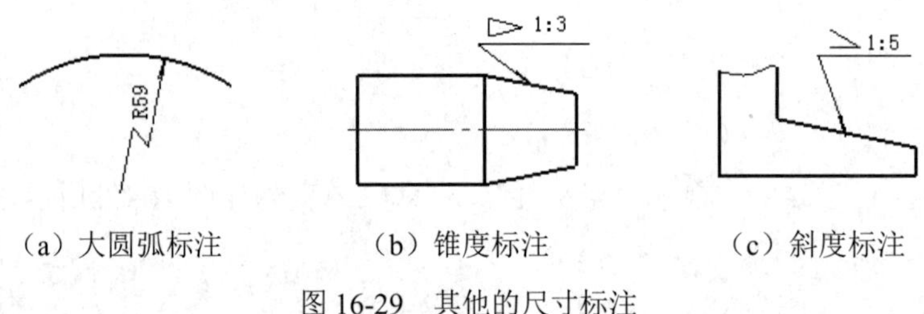

（a）大圆弧标注　　（b）锥度标注　　（c）斜度标注

图 16-29　其他的尺寸标注

8. 射线标注

将“尺寸标注”的立即菜单切换成“射线标注”，如图 16-30（a）所示。

进入射线标注状态后，系统依次提示“第一点”“第二点”“定位点”，在立即菜单中显示尺寸的测量值（第一点到第二点的距离）。也可以输入尺寸值，按命令顺序依次操作即可完成射线标注。图 16-30（b）所示为射线标注示例。

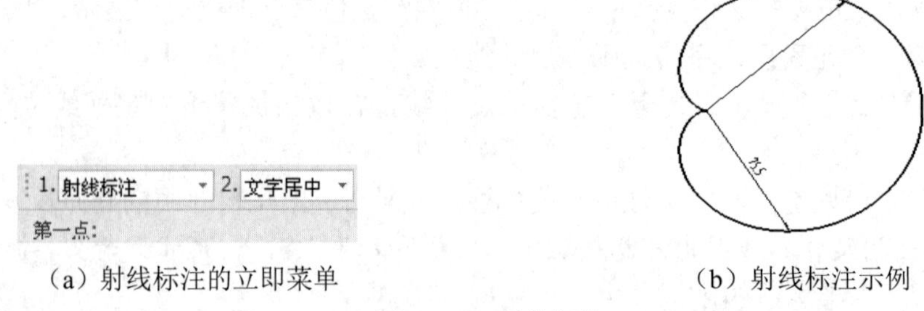

（a）射线标注的立即菜单　　（b）射线标注示例

图 16-30　射线标注

9. 锥度标注

将“尺寸标注”的立即菜单切换成“锥度/斜度标注”，如图 16-31 所示。

图 16-31　锥度/斜度标注的立即菜单

进入锥度标注状态后，系统依次提示：

（1）拾取轴线后，系统提示“拾取直线”，拾取直线后在立即菜单中显示尺寸的测量值。也可以输入尺寸值。

（2）输入定位点。用光标拖动尺寸线，在适当位置按鼠标左键确定文字定位点即可完成锥度标注。

在立即菜单中可以选择锥度标注、斜度标注以及正向、反向和加不加引线标注。按命令顺序依次操作即可完成锥度标注。图 16-29（b）和（c）为锥度和斜度标注示例。

10. 曲率半径标注

对样条曲线进行曲率半径的标注。将“尺寸标注”的立即菜单切换成“曲率半径标注”，如图 16-32 所示。

图 16-32 曲率半径标注的立即菜单

进入曲率半径标注状态后，系统依次提示：

（1）“拾取标注元素”，拾取标注的样条曲线。

（2）给出标注线位置，样条线曲率半径标注完成。

16.1.4 坐标标注

1. 命令

键盘输入：dimco。

下拉菜单：标注→坐标标注。

在“标注”工具条或兼容面孔中单击按钮。

2. 功能

用于标注坐标原点，选定点或圆心（孔位）的坐标值尺寸。

3. 操作

选择“坐标标注”命令，系统进入“原点标注”状态，立即菜单如图 16-33 所示。

图 16-33 坐标标注的立即菜单

“坐标标注”立即菜单的第一项有以下 7 个选项：原点标注、快速标注、自由标注、对齐标注、孔位标注、引出标注、自动列表。

（1）原点标注。原点标注是指标注当前工作坐标系原点的 X 坐标值和 Y 坐标值。

在“坐标标注”立即菜单中，第二项可选择尺寸线双向还是单向，第三项可选择文字双向还是单向，第四项可输入 X 轴偏移，第五项可输入 Y 轴偏移。图 16-34 所示为原点标注示例。

（2）快速标注。快速标注只需给出标注点，即可标注“标注点”的 X 坐标值和 Y 坐标值。

在“坐标标注”立即菜单的“1.”中选择“快速标注”，立即菜单变为如图 16-35 所示。

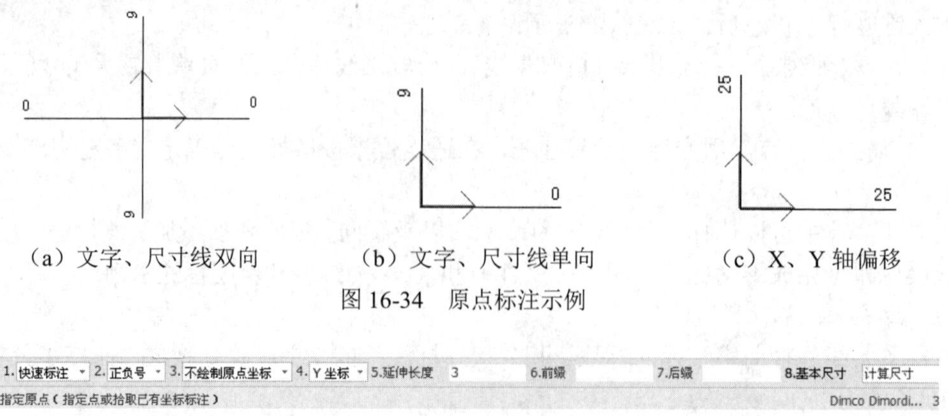

（a）文字、尺寸线双向　　（b）文字、尺寸线单向　　（c）X、Y 轴偏移

图 16-34　原点标注示例

图 16-35　快速标注的立即菜单

给出标注点后即可快速标注出相应的坐标值，是选择 X 坐标还是 Y 坐标，通过立即菜单中的“3.”选择，尺寸线的长度由“4.”输入。当“5.”的值为“尺寸值=计算值”时，尺寸值为测量值，尺寸值的正负号由“2.”控制。如果用“5.”输入尺寸值时，正负号控制不起作用。

（3）自由标注。自由标注是给出标注点和定位点后，标注所给的 X 坐标或 Y 坐标。

在“坐标标注”立即菜单的“1.”中选择“自由标注”，立即菜单变为如图 16-36 所示。

图 16-36　自由标注的立即菜单

1）给定标注点。给定标注点后，在立即菜单中显示标注点的 X 坐标值或 Y 坐标值。是标注 X 坐标还是 Y 坐标以及尺寸线的尺寸由定位点控制。

2）给定定位点。用光标拖动尺寸线方向（X 轴或 Y 轴）及尺寸线长度，在合适位置按下鼠标左键。

尺寸值缺省为测量值，正负号由“2.”控制，也可以在“3.”中输入尺寸值，此时正负号控制不起作用。

（4）对齐标注。对齐标注为一组以第一个坐标标注为基准、尺寸线平行、尺寸文字对齐的标注。

在“坐标标注”立即菜单的“1.”中选择“对齐标注”，立即菜单变为如图 16-37 所示。

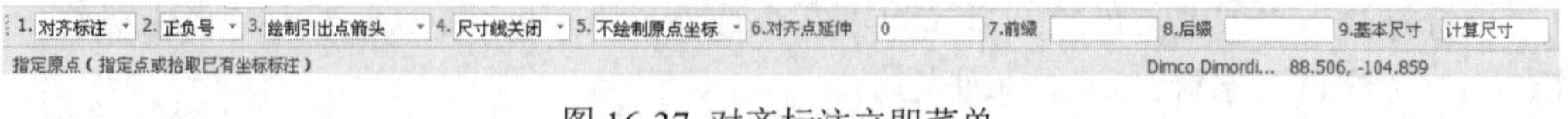

图 16-37 对齐标注立即菜单

通过操作提示项“标注点”和“对齐点”标注第一个坐标尺寸，对后继的坐标尺寸只出现提示“标注点”，用户选定一系列标注点即可完成一组尺寸文字对齐的坐标标注。

通过立即菜单可以选择不同的对齐标注格式：

- 尺寸线关闭/打开：控制对齐标注下是否要画出尺寸线。
- 箭头关闭/打开：只有尺寸线处于打开状态时才出现，控制尺寸线一端是否要画箭头。

尺寸值缺省为测量值，正负号由“2.”控制，也可以在“5.”中输入尺寸值，此时正负号控制不起作用。

（5）孔位标注。通过提示项“拾取圆或点”自动标注圆心或一个点的 X、Y 坐标值。

在“坐标标注”立即菜单的“1.”中选择“孔位标注”，立即菜单变为如图 16-38 所示。

图 16-38　孔位标注的立即菜单

根据提示拾取圆或点后标注圆或一个点的 X 坐标或 Y 坐标。

立即菜单中各控制项的作用如下：

- “2.”正号/正负号：控制坐标值的正负号。
- “4.”孔内尺寸线打开/关闭：控制标注圆心坐标时圆内的尺寸界线是否画出。
- “5.”X 延伸长度：控制沿 X 坐标轴方向尺寸界线延伸出圆外的长度或尺寸界线自标注点延伸的长度，缺省值为 3mm，也可以修改。
- “6.”Y 延伸长度：控制沿 Y 坐标轴方向尺寸界线延伸出圆外的长度或尺寸界线自标注点延伸的长度，缺省值为 3mm，也可以修改。

（6）引出标注。引出标注是用于坐标标注中尺寸线或文字过于密集时将数值标注引出来的标注。

在“坐标标注”立即菜单的“1.”中选择“引出标注”，立即菜单变为如图 16-39 所示。

图 16-39　引出标注的立即菜单

标注格式分为自动打折和手工打折两种，由第三项控制。

1）自动打折。自动打折时系统提示“标注点”和“引出点”，依次输入后即完成标注。

立即菜单中各控制项的作用如下：

- “2.”正号/正负号：当尺寸值为缺省值时控制尺寸值的正负号。
- “5.”顺折/逆折：控制转折线的方向。
- “6.”L：控制第一条转折线的长度。
- “7.”H：控制第二条转折线的长度。
- “10.”基本尺寸：输入尺寸值或计算尺寸值。

2）手工打折。切换到手工打折，立即菜单变为如图 16-40 所示。

手工打折时系统提示“标注点”“引出点”“引出点”和“定位点”，依次确定后即完成标注。

图 16-40　引出标注手动打折的立即菜单

立即菜单中各控制项的作用如下：

- “2.”正号/正负号：当尺寸值为缺省值时控制尺寸值的正负号。

- “7.”基本尺寸：输入尺寸值或计算尺寸值。

（7）自动列表。自动列表指以表格的方式列出标注点、圆心或样条插值点的坐标值。

在“坐标标注”立即菜单的“1.”中选择“自动列表”，立即菜单变为如图 16-41 所示。

1. 自动列表 2. 正负号 3. 加引线 4. 不标识原点

拾取标注点或圆弧或样条：

图 16-41　自动列表的立即菜单

系统提示“输入标注点或拾取圆（弧）或样条：”。

1)样条插值点坐标标注。如果输入标注点拾取样条，输入序号插入点后立即菜单如图 16-42 所示。

1. 自动列表 2.序号域长度 10 3.坐标域长度 25 4.表格高度 5

定位点：

图 16-42　自动列表序号的立即菜单

在输入完序号插入点后系统提示“定位点”，输入定位点后即完成标注。

2）点及圆心坐标标注。如果输入标注点或者拾取了圆（弧），则提示“序号插入点”，依次输入后，系统再循环提示“输入标注点或拾取圆（弧）或样条”和“序号插入点”。此循环直到按鼠标右键后结束，系统接着提示“定位点”，输入定位点后即完成标注。图 16-43 所示为自动列表示例。

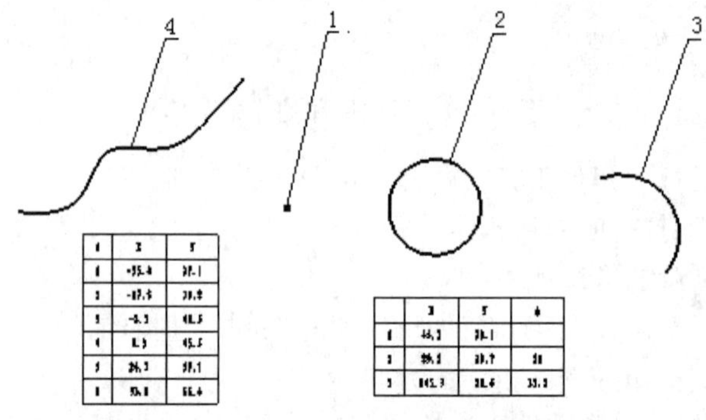

图 16-43　自动列表示例

16.1.5　特殊的尺寸标注

倒角标注是以“长度×角度”的形式引出标注倒角尺寸。

1. 倒角标注

（1）命令。

键盘输入：dimch。

下拉菜单：标注→倒角标注。

工具栏：在“标注”工具条中单击 按钮。

兼容面孔：单击 按钮。

（2）功能：标注倒角尺寸。

（3）操作：选择“倒角标注”命令后，系统提示“拾取直线:”，拾取倒角的那段倾斜线后弹出立即菜单，在立即菜单中可以修改倒角的尺寸值，移动光标确定尺寸线的位置后按下左键，即可完成倒角标注，如图 16-44 所示。

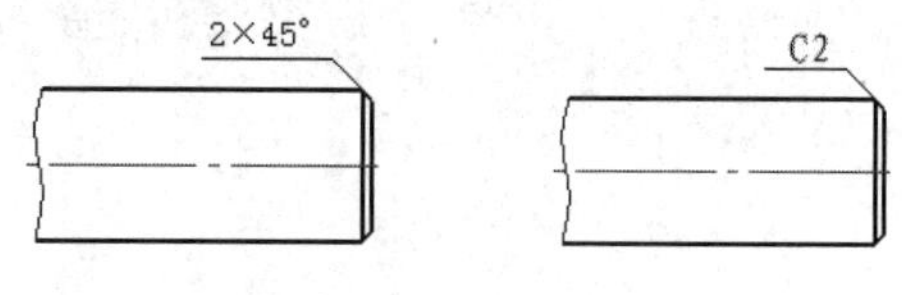

图 16-44　倒角标注

2. 引出说明

引出说明用于标注引出注释，由文字和引线两部分组成，文字可以输入西文或汉字。文字字型由文字参数决定。

（1）命令。

键盘输入：ldtext。

下拉菜单：标注→工程标注→引出说明。

工具栏：在“标注”工具条中单击和按钮。

经典面孔：单击和引出说明按钮。

（2）功能：用于标注引出注释。

（3）操作：选择“引出说明”命令后系统弹出“引出说明”对话框，如图 16-45 所示。在其中输入需要的说明文字，其“上说明”和“下说明”将分别标注在横线的上方和下方，也可只标其一。输入完毕后单击“确定”按钮，此时系统弹出立即菜单，如图 16-46 所示。在立即菜单中可选择引线“带箭头”或“不带箭头”等。系统提示“第一点:”，输入引出点后提示变为“第二点:”，移动光标确定标注定位点和转折点，按下左键完成标注。图 16-47 所示为引出说明的标注示例。

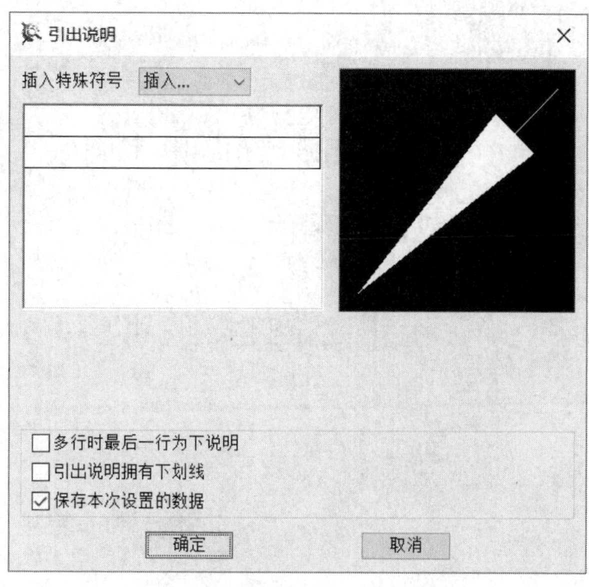

图 16-45　“引出说明”对话框

图 16-46　引出说明的立即菜单

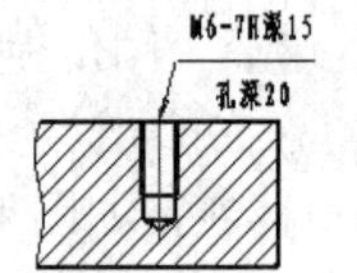

图 16-47　引出说明标注示例

16.2　文字标注

文字标注用于在图形中标注文字。文字可以是多行，可以横写或竖写，并可以根据指定的宽度进行自动换行。

16.2.1　文字参数设置

字型是各个文字参数的特定值的组合。可以将在不同场合会经常用到的几组文字参数的组合定义成字型存储到图形文件或模板文件中，以后使用时只需切换字型，各个文字参数就会自动变成该字型的参数，不需要逐个修改。

1. 命令

键盘输入：textpara。

下拉菜单：格式→文字。

2. 功能

对文字字型进行管理设置，为“文字标注”设定字高、字体、字型等参数，并可以加载新字库。

3. 操作

选择“文字”命令后，弹出“文本风格设置”对话框，如图 16-48 所示。

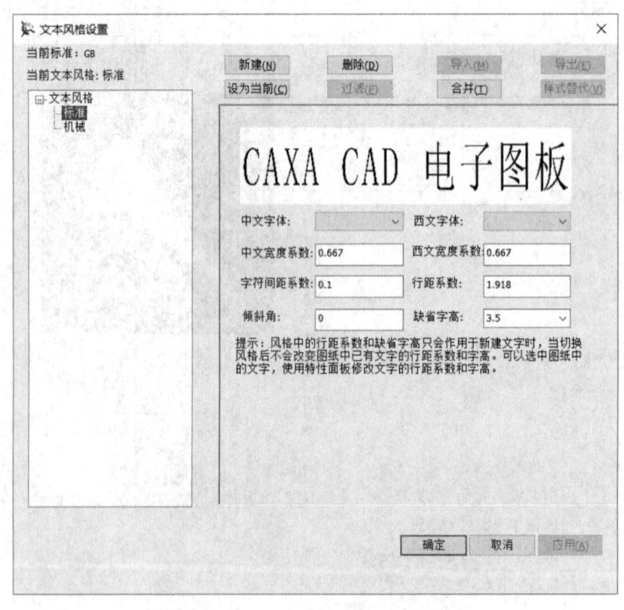

图 16-48　“文本风格设置”对话框

（1）当前文本风格。在“当前文本风格”组合框中列出了当前文件中所有已定义的字型。如果尚未定义字型，则系统预定义了一个叫“标准”的缺省字型，该缺省字型不能被删除或改名，但可以编辑。通过在这个组合框中选择不同的项可以切换当前字型。随着当前字型的变化，对话框下部列出的字型参数相应变化为当前字型对应的参数，预显框中的显示也随之变化。

对字型可以进行 4 种操作：新建、删除、导入、导出。修改了任何一个字型参数后，“新建”和“导入”按钮变为有效状态。单击“新建”按钮，将弹出对话框以供输入一个新字型名，系统用修改后的字型参数创建一个以输入的名字命名的新字型，并将其设置为当前字型；单击“导入”按钮，系统将当前字型的参数更新为修改后的值。当前字型不是缺省字型时，“导入”和“删除”按钮有效。单击“导出”按钮，可以为当前字型起一个新名字；单击“删除”按钮则删除当前字型。需要指出的是，如果修改了字型参数后直接单击“确定”按钮退出对话框，系统不会自动更新当前字型。

（2）字型参数。文字属性的参数有中文字体、西文字体、中文宽度系数、西文宽度系数、字符间距系数、行距系数、倾斜角、缺省字高。

- 中文字体：文字中的汉字、全角标点符号及 ϕ、±、° 采用的字体。
- 西文字体：文字中的字母、数字及半角标点符号采用的字体。
- 中文宽度系数、西文宽度系数：当宽度系数为 1 时，文字的长宽比例与 TrucTypc 字体文件中描述的字型保持一致；为其他值时，文字宽度在此基础上缩小或放大相应的倍数。
- 字符间距系数：同一行（列）中两个相邻字符的间距与设定字高的比值。
- 行距系数：横写时两个相邻行的间距与设定字高的比值。
- 倾斜角：每个字符的字头倾斜的角度。向右倾斜为正，向左倾斜为负。单位为角度。
- 缺省字高：文字中正常字符（除上下偏差、上下标、分子、分母外的字符）的高度，单位为毫米。

根据自己的需要设定上述参数，然后为这些参数创建字型，在文字标注时只需在立即菜单中选择所需要的字型即可。

16.2.2 文字标注

1. 命令

键盘输入：text。

下拉菜单：绘图→文字标注。

工具栏：在“标注”工具条中单击 A 按钮。

兼容面孔：单击 A 按钮。

2. 功能

用于在图纸上填写各种技术说明，包括技术要求。

3. 操作

在“绘图”工具栏或菜单中单击 A，弹出如图 16-49 所示的立即菜单。在其中可选择“指定两点”和“搜索边界”两种方式来确定所注文字的位置。

图 16-49　文字标注的立即菜单

（1）确定标注文字的位置。根据具体情况从立即菜单中选择“指定两点”或“搜索边界”。若选用“指定两点”方式，系统先后提示“指定标注文字的矩形区域第一角点:”和“标注文字的矩形区域第二角点:”，用鼠标拖动确定要标注文字的区域即可；若选用“搜索边界”方式，立即菜单增加“2.边界间距系数”一项，此时标注区应已有待填入文字的矩形，用鼠标单击矩形内任一点，系统自动确定文字的位置进行标注。

（2）输入文字。确定文字的标注位置后，弹出“文本编辑器”对话框，如图 16-50 所示。

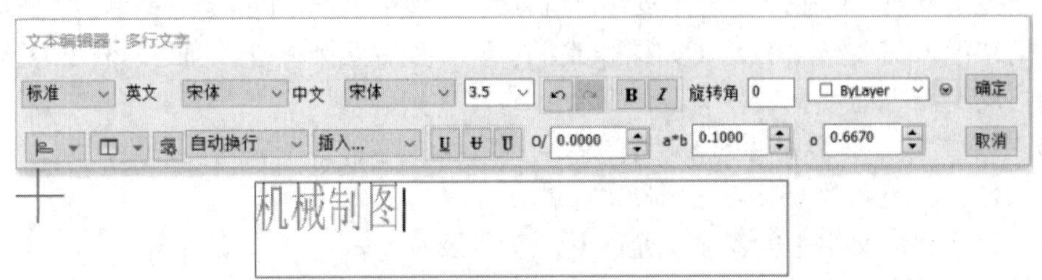

图 16-50　文字标注与编辑对话框

对话框下方的编辑框用于输入文字，上方为当前文字参数。对话框中还有一个“插入”下拉列表框、“确定”按钮和“取消”按钮。

1）插入。对话框中的“插入”下拉列表框可以用来输入一些常用符号，如上下偏差、上下标、分数、φ、°、±等。

在下拉列表框中选中某项并单击即可将其插入到编辑框的光标所在位置。若插入偏差、上下标、分数，则弹出如图 16-51 所示的对话框，输入文本后单击“确定”按钮即可将其插入到光标所在位置。

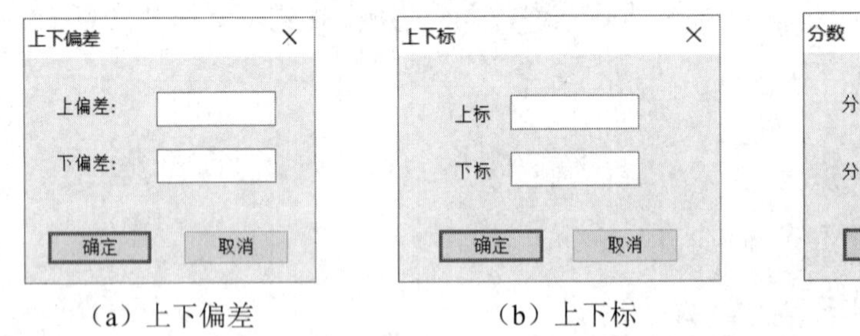

（a）上下偏差　　（b）上下标　　（c）分数

图 16-51　上下偏差、上下标、分数的插入

常用符号和特殊格式也可以用键盘输入来完成，电子图板规定了一些表示方法，这些方法均以%作为开始标志。

例如度数°用%d 表示，±用%p 表示，φ用%c 表示，而%本身用%%表示。

偏差以%开始，接着是上偏差数值，然后是又一个%和下偏差数值，以%b 结束。偏差数值必须带符号。如果有一个偏差为 0，则省略不写。例如，$25^{+0.12}_{0}$应输入 25%+0.12%b，$40^{+0.05}_{-0.10}$应输入 40%+0.05%-0.1%b。

上下标的表示方法是%*p 加上标加%*p 加下标，以%*b 结束。即使没有上标或没有下标，也不能省略相应的%*p。例如，B_1应输入 B%*p%*p1%*b，A_0^2应输入 A%*p2%*p0%*b。

分数用%&加分子加/加分母加%b 表示。例如，$\frac{355}{113}$应输入%&355/113%b。分数中可以嵌套上下标。

上划线用%o 表示，再次输入%o 则终止上划线，即两个%o 之间的文字被加上上划线。

中间线用%m 表示，再次输入%m 则终止中间线，即两个%m 之间的文字被加上中间线。

下划线用%u 表示，再次输入%u 则终止下划线，即两个%u 之间的文字被加上下划线。

2）结束输入。

完成输入后，单击“文字编辑器”对话框中的“确定”按钮系统把输入的文字插入到指定位置，单击“取消”按钮则取消操作。

16.3 工程标注

16.3.1 剖切符号

1. 命令

键盘输入：hatchpos。

下拉菜单：标注→剖切符号。

工具栏：在“标注”工具条中单击“剖切符号”按钮。

兼容面孔：单击按钮。

2. 功能

标出剖面的剖切位置。

3. 操作

（1）选择“工程标注”子菜单中的“剖切符号”，弹出立即菜单，如图 16-52 所示；输入剖视图或断面图的名称，根据剖切位置确定是否“正交”或“非正交”。

图 16-52 剖切符号的立即菜单

（2）提示“画剖切轨迹（画线）”，以两点线的方式画出剖切轨迹线，绘制完成后单击右键结束画线状态。此时剖切轨迹线的终止点显示出沿最后一段剖切轨迹线方向的两个箭头标识，并提示“请拾取所需的方向:”。

（3）可以在两个箭头的一侧单击鼠标左键以确定箭头的方向或单击右键取消箭头，此时系统又提示“指定剖面名称标注点:”。

（4）拖动鼠标在每一个需要标注字母处单击鼠标左键，即可在该位置标注出一个相同的字母（剖面名称），全部标注完毕后单击右键结束命令。

图 16-53 所示为剖切符号的标注示例。

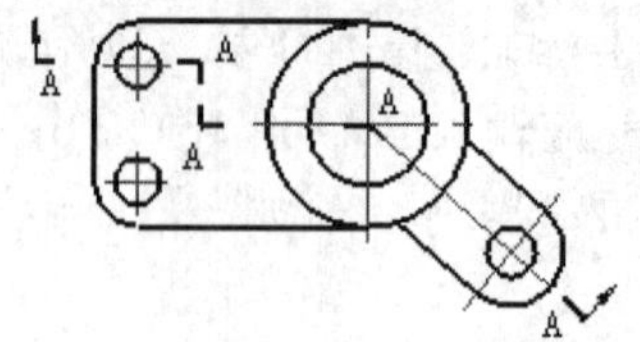

图 16-53　剖切符号的标注示例

16.3.2　表面粗糙度

1. 命令

键盘输入：rough。

下拉菜单：标注→粗糙度。

工具栏：在“标注”工具条中单击“粗糙度”按钮√。

兼容面孔：单击√按钮。

2. 功能

在零件图上标注表面粗糙度代号。

3. 操作

（1）选择“粗糙度”命令，系统弹出立即菜单，如图 16-54 所示。

图 16-54　表面粗糙度的立即菜单

在立即菜单的“1.”中可切换“简单标注”和“标准标注”。

- 简单标注：如果采用简单标注，可在立即菜单的“3.”中选择“去除材料”“不去除材料”和“基本符号”3 种形式，并在“4.”中输入数值。
- 标准标注：若采用标准标注，系统弹出如图 16-55 所示的对话框，可在其中设置各项参数并预览标注结果。

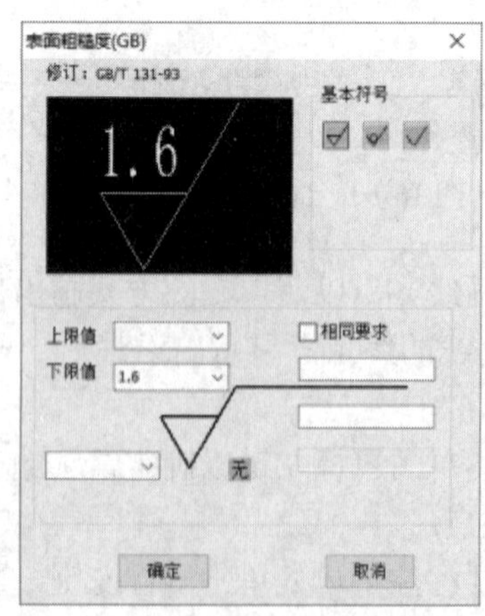

图 16-55　表面粗糙度的标准标注对话框

（2）按照提示“拾取定位点或直线或圆弧：”操作后，系统又提示“拖动确定标注位置：”，如果拾取的是一个点，系统提示“输入角度或由屏幕上确定(-360,360):”，由键盘输入角度或拖动定位后即完成标注。

16.3.3　尺寸公差

电子图板提供了两种标注尺寸公差的方法：一种是利用鼠标右键弹出“尺寸公差查询”对话框进行标注；另一种是在“尺寸标注”立即菜单中直接输入公差值和代号。这里只介绍第一种方法。

在标注尺寸（或编辑尺寸）时，如果在确定尺寸线位置之前（系统提示“尺寸线位置:”时）单击鼠标右键，将弹出如图 16-56 所示的对话框。

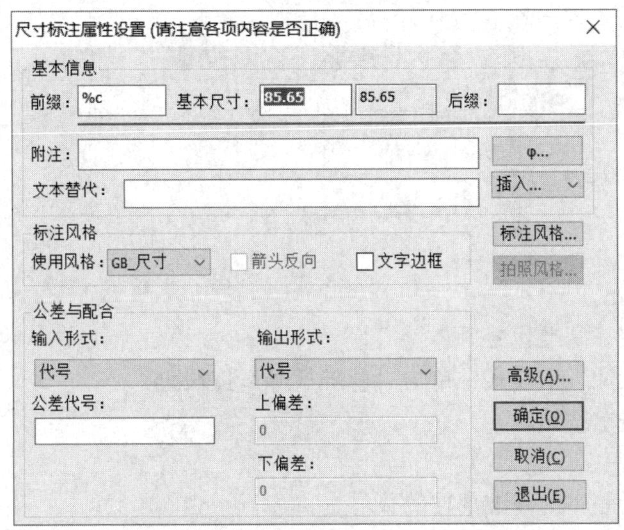

图 16-56　“尺寸标注属性设置”对话框

在其中输入所要标注（或修改）的尺寸公差值，单击“确定”按钮，尺寸公差被自动加入到尺寸值中。

对话框中各项的含义如下：

- 基本尺寸：缺省值为尺寸值的实际测量值，可以修改。
- 输入形式：即公差的输入形式，可切换选择“代号”“偏差”和“配合”。
- 公差代号：当输入形式为“代号”时，如果输入公差代号如 H8、JS7 等，系统将根据基本尺寸和公差代号自动查表，将查出的偏差值分别在“上偏差”和“下偏差”编辑框中显示；当输入形式为“配合”时，应输入配合代号如 H8/JS7 和 K7/H6 等。
- 上偏差、下偏差：显示尺寸的上/下偏差值，可以修改。
- 前缀：在此输入尺寸值前面的符号，如“2-Φ18”中的“2-”。
- 后缀：在此输入尺寸值后面的符号，如“2-Φ18（均布）”中的“(均布)”。
- 输出形式：控制尺寸公差的输出形式，可切换选择“代号”“偏差”和“代号(偏差)”。单击“高级”按钮，弹出如图 16-57 所示的“公差与配合可视化查询”对话框，在其中可对公差与配合进行查询。

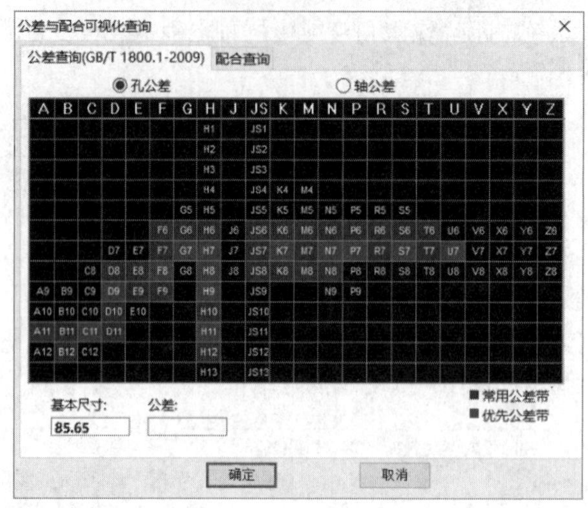

图 16-57 “公差与配合可视化查询”对话框

16.3.4 基准代号

1. 命令

键盘输入：datum。

下拉菜单：标注→基准代号。

工具栏：在“标注”工具条中单击“基准代号”按钮。

兼容面孔：单击按钮。

2. 功能

用于标注形位公差中的基准部位的代号。

3. 操作

选择“基准代号”命令后弹出立即菜单，如图 16-58 所示，可以通过拾取点、直线、圆弧和圆来确定基准代号的位置，然后系统提示“拖动确定标注位置:”，选定位置后即可标注出与所选直线或圆弧相平行的基准代号。

图 16-58 基准代号的基准标注立即菜单

在标注时可通过“1.”来切换标注方式：基准标注和基准目标。

（1）基准标注。在基准标注状态下，可通过“2.”选择任选基准或给定基准。

如果在任选基准状态下拾取点、直线、圆弧和圆来确定基准代号的位置，基准代号为箭头。

如果选择“给定基准”，立即菜单变为如图 16-59 所示，在第三项中可选择缺省方式和引出方式。

图 16-59 基准代号的基准标注立即菜单

（2）基准目标。将基准标注立即菜单的第一项“1.”切换为“基准目标”，立即菜单变为如图 16-60 所示，第二项中有目标标注和代号标注供选择。

1.基准目标 2.代号标注 3.引出线为直线 4.上说明 5.下说明 A
拾取定位点或直线或圆弧

图 16-60　基准代号的基准目标立即菜单

- 目标标注：通过拾取点、直线、圆弧和圆来标注基准目标的位置（标记为×）。
- 代号标注：代号标注与基准标注的任选基准基本类似，只是把“基准名称”改为“上说明”和“下说明”。图 16-61 所示为基准代号的标注示例。

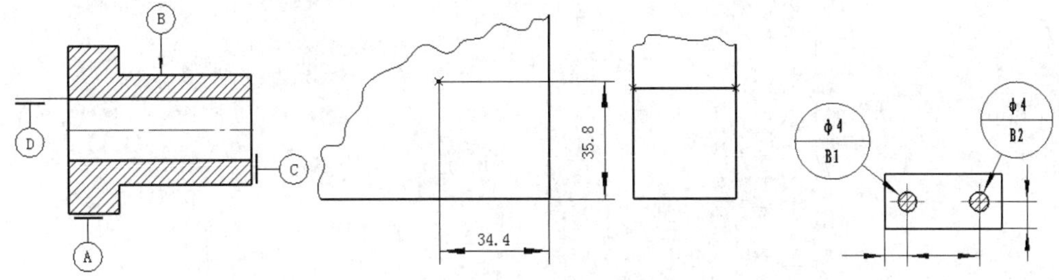

图 16-61　基准代号的标注示例

16.3.5　形位公差

形位公差包括形状公差和位置公差。

1. 命令

键盘输入：fcs。

下拉菜单：标注→形位公差。

工具栏：在“标注”工具条中单击“形位公差”按钮。

兼容面孔：单击按钮。

2. 功能

在零件图中标注形状公差和位置公差。

3. 操作

选择“形位公差”命令，系统弹出如图 16-62 所示的“形位公差”对话框。在其中可以对需要标注的形位公差的各种选项进行详细设置。可以拾取点、直线、圆和圆弧进行形位公差标注，要拾取的直线、圆或圆弧可以是尺寸或块里的组成元素，在标注过程中还可以切换立即菜单选择是否带箭头。

（1）形位公差对话框内容。

预显区：显示填写与布置结果。

公差代号：在此列出了国家标注规定的 14 种形位公差，供拾取时选择。

公差数值：可以选择 s、ϕ 和 sϕ，输入公差值。

相关原则：在公差 1 最右边的下拉列表框中可选择“”（空）、（P）：延伸公差带、（M）：最大实体要求、（E）：包容要求、（L）：最小实体要求、（F）：非刚性零件的自由状态条件，然后选择可逆要求。

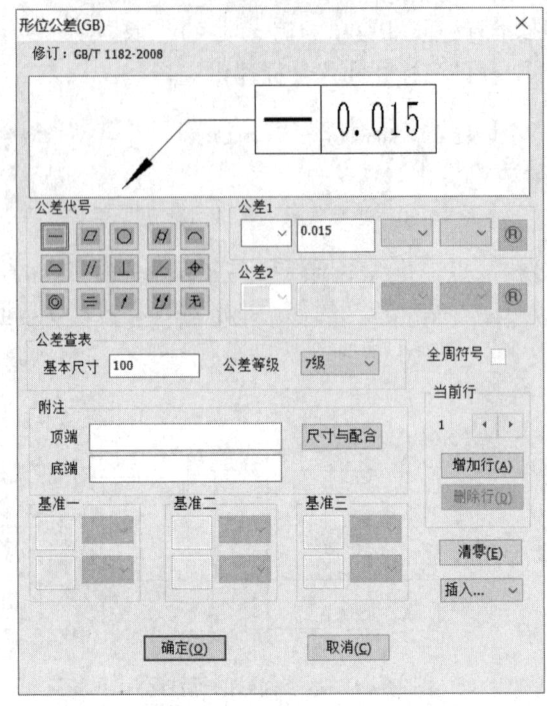

图 16-62 “形位公差”对话框

形状限定：在下拉列表框中可选择“ ”（空）、（＋）：只许中间向材料外凸起、（－）：只许中间向材料内凹下、＞：只许从左至右减小、＜：只许从右至左减小，然后选择“全周符号”复选项。

公差查表：在选定基本尺寸和公差等级后，自动给出公差值并显示。

附注：在编辑框中输入的内容将出现在形位公差框格的上方，其内容可以是尺寸或文字说明，也可以通过“尺寸与配合”按钮来输入具体的尺寸和公差配合。

基准代号：可分三组分别输入基准代号。

当前行：可选择同时标注几个形位公差。

增加行：在已标注的一行形位公差上增加新行。

删除行：删除当前最末一行的形位公差。

清零：清除原有的所有设置，一般用于新的标注。

（2）形位公差标注。

在“形位公差”对话框中，选择公差代号、输入公差值、设置有关选项后预览公差框格，核对无误后单击“确定”按钮，对话框消失，系统弹出形位公差标注的立即菜单，从中可以选择指引线“有箭头”或“无箭头”和“水平标注”或“垂直标注”。此时系统提示“拾取标注元素：”，拾取后提示变为“引线转折点：”，移动光标可动态确定指引线的引出位置和引线转折点。确定引线转折点后提示变为“拖动确定定位点：”，移动光标确定一点即完成标注。

16.3.6 焊接符号标注

1．命令

键盘输入：weld。

下拉菜单：标注→焊接符号。

工具栏：在“标注”工具条中单击“焊接符号”按钮。

兼容面孔：单击按钮。

2. 功能

标注焊接符号。

3. 操作

（1）选择“焊接符号”命令，系统弹出如图 16-63 所示的“焊接符号”对话框。

（2）在其中对需要标注的焊接符号的各种选项进行设置后单击“确定”按钮，系统提示“拾取定位点或直线或圆弧：”。

（3）指定定位点位置后系统提示“引线转折点：”。

（4）确定转折点后系统提示“拖动确定定位点”，即可完成焊接符号标注。

焊接符号标注示例如图 16-64 所示，根据需要选择焊接符号，包括基本符号、辅助符号和补充符号，通过“符号位置”的选择来确定符号的标注位置，选择虚线位置。

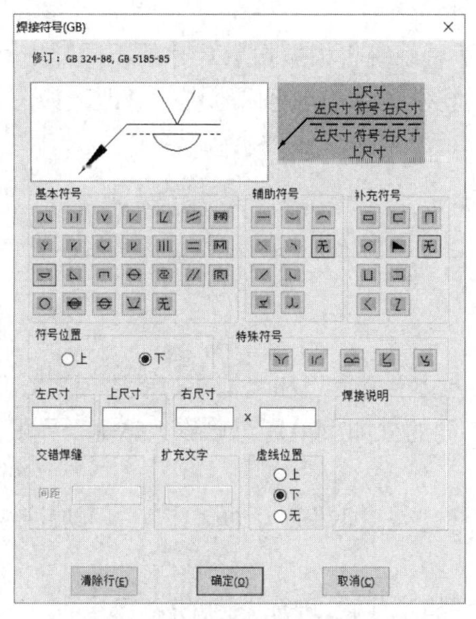

图 16-63　“焊接符号”对话框

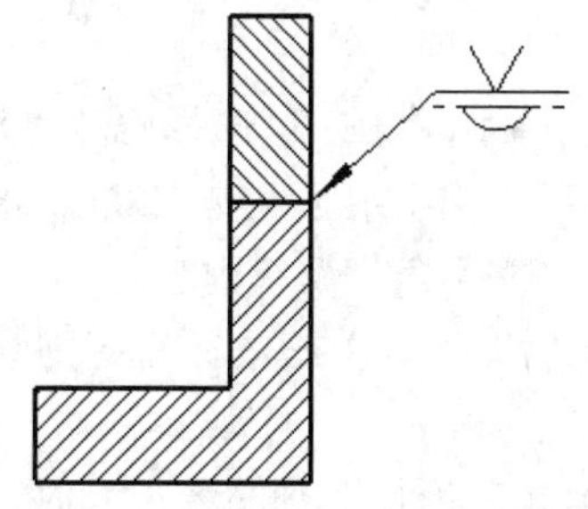

图 16-64　焊接符号标注示例

16.4 标注编辑

“标注编辑”可对所有的工程标注（尺寸、文字、符号）的位置或内容进行编辑，“位置编辑”是指对尺寸或符号的位置进行移动或角度的改变；“内容编辑”是指对尺寸、文字或符号的修改。对这些标注的编辑仅通过菜单命令“标注编辑”，系统将自动识别标注内容的类型而作出相应的编辑操作。

选择“标注编辑”命令后系统提示“拾取要编辑的尺寸、文字或工程标注：”，拾取要编辑的元素后系统自动识别所拾取元素的类型而进行相应的操作。标注编辑分为尺寸编辑、文字编辑和工程符号编辑三大类。

16.4.1 标注编辑的命令及操作

1．命令

键盘输入：dimedit。

下拉菜单：修改→标注编辑。

工具栏：在“编辑”工具条中单击“标注编辑”按钮。

兼容面孔：单击按钮。

2．功能

对所有的工程标注（尺寸、文字、符号）的位置或内容进行编辑。

3．操作

选择“标注编辑”命令，系统提示“拾取要编辑的尺寸、文字或工程标注:”，拾取要编辑的元素后系统自动识别所拾取元素的类型而进行相应的操作。

16.4.2 尺寸编辑

选择“标注编辑”命令，拾取一个待编辑的尺寸后系统将根据拾取尺寸的不同弹出不同的立即菜单，可以对尺寸线的位置、文字位置、尺寸值和文字方向等内容进行修改，如图 16-65 所示。

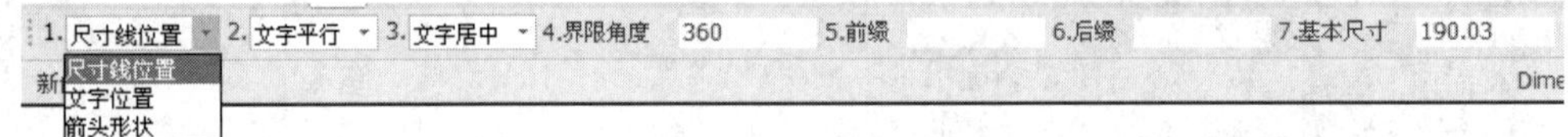

图 16-65 尺寸编辑的立即菜单

立即菜单中，“1.”可选择修改“尺寸线位置”“文字位置”和“箭头形状”，“2.”可切换“文字平行”“文字水平”或“ISO 标准”。此外，不同的立即菜单还可以修改诸如“界限角度”“尺寸值”“文字角度”等内容。

拾取尺寸后，若单击鼠标右键则弹出“尺寸标注公差查询”对话框，在其中可加注或编辑尺寸公差。

标注编辑时所拾取到的为尺寸时，根据尺寸类型的不同可进行不同的操作。

1．拾取到一个线性尺寸

可以修改尺寸位置、尺寸界限内文字的位置、使尺寸文字加引线、改变尺寸界限的倾斜方向、尺寸的数值等。

（1）尺寸线位置的编辑。在尺寸线位置的编辑状态下，拖动光标可上下左右移动尺寸线位置；要改变尺寸界限的角度，在立即菜单的“尺寸线角度”中输入新的角度值即可，如图 16-66（b）所示。

（2）尺寸文字的编辑。尺寸文字的编辑只修改文字的定位点、文字角度和尺寸值，尺寸线和尺寸界限不变。

切换立即菜单第一项为“文字位置”，相应立即菜单变为如图 16-67 所示。

在以上立即菜单中可以选择是否加引线，修改文字的角度及尺寸值。输入文字新位置点后即可完成编辑操作。

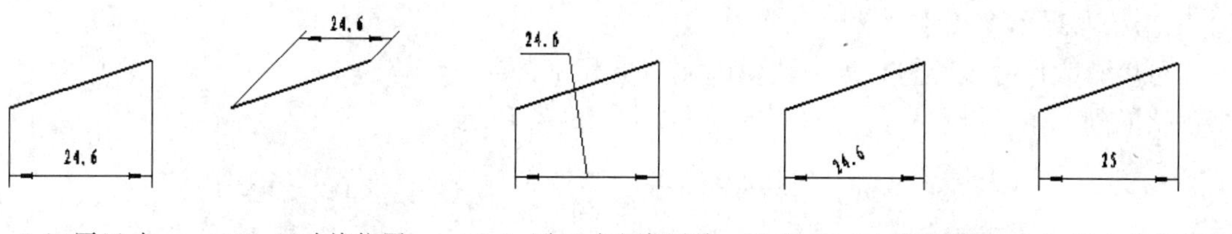

（a）原尺寸　（b）尺寸线位置　（c）原尺寸文字引线　（d）尺寸文字角度　（e）尺寸文字内容

图 16-66　尺寸编辑标注示例

图 16-67　尺寸编辑的文字位置立即菜单

（3）箭头形状编辑。选择箭头形状，弹出“箭头形状编辑”对话框，如图 16-68 所示。

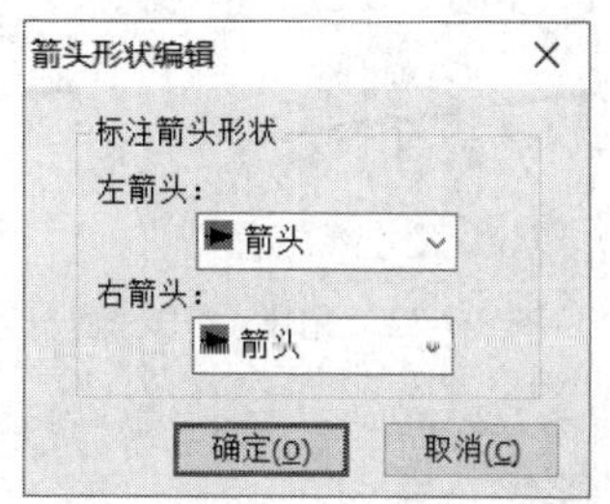

图 16-68　“箭头形状编辑”对话框

修改立即菜单中的尺寸值后按鼠标左键即完成操作。

2. 拾取到直径或半径尺寸

可以修改尺寸线的位置、尺寸值、文字位置、文字引线、文字角度等。

拾取到一个直径或半径，立即菜单变为如图 16-69 所示。

图 16-69　尺寸编辑的直径或半径立即菜单

立即菜单的第一项有两项选择：尺寸线位置、文字位置，缺省值为尺寸线位置。

图 16-70 所示为尺寸编辑的直径或半径示例。

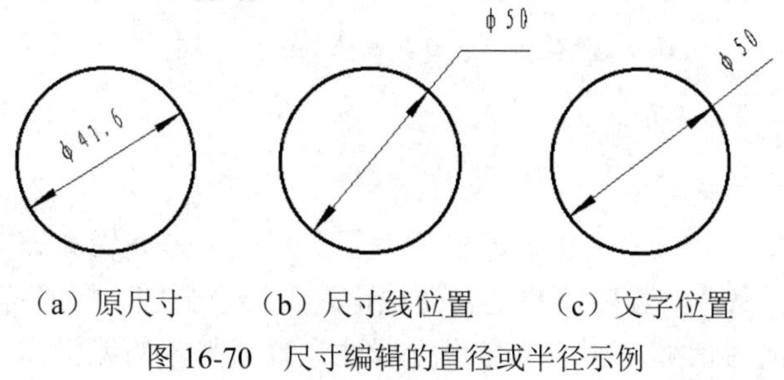

（a）原尺寸　（b）尺寸线位置　（c）文字位置

图 16-70　尺寸编辑的直径或半径示例

3. 拾取到角度尺寸

可以修改尺寸线位置、尺寸数值、文字位置和文字引线等。

拾取到一个角度尺寸，立即菜单变为如图 16-71 所示。

图 16-71　尺寸编辑的角度尺寸立即菜单

立即菜单的第一项有两项选择：尺寸线位置、文字位置，缺省值为尺寸线位置。

图 16-72 所示为尺寸编辑的角度尺寸示例。

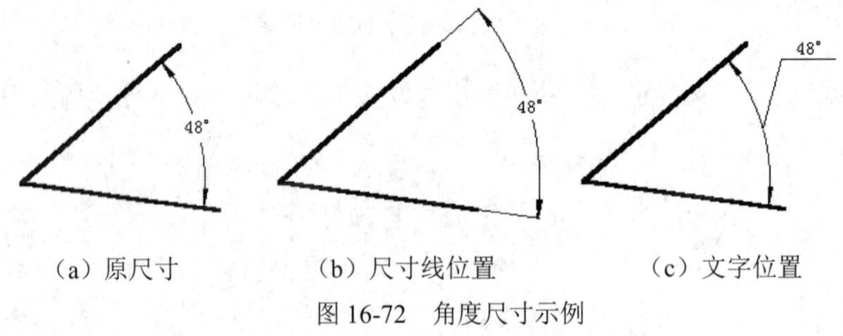

（a）原尺寸　（b）尺寸线位置　（c）文字位置

图 16-72　角度尺寸示例

16.4.3　文字编辑

选择“标注编辑”命令，如果拾取一个待编辑的文字，则弹出“文本编辑器”对话框，如图 16-73 所示，在其中可修改字型、字体、字高、旋转角、倾斜角、对齐方式、精度、字间距系数等文字参数。

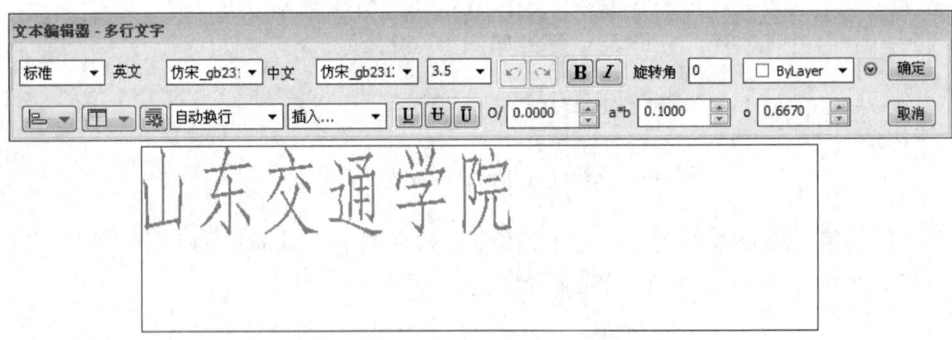

图 16-73　“文本编辑器”对话框

16.4.4　工程符号编辑

工程符号编辑包括基准代号编辑、粗糙度编辑、形位公差编辑和焊接符号编辑。

选择“标注编辑”命令，若拾取的是表面粗糙度、形位公差、焊接符号、基准代号等工程符号，则可通过相应的对话框对所选符号进行标注位置或内容的编辑。

16.5　尺寸风格编辑

通过拾取尺寸元素，在弹出的对话框中修改尺寸风格。该操作不改变系统原来的风格。

16.5.1　尺寸风格切换

下拉菜单：修改→切换尺寸风格。

16.5.2　尺寸风格编辑操作

（1）选择“切换尺寸风格”命令，系统提示“拾取添加”。

（2）根据提示选择尺寸对象。

（3）选择结束后单击鼠标右键，弹出如图 16-74 所示的对话框，在其中根据自己喜欢的风格设置尺寸标注的各项参数。

（4）单击“确定”按钮完成尺寸风格编辑的操作。

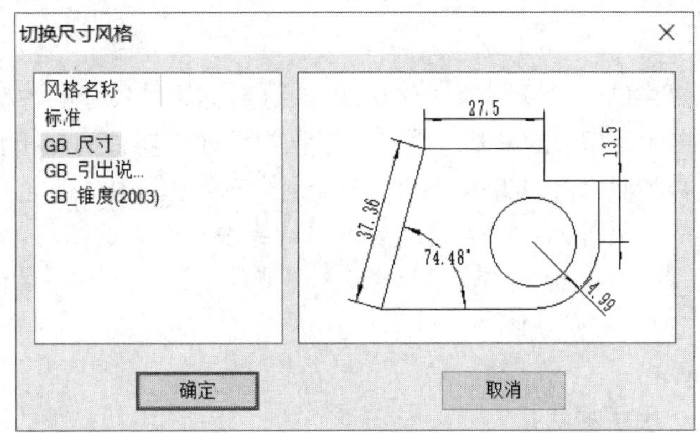

图 16-74　“切换尺寸风格”对话框

16.6　文本参数编辑

16.6.1　文本参数编辑命令

下拉菜单：修改→文本参数编辑。

16.6.2　文本参数编辑操作

（1）选择“文本参数编辑”命令，系统提示“拾取添加”，根据提示选择文本对象。

（2）选择结束后单击鼠标右键，弹出如图 16-75 所示的“文本参数编辑”对话框，在其中根据自己喜欢的风格来选择文本的各项参数进行修改和设置。

（3）单击“确定”按钮完成文本参数编辑的操作。

注意：系统自动保存文本参数编辑的缺省值记录。

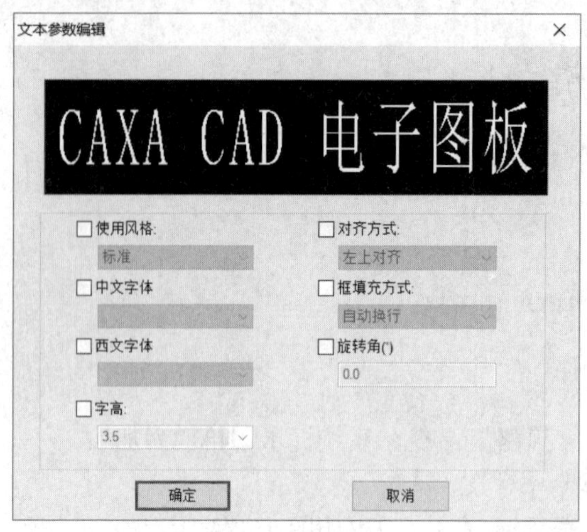

图 16-75　“文本参数编辑”对话框

16.7　尺寸驱动

尺寸驱动是系统提供的一套局部参数化功能，通过对标注的尺寸的改动实现对图形的相应修改。在选择一部分实体及相关尺寸后，系统将根据尺寸建立实体间的拓扑关系，当选择想要改动的尺寸并改变其数值时，相关实体及尺寸将受到影响发生变化，但元素间的拓扑关系保持不变，如相切、相连等。另外，系统可自动处理过约束及欠约束的图形。

16.7.1　尺寸驱动命令

键盘输入：driver。

下拉菜单：修改→尺寸驱动。

工具栏：在“修改”工具条中单击“尺寸驱动”按钮。

兼容面孔：单击按钮。

16.7.2　尺寸驱动功能

利用“尺寸驱动”可以在画完图形后再对尺寸进行修改、规整，从而提高作图速度，使对已有图纸的修改变得简单快捷。

16.7.3　尺寸驱动操作

（1）选择驱动对象。

选择“尺寸驱动”命令，系统提示“拾取元素：”。先要选择驱动对象，即拾取要修改的部分。系统将只分析选中部分的图形及尺寸。

注意：除选择图形外，选择尺寸也是必要的，因为工程图纸是依靠尺寸标注来避免二义性的，系统正是依靠尺寸来分析元素间的关系。

例如，有一条斜线，标注了水平尺寸，则当其他尺寸被驱动时，该直线的斜率及垂直距离可能会发生相关的改变，但是该直线的水平距离将保持为标注值。同样的道理，如果驱动该水平尺寸，则该直线的水平长度将发生改变，改变为与驱动后的尺寸值一致。因而，对于局部参数化功能，选择参数化对象是至关重要的，为了使驱动的目的与自己的设想一致，有必要在选择驱动对象之前作必要的尺寸标注，对该驱动的和不该驱动的关系作个必要的定义。

一般来说，某图形如果没有必要的尺寸标注，系统将会根据连接、角度、正交、相切等一般的默认准则来判断图形之间的约束关系。

（2）选择驱动图形的基准点。

完成拾取并单击右键确定后系统提示“请指定图形的基准点:”，系统将根据被驱动尺寸与基准点的位置关系来判断驱动时哪一端固定，从而驱动另一端。

（3）选择被驱动尺寸，输入新值。

指定基准点后系统提示“请拾取欲驱动的尺寸:”，这时选择一个被驱动的尺寸，提示变为“请输入新值:”，并出现“输入实数:”的数据输入界面。输入新的尺寸值后，被选中的图形部分按照新的尺寸值作出相应的变动。接着系统提示“请拾取欲驱动的尺寸:”，可以连续驱动其他尺寸，直至单击右键退出。

如图 16-76 所示，在图（a）的基础上，可以用尺寸驱动来改变两圆的直径或中心距。选择全图作为驱动对象，以某个圆心为基准点，拾取小圆直径（ϕ20），输入新值 15 并回车，则小圆尺寸被修改，由ϕ20 变为ϕ15，而两圆的中心距及相切关系不变，如图（b）所示。接着拾取两圆中心距（35），输入新值 30 并回车，则两圆中心距由 35 变为 30，而两圆的直径及相切关系不变，如图（c）所示。

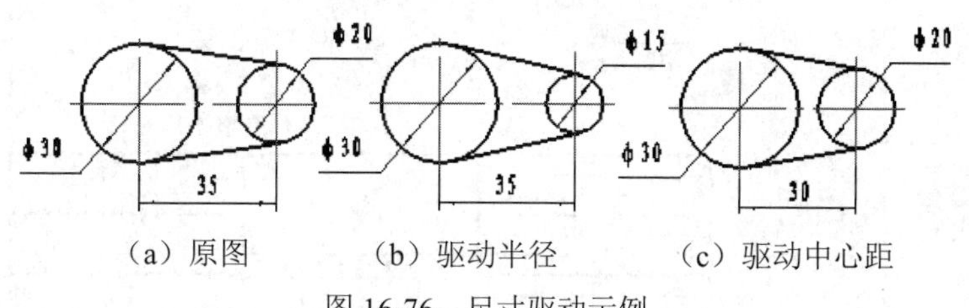

（a）原图　　（b）驱动半径　　（c）驱动中心距

图 16-76　尺寸驱动示例

16.8　零件图的绘制

用计算机能快速、准确地绘制零件图，与手工绘图相比计算机能将复杂的问题简单化。例如画边框线和标题栏，画剖面线、椭圆、正多边形和圆弧连接，图形和尺寸的修改与编辑等。

用电子图板绘图时应注意以下问题：

（1）利用“层”来区分不同的线型。绘制图形时只能画在当前层上，因此应根据线型及时变换当前层。还可以利用层的“打开”和“关闭”来提高图形编辑速度。

（2）在画图和编辑过程中，应根据作图需要随时进行“缩放”“平移”“镜像”“拷贝”，以简化作图。

（3）注意利用“捕捉”功能来保证作图的准确性，利用“导航”功能来保证视图间的“三等”关系。

（4）要养成及时存盘的好习惯，以防因意外情况造成所画图形的丢失。

16.8.1 绘制零件图的一般步骤

（1）画图前先要分析、看懂零件图，根据视图数量和尺寸大小选择图幅和比例。

（2）启动电子图板系统，设置图幅、比例，调入图框、标题栏。

（3）根据视图数量和尺寸大小布置图面，画出各视图的定位基准线。

（4）逐一画出各视图并进行编辑修改。

（5）标注尺寸和工程符号/代号。

（6）填写标题栏，注写文字说明。

（7）检查、修改、存盘。

16.8.2 绘图实例

绘制如图 16-77 所示的零件图。

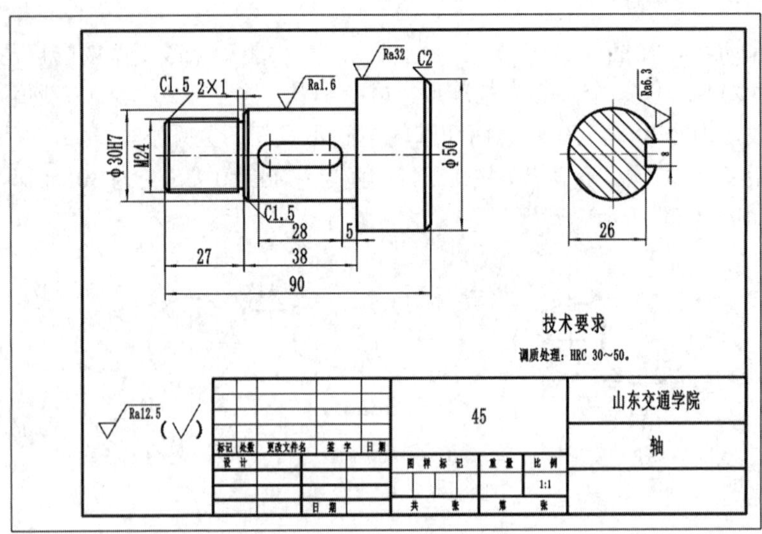

图 16-77　轴的零件图

1. 零件分析

该零件表达采用了一个轴线水平放置的主视图和一个剖面图。主视图由同轴圆柱体组成，两端有倒角，左端带有螺纹，中间有键槽，还有表面粗糙度要求和文字标注。

2. 设定图纸

图幅 A4、比例 1:1、横放，填写好标题栏。

3. 布置视图

把左端面中点坐标定为(-70,30)，剖面圆心坐标定为(70,30)。

4. 绘图步骤

（1）绘制视图。将当前层设置为 0 层，用孔/轴命令画各段圆柱轴，用过渡命令中的“外倒角”画两端倒角，用画圆和作切线的方法画键槽，编辑、修改，画剖面线，完成绘图。

（2）标注尺寸。将当前层设置为尺寸线层，利用“基本标注”标注出 25、90、26、8、2×1、M25 等尺寸，利用“基本标注”与鼠标右键调出“尺寸公差”对话框，标注出 φ30H7，用倒角标注出 2×45°。

（3）标注粗糙度。立即菜单设定为“1.简单标注、2.去除材料、3.数值=1.6(6.3)”，标注出两处粗糙度符号。在图纸右上角适当位置输入一点，将立即菜单数值改为 12.5，输入角度为 0，用文字标注在其左边标注出“其余”。

（4）填写技术要求。用文字标注在标题栏的上方标注出技术要求。

习题 16

1．将图 16-78 中的主视图画成全剖视图，左视图画成半剖视图。

2．根据图 16-79 所给出的二面视图画三视图并标注尺寸

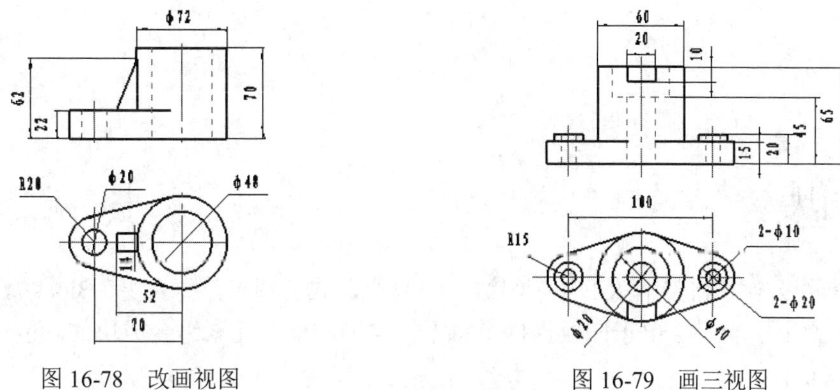

图 16-78　改画视图　　　　图 16-79　画三视图

3．抄画如图 16-80 所示的零件图，A4 图纸，比例 1:1。

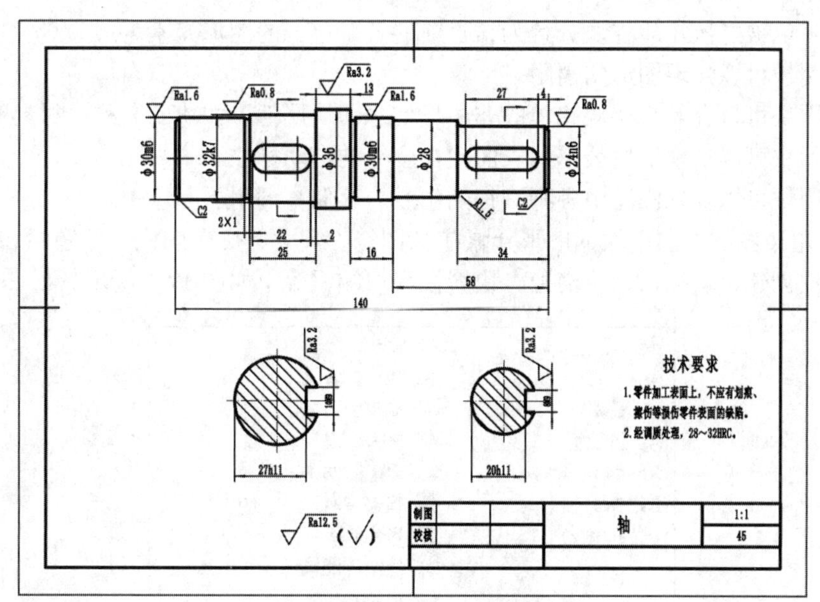

图 16-80　零件图

第17章 图块与图库

17.1 图块

为了操作方便，将若干图形元素组成一个复合形式的图形，称为块（Block）。块是一种应用十分广泛的图形元素。电子图板提供了将不同类型的图形元素组合成块的功能。它定义的块具有以下特征：

- 块是复合型的图形，可以进行定义，经过定义的块可以像其他图形元素一样进行编辑操作。
- 块可以被打散，即将块分解为结合前的各个单一的图形元素。
- 利用块可以实现图形的消隐。
- 利用块可以存储与该块相关的非图形信息即块属性，如块的名称、材料等。
- 利用块可以实现形位公差、表面粗糙度等的自动标注。
- 利用块可以实现图库中各种图符的生成、存储与调用。

CAXA 电子图板中属于块的图形元素包括图符、尺寸、文字图框、标题栏和明细表等，块操作包括块创建、块插入、块消隐、块属性和块编辑等，如图 17-1 所示。

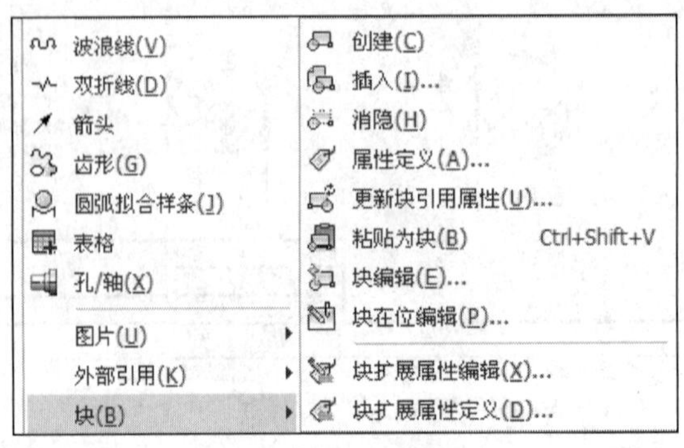

图 17-1 块操作

17.1.1　块创建

1．命令

键盘输入：block。

下拉菜单：绘图→块→块创建。

绘图工具条：单击“创建块”按钮。

兼容面孔：单击按钮。

2．功能

将选中的图形定义为一个块。

3．操作

选择“块创建”命令后，根据系统提示拾取构成块的元素并按鼠标右键确认，然后输入块的基准点，弹出如图 17-2 所示的“块定义”对话框，在其中填写块的名称后单击“确定”按钮，块生成结束。

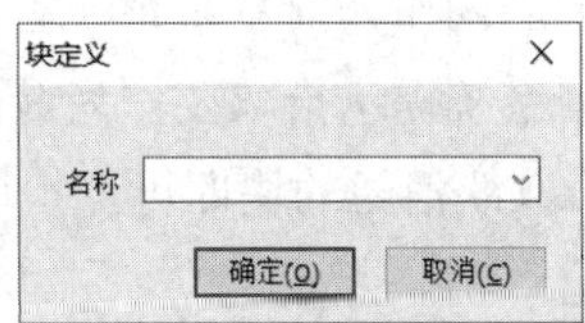

图 17-2　“块定义”对话框

组成整体的块，可以方便地进行整体的平移、旋转、拷贝等编辑操作，也可以对其进行块消隐、赋予块属性等操作。

17.1.2　块插入

1．命令

下拉菜单：绘图→块→块插入。

兼容面孔：插入→块插入。

2．功能

“块插入”命令可将定义好的图块插入到当前图形文件中。

3．操作

选择“块插入”命令后弹出如图 17-3 所示的“块插入”对话框，可利用它确定插入图形文件中的块名或图形文件名，也可以确定插入点、比例因子和旋转角。

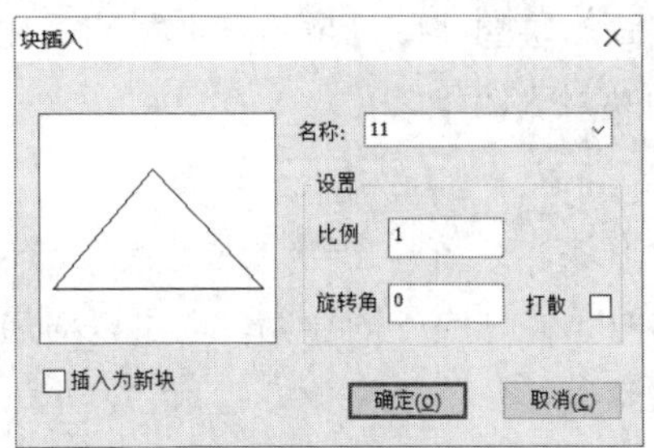

图 17-3　“块插入”对话框

- 名称：指定要插入块的名称或者要作为块的图形文件名。
- 比例：决定块在 X、Y、Z 三个方向上的比例。
- 旋转角：决定插入块的旋转角度。
- 打散：决定插入块时是作为单个对象还是分成若干对象。
- 插入为新块：把已经保存的块另外保存成新的名称。

17.1.3 块消隐

1. 消隐

（1）命令。

键盘输入：hide。

下拉菜单：绘图→块→块消隐。

兼容面孔：插入→块消隐。

（2）功能。当具有封闭外轮廓的块作为前景时系统自动擦除该区域内的其他图形。

（3）操作。发出命令后，根据系统提示拾取要作为前景的块，然后单击鼠标右键结束命令，如图 17-4 所示。操作时只需拾取欲消隐的块即可，拾取一个消隐一个，可连续操作。

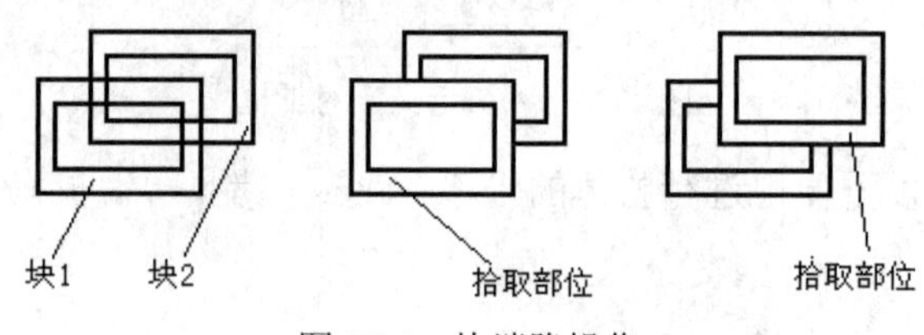

图 17-4 块消隐操作

2. 取消消隐

操作时只需在取消消隐的命令状态下拾取欲取消消隐的块即可。

17.1.4 块属性

1. 命令

下拉菜单：绘图→块→属性定义。

兼容面孔：插入→块定义→属性定义。

2. 功能

为指定的块赋予、查询或修改块的非图形属性，如材料、比重、重量、强度、刚度等，属性可以在标注零件序号时自动映射到明细表中。

3. 操作

发出命令后，根据提示拾取块，系统弹出“属性定义”对话框，如图 17-5 所示，可以按需要填写各属性值，所填写的内容将与块一同存储，也可以对块属性进行修改，最后单击“确定”按钮。

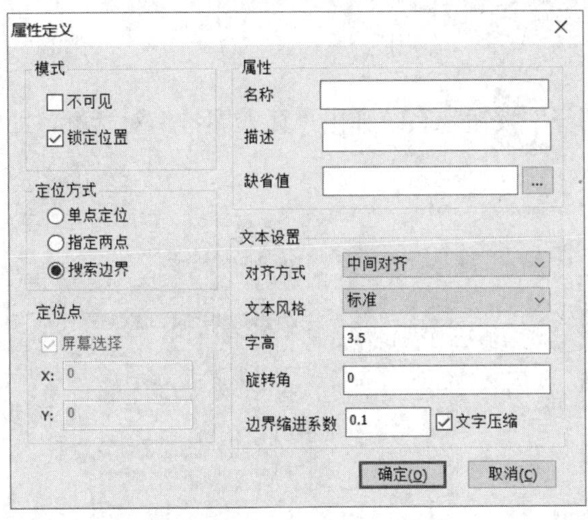

图 17-5　“属性定义”对话框

17.2　图库

电子图板已经定义了在设计时经常要用到的各种标准件和图形符号，如螺栓、螺母、轴承、垫圈、电气符号等。在设计绘图时可以直接提取这些图形插入图中，避免不必要的重复劳动，提高绘图效率。还可以自行定义自己要用到的其他标准件或图形符号。

电子图板将图库中的标准件和图形符号统称为图符。图符分为参量图符和固定图符。

电子图板提供了对图库的编辑和管理功能。此外，对于已经插入图中的参量图符，还可以通过“驱动图符”功能修改其尺寸规格。

对图库可以进行的操作有插入图符、定义图符、图库管理、驱动图符、图库转换，如图 17-6 所示。

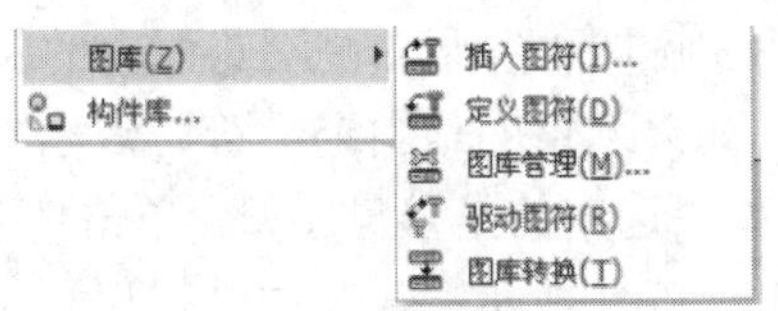

图 17-6　图库操作

17.2.1　插入图符

1. 命令

键盘输入：sym。

下拉菜单：绘图→图库→插入图符。

工具栏：在工具条中单击“图库”按钮。

兼容面孔：插入→“插入图符”按钮。

2. 功能

从图库中选择合适的图符（如果是参量图符还要选择其尺寸规格），并将其插入到图中合适的位置。

3. 操作

（1）单击“插入图符”按钮，系统弹出“插入图符”对话框，如图 17-7 所示，在其中选定要提取的图符。

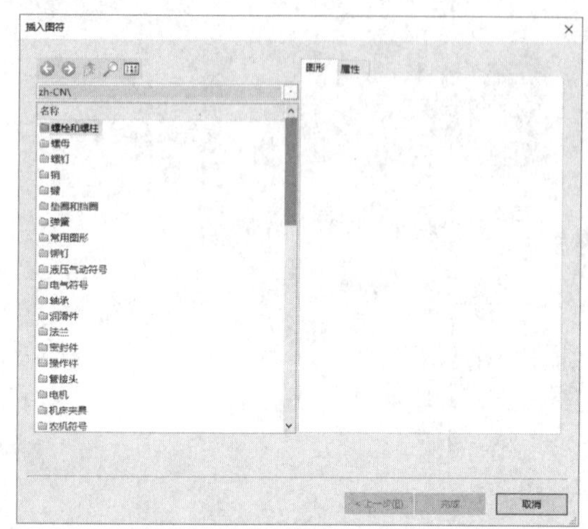
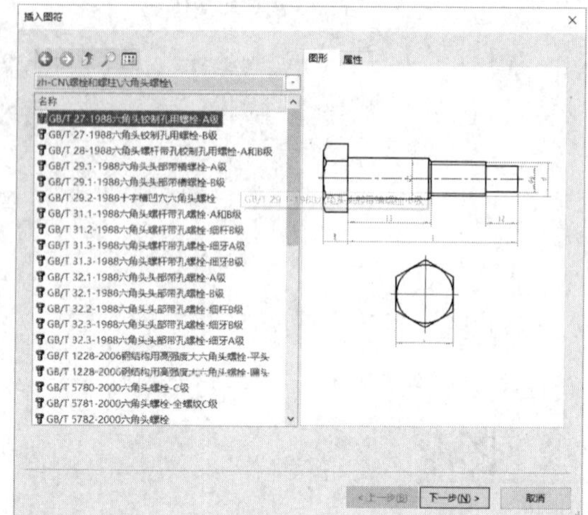

图 17-7 “插入图符”对话框

对话框左半部分为图符选择部分，系统将图符分为若干大类，其中每一大类又包含若干小类，也可以创建自己的类。在“图符”列表框中列出了当前小类中的所有图符名称。双击图符大类文件夹按钮，弹出该大类对应的小类列表；双击图符小类文件夹按钮，弹出当前图符小类中包含的所有图符。

对话框右半部分为图符预览，可以对选择的当前图符进行预览。用鼠标右键单击预显框内的任意一点，图形将以该点为中心放大显示，可以反复放大；在预显框内同时按下鼠标的左右两键，则图形恢复最初的显示大小。

（2）选定图符后单击鼠标左键即可看到右侧浏览框内的图符预览图，如图 17-8 所示。

（3）选定要提取的图符，如果选定的是固定图符，则直接进入插入图符的交互过程，将图符插入到图中合适的位置；如果选定的是参量图符，单击“下一步”按钮或双击图符按钮调出“图符预处理”对话框，如图 17-9 所示，在其中进行尺寸规格的选择及尺寸开关和图符处理等选项的设置，再将图符插入到图中。一次提取可以多次插入同一个图符。

对话框右半部分是图符预览区，下面排有 1～6 个视图控制开关，用鼠标左键单击可打开或关闭一个视图，被关闭的视图将不被提取出来。这里虽然有 6 个视图控制开关，但不是每个图符都具有 6 个视图，一般的图符用 2～3 个视图就足够了。

对话框左半部分为图符处理区，第一项为“尺寸规格选择”，它以电子表格的形式出现，通过滚动条可以看到更多的数据信息；利用鼠标和键盘可以对表格中任意单元格中的内容进行编辑。

注意：尺寸变量后带有“*”，说明为系列变量，与之对应的单元格中给出的是一个范围，如 25～65，必须选取一个具体值，如图 17-10 所示。方法为单击该单元格，单元格的右端出现一个下拉按钮▼，单击该按钮将列出所有系列值，选取所需的数值即可，如图 17-11 所示。

另外，也可以直接在单元格中输入新的数值。若变量名后边带有“？”，则表示该变量可以设定为动态变量，当某一变量设定为动态变量时，它将不再受给定数据约束，提取时通过拖动鼠标或键入新值来改变变量的大小。

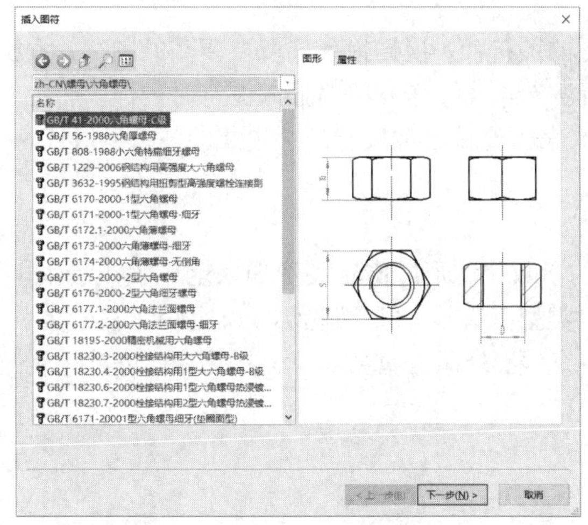

图 17-8　图符浏览

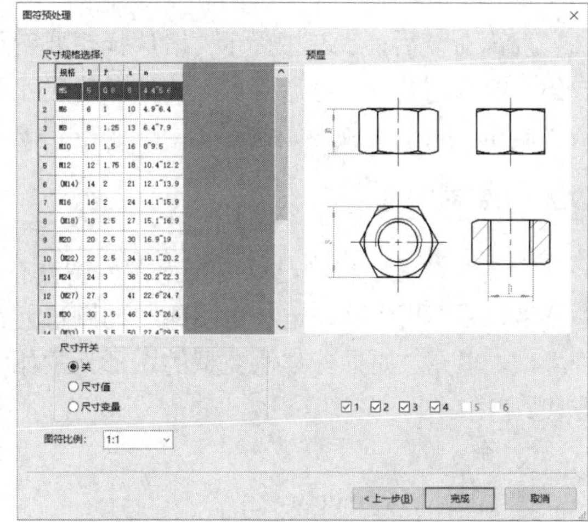

图 17-9　“图符预处理”对话框

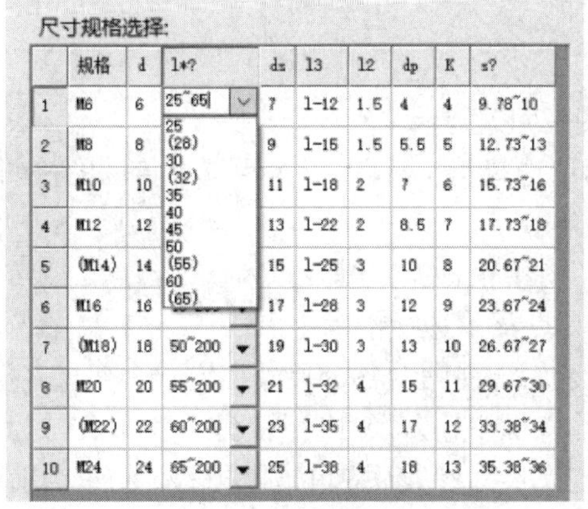

图 17-10　尺寸规格选择

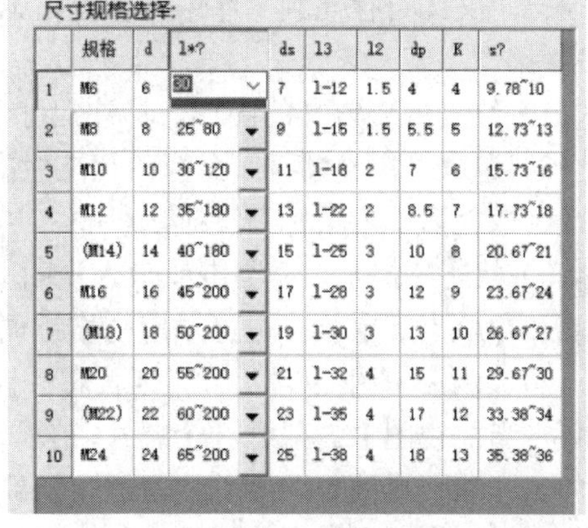

图 17-11　系列变量选择

“尺寸开关”选项用来控制图形提取后的尺寸标注情况，选取“关”表示提取后不标注任何尺寸，“尺寸值”表示提取后标注实际尺寸，“尺寸变量”表示只标注尺寸变量名而不标注实际尺寸。

（4）各项选定后，根据系统提示用鼠标指定插入图符的定位点，定位点确定后图符只转动而不移动，待确定旋转角后一个图符即插入完成。

17.2.2　驱动图符

1．命令

键盘输入：cymdrv。

下拉菜单：绘图→图库→驱动图符。

兼容面孔：插入→驱动图符。

2. 功能

对已经插入到图中的参量图符的某个视图的尺寸规格进行修改。

3. 操作

发出命令后，状态栏提示“请选择想要变更的图符:”，根据提示选取要驱动的图符，系统弹出“图符预处理”对话框，在其中修改尺寸及各选项，操作方法与插入图符时一样，然后单击“确定”按钮，被驱动的图符在原来位置以原来的旋转角被按新尺寸生成的图符所取代。

17.2.3 定义图符

定义图符就是将自己要用到而图库中没有的参数化图形或固定图形加以定义，存储到图库中，供以后调用。可以定义到图库中的图形元素类型有直线、圆、圆弧、点、尺寸、块、文字、剖面线、填充。如果有其他类型的图形元素如多义线、样条等需要定义到图库中，可以将其做成块。

1. 命令

键盘输入：cymdef。

下拉菜单：绘图→图库→定义图符。

2. 功能

自己定义图符存储到图库中，供以后调用。

3. 操作

（1）绘制好要定义的图形，标注尺寸，如图 17-12 所示。

（2）选取“定义图符”命令，状态栏提示“请选择第 1 视图:”时用鼠标拾取图符的第 1 视图，选取完后单击鼠标右键确定。

（3）状态栏提示“请单击或输入视图基点:”时用鼠标指定基点，为精确定点，经常使用智能点和导航点等定位，也可以用空格键调出工具点菜单进行精确定点。

（4）如果视图中包含尺寸，则状态栏提示“请为该视图的各个尺寸指定一个变量名”。用鼠标单击当前视图中的任意一个尺寸，在弹出的输入框中输入尺寸参数，尺寸参数应与标准中采用的尺寸参数或被普遍接受的习惯相一致。指定完尺寸参数后，单击鼠标右键结束当前视图的操作。根据提示对其余各视图进行同样的操作，结果如图 17-13 所示。

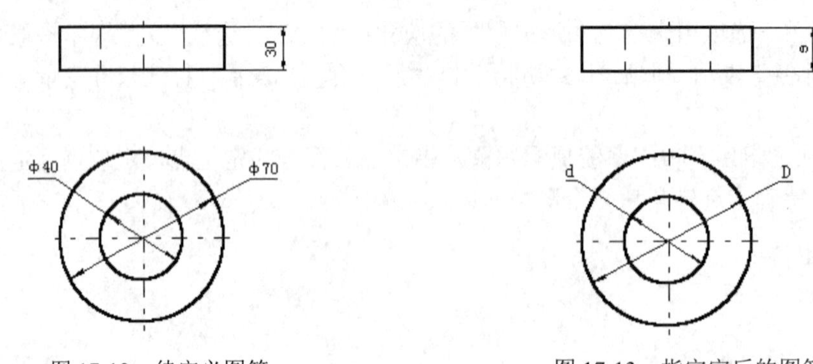

图 17-12　待定义图符　　　　图 17-13　指定完后的图符

（5）单击鼠标右键，弹出“元素定义”对话框，如图 17-14 所示；单击“下一步”按钮，弹出“变量属性定义”对话框，如图 17-15 所示；单击“下一步”按钮，弹出“图符入库”对话框，如图 17-16 所示。

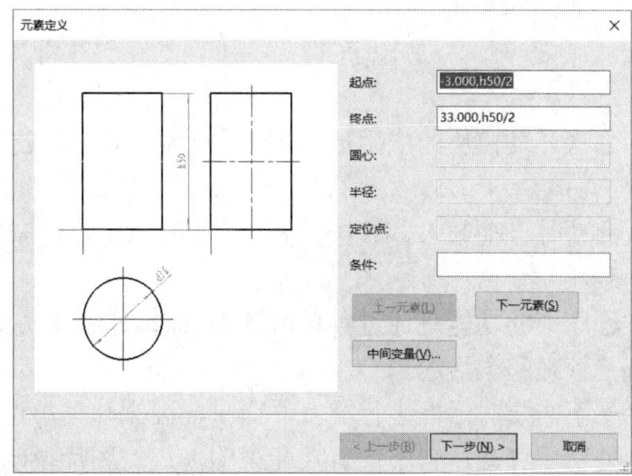

图 17-14　“元素定义”对话框

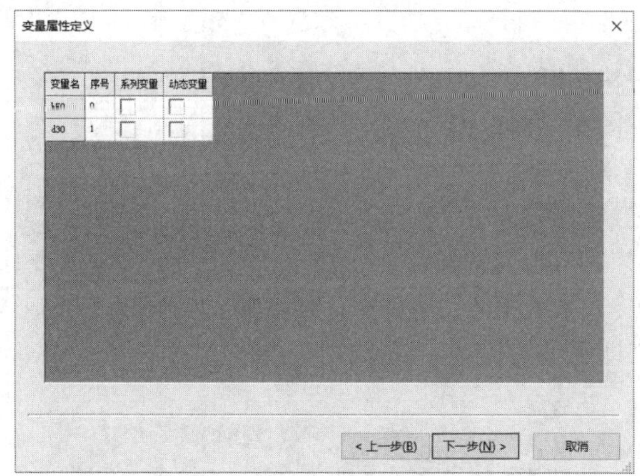

图 17-15　“变量属性定义”对话框

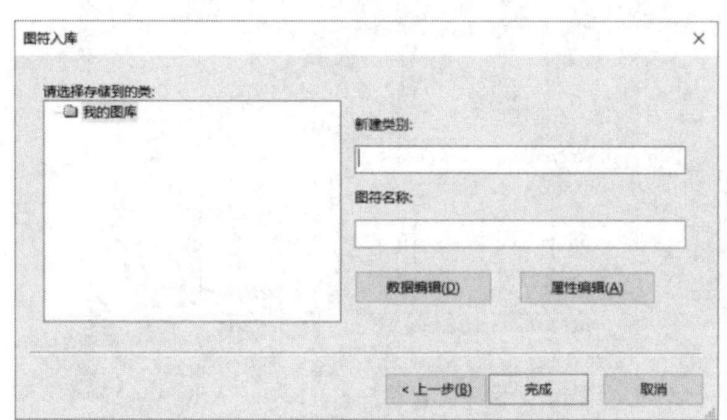

图 17-16　“图符入库”对话框

（6）单击“数据编辑”按钮和“属性编辑”按钮，弹出对应的对话框，用以记录该图符的名称、代号、标准号、材料等非几何信息。

（7）单击“上一步”按钮可以返回“变量属性定义”和“元素定义”对话框，单击“确定”按钮定义图符的操作结束。

17.3 构件库

构件库是一种新的二次开发模块的应用形式，它的开发和普通二次开发基本上相同，只是在使用上有以下区别：

- 它在电子图板启动时自动载入，在电子图板关闭时退出，不需要通过应用程序管理器进行加载和卸载。
- 普通二次开发程序中的功能是通过菜单激活的，而构件库模块中的功能是通过构件库管理器进行统一管理和激活的。
- 构件库一般用于不需要对话框进行交互，而只需要立即菜单进行交互的功能。
- 构件库的功能使用更直观，它不仅有功能说明，还有图片说明，更加形象。

在使用构件库之前，应该把编写好的库文件.eba复制到电子图板安装路径下的构件库目录\Conlib中。

1. 命令

下拉菜单：绘图→构件库。

兼容面孔：绘图→图库→构件库。

2. 功能

提取零件常用工艺结构图形。

3. 操作

选择“构件库”命令，系统弹出“构件库”对话框，如图17-17所示，选择图形并单击“确定”按钮，然后根据立即菜单的提示完成操作。

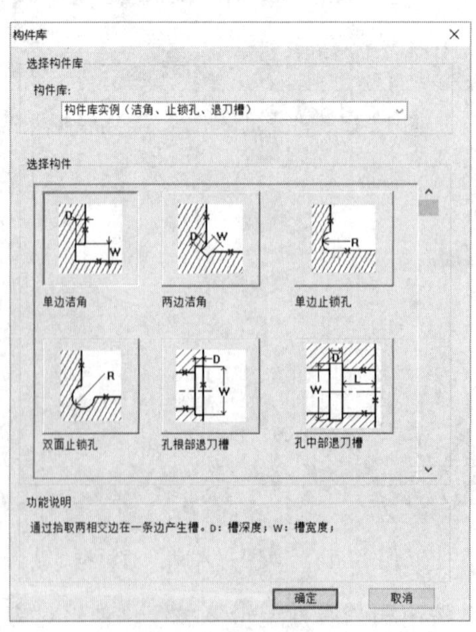

图17-17 “构件库”对话框

在“构件库”下拉列表框中可以选择不同的构件库，在“选择构件”栏中以图标按钮的形式列出了这个构件库中的所有构件，用鼠标左键单击选中后，在“功能说明”栏中列出了所选构件的功能说明，单击“确定”按钮就会执行所选的构件。

例如，在轴的轴肩处绘制退刀槽。

（1）绘制如图 17-18 所示的图形。

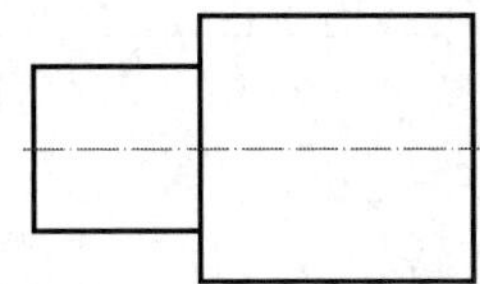

图 17-18　未绘制退刀槽的轴

（2）在构件库中选择“轴端部退刀槽”，“功能说明”栏给出了相应的说明，单击“确定”按钮后根据立即菜单的提示操作，自动产生退刀槽，如图 17-19 所示。

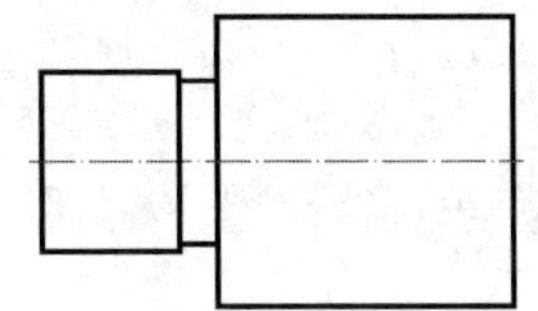

图 17-19　绘制退刀槽后的轴

17.4　技术要求库

CAXA 电子图板用数据库文件分类记录了常用的技术要求文本项，可以辅助生成技术要求文本插入工程图，也可以对技术要求库中的类别和文本进行添加、删除和修改，即进行技术要求库管理。

1. 命令

下拉菜单：标注→技术要求库。

工具栏：在“标注”工具条中单击“技术要求”按钮。

兼容面孔：标注→文字→技术要求。

2. 功能

生成技术要求并对技术要求库进行管理。

3. 操作

选择“技术要求库”命令，系统弹出“技术要求库”对话框，如图 17-20 所示。在左下角的列表框中给出了所有已有的技术要求类别，右下角的表格中列出了当前类别的所有文本项，顶部的编辑框用来编辑要插入工程图的技术要求文本。

如果某个文本项内容较多、显示不全，可以用鼠标左键单击选中要查看的文本，再次单击就可以显示多行全部内容了。

（1）技术要求的辅助生成。

如果技术要求库中已经有了要用到的文本，则可以在切换到相应的类别后用鼠标直接将文本从表格中拖到上面的编辑框中合适的位置，或者用鼠标左键双击，技术要求文本会自动在编辑框中生成并排序。也可以直接在编辑框中输入和编辑文本。

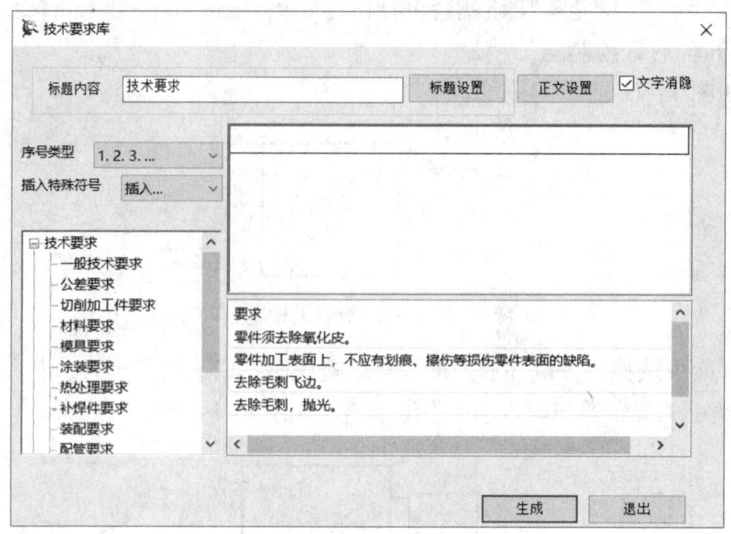

图 17-20　“技术要求库”对话框

单击“标题设置”按钮或“正文设置”按钮，在弹出的“文字参数设置”对话框中修改技术要求文本要采用的文字参数，如图 17-21 所示。

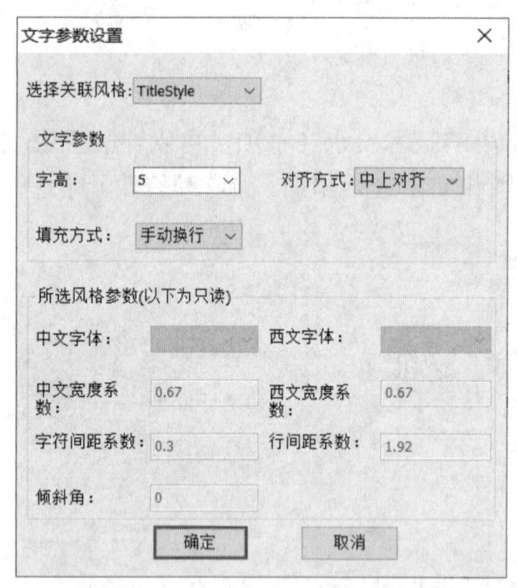

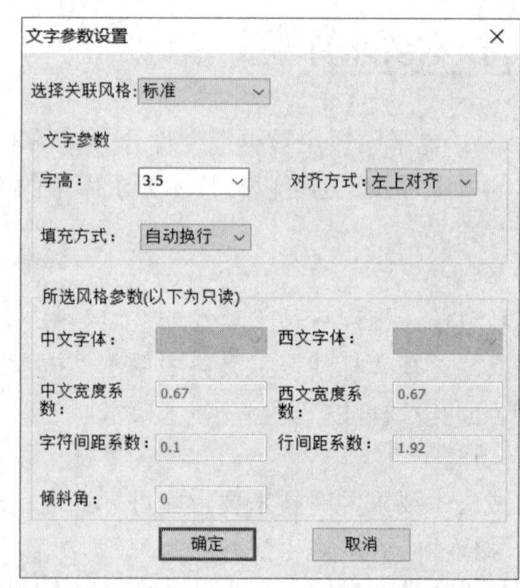

图 17-21　“文本参数设置”对话框

完成编辑后，单击“生成”按钮，根据提示指定技术要求所在的区域（指定两对角点），系统生成技术要求文本插入工程图，如图 17-22 所示。

需要指出的是，设置的文字参数是技术要求正文的参数，而标题“技术要求”四个字由系统自动生成，并相对于指定的区域中上对齐，因此在编辑框中也不需要输入这四个字。

技术要求

1.零件加工表面上，不应有划痕、擦伤等损伤零件表面的缺陷。
2.去除毛刺，抛光。
3.未注公差原则按GB/T4249-2009的要求。
4.各密封件装配前必须浸透油。
5.未注倒角均为2×45°。
6.未注圆角半径为R5。

图 17-22　技术要求的生成

（2）技术要求库的管理。

技术要求库的管理工作也是在这个对话框中进行。要增加新的文本项，可以在列表框最后左边有星号的行输入；要删除文本项，先用鼠标单击相应行左边的选择区选中该行，再按 Del 键删除（此时输入点应在表格中）；要修改某个文本项的内容，直接在表格中修改即可。

要增加一个类别，选择列表框中的最后一项“增加新类别”，输入新类别的名字，然后在表格中为新类别增加文本项；要删除一个类别，选中该类别并按 Del 键，在弹出的对话框中单击“是”按钮；要修改类别名，先用鼠标双击，再进行修改。

完成管理工作后，单击“退出”按钮退出对话框。

17.5　综合练习

根据本章所学的内容完成螺栓连接，如图 17-23（a）所示。

已知：螺栓 GB/T7582-2000-M20×L，螺母 GB/T6170-2000-M20，垫圈 GB/T97.1-2002-20，δ_1=20mm，δ_2=25mm。

作图步骤如下：

（1）选择适当的图幅，绘制两连接板 δ_1=20mm，δ_2=25mm，如图 17-23（b）所示。

（2）确定螺栓长度，插入螺栓。

（3）选择“图库”→“插入图符”→“螺栓和螺柱”命令，插入后消隐，如图 17-23（c）所示。

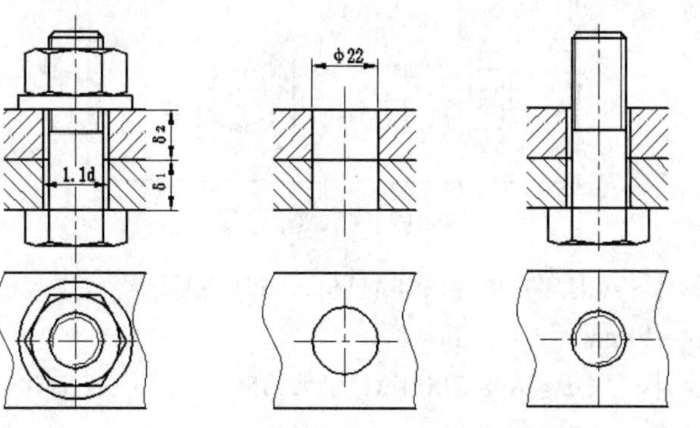

（a）连接效果　　（b）绘制连接板　　（c）插入螺栓并消隐

图 17-23　螺栓连接

（4）插入垫圈并消隐，如图 17-24（a）所示。

（5）插入螺母并消隐，如图 17-24（b）所示。

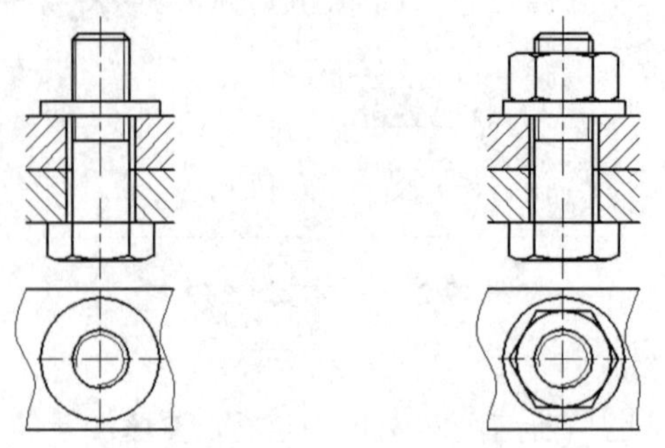

（a）插入垫圈并消隐　　（b）插入螺母并消隐

图 17-24　插入垫圈和螺母

习题 17

在 A3 图幅上完成如图 17-25 所示的螺纹连接。

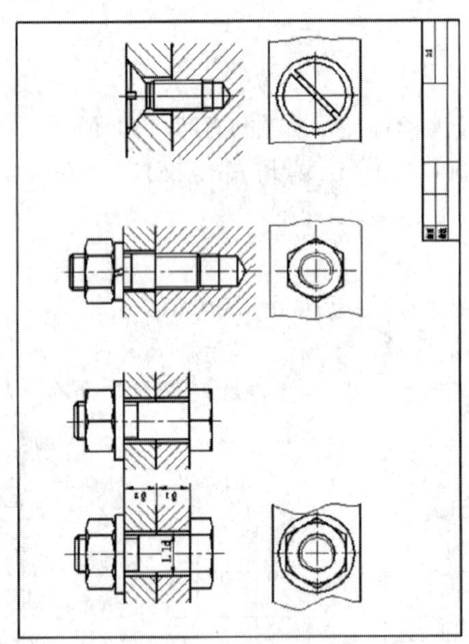

图 17-25　螺纹连接

螺栓连接：螺栓 GB/T7582-2000-M16×55、螺母 GB/T6170-2000-M16、垫圈 GB/T97.1-2002-16、δ_1=20mm，δ_2=25mm。

螺柱连接：螺柱 GB/T898-2000-M16×35、螺母 GB/T6170-2000-M16、垫圈 GB/T859-1987-16、δ=20mm。

螺钉连接：GB/T819.1-2000-M8×35、比例 2:1、光孔件厚度 δ=15mm。

第18章 系统查询和设置

系统查询：查询点坐标、两点间距、角度、元素属性、周长、面积、重心、惯性矩和系统状态等。

系统设置：系统配置与用户坐标系。

18.1 系统查询

CAXA 电子图板为用户提供了查询功能，可以查询点坐标、两点间距、角度、元素属性、周长、面积、重心、惯性矩和系统状态等。

单击“工具”下拉菜单中的“查询”选项，其子菜单如图 18-1 所示。

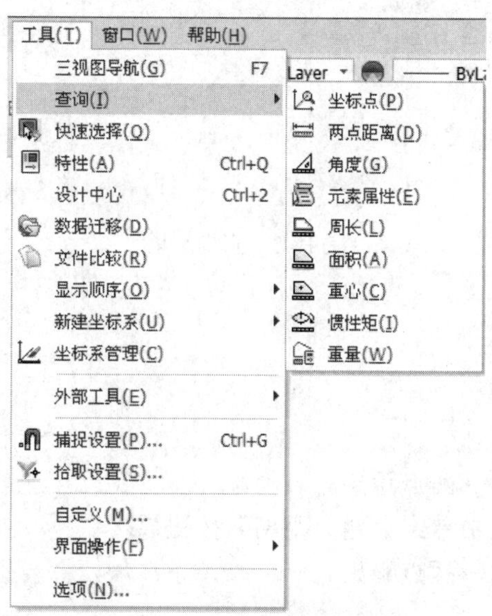

图 18-1 “查询”选项的子菜单

18.1.1　查询点坐标

1. 命令

键盘输入：id。

下拉菜单：工具→查询→坐标点。

2. 功能

查询各种工具点方式下点的坐标。

3. 操作

（1）选择“坐标点”命令，状态栏出现“拾取要查询的点：”，根据提示拾取要查询的点。

（2）当关闭查询结果对话框后，被拾取到的点标识也随即消失。查询结果可以存盘。

注意：查询到的点坐标是相对于当前用户坐标系的。用户可以在系统配置里设置要查询的小数位数。

例如，查询圆的圆心和 4 个特殊点的坐标，如图 18-2 所示，查询结果如图 18-3 所示。

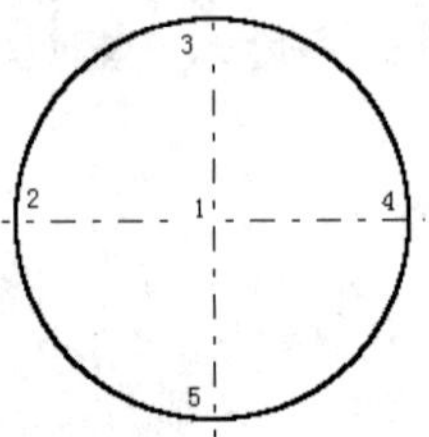

图 18-2　点坐标查询

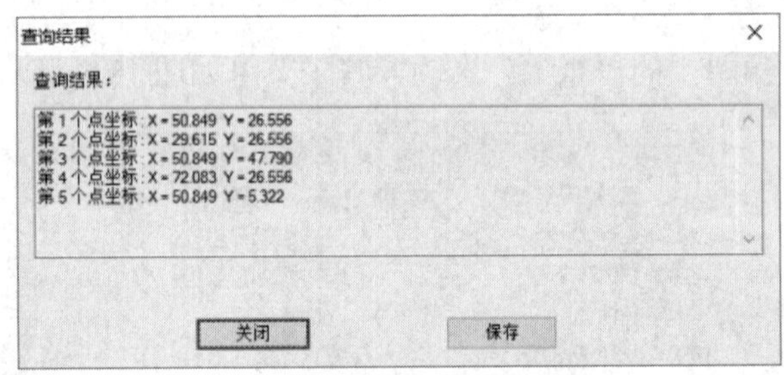

图 18-3　查询结果

18.1.2　查询两点距离

1. 命令

键盘输入：dist。

下拉菜单：工具→查询→两点距离。

工具栏：在常用工具栏中单击“两点距离”按钮。

兼容面孔：工具→查询→两点距离。

2. 功能

查询各种工具点方式下任意两点之间的距离。

3. 操作

选择“两点距离”命令，状态栏出现提示“拾取第一点：”，如果拾取成功，紧接着状态栏将出现提示“拾取第二点”，拾取第二点的方式与拾取第一点完全一样，当拾取完第二点后，在屏幕上立刻弹出“查询结果”对话框，将查询到的两点距离显示出来。当关闭“查询结果”对话框后，被拾取到的点标识也随即消失。

18.1.3 查询角度

1. 命令

键盘输入：angle。

下拉菜单：工具→查询→角度。

兼容面孔：工具→查询→角度。

2. 功能

查询圆弧的圆心角、两线夹角和三点夹角。

3. 操作

选择“查询”→“角度”命令，状态栏出现如图 18-4 所示的立即菜单，通过切换可以查询圆心角、两线夹角和三点夹角，选择查询项目后，根据提示操作即可获得查询结果。

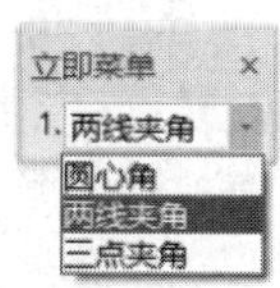

图 18-4　查询角度立即菜单

（1）圆心角。在立即菜单中选择“圆心角”，状态栏出现“拾取圆弧：”后移动鼠标在屏幕的绘图区内单击鼠标左键拾取一个需要查询的圆弧，屏幕上立刻弹出“查询结果”对话框，将查询到的圆心角（单位为度）显示出来。

（2）两线夹角。在立即菜单中切换到“两线夹角”，状态栏出现“拾取第一条直线：”后，单击鼠标左键拾取第一条直线，随后状态栏出现“拾取第二条直线：”，这时屏幕上立刻弹出“查询结果”对话框，将查询到的直线夹角（单位为度）显示出来。

注意：所查询到的两线夹角是指 0 ~ 180 度的角，并且与拾取直线时的位置有关。

（3）三点夹角。在立即菜单中切换到“三点夹角”，状态栏出现“拾取夹角的顶点：”后，移动鼠标在屏幕的绘图区内单击鼠标左键拾取第一个点，然后依次“拾取夹角的起始点：”和“拾取夹角的终止点：”，当拾取完第三个点时，屏幕上立刻弹出“查询结果”对话框，将查询到的三点夹角（单位为度）显示出来。当关闭“查询结果”对话框后，被拾取到的点标识也随即消失。

注意：所查询到的三点夹角是指从夹角的起始点按逆时针方向旋转到夹角的终止点时的角度。

图 18-5 所示为三点夹角查询示例。

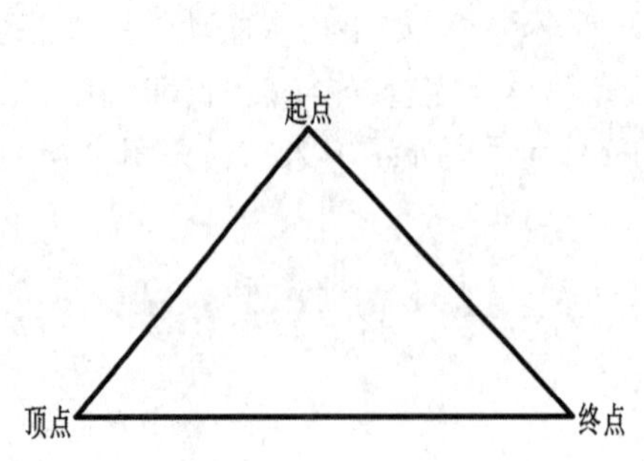

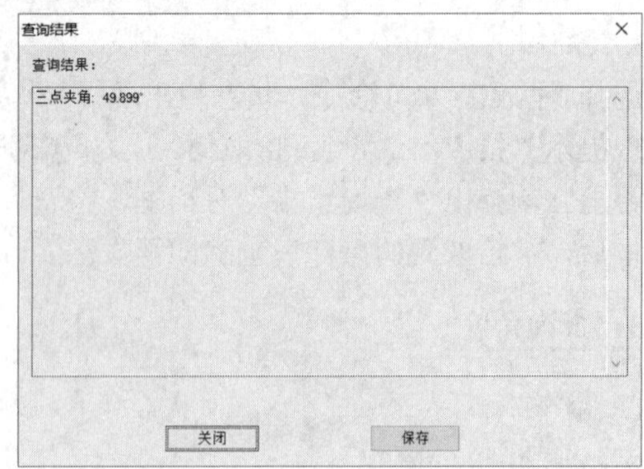

图 18-5　三点夹角查询示例

18.1.4　查询元素属性

1．命令

键盘输入：list。

下拉菜单：工具→查询→元素属性。

兼容面孔：工具→查询→元素属性。

2．功能

查询图形元素的属性，这些图形元素包括点、直线、圆、圆弧、尺寸、文字、多段线、块、剖面线、零件序号、图框、标题栏、明细表、填充等。

3．操作

选择“查询”→“元素属性”命令，状态栏出现提示“拾取元素：”，当拾取完成时单击鼠标右键，屏幕上立刻弹出“查询结果”对话框，将查询的图形元素属性显示出来。

18.1.5　查询周长

1．命令

键盘输入：cercum。

下拉菜单：查询→周长。

2．功能

查询一条曲线的长度。

3．操作

发出命令后，状态栏出现提示“拾取要查询的曲线：”，如果拾取成功，屏幕上立刻弹出“查询结果”对话框，将查询的曲线长度显示出来。

18.1.6　查询面积

1．命令

键盘输入：area。

下拉菜单：工具→查询→面积。

兼容面孔：工具→查询→面积。

2. 功能

查询封闭区域的面积。

3. 操作

选择“查询”→“面积”命令，状态栏出现提示“拾取环内点:”，当拾取完成时单击鼠标右键，屏幕上立刻弹出“查询结果”对话框，将查询的面积显示出来，通过立即菜单的切换可以增加面积或减少面积的方式来查询面积。

18.1.7 查询重心

1. 命令

键盘输入：bareen。

下拉菜单：工具→查询→重心。

兼容面孔：工具→查询→重心。

2. 功能

查询封闭区域的重心。

3. 操作

选择“查询”→“重心”命令，状态栏出现提示“拾取环内点:”，当拾取完成时单击鼠标右键，屏幕上立刻弹出“查询结果”对话框，将查询的图形重心点坐标显示出来。

18.1.8 查询惯性矩

1. 命令

键盘输入：iner。

下拉菜单：工具→查询→惯性矩。

兼容面孔：工具→查询→惯性矩。

2. 功能

查询图形的惯性矩。

3. 操作

选择“查询”→“惯性矩”命令，状态栏出现提示“拾取环内点:”，根据提示操作屏幕上会弹出“查询结果”对话框，将查询的惯性矩显示出来。

18.2 系统设置

18.2.1 系统设置

在系统设置功能中可以设置系统环境相关的参数，可以进行的设置有参数设置、颜色设置、文字设置。

1. 命令

键盘输入：syscfg。

下拉菜单：工具→选项。

兼容面孔：工具→选项。

2. 功能

配置系统环境相关的参数。

3. 操作

选择“工具”→“选项”命令，系统弹出如图 18-6 所示的“选项”对话框，在其中可进行显示、系统、文字等的设置。

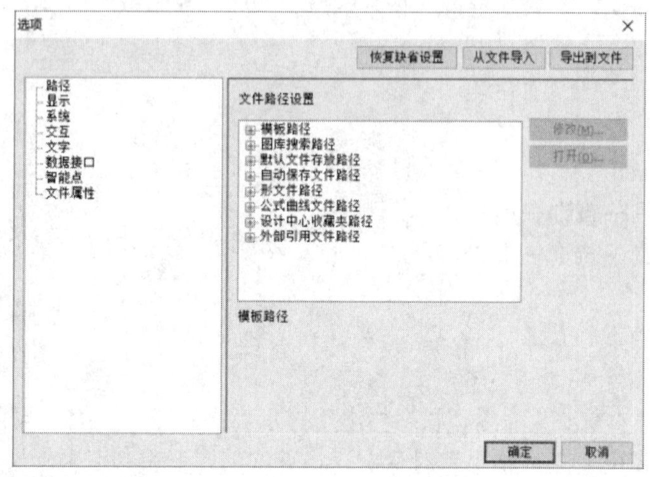

图 18-6 “选项”对话框

（1）系统设置。在“选项”对话框中单击“系统”，对话框界面变为如图 18-7 所示。

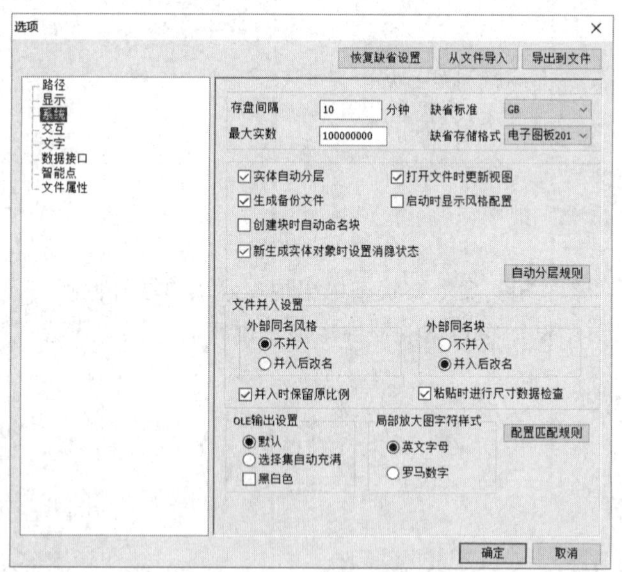

图 18-7 系统设置界面

存盘间隔：存盘间隔以增删操作的次数为单位，达到一定次数后，自动把当前图形以 tmp000.exe 文件存储在 temp 目录下。此项功能可以避免在系统非正常退出的情况下丢失全部的图形信息。有效范围为 0～90000000。

（2）颜色设置。在“选项”对话框中单击“显示”，对话框界面变为如图 18-8 所示。

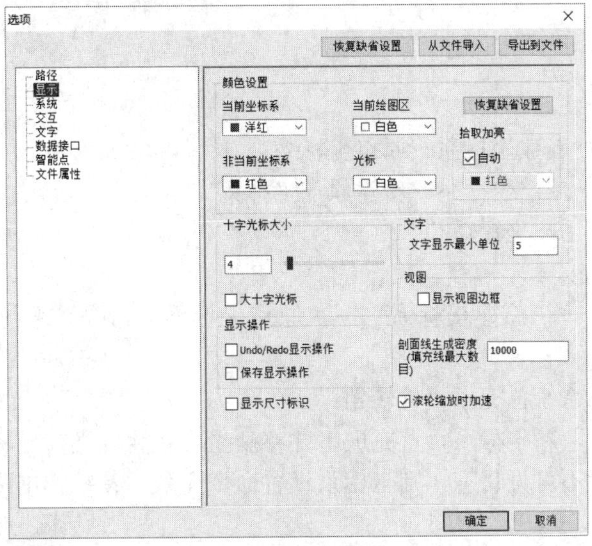

图 18-8　颜色设置界面

在对话框中显示出当前坐标系、非当前坐标系、当前绘图区、拾取加亮和光标的颜色，在其中可以修改各项颜色的设置。

（3）文字设置。在“选项”对话框中单击“义字”，对话框界面变为如图 18-9 所示。在其中显示中文缺省字体、西文缺省字体、缺省字高和文字镜像方式。

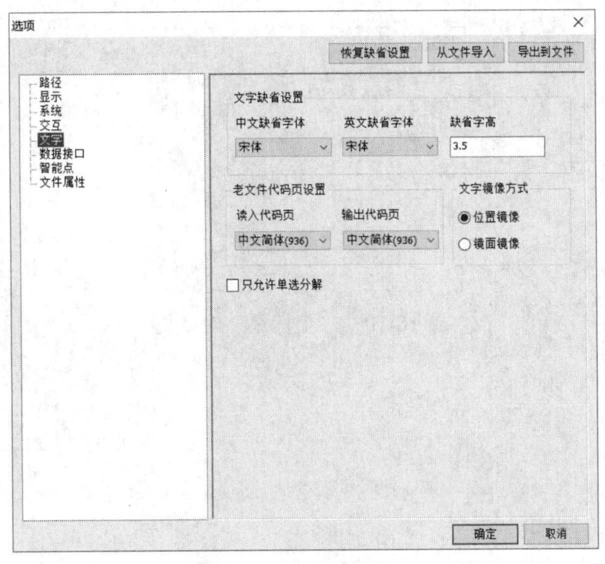

图 18-9　文字设置界面

18.2.2　用户坐标系

绘制图形时，合理使用用户坐标系可以使坐标点的输入变得很方便，从而提高绘图效率。给定一个坐标系的原点及坐标系 X 轴的旋转角，可以设置用户坐标系。

注意：CAXA 电子图板只允许设置 16 个坐标系。

1. 坐标设置

（1）命令。

键盘输入：setucs。

下拉菜单：工具→新建坐标系→原点坐标系。

兼容面孔：视图→用户坐标系→新建原点坐标系。

（2）功能：设置用户坐标系。

（3）操作。

1）选择“工具”→“新建坐标系”→“原点坐标系”命令，系统提示“请确定坐标系基点:”。

2）确定基点后，系统再提示“旋转角:”。

3）输入旋转角后，新坐标系设置完成，并将新坐标系置为当前坐标系。

4）如果坐标系为不可见状态，则坐标系设置命令无效，系统弹出警告框。

2. 坐标管理

（1）命令。

下拉菜单：工具→坐标系管理。

兼容面孔：视图→用户坐标系→管理用户坐标系。

（2）功能：切换用户坐标系。

（3）操作。选择“管理用户坐标系”命令，出现如图 18-10 所示的“坐标系”对话框，在其中进行设置。

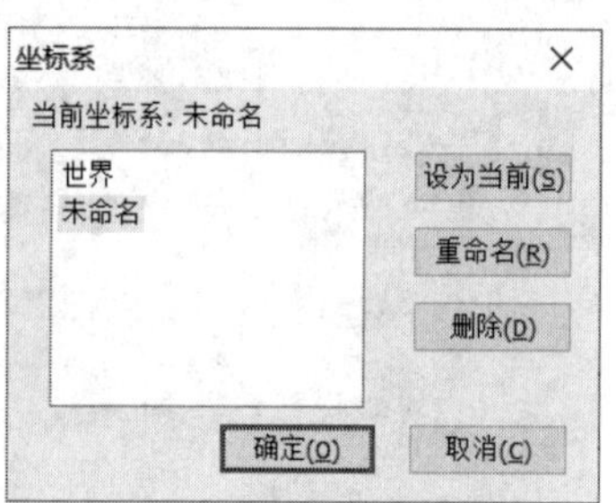

图 18-10　“坐标系”对话框

第19章 装配图的画法

利用 CAXA 电子图板绘制装配图时应注意以下问题：

- 利用“层”来区分不同的线型和图块。
- 在画装配图时，关键是要预先准备好非标准件的图库，以简化作图。
- 在拼画装配图时，应按装配图的需要，将零件图中需要的视图以部分存储的方式重新存储，存储时只保留基本图形部分，以便拼画装配图时保证准确地定位。
- 在调用图库中的标准件时，要根据装配图的需要正确选择“图符预处理”中的各选项。
- 装配图中标题栏和明细表的表头，可以选择缺省的方式，也可以按自己的要求定制。
- 在填写明细表时，应注意选择填写明细表立即菜单中的各项内容。

19.1 画装配图的方法

19.1.1 拼画装配图的一般步骤

根据装配示意图和所有零件草图、标准件的标记即可画出部件的装配图。

1. 拟定表达方案

对现有资料进行整理、分析，进一步了解部件的性能及结构特点，对部件的完整形状做到心中有数。然后拟定部件的表达方案，选择主视图，确定表达方法和视图数量。

2. 画装配图的方法与步骤

（1）选比例，定图幅，调标题栏。

（2）合理布图，画出视图的基准线，留出明细表的位置。

（3）画装配图时，通常从表达主要装配干线的视图开始画，一般从主视图开始，几个视图同时配合作图。画剖视图时以装配干线为准由内向外画，可避免画出被遮挡的不必要的图线，也可由外向内画，如先画外边主体大件。在实际绘图时往往采用两种方式结合的方法，视作图方便而定。

无论采用哪种画法，都必须遵循以下原则：画完第一件后，必须找到与此相邻的件及它们的接触面，将此接触面作为画下一件时的定位面，开始画第二件，按装配关系一件接一件顺次画出下一件，切勿随意乱画。

（4）完成装配图。检查改错后，标注尺寸及配合代号，编注零件序号，最后填写明细表、标题栏和技术要求，校核，完成全图。

19.1.2 零件序号

零件序号和明细表是绘制装配图不可缺少的内容，电子图板设置了序号生成和插入功能，并且与明细表联动，在生成和插入零件序号的同时允许用户填写或不填写明细表中的各表项，而且对从图库中提取的标准件或含属性的块，在零件序号生成时能自动将其属性填入明细表中。

1. 零件序号的菜单功能

选择“幅面”下拉菜单中的“序号”选项，弹出下一级子菜单，如图 19-1 所示。

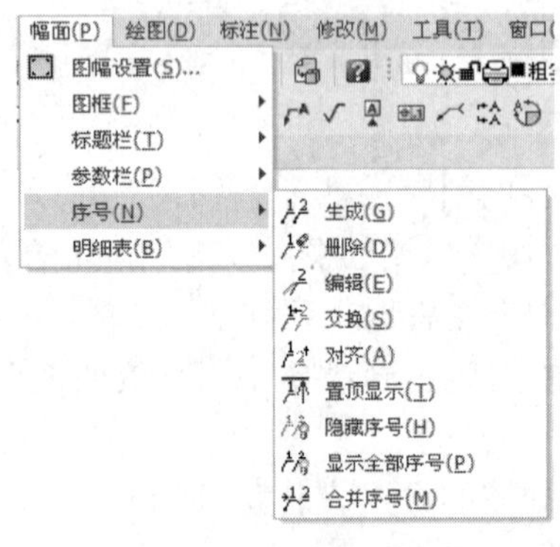

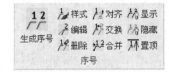

（a）经典面孔

（b）兼容面孔

图 19-1 “序号”子菜单

（1）生成序号。生成的零件序号与当前图形中的明细表是关联的。在生成零件序号的同时，可以通过立即菜单切换是否填写明细表中的属性信息。

如果生成序号时指定的引出点是在从图库中提取的图符上，这个图符本身带有属性信息，将会自动填写到明细表对应的字段上。首先确定要使用的序号风格，然后执行生成序号命令。

1）功能。生成零件序号或插入零件序号，同时生成明细表。

2）执行方式。

下拉菜单：幅面→序号→生成。

工具栏：单击按钮。

兼容面孔：单击“图幅”选项卡“序号”面板中的按钮。

3）操作。

选择“生成”命令，屏幕左下角弹出立即菜单，如图 19-2 所示。

图 19-2 生成零件序号立即菜单

序号：可以输入 3 位前缀值和最多 3 位数字值的最多共 6 位的字串，若在前缀当中第一位为符号@，则为零件序号加圈的形式，如图 19-3（a）所示，否则如图 19-3（b）所示。

图 19-3　标注序号的形式

生成零件序号：系统根据当前序号自动生成下次标注时的序号值，如果输入序号值时只有前缀而无数字值，则重新生成新序号。

插入零件序号：如果输入的序号值小于或等于当前相同前缀的最大序号值时，系统提示是否插入序号，如图 19-4 所示。如果选择“插入”方式，系统重新排列相同前缀的序号值和相关的明细表；如果选择“取重号”方式，则生成与已有序号重复的序号。

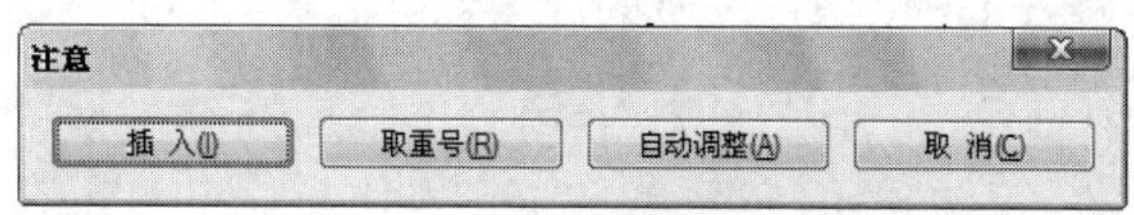

图 19-4　插入序号提示对话框

数量：若数量大于 1，则采用公共指引线形式表示，如图 19-5 所示。

水平/垂直：选择零件序号水平或垂直的排列方向，如图 19-5 所示。

由内向外/由外向内：改变零件序号的排列顺序，如图 19-5 所示。

圆点/箭头：零件序号指引线末端表示形式为圆点或箭头，如图 19-5 所示。

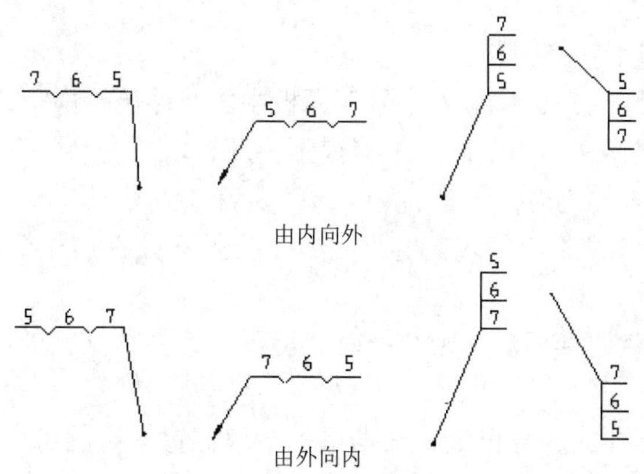

图 19-5　零件序号的各种标注形式

填写/不填写：可以在标注完当前零件序号后填写明细表；也可以选择不填写，以后利用填写表项或读入数据等方法填写。

若选择“填写”项，在生成零件序号时系统会弹出如图 19-6 所示的“填写明细表”对话框，在其中填写所需内容。

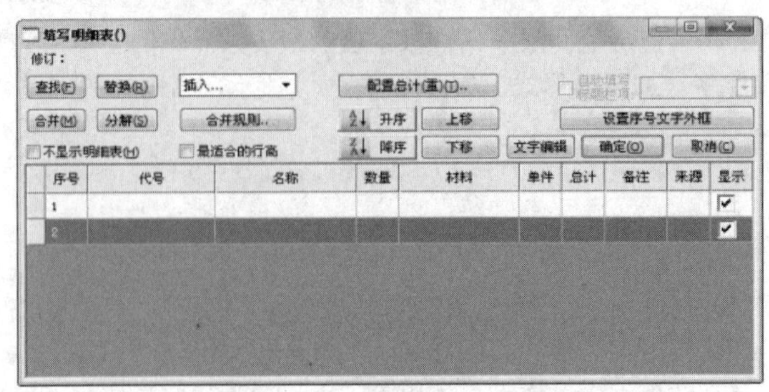

图 19-6 “填写明细表”对话框

（2）删除序号。

1）功能。删除不需要的零件序号。如果所要删除的序号为没有重名的序号，则同时删除明细表中相应的表项，否则只删除所拾取的序号。如果删除的序号为中间项，则系统会自动将该项以后的序号值顺序减去 1，以保持序号的连续性。

2）执行方式。

下拉菜单：幅面→序号→删除。

兼容面孔：单击“图幅”选项卡“序号”面板中的按钮。

3）操作。选择“删除”命令，屏幕左下角提示“拾取零件序号”，用鼠标拾取要删除的序号，该序号及其对应的明细表表项即被删除。对于多个序号共用一条指引线的序号，若拾取位置为序号则删除被拾取的序号；若拾取指引线，则删除整个指引线所对应的多个序号。

（3）交换序号。

1）功能。交换序号的位置，并根据需要交换明细表内容。

2）执行方式。

下拉菜单：幅面→序号→交换。

兼容面孔：单击“图幅”选项卡“序号”面板中的按钮。

3）操作。调用“交换序号”功能后根据提示先后拾取要交换的序号即可。在立即菜单中可以切换是否交换明细表的内容。

如果单击“1.”将“1.交换明细表内容”变为“不交换明细表内容”，则序号更换后相应的明细表内容不交换。

如果要交换的序号为连续标注，则交换时会提示，选择待交换的序号即可。

（4）编辑序号。

1）功能。修改已标注的序号位置，根据鼠标拾取位置的不同可以分别修改序号的指引线末端位置和序号位置。

2）执行方式。

下拉菜单：幅面→零件序号→编辑。

兼容面孔：单击“图幅”选项卡“序号”面板中的按钮。

3）操作。选择“编辑”命令，屏幕左下角提示“拾取零件序号:”，如果鼠标拾取的是序号的指引线，则所编辑的是序号引出点及指引线的位置；如果拾取的是序号的序号值，则所编辑的是转折点及序号位置，如图 19-7 所示。

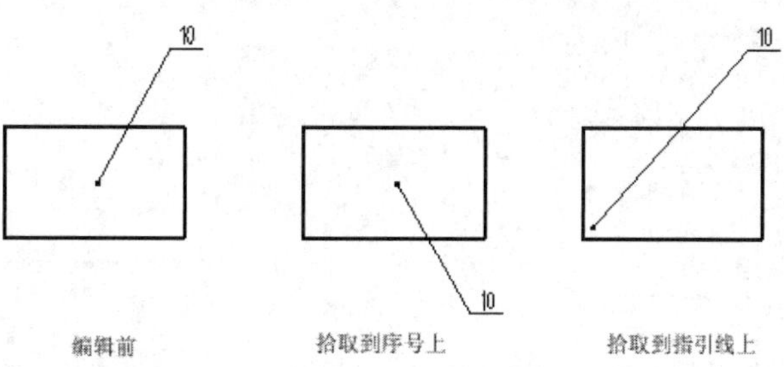

图 19-7　编辑序号位置

2. 零件序号的风格设置

（1）功能：选择零件序号的标注形式。

（2）执行方式。

下拉菜单：格式→序号。

兼容面孔：图幅→序号→样式。

（3）操作。选择“序号”命令，系统弹出“序号风格设置”对话框，如图 19-8 所示，在其中选择零件序号的标注形式。注意在一张图纸上零件序号形式应统一，所以如果图纸中已标注了零件序号，就不能再改变零件序号的设置。

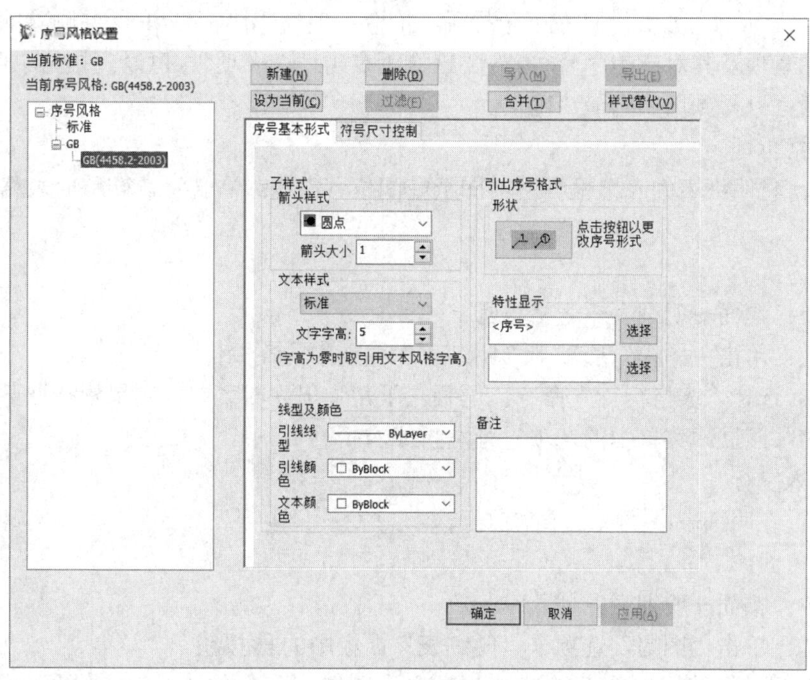

图 19-8　“序号风格设置”对话框

19.1.3　明细表

电子图板的明细表与零件序号是联动的，可以随零件序号的插入和删除产生相应的变化。

1. 明细表的菜单功能

选择“幅面”下拉菜单中的“明细表”选项，弹出下一级子菜单，如图 19-9 所示。

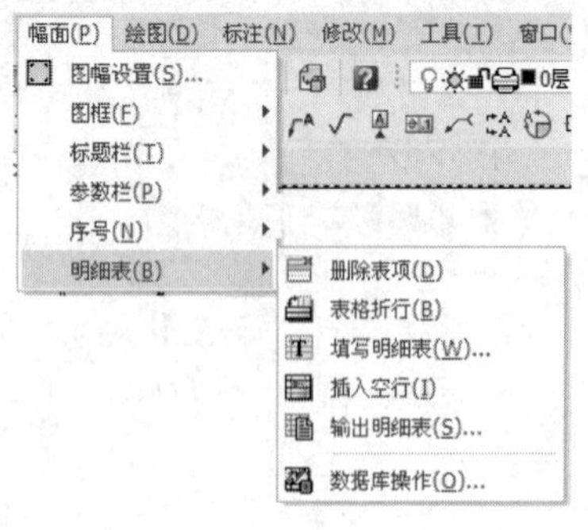

（a）经典面孔

（b）兼容面孔

图 19-9 “明细表”子菜单

（1）删除表项。

1）功能：删除明细表中的某一表项。删除该表项时，其表格及项目内容全部被删除，相应的零件序号也被删除，表项和序号重新排列。

2）执行方式。

下拉菜单：幅面→明细表→删除表项。

兼容面孔：单击“图幅”选项卡“明细表”面板中的按钮。

3）操作。命令执行后，屏幕左下角提示“拾取表项”。用鼠标拾取所要删除的明细表序号数字即可删除表项及其对应的序号。当需要删除所有明细表表项时，可以直接拾取明细表表头，此时弹出对话框以得到用户的最终确认。

（2）表格折行。

1）功能：将明细表的表格根据所需图纸空间位置向左或右转移，转移时表格及项目内容一起转移。

2）执行方式。

下拉菜单：幅面→明细表→表格折行。

兼容面孔：单击“图幅”选项卡“明细表”面板中的按钮。

3）操作。选择“表格折行”命令，屏幕左下角弹出立即菜单，用鼠标拾取某一待折行的表项，系统将按照立即菜单中的选项进行左折或右折。

（3）插入空行。

1）功能：在明细表中插入一个空白行。

2）执行方式：

下拉菜单：幅面→明细表→插入空行。

兼容面孔：单击“图幅”选项卡“明细表”面板中的按钮。

3）操作。选择“插入空行”命令，根据提示操作，系统将把一空白行插入到明细表中。

（4）数据库操作。明细表的数据可以从外部数据文件读入，可以输出到外部的数据文件中，并且可以与外部的数据文件关联。数据文件格式支持*.mdb 和*.xls。

1）功能：输出数据——将明细表中的内容输出为文本文件、MDB 文件或 DBF 文件；读入数据——读入 MDB 文件或 DBF 文件中与当前明细表表头一致并且序号相同的数据。

2）执行方式。

下拉菜单：幅面→明细表→数据库操作。

兼容面孔：单击“图幅”选项卡“明细表”面板中的按钮。

3）操作。选择“数据库操作”命令，系统弹出“数据库操作”对话框，如图 19-10 所示。电子图板可以支持 FoxPro 和 Access 数据库。

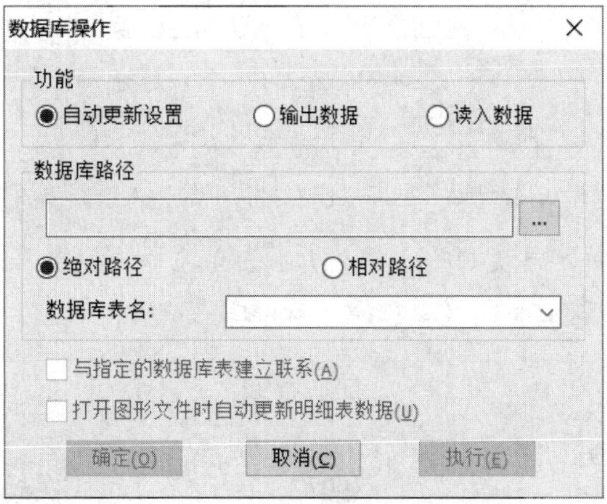

图 19-10　“数据库操作”对话框

自动更新设置：选择“自动更新设置”单选项，可以设置明细表与外部数据文件关联。单击按钮选择数据文件，并且可以设置“绝对路径”或“相对路径”。

输出数据：选择“输出数据”单选项，设置输出的数据文件后单击“确定”按钮或“执行”按钮即可，如图 19-11 所示。

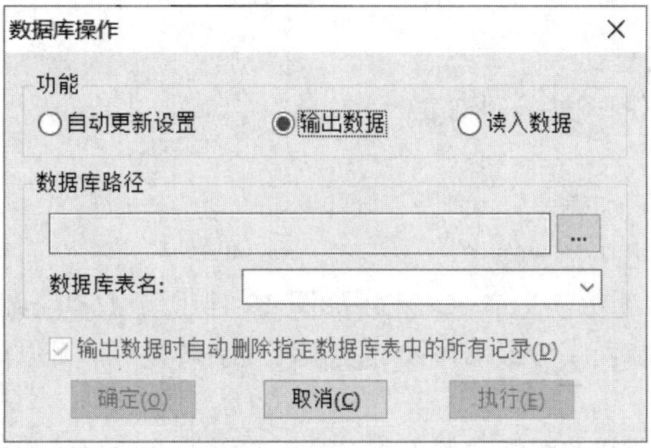

图 19-11　“数据库操作”对话框的输出数据界面

读入数据：选择“读入数据”单选项，设置要读入的数据文件后单击“确定”按钮或“执行”按钮即可，如图 19-12 所示。

（5）填写明细表。

1）功能：填写或修改某零件序号的明细表内容。

2）执行方式。

下拉菜单：幅面→明细表→填写明细表。

兼容面孔：单击“图幅”选项卡“明细表”面板中的按钮。

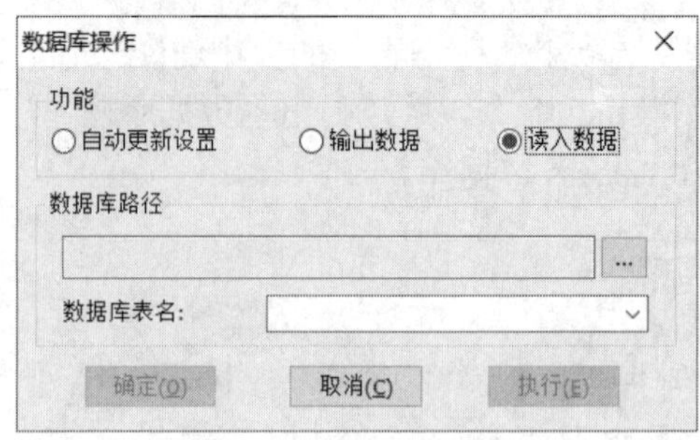

图 19-12　“数据库操作”对话框的读入数据界面

3）操作。命令执行后，出现如图 19-13 所示的“填写明细表”对话框。用鼠标拾取需要填写或修改的明细表序号数字后即可进行填写或修改。

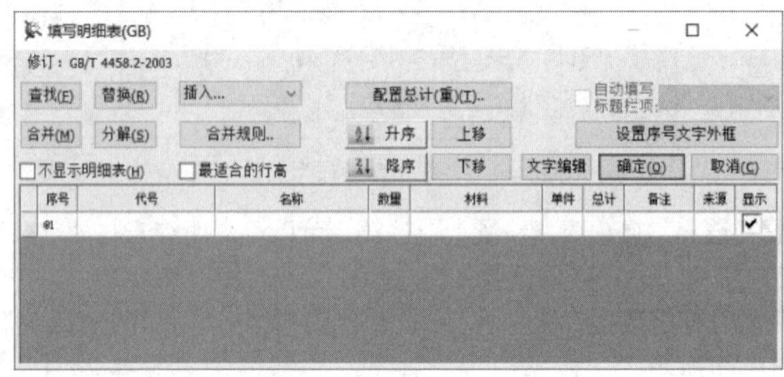

图 19-13　“填写明细表”对话框

2. 明细表的风格设置

（1）功能：选择不同风格的明细表。

（2）执行方式。

下拉菜单：格式→明细表。

兼容面孔：图幅→明细表→样式。

（3）操作。选择“明细表”命令，出现如图 19-14 所示的“明细表风格设置”对话框，明细表风格功能包含定制表头、颜色与线宽设置、文字设置等，可以定制各种样式的明细表。

1）定制表头。

功能：按需要增删及修改明细表的表头内容，并可调入或存储表头文件。

操作说明：在“明细表风格设置”对话框中选择“定制表头”选项卡，在其中可以定制明细表表头的格式，可以对已有的明细表表头中的表项进行增加或删除，还可以调入或存储表头。

注意：如果当前图纸上存在明细表，则当前修改的明细表表头将不起作用。

用鼠标单击显示栏中的任一项目，即可在对话框的右面修改该项目的宽度、高度、名称、数据类型、数据长度等参数，在对话框的下面用红色的方框显示该项目在整个表头项目中的位置和大小。增删表头项目时按鼠标右键并选择“删除”选项。

打开已存储的明细表表头文件（*.tab）以供使用。单击“浏览”按钮，系统弹出“打开”对话框（如图 19-15 所示），在其中选择需要的表头文件后单击“打开”按钮。也可以将已定义好的明细表表头存储为表头文件，以备以后使用。

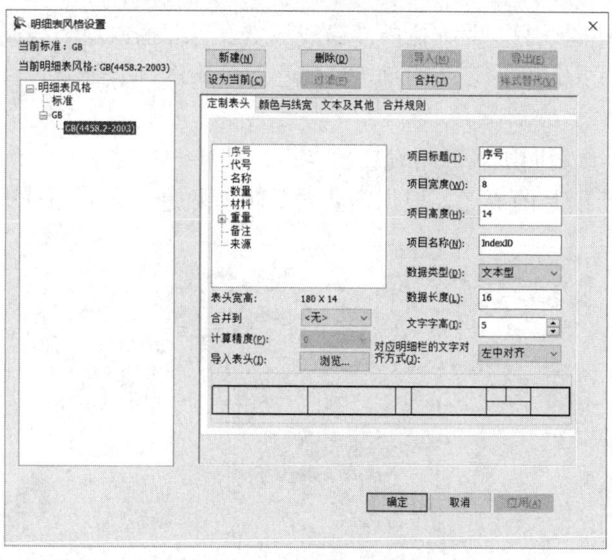

图 19-14　“明细表风格设置”对话框

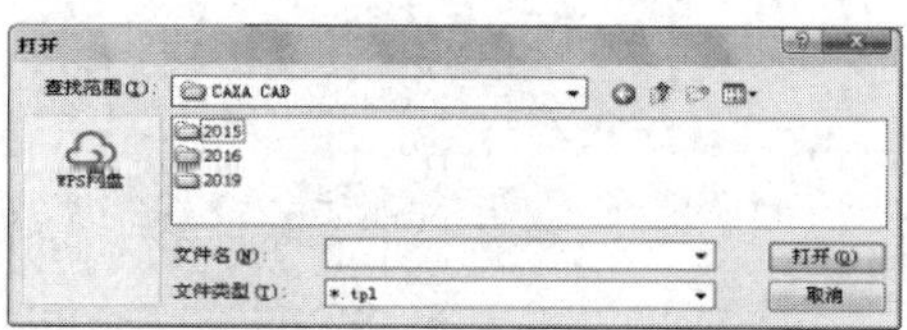

图 19-15　“打开”对话框

2）颜色与线宽。调用明细表风格设置功能后，在弹出的对话框中单击“颜色与线宽”选项卡切换到如图 19-16 所示的界面。

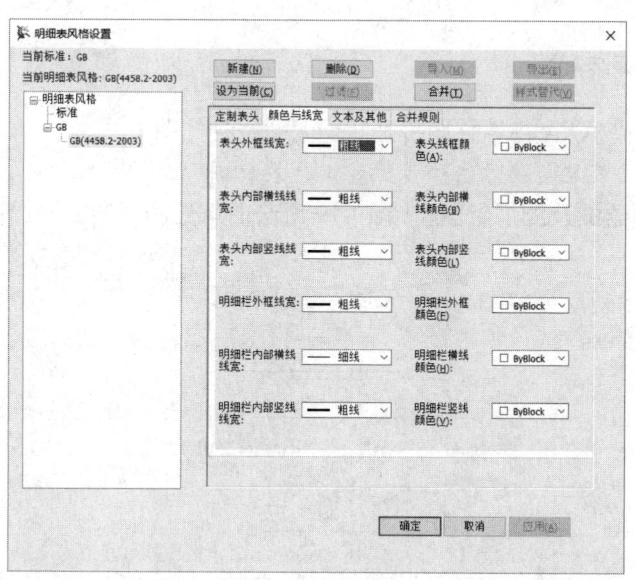

图 19-16　“明细表风格设置”对话框的“颜色与线宽”界面

在这里可以设置明细表各种线条的线宽，包括表头外框线宽、表头内部横线线宽、表头内部竖线线宽、明细栏外框线宽、明细栏内部横线线宽、明细栏内部竖线线宽；可以设置各种元素的颜色，包括表头线框颜色、表头内部横线颜色、表头内部竖线颜色、明细栏外框颜色、明细栏横线颜色、明细栏竖线颜色。

3）文本及其他。调用明细表风格设置功能后，在弹出的对话框中单击“文本及其他”选项卡切换到如图 19-17 所示的界面，根据需要对各项参数进行设置与修改。

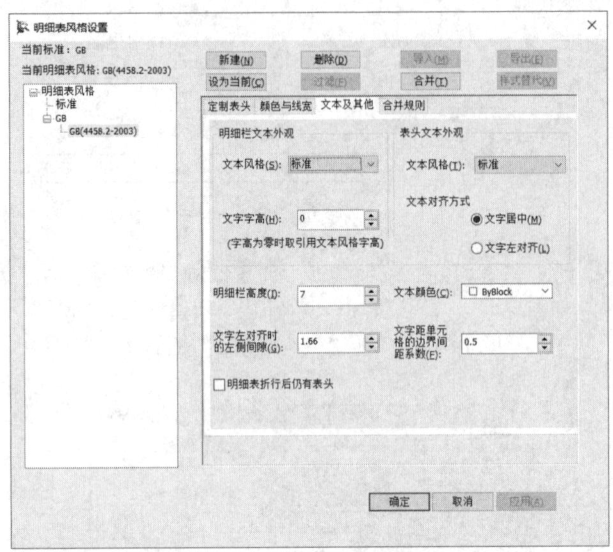

图 19-17　“明细表风格设置”对话框的“文本及其他”界面

19.2　装配图绘制实例

19.2.1　由零件图拼画装配图

这里详细介绍用 CAXA 由零件图拼画装配图的两种作图方法。

1. 由零件图按画装配图的方法和步骤直接画装配图

根据图 19-18 所给的装配示意图和图 19-19 所给的零件图画装配图。

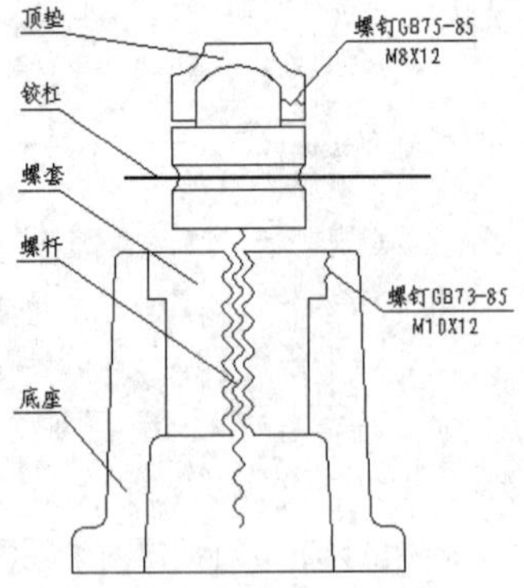

图 19-18　千斤顶装配示意图

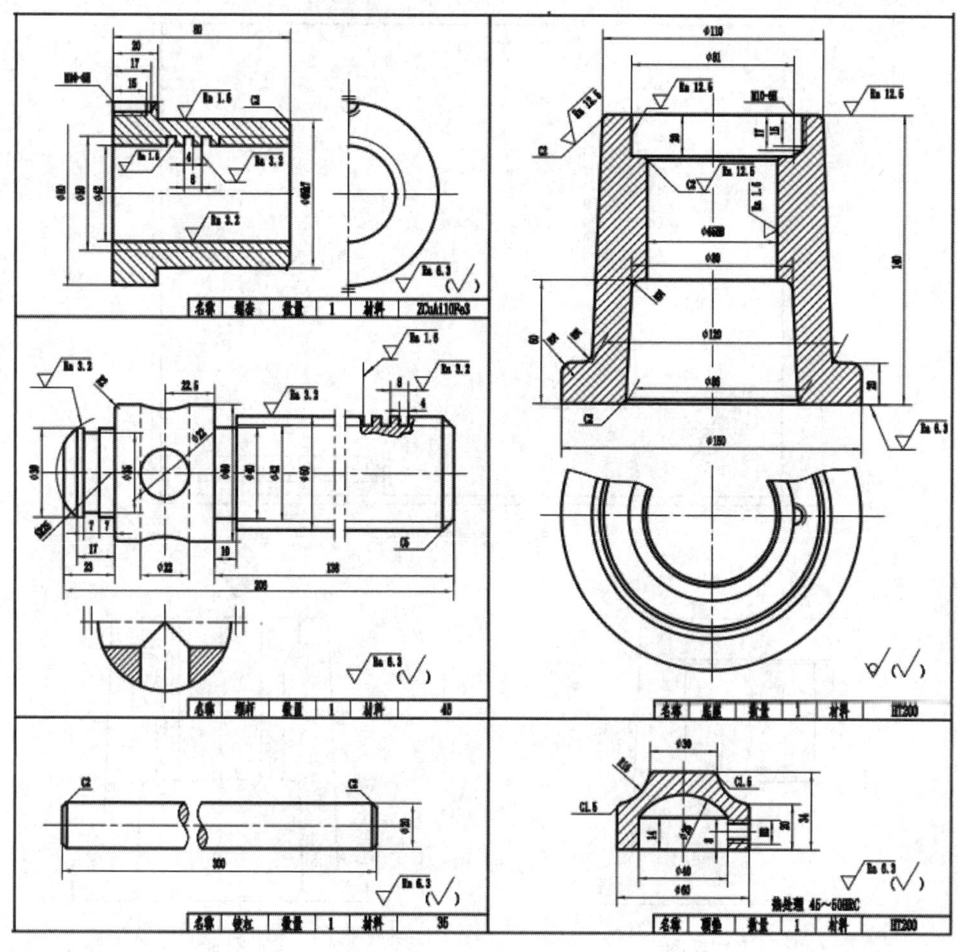

图 19-19　千斤顶部分零件图

作图步骤如下：

（1）确定图幅：A3 横放，比例 1:1。

（2）画作图基准线，如图 19-20 所示。

（3）画底座主视图，如图 19-21（a）所示。

（4）画螺套主视图，处理图线，如图 19-21（b）所示。

（5）画螺杆主视图，处理图线，如图 19-22（a）所示。

（6）画顶垫主视图，处理图线，如图 19-22（b）所示。

（7）画铰杠主视图，处理图线，如图 19-23（a）所示。

（8）插入螺钉：螺钉 GB73-85M10×12 和螺钉 GB75-85M8×12，绘制剖面线，如图 19-23（b）所示。

（9）标注尺寸，标注“序号”并填写明细表，完成全图，如图 19-24 所示。

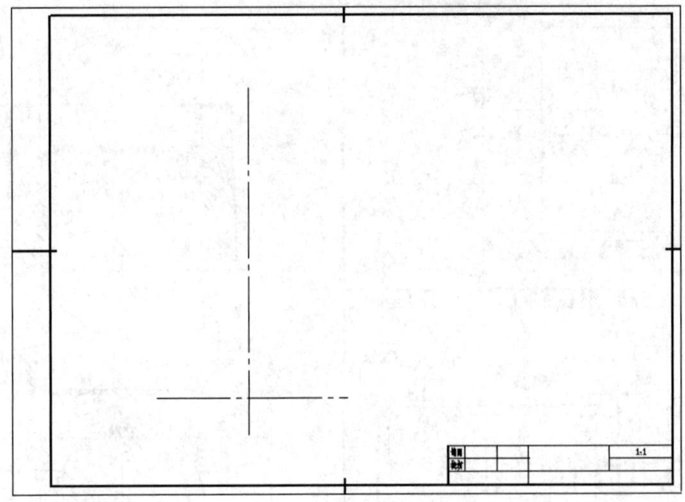

图 19-20　画作图基准线

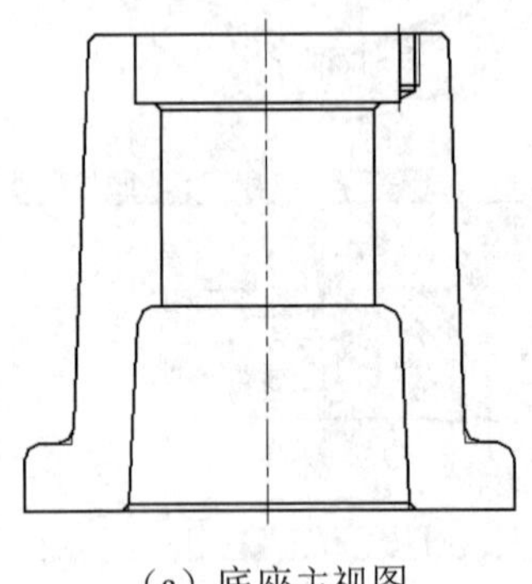

（a）底座主视图

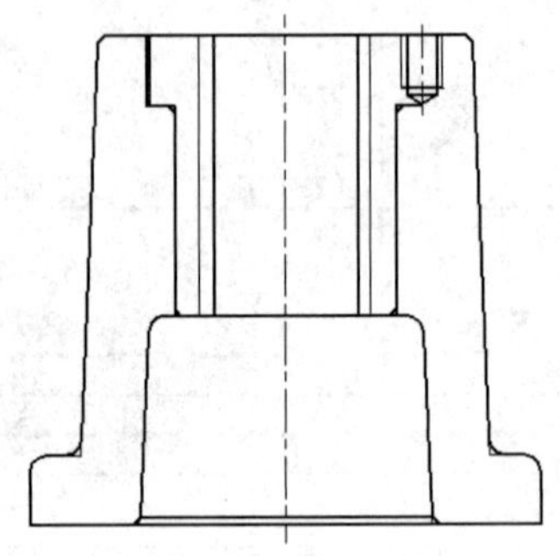

（b）螺套主视图

图 19-21　画主视图

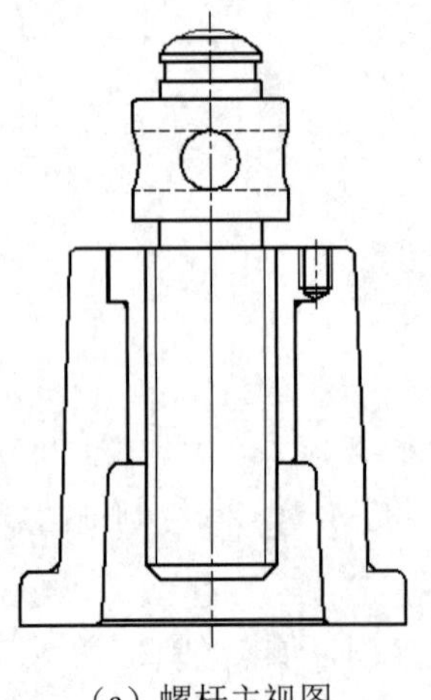

（a）螺杆主视图

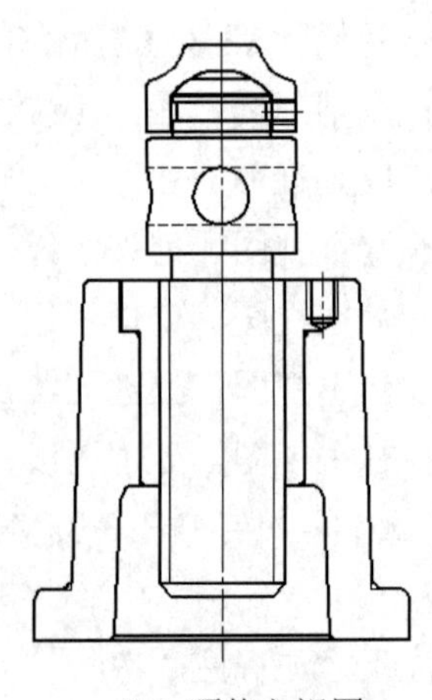

（b）顶垫主视图

图 19-22　画主视图

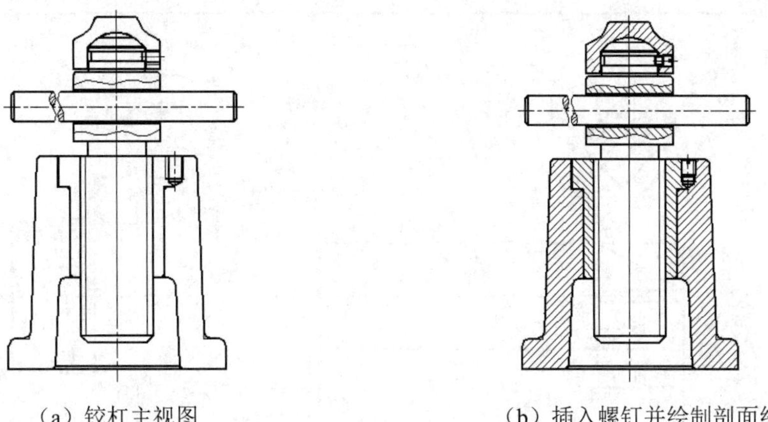

（a）铰杠主视图　　　　（b）插入螺钉并绘制剖面线

图 19-23　画铰杠主视图

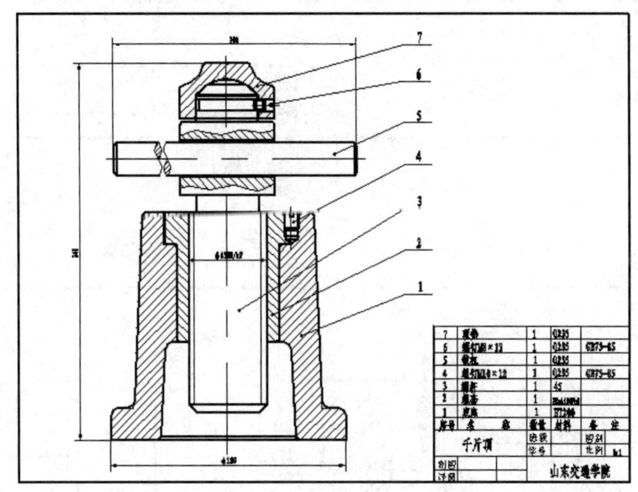

图 19-24　千斤顶装配图

2. 根据给定的零件图使用块和并入的方法画装配图

根据图 19-25 所给的装配示意图和图 19-26 至图 19-28 所给的零件图画装配图。

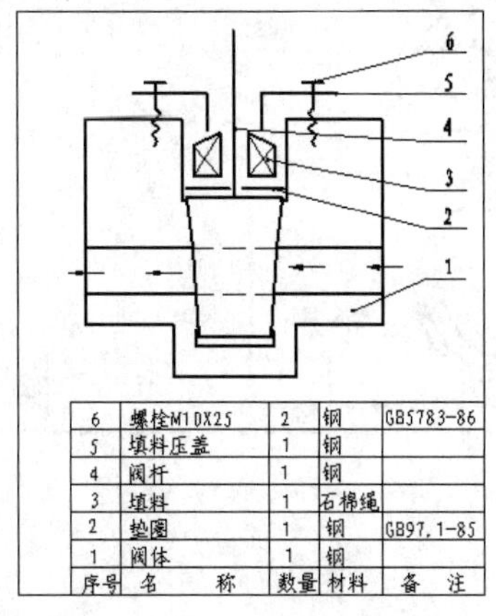

6	螺栓M10X25	2	钢	GB5783-86
5	填料压盖	1	钢	
4	阀杆	1	钢	
3	填料	1	石棉绳	
2	垫圈	1	钢	GB97.1-85
1	阀体	1	钢	
序号	名　　称	数量	材料	备　注

图 19-25　装配示意图

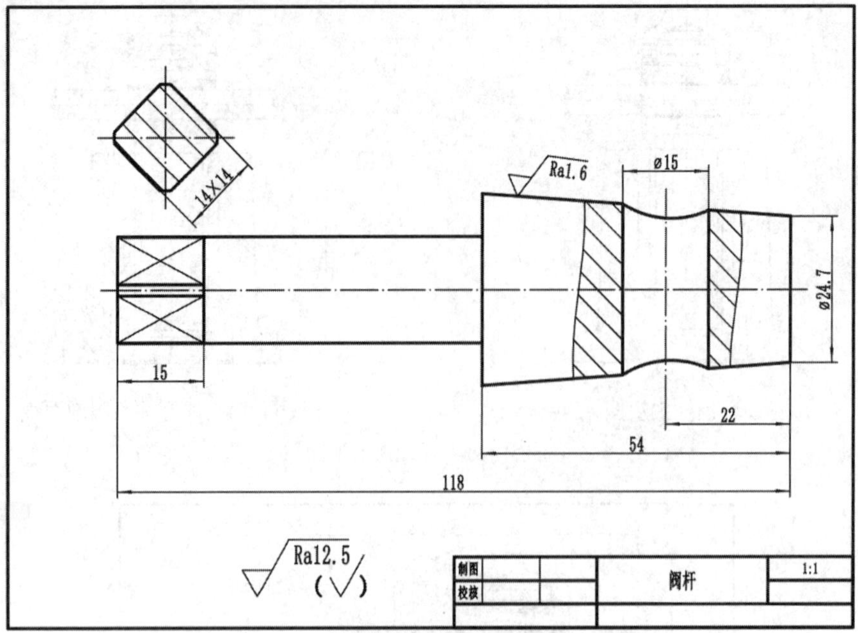

图 19-26　阀杆零件图

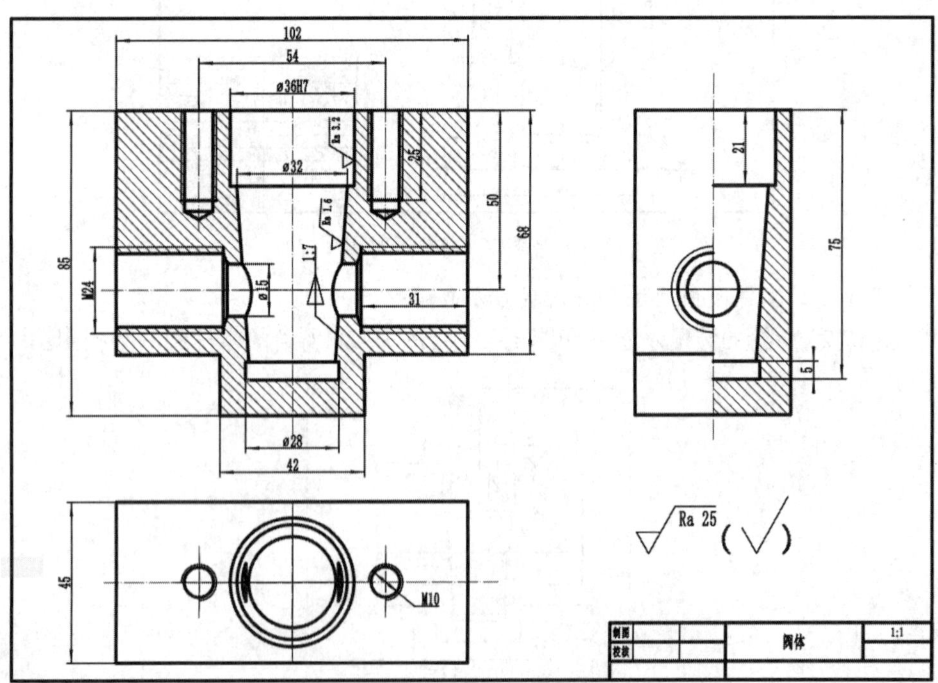

图 19-27　阀体零件图

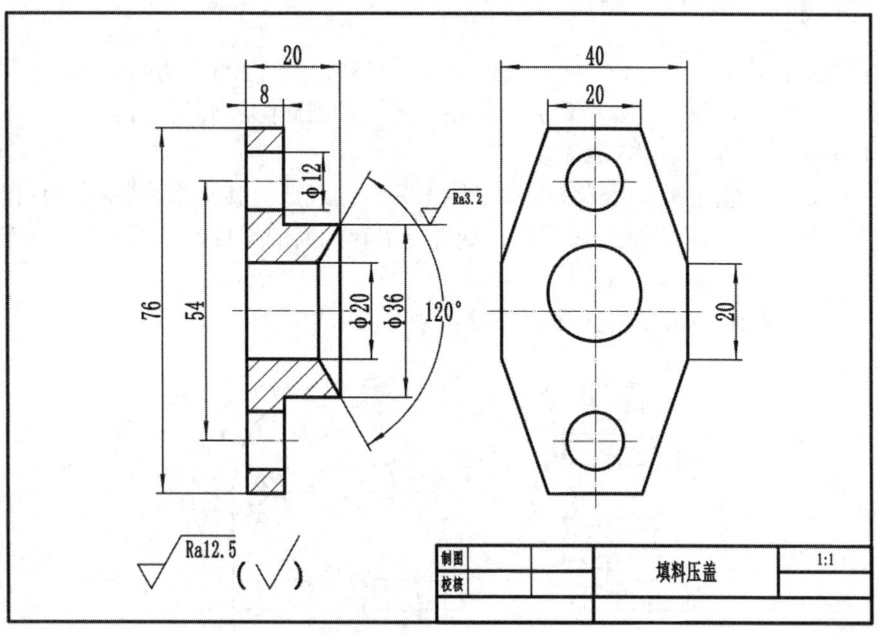

图 19-28　填料压盖零件图

19.2.2　由装配图拆画零件图

由装配图拆画零件图是在完全看懂装配图的基础上进行的，尤其是零件的形状结构要看懂后才能进行拆图。下面以气缸装配图（如图 19-29 所示）为例来说明绘制方法和步骤。

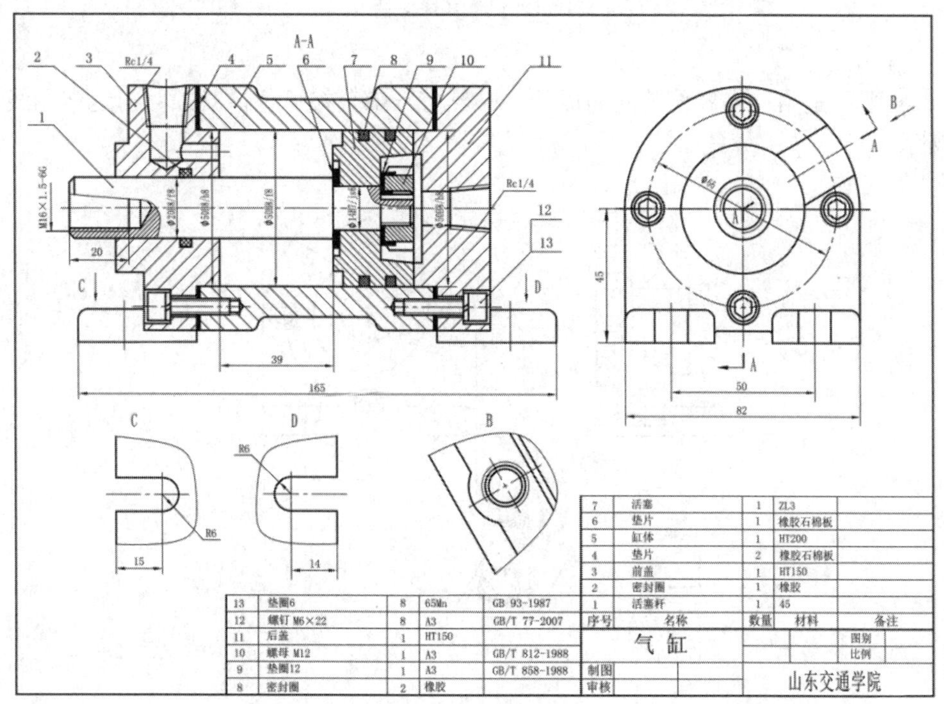

图 19-29　气缸装配图

1．分离零件

在了解气缸作用的基础上，按序号找到该拆的零件，从剖面线的方向、间距及零件的作用辨别出该零件的范围，逐一“剪切”并“粘贴”各视图或删除不要的视图。

由气缸装配图中拆画 3 号零件前盖。

（1）在气缸装配图中删除部分与本零件无关的图线或直接拾取要拆画零件的投影进行“剪切”并“粘贴”，从而形成分离零件，这时可另存为新的文件名。再次调出该装配图重复进行操作。

（2）调出分离的零件，调整视图的位置，如图 19-30 所示。

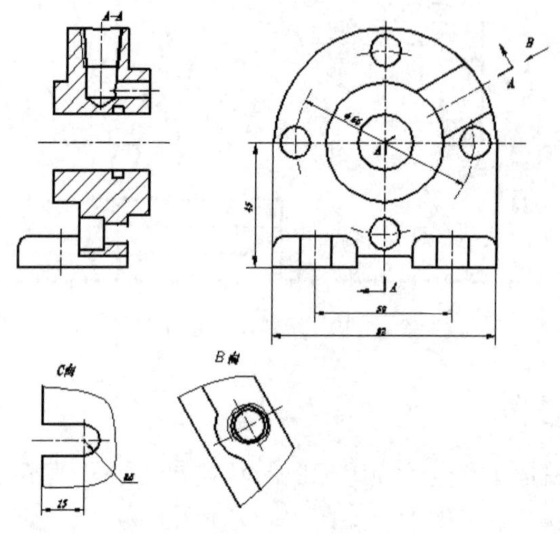

图 19-30　分离零件

2．补全投影

由于装配图是由许多零件装配而成的，必然有一部分被遮住，必须补出这些图线，如图 19-31 所示。

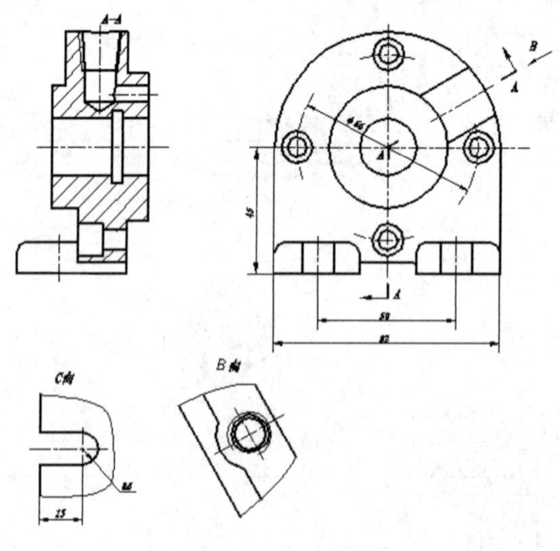

图 19-31　补全投影

3. 想象零件形状

在调出分离的零件、补全投影的基础上，想象出零件形状，为视图重新表达打下基础。

4. 完成零件图

（1）视图选择。

（2）标注尺寸。

（3）标注表面粗糙度和技术要求。

（4）填写标题栏，完成全图，如图 19-32 所示。

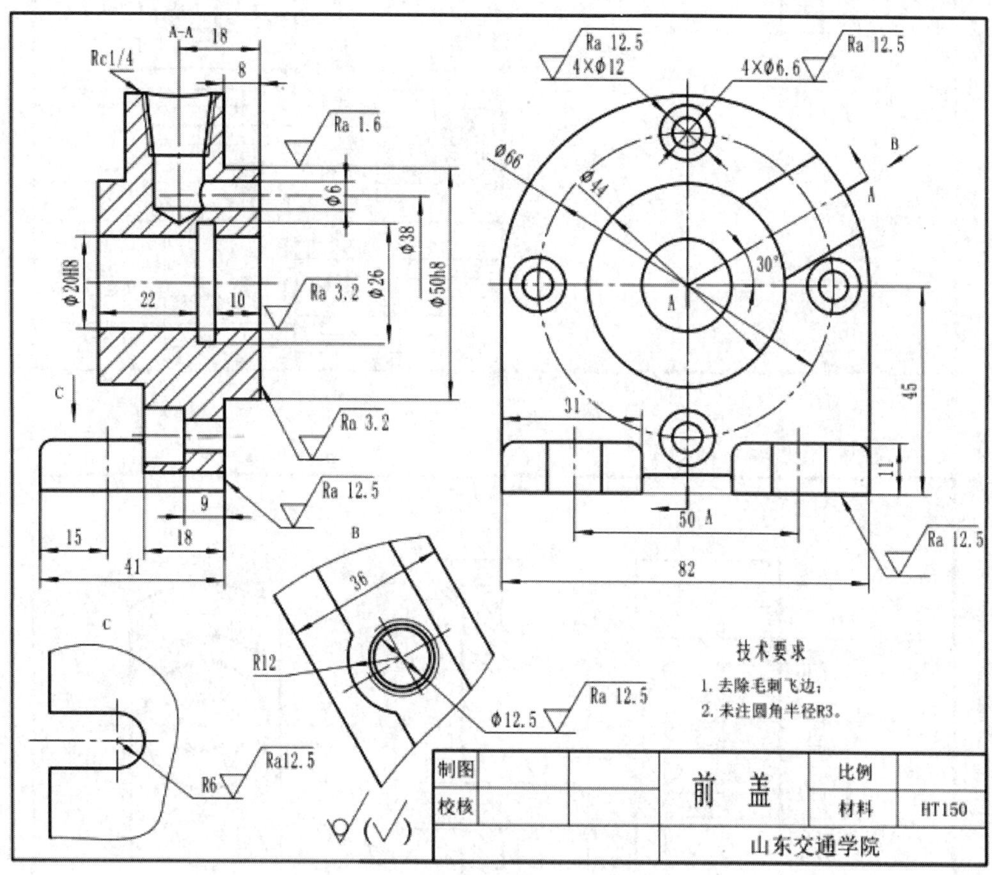

图 19-32　气缸前盖零件图

习题 19

根据所给的装配图和零件图（如图 19-33 至图 19-35 所示）画装配图。

工作原理：卡头体 3 左端与盖 2 通过 φ22H7/js6 配合，并用螺钉 1 将盖压紧在卡头体上；卡头体的右端与轴 4 通过 φ25H7/k6 配合，同时用销 5 将轴与卡头体连接形成芯柱。

作图要求：图幅 A3 横放，比例 1:1。

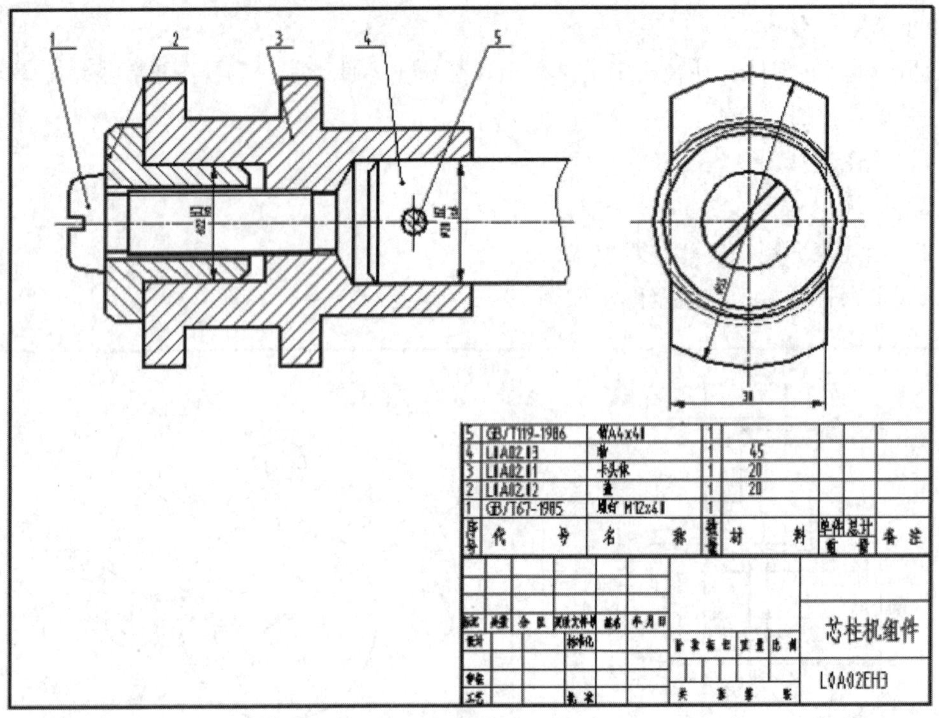

图 19-33　芯柱机组件装配图

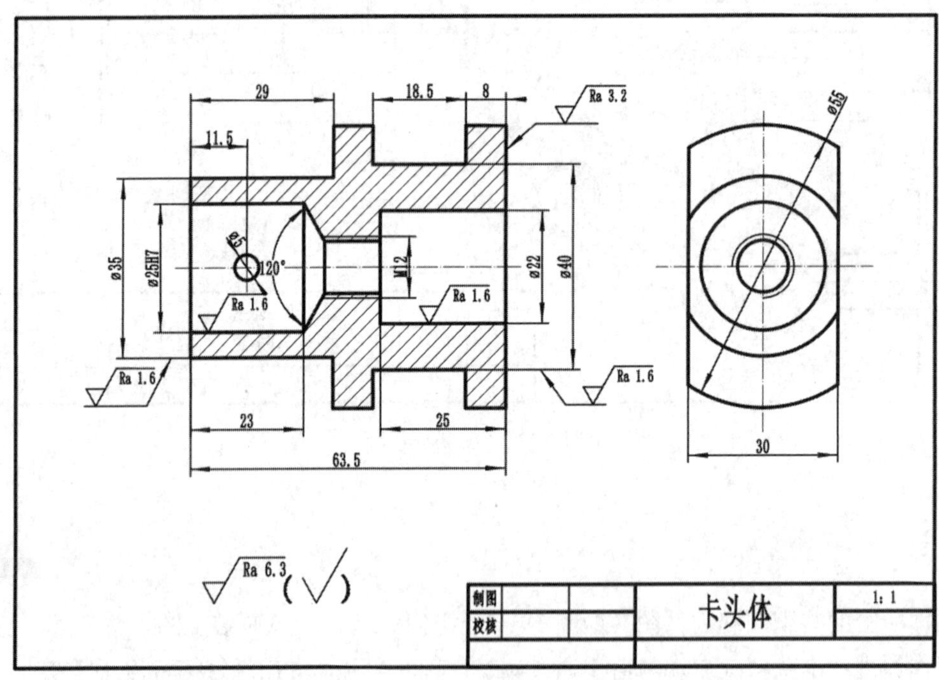

图 19-34　卡头体零件图

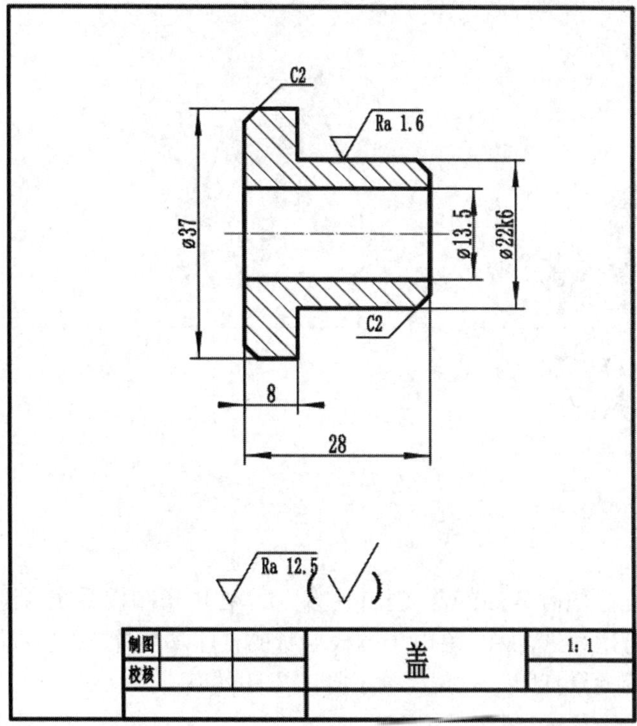

图 19-35　盖零件图

第20章 打印排版

电子图板可以支持任何 Windows 支持的打印机。在电子图板系统内无须单独安装打印机，它支持按各种参数打印图纸，并且除电子图板自身的打印功能外，还提供了专门的打印工具可以进行单张、排版和批量打印，大大提高了打印出图效率。

20.1 概述

CAXA 电子图板使得打印排版功能更实用和高效，能自动优化排版，节约图纸，在插入、删除、移动、翻转时随心所欲，不会出现干涉，提供实时显示图纸信息功能，具备丰富的打印设置。

20.1.1 进入打印系统

电子图板自带的打印功能适用于单张打印和小批量图纸打印。

电子图板的打印功能与大多数 Windows 应用程序类似，都需要确定打印的内容并设置打印参数后由打印机输出要打印的内容。

20.1.2 打印机设置

单击快速启动工具栏中的按钮或者选择“文件”菜单中的“打印”选项，系统自动启动“打印”系统，如图 20-1 所示。根据当前绘图输出的需要在其中设置输出图形、纸张大小、设备型号等相关参数。

1. 打印参数设置

打印参数设置主要包括打印机设置、纸张设置、图形方向设置、输出图形设置、拼图设置、定位方式设置、打印偏移设置、风格保存、线型设置等。

（1）“打印机”设置区：在此区域内选择打印机，相应地显示打印机的状态；在下拉列表框中可以选择不同的打印输出类型，增加了输出 PDF/PNG/TIF/JPG 文件功能，设置好参数后直接保存为相应的文件。

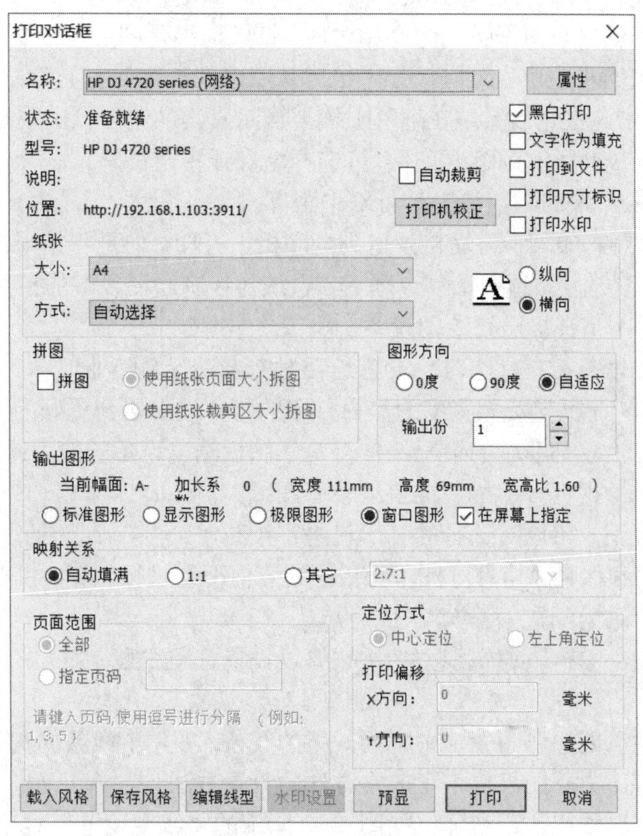

图 20-1　打印对话框

（2）“纸张”设置区：在此区域内设置当前所选打印机的纸张大小、纸张来源和纸张方向。

（3）“图形方向”设置区：在此区域内设置图形的旋转角度为 0 度、90 度或自适应。

（4）“输出图形”选项：是指待输出图形的范围，系统规定输出的图形可从以下 4 个范围内选取：标准图纸、显示图形、极限图形、窗口图形。

标准图纸指输出当前系统定义的图纸幅面内的图形，显示图形指输出在当前屏幕上显示出的图形，极限图形指输出当前系统所有可见的图形，窗口图形指输出在用户指定的矩形框内的图形。

（5）拼图：选中“拼图”复选项，系统自动用若干张小号图纸拼出大号图形，拼图的张数根据系统当前纸张大小和所选图纸幅面的大小来决定；“使用纸张页面大小拆图”表示在拼图打印时按照打印机的可打印区大小而不是按照纸张大小进行拆图；“使用纸张裁剪区大小拆图”表示按照打印机的实际裁剪区大小进行拆图打印。

（6）映射关系：是指屏幕上的图形与输出到图纸上的图形的比例关系。

自动填满指的是输出的图形完全在图纸的可打印区内；1:1 指的是图形按照 1:1 的关系进行输出，如果图纸幅面与打印纸大小相同，由于打印机有硬裁剪区，可能导致输出的图形不完全，要想得到 1:1 的图纸，可采用拼图；其他指的是图形按照用户自定比例进行输出。

（7）定位方式：当在“映射关系”中选中“1:1”或“其他”选项时，可以选择“中心定位”或“左上角定位”定位方式。

中心定位是图形的原点与纸张的中心相对应，打印结果是图形在纸张中间；左上角定位是图框的左上角与纸张的左上角相对应，打印结果是图形在纸张的左上角。

（8）预显：单击此按钮后系统在屏幕上模拟显示真实的绘图输出效果。

（9）页码范围：要输出多张图纸时，可选择全部或指定页码。

（10）打印偏移：将打印定位点移动(X,Y)距离。

（11）打印到文件：如果不将文档发送到打印机上打印，而是将结果发送到文件中，可以选中“打印到文件”复选项。选中该复选项后，系统将控制绘图设备的指令输出到一个扩展名为 prn 的文件中，而不是直接送往绘图设备。

（12）文字作为填充：在打印时，设置是否对文字进行消隐处理。

（13）黑白打印：在不支持无灰度的黑白打印的打印机上达到更好的黑白打印效果，不会出现某些图形颜色变浅看不清楚的情况，使得电子图板输出设备的能力得到进一步加强。

（14）自动裁剪：根据打印机属性自动裁剪图纸。

（15）打印机校正：可以对选择的打印机进行校正。

（16）载入风格和保存风格：对打印对话框的当前配置进行保存，保存后可以通过“载入风格”按钮加载保存过的配置。

（17）编辑线型：单击“编辑线型”按钮可以设置打印线型参数。

2. 编辑线型

打印图形时往往需要输出与图形中不同效果的线条，如调整线条的宽度、线型比例、按颜色调整线宽和颜色等。电子图板提供了非常方便的设置方法。

单击“编辑线型”按钮，系统弹出如图 20-2 所示的“线型设置”对话框。

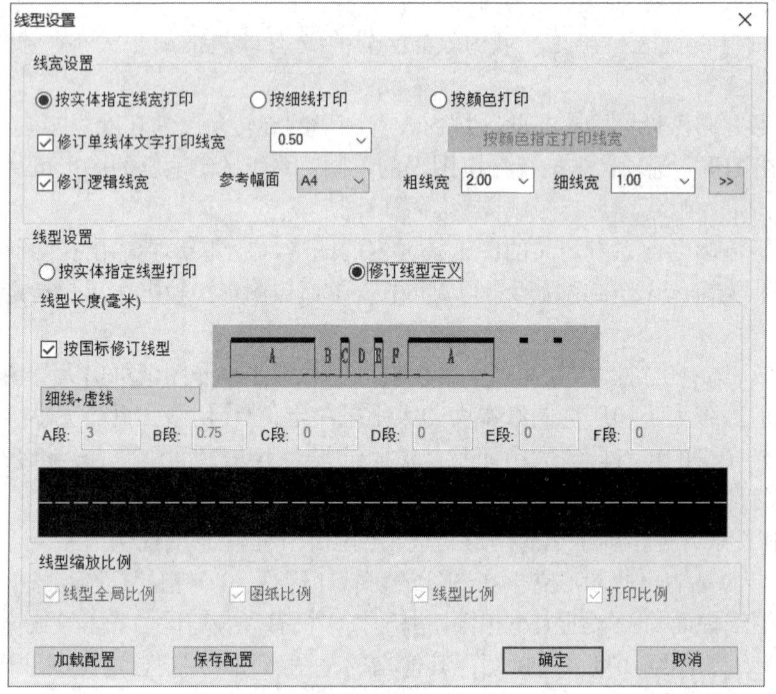

图 20-2 “线型设置”对话框

（1）线宽设置：可以按纸张大小输入标准线型的输出宽度。在下拉列表框中列出了国标规定的线宽系列值，用户可选取其中任一组，也可在输入框中输入数值。线宽的有效范围为 0.13～2.0mm。

（2）按实体指定线宽打印：根据实体指定的线型宽度打印图形。

（3）按细线打印：将所有线条均按细线打印。

（4）按颜色打印：用户在打印图纸时，可以根据线型的颜色指定线型的宽度，并按照设置输出图纸。选择该项时，单击“按颜色指定打印线宽”按钮，弹出如图 20-3 所示的对话框，其中有“列表视图”和“格式视图”两个选项卡，前者可以进行一对一的修改，后者可以进行多对一的修改。如果想把多种颜色修改为一种颜色或线宽，则使用“格式视图”进行修改比较方便。

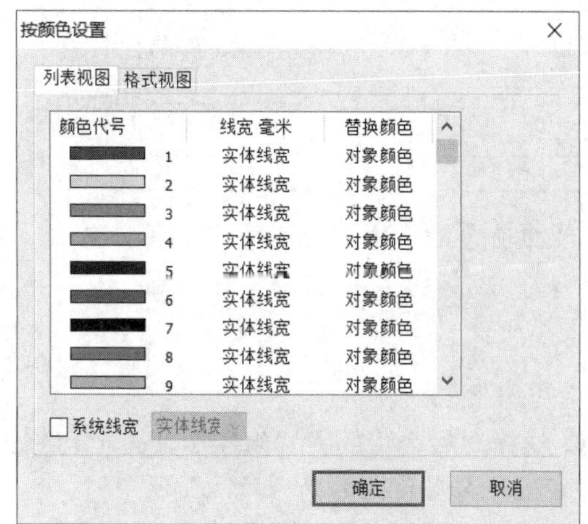

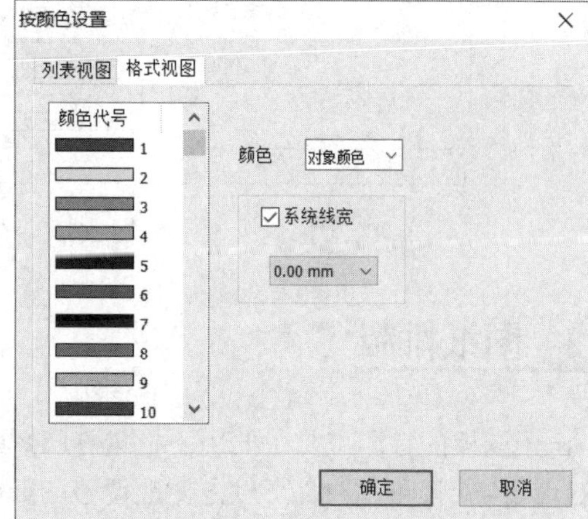

图 20-3　“按颜色设置”对话框的选项卡

双击“实体线宽”，输入线型宽度，也可以勾选“系统线宽”复选项，在列表框中选择系统给定的线宽。“按颜色设置”对话框中的参数会自动保存，在下次打开时则缺省为上次设置的修改。

（5）按国标修订线型：当该复选项被选中时按标准线型进行打印，取消选择则按用户自定义线型打印。

3. 打印预显

在确定打印参数后进行实际打印操作前可以通过单击“打印”对话框中的“预显”按钮来对将要进行打印的效果进行模拟查看，如图 20-4 所示。

（1）单击中的平移、缩放、显示框口等按钮浏览打印窗口，也可以使用鼠标滚轮或中键进行窗口平移或缩放。

（2）单击按钮即进行实际打印操作。

（3）单击按钮关闭“打印预显”对话框。

（4）当打印的图形为多张时，可以单击或进行切换。

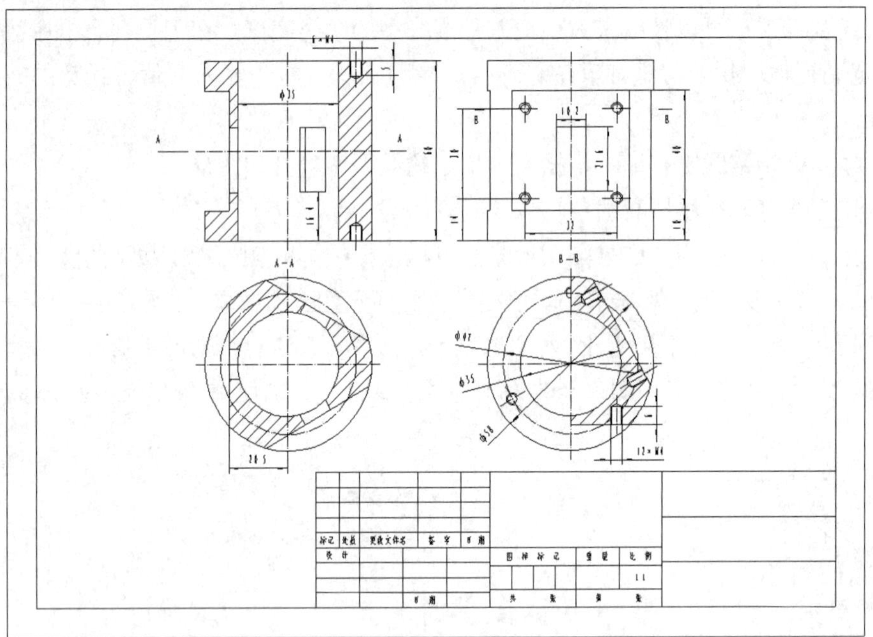

图 20-4　打印效果预览

20.2　图纸排版

电子图板的打印工具主要用于批量打印图纸，该模块按最优的方式组织图纸，包括进行单个打印或排版打印，并且可以方便地调整图纸设置以及各种打印参数。

图纸排版时将若干张大小不等的图纸按照最省纸的方法排列在一张大图纸上，但是为了最后裁剪方便，会将同样大小的图纸排列在同一行，也就是说不同幅面的图纸不能出现在同一行上。CAXA 也可以对多张图纸进行自动优化排列，也可以手工调整图纸的位置和旋转图纸，并保证图纸不会重叠，待排列满意后可以打印输出。

电子图板打印工具的特点如下：

- 支持同时处理多个打印作业，可以随时在不同的打印作业间切换。
- 支持单张打印和排版打印，并且可以实现批量打印。
- 支持 EXB 和 DWG 等文件格式的打印出图。
- 可以根据图纸大小自动匹配打印参数。